Natur – Mensch – Technik

Lehrbuch für den Lernbereich **Naturwissenschaften**

Band 1

Vom Probieren zum Experimentieren
Die Entwicklung der Naturwissenschaften
Wasser – Quelle des Lebens

Herausgegeben von
Dr. Gerd-Dietrich Schmidt
Dr. habil. Bernd Raum

PAETEC
Verlag für Bildungsmedien

Herausgeber
Dr. Gerd-Dietrich Schmidt
Dr. habil. Bernd Raum

Autoren
PD Dr. habil. Dieter Hoffmann
Prof. Dr. habil. Hubert Laitko
Dr. Margrit Ludwig
Prof. Dr. habil. Lothar Meyer
Doz. Dr. habil. Christa Pews-Hocke
Dr. Kerstin Prokoph
Dr. habil. Bernd Raum
Dr. Gerd-Dietrich Schmidt
Dr. Michael Titzmann
Dr. Adria Wehser
Prof. Dr. habil. Erwin Zabel

Beiträge von
Andreas Reichenbach
Prof. Dr. Ulrich Schmelz
Heide Steuding

Dieses Buch enthält Vorschläge und Anleitungen für Untersuchungen und Experimente. Vor jedem Experiment sind mögliche Gefahrenquellen zu besprechen. Die Gefahrenquellen sind in den experimentellen Aufgaben mit **„Vorsicht“** gekennzeichnet.
Experimente werden nur auf Anweisung des Lehrers durchgeführt. Solche mit Gefahrenquellen dürfen nur unter Aufsicht des Lehrers oder der Eltern durchgeführt werden. Beim Experimentieren sind die Richtlinien zur Sicherheit im naturwissenschaftlichen Unterricht einzuhalten.

1. Auflage
1 5 4 3 | 2003 2002 2001 2000

Alle Drucke dieser Auflage können im Unterricht nebeneinander benutzt werden.
Die letzte Zahl bezeichnet das Jahr dieses Druckes.

Internet: www.paetec.de

Redaktion: Dr. habil. Bernd Raum
Layout und Karten: Manuela Laufmann
Zeichnungen: Andreas Biedermann, Zlatko Enev, Urs Jäggi †, Manuela Laufmann, Gabriele Lattke, Sybille Storch, Claudia Wunderlich
Umschlaggestaltung: Joachim Barig
Druck: Druckerei zu Altenburg GmbH

ISBN 3-89517-810-1

Inhaltsverzeichnis

Natur – Mensch – Technik

Die Anzahl der Menschen auf unserem Planeten Erde nähert sich in rasantem Tempo der 6-Milliarden-Marke. Die meisten Erdbewohner leben schon heute in Städten. Weltweit sind es durchschnittlich etwa 75 %.
Zumindest in den sogenannten Megastädten sind sich deren Bewohner ihrer untrennbaren Bindung an die Natur kaum noch bewusst.
Sie wohnen in witterungsunabhängigen Häusern aus Beton, Stahl und Glas. Sie benutzen Auto, Bus und U-Bahn, um ihre Arbeitsstätten zu erreichen. Sie arbeiten in überdachten, zum Teil fensterlosen, vollklimatisierten Arbeitsstätten, wo sie Technik bedienen. Sie versorgen sich mit industriell hergestellten Nahrungs- und Genussmitteln aus dem Supermarkt und müssen sich keine Gedanken darüber machen, woher die Rohstoffe dafür stammen. Wasser und Energie kommen „aus der Wand". Kontakte zur Außenwelt werden über elektronische Geräte und Datennetze hergestellt. Die erforderliche Entsorgung von Müll und Abfall erfolgt weitgehend technisiert nach „irgendwo hin".

1 Am 14.7.1993 ereignete sich in Nordjapan ein katastrophales Erdbeben. Der Erdstoß hatte eine Stärke von 7,8 auf der Richterskala. Er löste bis zu 20 m hohe Flutwellen aus. Die Naturgewalten forderten 242 Menschenleben.

2 Die Pyramiden in der Nähe der ägyptischen Stadt Gise ließen sich die Könige des Alten Reiches in der Zeit zwischen 2778 und 2563 v. u. Z. als Grabstätten errichten. Die größte der Pyramiden von Gise ist die des Königs Cheops, die heute noch 139 m hoch ist. Die kleineren Pyramiden sind die Gräber der Königinnen.

3 Die Große Chinesische Mauer im Norden des Landes ist mit einer Länge von 3 450 km das längste von Menschenhand errichtete Bauwerk der Erde. Die Angaben über die Länge schwanken, weil es teilweise mehrere parallele Mauern gibt.
Die 2 000 Jahre alte Mauer, die – wie hier am Badaling-Pass – über viele Wachtürme verfügt, wurde gegen den Einfall der Mongolen errichtet.

Manchen Stadtbewohnern wird es erst bewusst, dass es außer ihrer technisierten, bebauten Umwelt noch etwas anderes gibt, wenn sie eine Naturkatastrophe ereilt: wenn durch ein Erdbeben Gebäude zusammenstürzen und Hochstraßen zerbersten (Abb. 1) oder wenn Schneestürme jegliches Verlassen der Häuser unmöglich machen.

Und dennoch: Auch das Leben des heutigen Menschen ist ohne seine natürlichen Grundlagen undenkbar. Menschen benötigen Luft zum Atmen, Wasser zum Trinken, Brot zum Essen, Licht und Wärme zur Erhaltung der Lebensfunktionen. Nahrungsmittel haben ihre Quellen in der Natur, Materialien zum Bau der Dörfer und Städte, der Straßen, der technischen Geräte ebenso. Ob es dem einzelnen Menschen bewusst ist oder nicht, er ist trotz der scheinbaren Unabhängigkeit von seiner natürlichen Umwelt untrennbar mit ihr verbunden. Er ist als biologisches Wesen selbst Teil der Natur.

Zum Ernähren, Wohnen und Kleiden und beim Bestreben, sich das Leben zu erleichtern sowie reichhaltiger zu gestalten, waren und sind die Menschen gezwungen, die Natur zu nutzen. Damit verändern sie gleichzeitig ihre natürliche Umwelt zu einer gebauten, technisch veränderten Umwelt. So haben die Menschen im Laufe ihrer Geschichte, vor allem aber in den letzten 7 000 Jahren, auf die Natur starken Einfluss genommen. Es wurden in großem Ausmaß die natürlichen Wälder gerodet und Felder angelegt, Städte gebaut, Kanäle und andere Verkehrswege errichtet, Bergbau in gewaltigem Umfang betrieben und schließlich eine moderne Industrie entwickelt. Wahre Wunderwerke hat die Menschheit geschaffen. Zu ihnen gehören die Cheopspyramide (Abb. 2), die Große Chinesische Mauer (Abb. 3) u. v. a. m.

Menschen hatten schon immer das Bestreben, ihre Umwelt mit ihren Naturerscheinungen zu erklären und deren mögliche Folgen oder deren Bedeutung für sich herauszufinden, sich ein Weltbild zu schaffen. Gewitter und Regenbögen, Sonnen- oder Mondfinsternisse, Nordlichter und Gezeiten, Gesteine und ihre Strukturen oder die Vielfalt der belebten Natur haben die Menschen schon sehr lange fasziniert und beschäftigt. Das Feuer hat sich der Mensch vor langer Zeit zunutze gemacht, um sich zu wärmen, Fleisch zu braten, Lehmziegel zu brennen und – später – Eisen zu schmelzen.

Regelmäßigkeiten und andere Zusammenhänge in der Natur wurden erkannt und nutzbar gemacht, so beim Wechsel von Ebbe und Flut, von Tag und Nacht, von Sommer und Winter, von Regenzeit und Trockenzeit, bei den Mondphasen oder beim Auftreten von Sonnen- und Mondfinsternissen. Aus den Schwankungen der Wasserführung von Flüssen oder dem regelmäßigen Eintreten besonderer Wettererscheinungen z. B. wurden u. a. die günstigsten Zeitpunkte für Aussaat und Ernte, für Herdenwanderungen oder für den Bau von Unterkünften abgeleitet. Auch die Orte, an denen man Siedlungen errichten konnte, die vor Hochwasser oder Sturmflut sicher waren, wo das Land für Ackerbau, für Weideland oder für Wald am günstigsten geeignet war, wurden aus Zusammenhängen in der Natur abgeleitet. Gleiches trifft für die günstigste Führung von Verkehrswegen zu. Nach regelmäßigen Zusammenhängen in der Natur suchten die Menschen auch deshalb schon frühzeitig, um das Eintreten von Erscheinungen, die für den Rhythmus ihres Lebens wichtig waren, vorhersagen zu können (Abb. 1).

1 Die Steinsetzung von Stonehenge in England ist etwa 4 000 Jahre alt. Auch wenn ihr Zweck nicht vollständig geklärt ist, gilt als sicher, dass hier auch astronomische Kenntnisse angewendet wurden: Ein Eingang ist genau auf die Richtung des Sonnenaufgangs am 22. Juni ausgerichtet.

In engem Zusammenhang mit den beiden Zielen, die Natur im Sinne der Menschen zu nutzen und Naturerscheinungen zu erklären und vorherzusagen, entwickelten sich im Verlaufe vieler Jahrtausende Wissenschaft und Technik. Unter den Wissenschaften befinden sich diejenigen, die sich mit astronomischen, physikalischen, biologischen, chemischen und geographischen Sachverhalten beschäftigen. Bei der Erklärung, der Nutzung und Veränderung der Natur wurden zunehmend auch naturwissenschaftliche Erkenntnisse genutzt, um z. B. Stoffe mit gewünschten Eigenschaften für Bekleidung, Ernährung und Wohnung, wirksamere Waffen für Jagd und kriegerische Auseinandersetzungen oder für schnellere Verkehrsmittel zur Überwindung größerer Entfernungen herstellen zu können. Die Menschen bauten schließlich Maschinen, Geräte und immer anspruchsvollere technische Anlagen, was ohne die Nutzung von Erkenntnissen aus den Naturwissenschaften gar nicht möglich gewesen wäre.

Mit Hilfe von Naturwissenschaften und von Technik sind die Veränderungen in der Natur in den letzten Jahrhunderten bis heute immer größer und gewaltiger geworden. Riesige Städte, weitreichende Eisenbahntrassen und lückenlose Straßen-

2 Nicht immer werden Erkenntnisse der Wissenschaften in ausreichendem Maße beachtet. Die Verbauung von Flussauen ist ein Beispiel dafür.

1 **Die Grimselstauseen in den schweizerischen Alpen gehören zu einem ganzen Komplex von Stauanlagen, Stollensystemen und Pumpspeicherwasserkraftwerken der „Kraftwerke Oberhasli AG“. Die ersten Anlagen wurden 1932 fertiggestellt. Heute besitzen die Kraftwerke 25 Turbinen und 7 Pumpen mit einer installierten Leistung von 1 061 MW bzw. 442 MW. Ist der Grimselstausee völlig mit Wasser gefüllt, haben die ihn umgebenden Berggipfel 5 cm weniger Abstand als bei geleertem See.**

2 **Kai Stannigel aus Düsseldorf baute – unterstützt von der VEW ENERGIE AG, Dortmund – einen Regenmesser für ein computergestütztes Wetterdaten-Erfassungssystem. Das Wasser wird in einem Trichter gesammelt, aus dem es tropfenweise eine Infrarot-Lichtschranke passiert, die jeden Tropfen registriert. Die Daten werden in einem Computer weiterverarbeitet.**

netze wurden gebaut, Flussläufe und ganze Landschaften verändert. Pflanzensorten und Tierrassen, die es in der Natur gar nicht gab, wurden gezüchtet. Mit Hilfe der Gentechnik wird das Erbgut von Pflanzen und Tieren verändert, um bestimmte ihrer Eigenschaften zu beeinflussen. Technische Anlagen produzieren große Mengen an Erzeugnissen für den Menschen, aber auch Abfälle und Müll, die in die Umwelt entlassen und dort zum Teil gelagert werden.

Mit ihren Eingriffen in die Natur verfolgen Menschen das Ziel, ihre Lebensbedingungen zu verbessern und ihr Leben angenehmer zu gestalten. Dieses Ziel wurde bei vielen Veränderungen der Natur auch tatsächlich erreicht. Jedoch traten nicht nur die beabsichtigten Wirkungen ein, sondern auch solche, die nicht beabsichtigt und zum Teil sehr nachteilig waren (Abb. 2, S. 7). Dies zeigt, dass Zusammenhänge in der Natur sehr vielschichtig und komplex sind.

Deshalb konnten bisher nicht bei allen Eingriffen des Menschen in die Natur deren Folgen vollständig vorhergesehen werden. Manche Folgen treten auch erst sehr viel später auf, so dass sie nur sehr schwer mit einer bestimmten Ursache in Zusammenhang gebracht werden können. Vor allem diese langfristigen, unbeabsichtigten Folgen sind auch heute noch nicht sicher vorhersagbar. So ist es noch nicht absehbar, ob bestimmte Veränderungen in der Natur auch langfristig gesehen die Lebensverhältnisse der Menschen wirklich verbessern. Beispielsweise gibt es begründete Annahmen dafür, dass die Errichtung von Stauseen mit gewaltigem Wasserfassungsvermögen in geologisch jungen Regionen der Erde das Auftreten von Erdbeben, die alles Menschenwerk zerstören können, begünstigen (Abb. 1).

Da Zusammenhänge in der Natur und die vom Menschen geschaffenen Umweltprobleme sehr komplex sind, müssen zu ihrer Lösung Erkenntnisse aus den verschiedensten Zweigen der Naturwissenschaften wie auch aus anderen Wissenschaften und gesellschaftlichen Bereichen zusammengetragen und miteinander kombiniert werden, um sichere und gültige Antworten auf ungelöste Fragen zu finden und die Folgen unserer Eingriffe in die Natur besser vorhersagen zu können.

Auch in den Schulen soll es die Möglichkeit geben, sich auf die genannten Erfordernisse zur Lösung der bei der Nutzung der Natur entstandenen Probleme vorzubereiten. Dazu gehört die Chance, Erkenntnisse von Naturwissenschaften zusammenhängend kennen zu lernen, wichtige Fragen zu diskutieren, Aufgaben und Problemstellungen aus dem Alltag zu lösen und sich so auf das erforderliche eigene Handeln in der natürlichen Umwelt einzustellen (Abb. 2). Dieses Buch soll euch dabei unterstützen.

Frühe Neuzeit	Neuzeit	Neueste Zeit

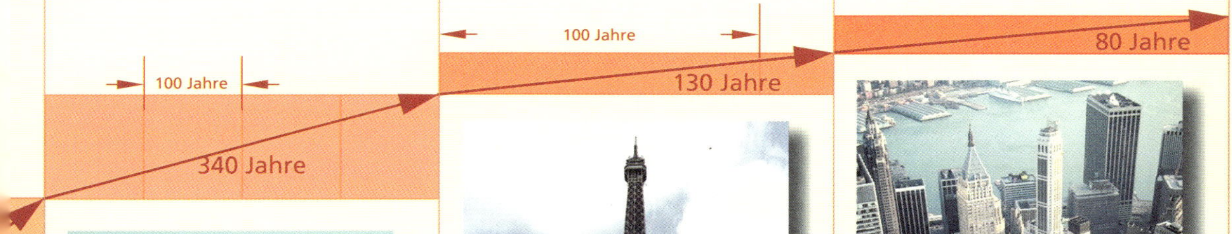

Frühe Neuzeit

Rathaus von Brüssel

Sternwarte (Inka), Lettern-Buchdruck, Fallschirm, Erdglobus, Entdeckung Amerikas, Seeweg nach Indien, Federuhr, Erdumsegelung, modernes Weltbild, Fernrohr, Bandwebstuhl, Thermometer, Barometer, Spiegelteleskop, Böttger-Porzellan, Spinnmaschine, mechanischer Webstuhl, Stahlschreibfeder

Christoph Kolumbus

Johannes Gutenberg, Christoph Kolumbus, Vasco da Gama, Leonardo da Vinci, Fernando Magellan, Nikolaus Kopernikus, Galileo Galilei, Johannes Kepler, Robert Hooke, Isaac Newton, Gottfried Wilhelm Leibniz, Carl von Linné

Neuzeit

Eiffelturm

Dampfmaschine, Heißluftballon, Lokomotive, Telegraf, Riesenteleskop, U-Boot, Dampfschiff, Fotografie, elektrische Uhr, Schneidbrenner, Füllfederhalter, Glühlampe, Fernsprecher, Ottomotor, Fahrrad, Gleitflug, Motorflugzeug, Film

Marie Curie

Hans Christian Oersted, Charles Babbage, James Clerk Maxwell, Friedrich Gauss, Michael Faraday, Justus von Liebig, Johann Gregor Mendel, Heinrich Hertz, Andreas Schubert, Charles Darwin, Ernst Haeckel, Robert Koch, Max Planck, Marie und Pierre Curie, Otto Lilienthal, Gebr. Wright

Neueste Zeit

New York / Manhattan

Projektionsplanetarium, Kunstseide, Rundfunk, Tonfilm, Schallplatte, Kaplan-Turbine, Pumpspeicherkraftwerk, Fernsehen, Herzkatheter, Quarzuhr, Raketen, Radargeräte, künstliche Niere, Atombombe, Kernreaktor, Raketenflugzeug, Transistor, Tauchkugel, Herzschrittmacher, Sputnik, Raumschiff, Weltraumsonde, Roboter, Chip, Computer, Farbfernsehen, Recycling

Albert Einstein

Alfred Wegener, Fritz Haber, Albert Einstein, Konrad Zuse, Otto Hahn, Jacques Piccard, Manfred von Ardenne, Wernher von Braun, Juri Gagarin, Alexei Leonow, Neil Armstrong, Edwin Aldrin

1 Vom Probieren zum Experimentieren

Wie kommt man in den Naturwissenschaften zu gesicherten Erkenntnissen?

In der Natur gibt es viele imposante, aufregende, aber auch für den Menschen gefährliche Erscheinungen. Das Wetter mit Regen, Hagel, Sturm, Gewitter und vielem mehr hält jeden Tag solche Erscheinungen bereit. Eine Windhose ist eindrucksvoll, aber sie besitzt auch eine gewaltige Zerstörungskraft.

Deshalb reicht es dem Menschen nicht aus, solche Erscheinungen nur zu beobachten. Er möchte sie auch erklären und vorhersagen können, um sich entsprechend verhalten zu können. Dazu benötigt man gesicherte naturwissenschaftliche Erkenntnisse.

1 Woraus haben sich die Wolken gebildet, wenn sie nicht durch Wind herangeführt wurden? Wenn sie wirklich aus Wassertropfen bestehen, wo sind diese am Abend hinverschwunden?

2 Wie kommt es eigentlich, dass uns beim Aufstieg warm wird? Stimmt es überhaupt, dass es weiter oben, auf Bergen, kälter ist als weiter unten, in Tälern?

3 Wie können solche Rinnen sogar in flach geneigtem Ackerland entstehen? Was können die Menschen tun, um die „Zertalung" von Feldern zu verhindern?

1.1 Wir nehmen unsere Umwelt bewusst wahr

Kaum hatte das neue Schuljahr richtig begonnen, forderte uns Frau Schön, unsere „Natur"-Lehrerin, auf, einen Tag nicht in die Schule zu kommen. Statt dessen sollten wir unsere hohen Wanderschuhe anziehen, uns nach dem „Zwiebelschalenprinzip" kleiden, Regenbekleidung in den Rucksack packen und unbedingt etwas zu trinken mitnehmen. Doch so richtig wie Wandern war uns nicht zumute, denn wir sollten auch ein DIN-A5-Notizbuch und Stifte mitnehmen, natürlich auch den Fotoapparat. Und außerdem sollte es den ganzen Tag dauern! „Wir wollen unsere Umwelt erfassen", sagte Frau Schön. Notizen und Fotos sollten dazu dienen, später eine Wandzeitung oder Poster zu gestalten.
Wie unsere Exkursion war, wie wir sie ausgewertet haben und wie wir im ganzen Jahr immer wieder darauf zurückkamen, das kann ich euch nicht im Einzelnen schildern. Aber einige wichtige Beobachtungen will ich euch darstellen. Vielleicht habt ihr auf eurer Exkursion in diesem Schuljahr ähnliche Begegnungen mit der Umwelt, auf die ihr euch noch lange stützen könnt!

Wir haben auch manches fotografiert, damit ihr euch besser vorstellen könnt, wie es war. Außerdem schreiben wir euch eine Menge Fragen auf, damit ihr schon immer anfangen könnt zu überlegen! Wir hatten uns diese Fragen auch gestellt, aber manche waren für uns zu einfach. Dachten wir. Dann haben wir manchmal ganz schön gestaunt, als wir im weiteren Unterricht die wirklichen Antworten suchten.

Als wir morgens in unserem Dorf losgingen, schien schon die Sonne und kein einziges Wölkchen war am Himmel zu sehen. Mittags, auf einem Berg, mussten wir beim Fotografieren länger belichten, weil die Sonne durch Wolken verdeckt war (Abb. 1). Am Abend war wiederum keine Wolke zu sehen. Den ganzen Tag war es fast windstill.

Am Morgen war es uns noch ziemlich kühl. Manche hatten außer dem Unterhemd noch ein Sporthemd, einen leichten Pullover und auch noch einen dünnen Anorak angezogen. Als wir dann ziemlich steil am Berg aufstiegen, hielten wir es sogar ohne Anorak und Pullover aus. Auch oben, während der Mittagsrast, war es schön warm (Abb. 2).

Unterwegs machte uns Frau Schön auf ein frisch bearbeitetes Feld aufmerksam. Es war nach der Getreideernte gepflügt und bearbeitet worden, trug aber noch keine Pflanzen wieder. Es war insgesamt nur schwach geneigt, stieg aber neben unserem Weg zum Waldrand hin etwas steiler an. Im Feld waren mehrere, ziemlich tiefe Rinnen zu sehen, die nach unten größer wurden (Abb. 3).

Bereits im Wald, überquerten wir auf einer Brücke einen Fluss. Manche von uns trauten sich erst darüber zu gehen, als Frau Schön gut auf der anderen Seite angekommen war. Die Brücke bestand nämlich aus zwei schon recht weit durchgebogenen, schwankenden Baumstämmen, die nur durch Brettchen miteinander verbunden waren (Abb. 1).

Ein Stück weiter bergauf befand sich eine fast ebene Fläche im Wald, hinter der eine Felswand emporragte. In der ebenen Fläche lag ein Tümpel mit ziemlich trübem Wasser. Robert entdeckte fünf Meter unterhalb des Tümpels eine Quelle mit glasklarem Wasser.
Frau Schön kannte in der Nähe eine andere Quelle (Abb. 2). Sie führte uns hin und erlaubte uns, vorsichtig zu kosten. Bedingung war, nichts zu „verraten“. Lisa verzog das Gesicht. Jetzt stürmten alle hin und schüttelten sich: Das Wasser war salzig!

Nach weiteren 10 Minuten Weg erreichten wir einen Kahlschlag, der uns einen guten Blick in das Vorland unseres Berges mit einer Stadt im Zentrum ermöglichte. Waldflächen wechselten mit Wiesen und Ackerland. Sogar einige Wasserflächen konnten wir entdecken (Abb. 4).

Max hatte einen Feldstecher mitgebracht, den er jetzt gut nutzen konnte. Während wir mit bloßem Auge nur das breite Band einer Autobahn und eine schmale Eisenbahnstrecke erkennen konnten, stellte Max einen mächtigen Stau auf der Autobahn fest (Abb. 3). Einen fahrenden Eisenbahnzug konnte er aber innerhalb einer viertel Stunde nicht entdecken.

1 Welche Belastung kann eine Brücke aushalten? Muss es unbedingt eine Betonbrücke sein oder gibt es andere Möglichkeiten?

2 Wie ist es zu erklären, dass das Wasser in dieser Quelle salzig schmeckt? Bedeutet „glasklares Wasser“, dass sich nichts anderes darin befindet?

4 Warum gibt es selbst in einem so kleinen Ausschnitt aus der Erdoberfläche so viele unterschiedliche Arten der Flächennutzung? Warum sind die Waldflächen oder die Landwirtschaftsflächen so eigenartig verteilt? Wovon hängt es ab, welche Flächennutzungsarten es in einem Gebiet gibt und wie sie verbreitet sind?

3 Warum werden die Autobahnen so stark und Eisenbahnstrecken so schwach benutzt oder gar stillgelegt? Welche Folgen hat das intensive Autofahren für uns Menschen und für unsere Umwelt?

1 Wodurch sind diese Unterschiede an den Felswänden zu erklären? Welche Vorgänge bewirken das Verwittern von Gestein?

Der Kahlschlag ermöglichte uns auch einen Ausblick auf die Felswand, die sich vor uns erstreckte. Wir konnten deutliche Unterschiede erkennen: Rechts war die Wand ziemlich dunkel gefärbt und stark von Klüften durchzogen, zwischen denen sich einzelne Felsblöcke herausgebildet hatten. Am Fuße der Wand konnte man einen Hang mit vielen Felsbrocken entdecken. Links dagegen war die Wand weiter zurückgesetzt, hell und ziemlich glatt (Abb. 1).

Unser Weg führte nun steil hinauf auf das Plateau oberhalb der Felswände. Von da aus sollte unser Zielberg genau östlich liegen. Für unsere Untrainierten war der Aufstieg aufs Plateau ziemlich anstrengend. Dana musste sich setzen, um sich auszuruhen. Mandy war bei ihr, nahm ihren Arm und stellte fest: 95, stark erhöhter Puls (Abb. 2)!
Frau Schön ging voraus, wir sollten 2 Minuten später nachkommen und gut auf den Weg aufpassen. Tatsächlich, erst Dirk, dann Kristin und schließlich Leo fanden auf den nächsten 200 Metern goldglänzende Pfennige! Sofort entbrannte ein Streit, ob Gold, ob nicht Gold.

Auf dem weiteren Weg entdeckten wir drei Dinge, deren Zusammengehörigkeit uns erst viel später klar wurde: 1. eine Ameisenstraße, von der kein Tier abwich, solange wir auch zusahen, 2. Hummeln, die immer wieder die Blüten des Fingerhutes anflogen, und 3. einen eigenartigen Behälter, der eine starke Ähnlichkeit mit einer Windlaterne hatte, aber an den Zweig einer Kiefer gehängt war (Abb. 3).
Bevor wir den Gipfel des Berges erreichten, mussten wir noch auf andere Weise aktiv werden. Zu sehen war zwar nichts, aber Gregor „witterte“ es zuerst: Es roch brenzlich! Tatsächlich brannte das trockene herbstliche Gras einige Meter vor uns. Wir waren „schneller als die Feuerwehr“. Zum Glück lagen vom Holzfällen noch einige Zweige am Weg. Die griffen wir uns und schlugen damit kräftig auf die Flammen ein, bis sie erloschen waren.

2 Was hat die Pulsfrequenz mit dem steilen Aufstieg zu tun? Wie kann man Pulswerte feststellen?

3 Mit welchen Sinnesorganen orientieren sich Insekten? Wie und wozu nutzt der Mensch diese Sinnesorgane aus? Können sich Insekten an die verbreiteten Stoffe anpassen?

„Nun habt ihr euch aber das Mittagessen verdient", meinte Frau Schön auf dem Gipfel unseres Berges, wo es eine kleine Imbiss-Bude gab (Abb. 1). Bratwurst, Schnitzel, Kekse, Schokolade ... – alles vorhanden. Und wir hatten noch einen langen Rückweg. Nun war die Entscheidung schwierig: Schokolade oder Mutters Äpfel?

Einige von uns hatten eigene Getränke mitgenommen, die sie nun „genießen" wollten. Nadine holte eine spezielle Trinkflasche aus dem Rucksack und hatte sofort kühlen Saft zur Verfügung. Andere hatten unvernünftigerweise Glasflaschen mit. Diese waren zwar ganz geblieben, aber die Getränke hatten sich erwärmt. Martin steckte seine Flasche in einen Wasserkübel, der auf dem Berg herumstand. Loreen hatte eine bessere Idee: Sie tauchte ein Leinentuch ins Wasser, wickelte die Flasche damit ein und – ihr werdet es kaum glauben – legte sie in die Sonne (Abb. 2).

Nachdem wir uns gestärkt und versucht hatten, Frau Schöns Wunsch, die Aussicht „mit allen Sinnen" zu erfassen, zu erfüllen, wollten wir endlich weiterziehen. Doch da trat Max aus dem Wald aufs Gipfelplateau! Niemand hatte sein Wegbleiben bemerkt. Er hatte sich unterhalb der Felswände so in seine Fern-Beobachtungen vertieft, dass er den Anschluss verloren und sich verlaufen hatte. Doch dann erinnerte er sich daran, dass der Gipfel genau östlich liegen sollte, und fand uns deshalb wieder (Abb. 3).

Für den Abstieg wählten wir ein Tal, das uns zunächst zu einer kleinen Stadt führen sollte. Das Tal war weit und oben waldlos. Wir kamen an einen Teich, an dem Schwarzerlen standen, während wir sonst Fichten und auch Kiefern angetroffen hatten (Abb. 4).

1 Worauf ist unser großer Hunger nach körperlicher Anstrengung zurückzuführen? Welches „Menü" wäre zu empfehlen?

2 Welche Eigenschaften muss eine Trinkflasche wie die von Nadine besitzen? Wieso hatte Loreen eine bessere Idee als Martin?

4 Worauf weisen die Wassernähe von Schwarzerlen und die Wasserferne von Fichten und Kiefern hin? Wie lässt sich beweisen, dass Pflanzen Wasser nach oben transportieren?

3 Woran hat sich Max offensichtlich orientiert, da er weder Kompass und Karte bei sich trug noch einen Wegweiser fand?

1 **Welche Beobachtungen könnte Sven über längere Zeit mit Wasserflöhen machen? Wie kann die Größe des Wassergehalts im Moos festgestellt werden?**

2 **Mit welchen einfachen Mitteln lässt sich die Geschwindigkeit fließenden Wassers recht genau bestimmen?**

3 **Welche Folgen hat die Errichtung großer Einkaufseinrichtungen auf der „grünen Wiese" vor den „Toren" der Stadt für die Verkehrsströme und den natürlichen Wasserkreislauf?**

Einige von uns interessierten sich näher für den Teich. Sven stellte die Anwesenheit von Wasserflöhen fest. Doreen nahm Moos vom Teichrand und drückte es aus wie das „tapfere Schneiderlein" den Käse (Abb. 1).

Am Teich begann auch der Lauf eines Baches. Nach wenigen hundert Metern verzweigte er sich. Ein Teil des Wassers floss im natürlichen Bett weiter, ein anderer wurde in einen Graben mit sehr geringem Gefälle geleitet. Wir konnten an der Wasseroberfläche erkennen, dass das Wasser im Naturbett schneller floss als im Kunstgraben (Abb. 2).

Kurz vor der Stadt waren Bauarbeiter dabei, die letzten Arbeiten an einem neuen Einkaufszentrum zu verrichten und den riesigen Auto-Parkplatz (Abb. 3) für die Eröffnung vorzubereiten. An drei Seiten war der Einkaufspark von Feldern umgeben.

Fragen, nichts als Fragen? Wie sind die Antworten zu finden? Durch **Wahrnehmung** der vielen natürlichen und vom Menschen geschaffenen Erscheinungen und Zusammenhänge in unserer Umwelt allein?

Wir kämen zu einem sehr anschaulichen, schönen, gefühlsbetonten Bild von unserer Umwelt, so wie sie z. B. Künstler sehen (Abb. 4), aber nicht zu wissenschaftlichen Antworten. Dafür muss man seine Wahrnehmungen gedanklich durchdringen. Die vielen wahrgenommenen Erscheinungen müssen nacheinander untersucht werden.

4 **Künstler, wie Dichter, Maler und Musiker, können die Schönheit der Natur wiedergeben und dabei Empfindungen, Gefühle und Stimmungen ausdrücken. Das Bild von Caspar David Friedrich (1774–1840) z. B. zeigt eine „Felspartie im Harz".**

1.2 Wir erforschen unsere Umwelt

1.2.1 Wir beobachten, messen und beschreiben

In unserer Umwelt gibt es eine Fülle von Erscheinungen, die wir wahrnehmen können und die unser Interesse wecken. Um in der Natur Sachverhalte und Zusammenhänge erkennen zu können, muss man aus dieser Fülle zunächst einige wenige Erscheinungen auswählen und sie genauer beobachten und untersuchen. Wir können z. B. **beobachten,** dass sich Bäume im Wind verformen (Abb. 1). Brücken können sich bei Belastung verbiegen (Abb. 2, S. 29). Seile und Drähte verlängern sich, wenn man an ihnen zieht (Abb. 3).

1 **Durch Wind und Sturm werden Bäume verbogen. Bei zu starken Winden können sie sogar brechen.**

Beim **Beobachten** werden gezielt Erscheinungen in der Umwelt wahrgenommen, um deren Eigenschaften, Merkmale, räumliche Beziehungen, regelmäßige zeitliche Abfolgen oder einmalige Veränderungen in den Erscheinungen zu erkennen.

In vielen Fällen reichen Beobachtungen **unmittelbar,** nur mit unseren Sinnesorganen aus, um die gewünschten Erkenntnisse zu bekommen. In anderen Fällen benötigt man Hilfsmittel, wie Lupe, Mikroskop und Fernrohr, um die Eigenschaften, Merkmale usw. bewusst wahrnehmen zu können. Ein kleines Tier wie den *Wasserfloh* kann man gerade noch unmittelbar erkennen (Abb. 2 oben). Viel besser aber kann man ihn mittelbar, durch den Einsatz einer Lupe (Abb. 2 Mitte) oder eines Mikroskops (Abb. 2 unten), beobachten.

3 **Beim Anhängen einer Last verlängert sich das Stahlseil des Kranes, auch wenn es nur wenige Millimeter sind.**

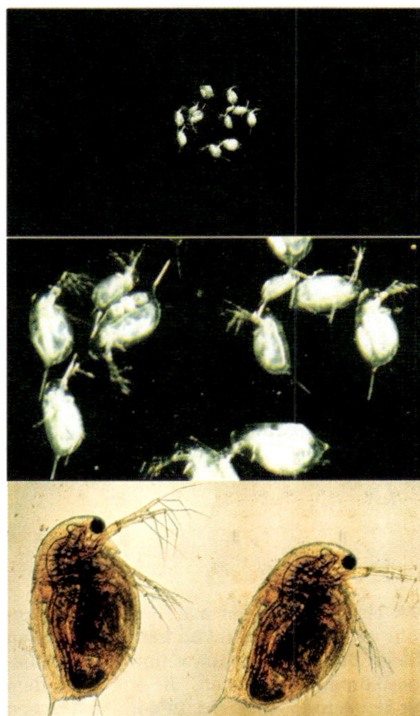

2 **Viele Tiere und Pflanzen können gerade noch mit bloßem Auge beobachtet werden.**

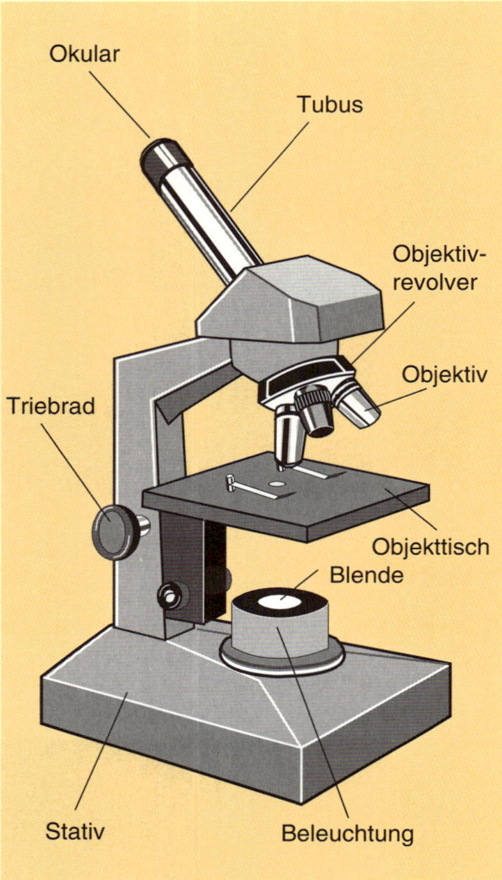

Regeln für die Handhabung eines Mikroskopes

Beim Arbeiten mit einem Mikroskop sollte man folgende Regeln beachten:

1. Lege zunächst den Objektträger mit dem zu untersuchenden Objekt so auf den Objekttisch, dass das Objekt über der Öffnung liegt! Klemme den Objektträger fest!
2. Um dir einen Überblick über das zu untersuchende Objekt zu verschaffen, stelle mit dem Objektivrevolver die kleinste Vergrößerung ein!
3. Bewege durch Drehen des Triebrades den Tubus mit dem Objektiv bis in die Nähe des Objektes! Kontrolliere dabei von der Seite, damit das Objektiv das Objekt nicht berührt, sonst werden Objektiv und Objekt beschädigt!
4. Schaue durch das Okular und stelle das Objekt scharf ein, indem du durch Drehen des Triebrades den Tubus vorsichtig und langsam nach oben bewegst!
5. Wenn notwendig, reguliere mit Hilfe der Blende die Helligkeit!
6. Verschiebe nun den Objektträger mit dem Objekt so lange auf dem Objekttisch, bis du eine Stelle des Objektes gefunden hast, die günstig betrachtet werden kann!
7. Betrachte das Objekt genau! Fertige eine Übersichtsskizze an!
8. Wähle eine stärkere Vergrößerung und betrachte das Objekt erneut! Ergänze die Skizze und beschrifte sie!

1 Mit einem modernen astronomischen Fernrohr oder Spiegelteleskop kann man in den Tiefen des Weltalls Sterne und andere Himmelskörper beobachten, die man mit dem bloßen Auge nicht sieht. In den keplerschen Fernrohren werden zwei Sammellinsen verwendet. Später benutzte man Objektiv und Okular, die beide aus mehreren Linsen bestehen.

Lupen und Mikroskope benutzt man, um kleine Gegenstände oder sehr feine Einzelheiten von Gegenständen, z.B. von Pflanzen und Tieren, erkennen zu können. Für die Beobachtung weit entfernter Gegenstände auf der Erde, aber auch im Weltall, verwendet man Ferngläser und Fernrohre (Abb. 1). Beobachtungen mit Hilfs**mitteln** werden auch **mittelbare** Beobachtungen genannt.

Bei den bisher dargestellten Beobachtungen kann der Mensch die Eigenschaften mit oder ohne Hilfsmittel **direkt** wahrnehmen. Es gibt aber auch Eigenschaften von Körpern, die man nur **indirekt**, durch spezielle Verfahren, beobachten und somit feststellen kann. So verfärben sich z. B. Nahrungsmittel durch Betropfen mit bestimmten Nachweislösungen. Durch solche Farbveränderungen können mit Nachweislösungen Inhaltsstoffe in Lebensmitteln indirekt nachgewiesen werden (Abb. 1, S. 17).

Das Wetter kann man unmittelbar beobachten und dabei wichtige Merkmale feststellen. Ob der Himmel wolkenlos oder wolkenverhangen ist, ob es sich um tiefe oder um hohe Wolken handelt, ob Quell- oder Federwolken sichtbar sind, ob es regnet, schneit oder kein Niederschlag fällt, ob ein ganz schwacher oder ein starker Wind weht und sogar, ob es heiß, mäßig warm oder kalt ist, können wir durch unsere Sinne wahrnehmen und mit ihnen beobachten (Abb. 2).

Das unmittelbare Beobachten versagt aber oder ist viel zu ungenügend, wenn jemand wissen will, *wie viel* Regen gefallen ist, *wie hoch* die Temperatur „geklettert" war oder *wie groß* der Luftdruck gewesen ist. Hier müssen wiederum technische Hilfsmittel benutzt werden. Im Unterschied zu Lupe und Mikroskop, mit denen ein Beobachtungsobjekt „lediglich" vergrößert wird, werden Thermometer, Windmesser, Barometer oder Hygrometer bei Wetterbeobachtungen als **Messinstrumente** (Abb. 3) eingesetzt.

Beim **Messen** wird der Wert einer Größe, d. h. der Ausprägungsgrad einer Eigenschaft, mit Hilfe eines Messgerätes bestimmt. Dazu wird die zu messende Größe mit einer festgelegten Einheit verglichen. Wie man dabei vorgeht, ist in einer Messvorschrift festgelegt.

Messinstrumente werden auch beim Beobachten benutzt. Dann werden **Quantitäten** (Mengen, Größen) festgestellt und die Fragen „Wie viel?", „Wie groß?", Wie hoch?", „Wie schnell?" usw. beantwortet. Im Unterschied zu den **quantitativen** Beobachtungen zielen **qualitative** Beobachtungen auf die Feststellung der Qualität (Beschaffenheit) eines Beobachtungsobjektes ab. Beim Wetter sind das z. B. die Qualitäten „schön", „unbeständig" oder „schlecht". Durch sie erhalten wir bereits eine bestimmte Vorstellung von einer Wettersituation.

Während unserer Exkursion (s. Abschnitt 1.1) haben wir viele Beobachtungen gemacht. Diese hätten für den Beobachter selbst und erst recht für andere Menschen, die daran nicht teilgenommen haben, nur kurzzeitig oder gar keine Bedeutung, wenn man nicht die Beobachtungsergebnisse festhalten, speichern würde. Deshalb **beschreibt** man, was man festgestellt hat.

Beim **Beschreiben** wird zusammenhängend und geordnet dargestellt, *wie* ein Gegenstand oder eine Erscheinung in der Natur oder Technik beschaffen ist, z. B. welche Eigenschaften ein Körper besitzt, wie ein Vorgang abläuft oder wie ein technisches Gerät aufgebaut ist. Dabei werden in der Regel äußerlich wahrnehmbare Eigenschaften dargestellt.

1 Durch die blauschwarze Verfärbung von Lebensmitteln, die nach ihrem Betropfen mit einer Iod-Kaliumiodidlösung eintritt, kann man Stärke in ihnen nachweisen.

2 Mit unseren Sinnen können wir unmittelbar das Wetter beobachten und bereits viele seiner Merkmale feststellen. Durch diese Beobachtung ermitteln wir die *Qualität* des Wetters und wissen, ob es „schön", „mittelmäßig" oder „schlecht" ist.

3 Mit den Messgeräten einer Wetterstation können Größen, wie Temperatur, Luftdruck, Windgeschwindigkeit und Niederschlagsmenge, gemessen werden. Dadurch werden *Quantitäten* des Wetters exakt beobachtet.

Die Kraft als Größe in den Naturwissenschaften

Die **Bedeutung einer Größe** gibt an, welche messbare Eigenschaft damit beschrieben wird. Für jede Größe ist ein **Formelzeichen** als Abkürzung vereinbart. Um den Wert einer Größe anzugeben, wird eine **Einheit** festgelegt. Der Wert der Größe ist dann das Produkt aus Zahlenwert und Einheit, wobei man den Malpunkt weglässt.

Als Beispiel wird die Größe **„Kraft"** vorgestellt:

Bedeutung: Die Kraft gibt an, wie stark zwei Körper aufeinander einwirken.

Formelzeichen: *F*

Einheit: 1 Newton (1 N), nach dem englischen Physiker Isaac Newton (1642–1727) benannt

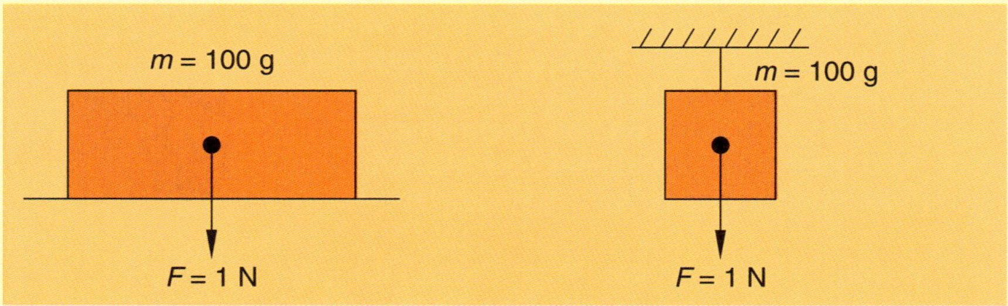

1 Ein Körper mit einer Masse von 100 g wirkt auf der Erde mit einer Kraft von 1 N auf seine Unterlage oder zieht an einer Aufhängung.

Messgerät: Federkraftmesser (Abb. 2)

Messvorschrift:
1. Wähle einen geeigneten Federkraftmesser aus! Beachte dabei den Messbereich!
2. Stelle den Nullpunkt ein!
3. Lasse die Kraft einwirken und lies an der Skala den Betrag der Kraft ab!

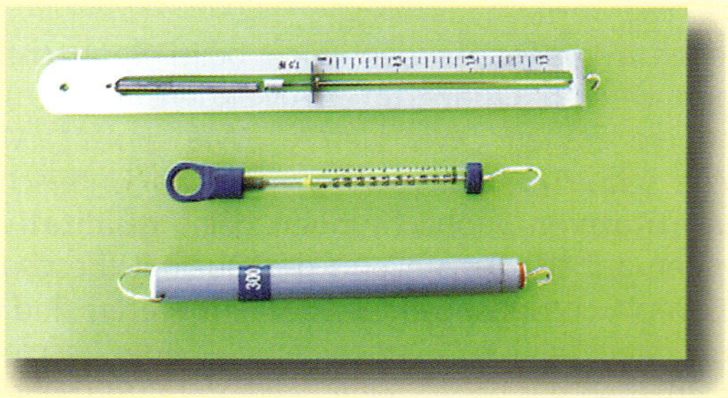

2 Federkraftmesser

Mit Kräften wirken Körper aufeinander ein, wobei ihre Form oder Bewegung geändert wird (Abb. 3).

3a Ein Fußballer wirkt mit seinem Fuß auf den Ball ein. Dadurch wird dieser in Bewegung gesetzt, abgebremst oder in eine andere Richtung gelenkt.

3b Der Radfahrer wirkt mit Muskelkräften auf das Fahrrad ein, wobei es in Bewegung gesetzt, in Bewegung gehalten oder gebremst wird.

3c Das Mädchen wirkt auf den Impander ein und verformt ihn dadurch. Wenn keine Kraft mehr wirkt, hat der Impander seine alte Form wieder.

3d Bei einem Unfall wirken sehr große Kräfte zwischen Autos und diese können zu einer sehr starken Verformung der Fahrzeuge führen.

Beschreiben kann man vor allem mit Hilfe der Sprache. In den Naturwissenschaften, wie in jeder Wissenschaft, bemüht man sich dabei, wesentliche Seiten in den Erscheinungen mit **Fachbegriffen** zu bezeichnen. Damit alle unter einem Begriff auch dasselbe verstehen, werden Begriffe in den Naturwissenschaften eindeutig bestimmt, **definiert.** Fachbegriffe der einen Wissenschaft stimmen jedoch häufig nicht bzw. nicht vollständig mit denen einer anderen Wissenschaft und mit Begriffen, die wir im Alltag benutzen, überein, obwohl dasselbe Wort verwendet wird.

1 Schüler messen bei Gewässeruntersuchungen den Wert der Größe Geschwindigkeit.

Größen sind ein spezieller Teil der naturwissenschaftlichen Fachbegriffe. Bekannte Größen sind z. B.: Masse, Volumen, Flächeninhalt, Temperatur, Länge, Zeit und Geschwindigkeit (Abb. 1). Eine **Größe** beschreibt eine messbare Eigenschaft von Objekten (Körper, Stoffe, Vorgänge usw.).

Beobachtungen kann man neben der Sprache auch mit anderen Mitteln beschreiben. So kann man z. B. Tabellen, Profilskizzen, Kartenskizzen (Abb. 2) oder andere Zeichnungen benutzen. Ermöglichen Beobachtungen in Natur und Technik quantitative Aussagen, stehen zu ihrer Beschreibung auch mathematische Mittel zur Verfügung (s. S. 20).

Um in den Naturwissenschaften zu neuen Erkenntnissen zu kommen, werden nicht nur Erscheinungen beobachtet und beschrieben. Durch **Vergleichen** wird versucht, Gemeinsamkeiten, Unterschiede und Regelmäßigkeiten in den Erscheinungen zu erkennen.

Beim **Vergleichen** geht es darum, *Gemeinsamkeiten* und *Unterschiede* zwischen Dingen und Erscheinungen herauszufinden und darzustellen.

Dazu wählt man sich zuerst geeignete Gesichtspunkte, mit deren Hilfe man wesentliche Seiten der zu vergleichenden Erscheinungen beurteilen kann. Wenn ein Vergleich einen Zweck verfolgt, kann im Ergebnis eines Vergleichs aus den zusammengestellten Fakten eine Schlussfolgerung abgeleitet werden.

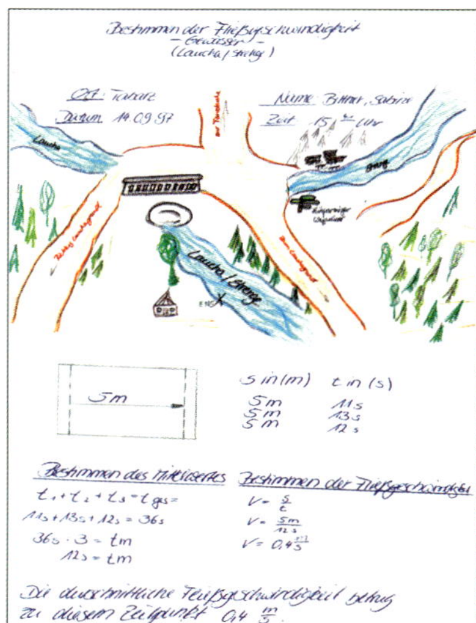

2 Kartenskizzen sind ein sehr aufschlussreiches Mittel zur Beschreibung von Beobachtungen. Sie ermöglichen die Darstellung von Lagebeziehungen zwischen Objekten.

Erscheinungen werden auch **klassifiziert.** Dazu ist ein Vergleich der Objekte notwendig. Werden die Gruppen benannt, so entstehen neue Begriffe.

Beim **Klassifizieren** werden verschiedene Dinge und Erscheinungen (Objekte) aufgrund gemeinsamer und unterschiedlicher Merkmale in Gruppen eingeteilt. Alle Objekte, die bestimmte gemeinsame Merkmale besitzen, werden zu einer Gruppe oder Klasse zusammengefasst.

Die Darstellung quantitativer Beobachtungen

Quantitative Beobachtungen in Natur und Technik kann man auch mit mathematischen Mitteln beschreiben. Dazu gehört die Darstellung in Tabellen, Diagrammen, mit Proportionalitäten und Gleichungen. Wenn z. B. eine Wandergruppe mit annähernd gleicher (konstanter) Geschwindigkeit wandert, so kann man messen, welche Wege in welchen Zeiten zurückgelegt werden. Die Messwerte kann man mit verschiedenen mathematischen Mitteln darstellen und auswerten.

Messwertetabelle

t in h	s in km	s/t in km/h
0	0	–
0,5	2	4
1,0	4	4
1,5	6	4
2,0	8	4
2,5	10	4

1 Die Messwerte werden zunächst nur in die ersten beiden Spalten der Tabelle eingetragen. In die dritte Spalte (zur Auswertung) wird erst eingetragen, nachdem ein konkreter Zusammenhang zwischen den Größen vermutet wird.

Diagramm

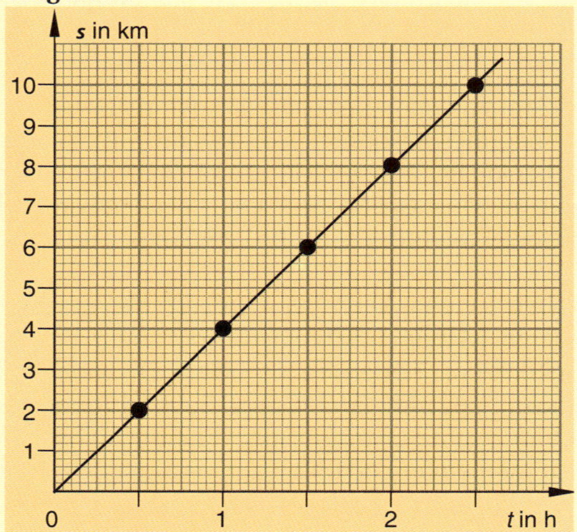

2 Im Weg-Zeit-Diagramm werden zunächst die Punkte für die Messwertepaare eingetragen. Durch die Punkte kann eine Gerade gezeichnet werden, die durch den Nullpunkt (Koordinatenursprung) verläuft.

Aus dem Diagramm kann man aufgrund der Geraden durch die eingetragenen Punkte und den Koordinatenursprung auf eine direkte Proportionalität zwischen Weg und Zeit schließen. Durch die Berechnung der Quotienten $\frac{s}{t}$ kann dieser Zusammenhang rechnerisch bestätigt werden.

Proportionalität: $s \sim t$ oder $\frac{s}{t}$ = konstant

Gleichung: $v = \frac{s}{t}$ oder $s = v \cdot t$

Mit dem Quotienten $v = \frac{s}{t}$ kann die Geschwindigkeit v berechnet werden, wenn sie – wie bei dieser Bewegung – konstant ist.

Zur Veranschaulichung von quantitativen Beobachtungen kann man verschiedene Arten von Diagrammen nutzen. Wichtige Diagrammarten sind **Kreisdiagramme** (Abb. 3), **Säulendiagramme** (Abb. 4) und **Liniendiagramme** (Abb. 5).

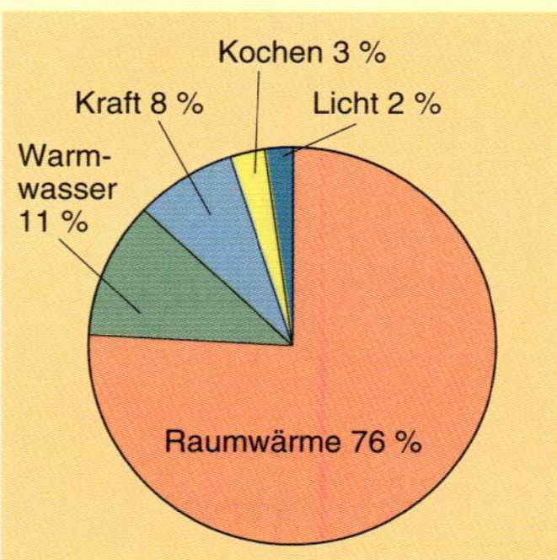

3 Aufteilung des Energieverbrauchs in den deutschen Privathaushalten

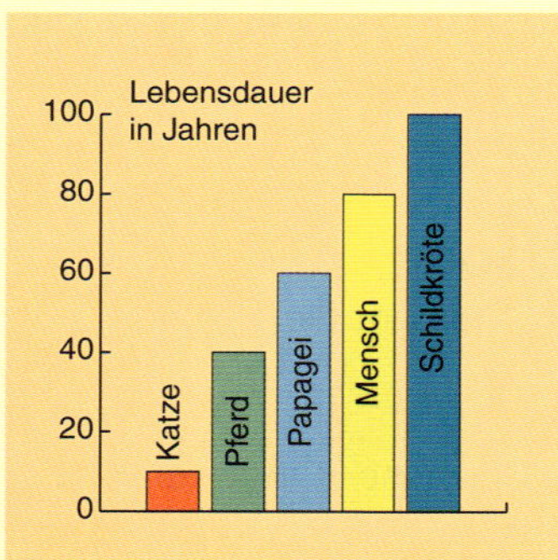

4 Die durchschnittliche Lebensdauer einiger Lebewesen

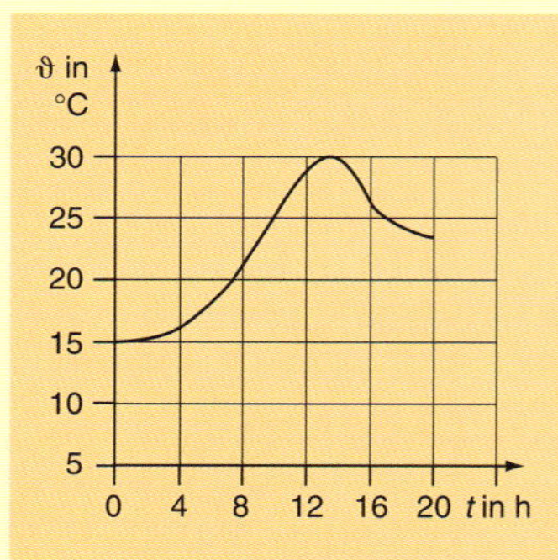

5 Abhängigkeit der Temperatur von der Tageszeit

Zur Darstellung und Auswertung von Messwerten kann man auch den **Computer** und entsprechende Programme zur **Tabellenkalkulation** nutzen. Dazu trägt man die Messwerte in eine Tabelle ein (Abb. 1). Der Computer stellt sie dann in einer gewünschten Diagrammart dar (Abb. 2).

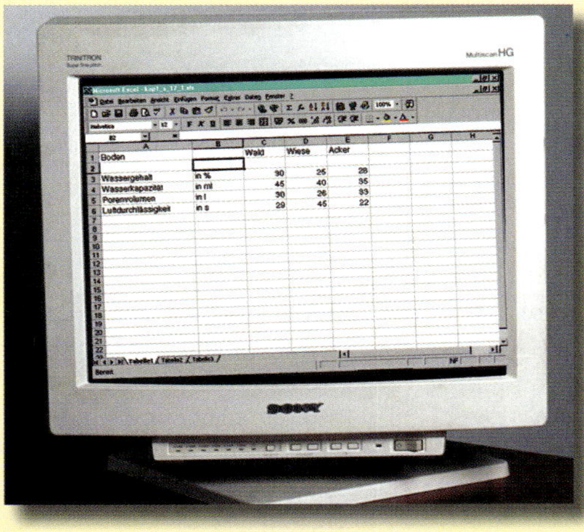

1 **Eintragen der Messwerte zu Bodenuntersuchungen in eine Tabellenkalkulation**

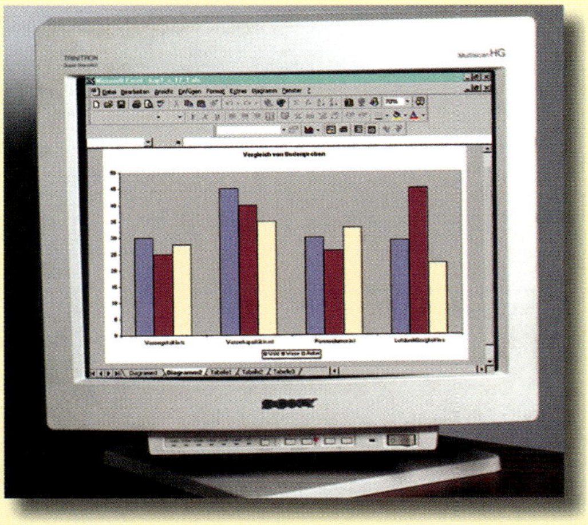

2 **Darstellung der Messwerte in Säulendiagrammen mit dem Computer**

Vergleichen und Klassifizieren von Pflanzen

Bei einer Wanderung oder Exkursion kann man verschiedenste Pflanzen – wenn sie nicht geschützt sind – sammeln und untersuchen. So wurden z.B. folgende Pflanzen gesammelt:

3 Acker-Senf

4 Basilikum

5 Raps

6 Weiße Taubnessel

7 Hirtentäschel

8 Majoran

Mit Hilfe von Lupe und Pinzette kann man die Blüten dieser Pflanzen untersuchen und dabei Einzelheiten **beobachten** und **vergleichen**. Beim Vergleichen wird man Gemeinsamkeiten und Unterschiede zwischen verschiedenen Pflanzen feststellen. Aufgrund dieser Gemeinsamkeiten und Unterschiede kann man die vorliegenden Pflanzen in zwei Gruppen einteilen und damit **klassifizieren**.

Den beiden Gruppen bzw. Klassen gibt man in der Biologie in Anlehnung an die Form der Blüten bestimmte Namen: Lippenblütengewächse und Kreuzblütengewächse.

<table>
<tr><th></th><th>Lippenblütengewächse</th><th>Kreuzblütengewächse</th></tr>
<tr><td>Bau der Blüte</td><td>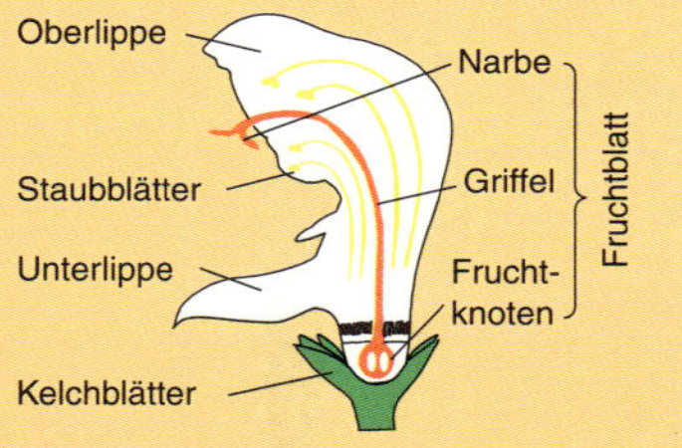
</td><td>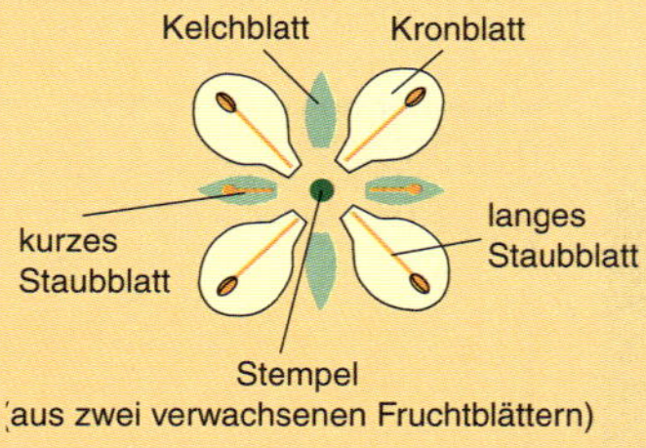
</td></tr>
<tr><td>gemeinsame Merkmale</td><td>– Blüten bestehen aus Ober- und Unterlippe
– vierteiliger Fruchtknoten mit 4 Staubblättern</td><td>– Blüten mit je 4 sich kreuzweise gegenüberstehenden Kelch- und Kronblättern
– 2 äußere kurze und 4 innere lange Staubblätter</td></tr>
<tr><td>Vertreter</td><td>– Weiße Taubnessel
– Basilikum
– Majoran</td><td>– Acker-Senf
– Hirtentäschel
– Raps</td></tr>
</table>

1 **Die Verformung von Bogen und Sehne durch die Kraft eines Schützen ist elastisch. Nach Wegfall der Kraft geht ein Bogen in seine ursprüngliche Form zurück.**

2 **Beim Aufprall auf ein Hindernis, wie hier beim Crashtest, wird das Auto plastisch (dauerhaft) verformt.**

1.2.2 Wir experimentieren

Durch Beobachten, Messen, Vergleichen und Klassifizieren können wir eine Reihe von Erkenntnissen über die Natur gewinnen. So kann man durch Beobachten und Vergleichen der Verformung einer Brücke bei Belastung (Abb. 2, S. 29), des Verbiegens von Bäumen im Wind (Abb. 1, S. 15), des Dehnens von Seilen und Drähten beim Ziehen an ihnen (Abb. 3, S. 15) feststellen, dass sich Körper offenbar immer dann verformen, wenn auf sie eine Kraft wirkt. Dabei gibt es Körper, die nach Wegfall der Kraft wieder ihre ursprüngliche Form annehmen (Abb. 1), und solche, die auch nach Wegfall der Kraft verformt bleiben (Abb. 2). Somit kann man die Verformungen unter Krafteinwirkung in zwei Gruppen einteilen und klassifizieren in

- elastische Verformungen (Verformung geht ohne äußere Krafteinwirkung allein wieder zurück) und
- plastische Verformungen (Verformung bleibt auch bei Wegfall der Krafteinwirkung erhalten).

Zur Beschreibung unserer Beobachtungen haben wir eine Reihe von Fachbegriffen, wie Kraft, elastische und plastische Verformungen, verwendet.

Im Ergebnis vielfältiger Beobachtungen können wir darüber **Vermutungen** aufstellen,

- welche Zusammenhänge in der Natur wirken und
- unter welchen Bedingungen diese auftreten.

Aufgrund *genauerer* Beobachtungen können wir z. B. die Vermutung aufstellen,
- dass die Verformung bzw. Verlängerung eines Körpers umso größer ist, je größer die einwirkende Kraft ist, und
- dass dieser Zusammenhang nur bei elastisch verformten Körpern gilt.

Damit haben wir Vermutungen über Zusammenhänge in der Natur formuliert. Diese Vermutungen müssen jedoch überprüft werden. Außerdem müssen für viele praktische Anwendungen die Zusammenhänge genauer bekannt sein. Deshalb werden **Fragen an die Natur** gestellt, die es genauer zu untersuchen gilt, so z. B.: Welcher Zusammenhang besteht zwischen der Verformung bzw. Verlängerung eines elastischen Körpers und der einwirkenden Kraft?

Um solche Fragen an die Natur beantworten zu können, führt man naturwissenschaftliche **Experimente** durch.

Beim **Experimentieren** wird eine Erscheinung der Natur unter ausgewählten, kontrollierten und veränderbaren Bedingungen beobachtet und ausgewertet. Die Bedingungen und damit das gesamte Experiment müssen wiederholbar sein.

1 Wirkt auf junge Bäume starker Wind ständig aus der gleichen Richtung und verhindert der geschlossene Wald ein Brechen, so können sie auch plastisch verformt werden.

Die Etappen von Experimenten

Experimente laufen im Wesentlichen in drei Etappen ab: Vorbereitung, Durchführung und Auswertung. Beim **Vorbereiten** eines Experiments ist zu überlegen, was man beobachten oder messen möchte, welche Bedingungen gleich (konstant) bleiben sollen und welche man verändern möchte, welche Geräte, Hilfsmittel, Chemikalien und biologischen Objekte erforderlich sind, wie die Experimentieranordnung aussehen soll, welche Beobachtungs- und Messfehler auftreten können und wie man sie klein halten kann und wie man das Experiment auswerten will. Überlegungen zur Auswertung eines Experiments müssen deshalb bereits bei der Vorbereitung angestellt werden, weil die Art und Weise der Auswertung mitunter Einfluss auf die Experimentieranordnung und die Messgeräte hat.

Besonders wichtig ist bei Experimenten die genaue Einhaltung der Sicherheitsbestimmungen, um Schäden von Personen und Sachen fern zu halten. Ebenso muss an eine umweltgerechte Entsorgung von Chemikalien gedacht werden.

Beim **Durchführen** eines Experiments wird zunächst die Experimentieranordnung nach der Planung aufgebaut. Anschließend werden Beobachtungen durchgeführt und Messwerte aufgenommen. Dabei ist besonders darauf zu achten, welche Bedingungen konstant und welche verändert werden sollen. Außerdem ist zu beachten, wie man Beobachtungs- und Messfehler klein halten kann. Beobachtungs- und Messergebnisse sind genau zu protokollieren. Dazu werden häufig auch Tabellen angefertigt.

Beim **Auswerten** eines Experiments werden Vergleiche durchgeführt, Diagramme angefertigt und Berechnungen vorgenommen. Heute wird dazu auch der Computer genutzt (s. S. 21). Letztlich wird die Frage bzw. Aufgabe des Experiments beantwortet und ein Ergebnis formuliert. Wurde vor dem Experiment eine Vermutung aufgestellt, wird das Ergebnis des Experiments mit der Vermutung verglichen. Häufig wird auch die Genauigkeit des experimentellen Ergebnisses eingeschätzt.

Da Experimente stets wiederholbar sein müssen, damit die experimentellen Ergebnisse auch von anderen Menschen eingeschätzt und beurteilt werden können, müssen Experimente genauestens protokolliert werden. Im **Protokoll** werden neben den Beobachtungs- und Messergebnissen auch die Experimentieranordnung, die Bedingungen, die Auswertungen und die Ergebnisse festgehalten.

Ein Experiment an der Feder

Aus vielfältigen Beobachtungen konnten wir Vermutungen über Zusammenhänge bei der Verformung von Körpern anstellen (s. S. 23). Daraus wurde die Frage an die Natur abgeleitet: Welcher Zusammenhang existiert zwischen der Verformung bzw. Verlängerung eines elastischen Körpers und der einwirkenden Kraft?

Diese Frage soll in Experimenten an Schraubenfedern untersucht werden. Die Schraubenfedern dienen als Beispiele für elastische Körper.

Experimentelle Aufgabe:

Welcher Zusammenhang besteht zwischen der Verlängerung s einer Feder und der an ihr angreifenden Kraft F?

Vorbereitung des Experiments:

Aus der Überlegung, dass wir den Zusammenhang zwischen der Verlängerung und der angreifenden Kraft an einer Feder untersuchen möchten, leiten wir die zu messenden Größen und die Messgeräte ab.

Als Kraft wählen wir im Experiment die Gewichtskraft eines angehängten Hakenkörpers, die mit dem Federkraftmesser ermittelt wird.

Als konstante Bedingung müssen wir die Schraubenfeder wählen. Das bedeutet, dass wir unsere Messungen im Experiment nur an *einer* Feder durchführen. Als veränderbare Bedingung wählen wir die einwirkende Kraft. Das heißt, wir messen die Verlängerung der Feder bei unterschiedlichen Gewichtskräften von verschiedenen Körpern. Daraus ergibt sich die Experimentieranordnung.

Um Messfehler klein zu halten ist die Messvorschrift für den Federkraftmesser (s. S. 18), insbesondere die Nullpunkteinstellung, zu beachten. Außerdem ist beim Ablesen von Lineal und Federkraftmesser stets gerade auf die Messgeräte zu blicken.

Für eine effektive und quantitative Auswertung sind die Messergebnisse in eine entsprechende Messwertetabelle einzutragen. Diese Messwertereihen können dann mit Hilfe eines Diagramms und rechnerisch ausgewertet werden.

Durchführung des Experiments:

Das Experiment wird entsprechend der Planung durchgeführt. Die Messwerte werden aufgenommen und in die Tabelle protokolliert.

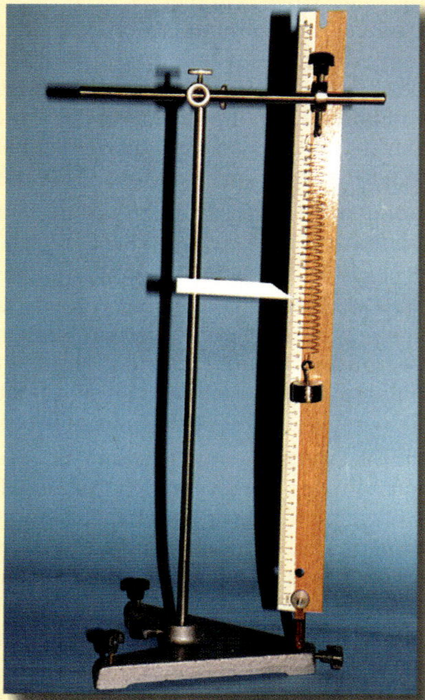

Auswertung des Experiments:

Zur Auswertung werden die Messwertepaare zunächst in ein s-F-Diagramm eingetragen. Die Punkte sind im Diagramm so angeordnet, dass man durch sie eine Gerade zeichnen kann, die durch den Nullpunkt (Koordinatenursprung) verläuft. Dies lässt vermuten, dass zwischen der Verlängerung s einer Feder und der angreifenden Kraft F ein direkt proportionaler Zusammenhang besteht. Sollte dies der Fall sein, so muss der Quotient F/s konstant sein. Die rechnerische Überprüfung in der Tabelle bestätigt diese Vermutung. Somit kann ein entsprechendes Ergebnis formuliert werden.

Mit diesem experimentellen Ergebnis kann zunächst die Vermutung (s. S. 22) erhärtet werden, dass bei elastischen Körpern die Verformung bzw. Verlängerung umso größer ist, je größer die einwirkende Kraft ist. Ob dieser Zusammenhang jedoch für alle elastischen Körper gilt, muss weiter in Experimenten und in der Praxis untersucht werden. Dabei sind neben Schraubenfedern auch andere elastische Körper, z. B. Gummibänder oder Seile, heranzuziehen.

Protokoll des Experiments:

Name: *Tobias Musterschüler* **Klasse:** *7a* **Datum:** *15. 09.*

Aufgabe: Welcher Zusammenhang besteht zwischen der Verlängerung *s* einer Feder und der an ihr angreifenden Kraft *F*?

Vorbereitung:

Größe 1: *Kraft* ***F***

Größe 2: *Verlängerung* ***s***

Messgerät: *Federkraftmesser*
Messgerät: *Lineal*

Weitere Geräte und Materialien:

- *eine Schraubenfeder*
- *verschiedene Hakenkörper*
- *Stativmaterial*

Experimentieranordnung:

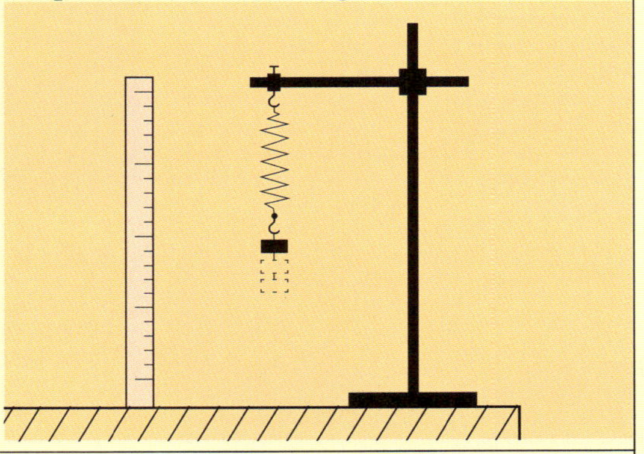

Durchführung und Auswertung:

Messwertetabelle:

F in N	s in cm	$\frac{F}{s}$ in $\frac{N}{cm}$
0	0	–
1	0,8	1,25
2	1,7	1,18
3	2,4	1,25
4	3,3	1,21
5	4,1	1,22
6	4,7	1,28

Aus den Messwertereihen und aus den Diagrammen kann man für die Feder erkennen:
$s \sim F$ *oder* $\frac{F}{s}$ = *konstant*

Diagramm:

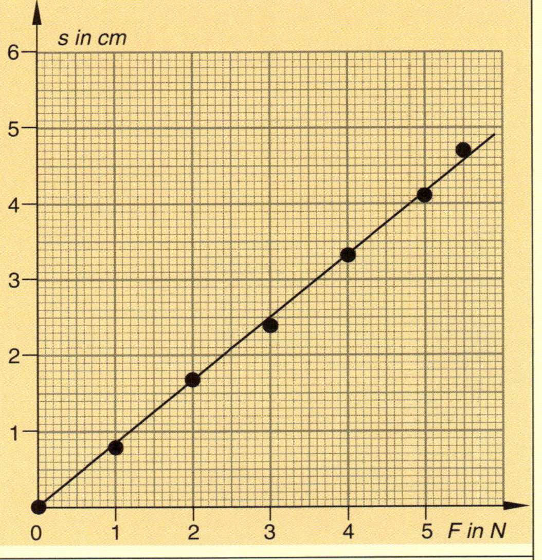

Ergebnis:

Zwischen der Verlängerung der Feder s und der an ihr angreifenden Kraft F besteht ein direkt proportionaler Zusammenhang.

1 Bei der Errichtung der Neubauabschnitte für den Hochgeschwindigkeitsverkehr (ICE-Verkehr) war es u. a. erforderlich, die Trassen mit möglichst geringen Höhenunterschieden bzw. Neigungen zu führen. Neben Tunneln und Brücken waren deshalb auch Einschnitte in das Gelände unvermeidlich. Dadurch entstanden Böschungen in der Landschaft.

2 Beim Ausbau von Flüssen in traditioneller Weise entstehen Böschungen, weil diese Gewässer tiefer geführt werden als die Talfläche, um Überschwemmungen zu verhindern. Der Böschungswinkel muss so gewählt werden, dass das aufgeschüttete Material nicht abrutscht. Die Begrünung dient seiner Befestigung.

3 Auch intensive Landnutzung durch die Land- und Forstwirtschaft kann im Einvernehmen mit der Natur erfolgen, wenn die Menschen die natürlichen Gegebenheiten beachten. Hier wurden die in der Natur vorhandenen Hangneigungen sinnvoll an die einzelnen Flächennutzungsarten angepasst.

4 Besonders abtragungsgefährdet sind ackerbaulich genutzte Hänge mit Lössbedeckung, wenn sie noch frei von Vegetation und starken Niederschlägen ausgesetzt sind. Metertiefe und -breite Schluchten können entstehen.

Experimente können in der *Natur selbst* oder *im Labor* (s. S. 29) oder *an einem Modell* durchgeführt werden. Das hängt u.a. auch von den Gefahren ab, die entstehen können, vor allem aber von den Kosten, die dabei verursacht werden.

Bei technischen Eingriffen in die Natur entstehen häufig Hänge bzw. Böschungen, die bestimmte Neigungswinkel aufweisen. Dies trifft beim Bau von Straßen und Eisenbahnstrecken (Abb. 1), von Gebäuden oder bei Bauarbeiten an Flussufern (Abb. 2) zu. Auch bei der Flächennutzung durch Land- und Forstwirtschaft ist die Frage bedeutsam, bis zu welcher Hangneigung eine Fläche möglichst schadlos als Ackerland genutzt werden kann und ab wann Dauergrünland sinnvoll oder gar Wald notwendig wird (Abb. 3). Eine große Rolle spielt dieses Problem auch beim Küstenschutz.

Vegetationslose Hänge sind mehr oder weniger abtragungsgefährdet. Die Abtragungsgröße hängt ab vom Neigungswinkel, von der Materialbeschaffenheit (z. B. Sandboden, Lehmboden, festes Gestein) und der Lage (Hang zeigt z.B. nach Westen und ist damit der Hauptwetterrichtung ausgesetzt). Die Abtragung kann nicht „nur" zu kleineren oder größeren Rinnen und Tälchen führen, die die Nutzbarkeit des Hanges verschlechtern (Abb. 4), sondern auch zum Verschütten von Straßen oder zur Zerstörung von Häusern (Abb. 1, S. 27), ja sogar zur vollständigen Landschaftszerstörung.

Diese und andere Ereignisse weisen darauf hin, dass es erforderlich ist, Hänge und Böschungen schnell zu befestigen, möglichst in einer naturnahen Form (Abb. 2). Welche aber ist die günstigste Lösung? Es ergeben sich u. a. folgende **Fragen an die Natur:**

- Wie groß darf die Neigung des Hanges bei einem gegebenen Material höchstens sein, um Abtragungen durch Niederschlagswasser und Hangrutschungen zu verhindern?
- Bis zu welcher Niederschlagshöhe je Stunde bleibt der Hang einer bestimmten Neigung und eines bestimmten Materials stabil?
- Mit welchen Mitteln kann bewirkt werden, dass der Hang möglichst schnell, möglichst naturnah und möglichst ohne Folgeschäden für die Umwelt dauerhaft stabilisiert wird? Sind dafür Betonierung, Betongitterplatten, Pflasterung, Auftragen von Netzen oder Matten mit oder ohne Pflanzensamen, Anpflanzen von Sträuchern usw. günstig?

1 Im Mai 1998 wurden große Teile des südlichen Italiens von Unwettern heimgesucht, deren Folgen zerstörte Siedlungen und Todesopfer waren. Die Ursachen liegen in der Entwaldung von Hängen und in der Verbauung von Tälern.

Um diese und viele weitere Fragen beantworten zu können, müssen verschiedene, längere Zeit dauernde Experimente durchgeführt werden (Abb. 2–4; 1–3, S. 28), bei denen Bedingungen einzeln und nachvollziehbar geändert werden.

2 Wird eine Böschung begrünt, indem man auf das Lockergestein des Hanges einfach Pflanzensamen aufbringt, ist der Erfolg ungewiss: Nicht nur, dass sich bis zum Aufgang der Saat und dem Wachstum der Pflanzen bei starkem Regen Rinnen bilden können. Auch der Samen selbst ist gefährdet. Er kann bei Regen abgeschwemmt, bei Trockenheit vom Wind weggeweht oder von Vögeln gefressen werden. Deshalb wurden Böschungsbegrünungsmatten entwickelt.

3 Die Böschungsbegrünungsmatten bestehen aus nachwachsenden Rohstoffen, z. B. zu 100 % aus einheimischem Gerstenstroh. Das Stroh ist mit einem Jute-Netz versteppt, so dass es nicht vom Wind fortgetragen werden kann. Die Matten schützen die Oberfläche von Lockergesteinsböschungen vor Abtragung durch Wasser und begünstigen die Begrünung, vor allem die Keimung des Saatgutes. Sie speichern Wärme und Feuchtigkeit, die die Pflanzen benötigen.

4 Schon nach wenigen Wochen zeigt sich das erste Grün. Das Saatgut wurde weder abgespült noch weggeweht noch gefressen. Die Bemühungen um eine naturnahe Gestaltung des Hanges hatten Erfolg. Böschungsbegrünungsmatten können an allen Erdbauwerken im Verkehrsbau, im Wasserbau, aber auch im Wohnungs- und Industriebau bis zu 70 % Hanggneigung verwendet werden. Hänge werden wirksam befestigt, ohne dass die Oberfläche versiegelt wird.

1 Pflanzplatten können mehr Wasser aufnehmen und es länger speichern als die Matten. Diese Eigenschaft verdanken sie vor allem ihrer größeren Dicke, die 15–20 mm beträgt. Hinzu kommt, dass die Platten stärker verdichtet sind als die Matten. Deshalb können sie 9–12 l/m² Wasser aufnehmen. Dieses Wasserspeichervermögen ist für die Keimung des gleich in die Platten eingebrachten Saatgutes vor allem in Gebieten mit längerer Trockenheit wichtig.

2 Auf Versuchsflächen in Braunkohlentagebauen haben Pflanzplatten die Abtragung von Lockermaterial durch Niederschlagswasser vollständig verhindert. Die ungeschützte Fläche (rechts) weist nach einem Regen von 18 mm in nur einer halben Stunde deutliche Rinnen auf. Der Regen spülte auch das Saatgut und sogar kleinere Pflanzen weg. Die mit Pflanzplatten bedeckte Fläche (links) schützte die Oberfläche und zeigt gleichmäßiges Grün.

3 Die Pflanzplatten sind jedoch in ihrer Herstellung und ihrer Verlegung teurer als die Matten. Deshalb werden beide Materialien kombiniert so eingesetzt, dass ihre Vorteile am besten wirken können: Die Platten werden in einem Streifen oben, am Hangkopf, verbaut (heller Streifen neben der Leitplanke). Sie nehmen Wasser gleich dort auf und verhindern dadurch die Abspülung des Hanges. Der Hang selbst wird mit Matten bedeckt.

Viele Experimente zur Hangbefestigung laufen in der Natur selbst ab, weil letztlich jedes praktische Ausprobieren auch ein Experiment ist, ob bisherige Erkenntnisse und Erfahrungen sich auch unter neuen, veränderten Bedingungen bestätigen. Gleichzeitig werden bei jedem Experiment in der Natur selbst Erkenntnisse gewonnen, die man bei neuen Anwendungen in der Praxis berücksichtigen muss (Abb. 4). Beim Bau von Deichen z. B. werden alle bisherigen Erkenntnisse zum Deichbau beachtet, damit der Bau nicht zu einem leichtfertigen „Experiment" mit evtl. schweren sachlichen Schäden und Gefahren für Menschenleben wird.

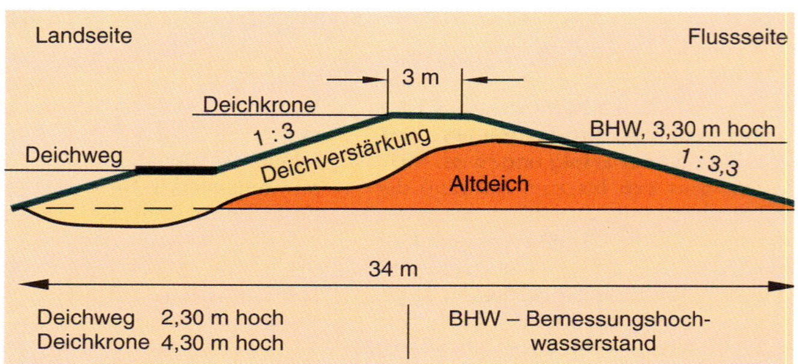

4 Nach dem Oder-Hochwasser im Sommer 1997 wurden die Deiche auf der Landseite verstärkt.

1 Bei der Sanierung der Berliner Stadtbahn in den Jahren 1996–1998 wurden zahlreiche Brücken erneuert. So auch diese viergleisige Brücke im Vorfeld des Berliner Ostbahnhofs. Der Belastungstest erfolgte durch acht Großdiesellokomotiven der Baureihe 232.

2 Das Verhalten der Brücke wird durch Messeinrichtungen erfasst. Bei Belastung biegt sie sich um wenige Millimeter durch, muss aber bei Entlastung wieder ihre normale Lage eingenommen haben. Die Brücke muss elastisch reagieren.

Auch die Belastbarkeit einer Brücke wird z. B. bei der Eisenbahn vor ihrer Inbetriebnahme aus Sicherheitsgründen stets getestet (Abb. 1 und 2). Bei diesem Experiment besteht jedoch heutzutage kaum ein Risiko, weil die Ingenieure über jahrhundertelange Erkenntnisse und Erfahrungen verfügen und ihre Berechnungen hohe Sicherheit aufweisen.

Niemand würde einfach eine Brücke „drauflos“ bauen, um dann zu probieren, bei wie vielen Autos Belastung sie zusammenbricht! Solche Experimente können jedoch als *Modellexperimente* risikolos auch mit einfachen Mitteln und von jedem Schüler durchgeführt und dabei Bedingungen verändert werden (Abb. 4–6).

Experimente im Labor (Abb. 3) führt man auch deshalb durch, weil Naturwissenschaftler und Techniker bestimmte Zusammenhänge unter *idealen* Bedingungen untersuchen möchten, die man in der Natur häufig nicht vorfindet. Außerdem kann man im Labor die Bedingungen besser kontrollieren, beeinflussen und manche Vorgänge auch schneller ablaufen lassen als in der Natur. Auch bei solchen Laborexperimenten gewinnen Naturwissenschaftler und Techniker neue Erkenntnisse über die Natur.

3 Flugzeugtriebwerke müssen sicher arbeiten. In den Labors von BMW Rolls-Royce werden Triebwerksschaufeln auf Durchschlag geprüft.

4 Zwei Brückenlager tragen ein Blatt Papier als Brücke. Bei Belastung mit einer kleineren Masse biegt sich die Brücke stark durch.

5 Die Masse für die Belastung der Brücke wird vergrößert. Das flache Blatt Papier wird bis zum Grund durchgebogen.

6 Das Blatt Papier wurde in gleichmäßigen Abständen im Zickzack gefaltet. Es hält auch der Belastung mit der größeren Masse stand.

1.2.3 Wir erklären, sagen voraus und ziehen Schlussfolgerungen

Die Naturwissenschaften haben nicht nur das Ziel, konkrete Erscheinungen in Natur und Technik zu beobachten und Fakten über konkrete Sachverhalte zu sammeln und festzuhalten. Sie wollen vor allem gewonnene Erkenntnisse auf neue Sachverhalte übertragen. Wenn die Experimente zur Hangbefestigung in einem Braunkohlentagebau der Niederlausitz zu bestimmten Erkenntnissen geführt haben, warum sollten diese im benachbarten Tagebau nicht gelten, wenn dort die gleichen Materialbedingungen und die gleichen Niederschlagsverhältnisse gegeben sind (s. S. 28)?

Auch Erkenntnisse über den Zusammenhang zwischen angreifender Kraft und Verlängerung an einer konkreten Feder (s. S. 25) nutzen wenig, wenn man sie nicht auf andere Federn oder auf die Verformung elastischer Körper überhaupt übertragen kann. Erst durch diese Übertragbarkeit kann man die Erkenntnisse nutzen, um z. B. Federkraftmesser zu bauen oder Brücken und andere Bauwerke sicher zu konstruieren (Abb. 1). Letztlich ist es das Ziel der Naturwissenschaften, Erscheinungen in Natur und Technik zu erklären, vorauszusagen und Schlussfolgerungen für praktische Anwendungen zu ziehen. Dazu müssen Zusammenhänge, die man in konkreten Erscheinungen gefunden hat, für ganze Gruppen bzw. Klassen von Erscheinungen verallgemeinert werden. Solche verallgemeinerten Zusammenhänge bezeichnet man auch als **gesetzmäßige Zusammenhänge.**

1 Die Spitze des Fernsehturms kann bei Sturm bis zu 2 m ausgelenkt werden. Für die Beurteilung der Sicherheit des Bauwerkes ist es wichtig zu wissen, ob diese Verformung rein elastisch ist, damit der Turm bei Wegfall der Kraft wieder in die ursprüngliche Form zurückgeht. In diesem Fall kann man Erkenntnisse über die Verformung elastischer Körper anwenden.

Gesetze der Naturwissenschaften sind allgemeine und wesentliche Zusammenhänge in der Natur, die unter bestimmten Bedingungen stets wirken.

Die Bedingungen, unter denen ein gesetzmäßiger Zusammenhang stets wirkt, nennt man auch **Gültigkeits- oder Wirkungsbedingungen.** Ein naturwissenschaftliches Gesetz besteht in der Regel also aus **Bedingungs- und Gesetzesaussagen** und gilt für eine Klasse bzw. Gruppe von Objekten. So kann man z. B. den Zusammenhang zwischen Kraft und Verlängerung an einer Feder unter Beachtung von Gültigkeitsbedingungen zum hookeschen Gesetz verallgemeinern.

2 Im Jahre 1940 stürzte die gerade erst neu erbaute 1 km lange Tacoma-Hängebrücke in den USA ein. Die elastischen Eigenschaften dieser Brücke waren nicht genügend bekannt. Verformungen durch geringen Wind führten zu Schwingungen, die sich immer weiter verstärkten und schließlich zum Bruch führten.

Das hookesche Gesetz kann man anwenden, um mit größerer Sicherheit Brücken und Gebäude zu errichten. Es ist z. B. in diesem Zusammenhang wichtig zu wissen, bis zu welcher Kraft sich eine Brücke oder ein Gebäude elastisch verformt, also bei Wegfall der Kraft in die Ausgangslage zurückgeht, oder sich z. T. plastisch verformt oder sogar bricht. Die Kenntnis der elastischen Eigenschaften eines Bauwerkes ist wichtig, um dieses vor ungewollten Zerstörungen zu bewahren (Abb. 1 und 2).

Das hookesche Gesetz – ein naturwissenschaftliches Gesetz

Mit Hilfe eines Experiments (s. S. 25) konnten wir für eine konkrete Feder folgenden Zusammenhang ermitteln:

Zwischen der Verlängerung s der Feder und der an ihr angreifenden Kraft F besteht ein direkt proportionaler Zusammenhang: $s \sim F$ *oder* $\frac{F}{s} = \text{konstant}$.

Führt man mit anderen Schraubenfedern entsprechende Experimente durch, kann man ebenfalls für jede Feder diesen Zusammenhang feststellen (Abb. 1). Zur Auswertung der verschiedenen Messwertereihen kann man auch Computer mit Tabellenkalkulationsprogrammen nutzen (Abb. 2).

Der an verschiedenen Federn gefundene Zusammenhang kann für alle Federn, ja sogar für alle elastisch verformten Körper verallgemeinert werden:

> Für alle elastisch verformten Körper gilt unter der Bedingung nicht zu großer Kräfte: $s \sim F$

Dieser gesetzmäßige Zusammenhang wurde zuerst von ROBERT HOOKE (1635–1703) gefunden und wird nach ihm auch **hookesches Gesetz** genannt (Abb. 3).

Beim Verallgemeinern von Zusammenhängen zu Gesetzen ist man in Bezug auf die Gültigkeitsbedingungen auf Vermutungen angewiesen. In weiteren Experimenten und in der Praxis selbst muss man weiter überprüfen, ob die formulierten Gültigkeitsbedingungen stimmen oder ob man sie verändern muss. Überprüft man z. B. das hookesche Gesetz an einem Gummiband, also an einem auch elastisch verformbaren Körper, so kann man die Messwertereihen ebenfalls in einem Diagramm darstellen (Abb. 4). Aus dem Diagramm ist erkennbar, dass für das Gummiband das hookesche Gesetz nicht gilt ($s \not\sim F$). Es ist auch erkennbar, dass ein Gummiband nicht vollständig elastisch, sondern z. T. auch plastisch verformt wird. Nach dem Wegfall der Krafteinwirkung ($F = 0$) geht nämlich die Verlängerung des Gummibandes nicht wieder auf null zurück. Deshalb müssen die Gültigkeitsbedingungen so formuliert werden, dass das hookesche Gesetz nur für vollständig elastisch verformbare Körper gilt. Dies ist in der Regel nur bei kleineren Kräften der Fall.

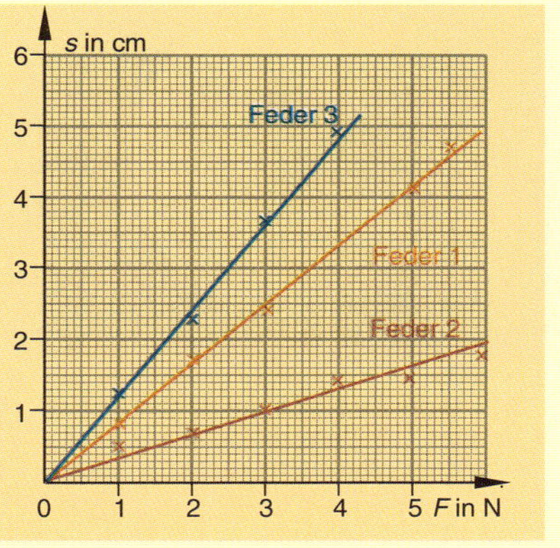

1 Im Diagramm sind die Messwertereihen für drei verschiedene Federn dargestellt.

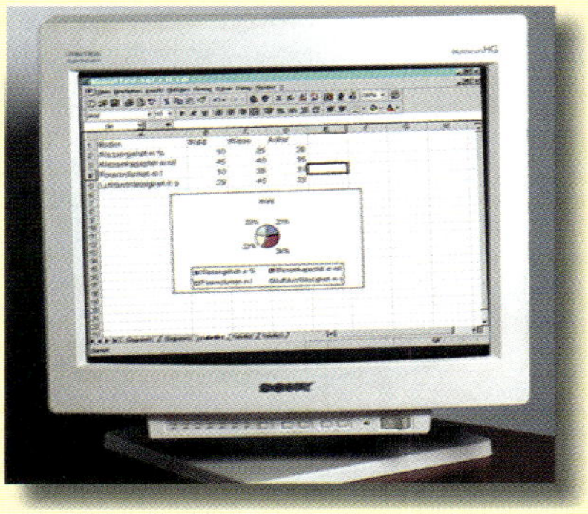

2 Mit Computern und Tabellenkalkulationsprogrammen kann man viele Messreihen effektiv auswerten und darstellen.

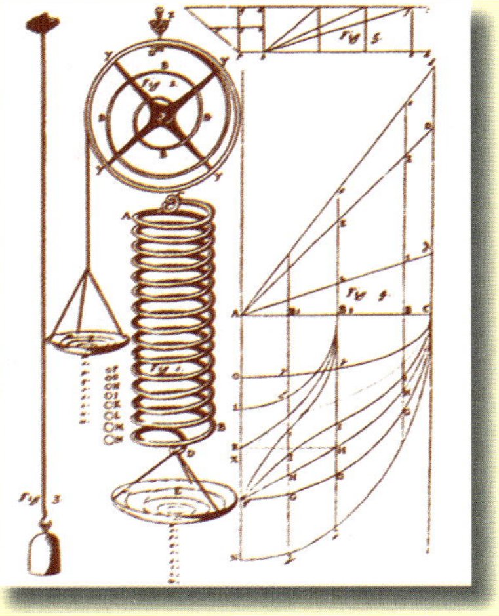

3 Diese Seite stammt aus dem 1687 von ROBERT HOOKE veröffentlichten Buch mit Darstellungen zu elastischen Verformungen.

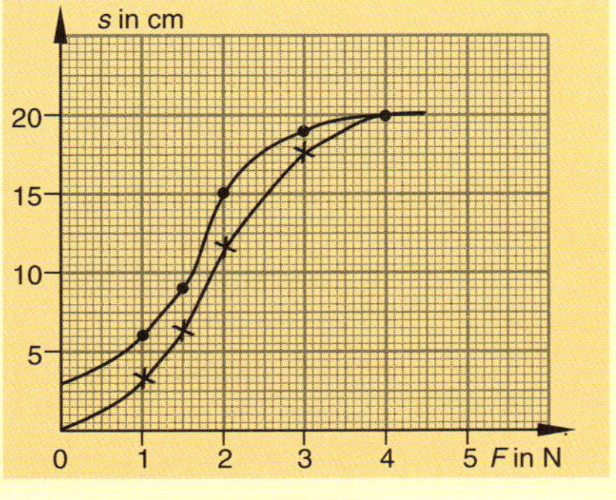

4 Das Diagramm stellt die Messwertepaare bei der Ausdehnung (xxx) und beim Zusammenziehen (•••) des Gummibandes dar.

1 **Die Ursache für sehr kalte Nächte ist nicht der Vollmond, sondern die fehlende Wolkendecke. Ohne Wolkendecke kann nachts viel Wärme in den Weltraum abgestrahlt werden.**

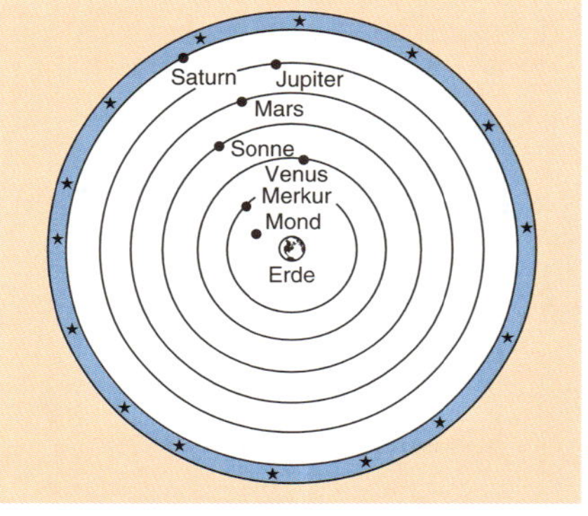

2 **Das geozentrische Weltbild sieht die Erde im Zentrum des Weltalls, um das sich alle anderen Himmelskörper bewegen. Es entspricht zwar unserer Beobachtung auf der Erde, trifft aber dennoch nicht zu.**

3 **Claudius Ptolemäus (ca. 100 bis ca. 170) stellte in seinem Werk „Syntaxis mathematike" (Mathematische Zusammenstellung), arabisch auch „Almagest" genannt, das geozentrische Weltbild vor.**

Erkannte Naturgesetze werden genutzt, um Erscheinungen zu **erklären.**

Beim **Erklären** wird zusammenhängend und geordnet dargestellt, *warum* eine Erscheinung in Natur und Technik so und nicht anders auftritt. Dabei wird die Erscheinung auf das Wirken von Gesetzen zurückgeführt. Es wird dargestellt, dass die Wirkungsbedingungen bestimmter Gesetze in der Erscheinung vorliegen. Auch Modelle können zum Erklären herangezogen werden.

Erklärungen basieren also nicht nur auf Beobachtungen, sondern vor allem auf erkannten Gesetzen, Modellen und theoretischen Überlegungen. Verallgemeinerungen von Beobachtungen können sogar zu falschen Erklärungen führen.
Häufig wurde z. B. im Volksmund der nächtliche Vollmond (Abb. 1) für niedrige Temperaturen in der Nacht verantwortlich gemacht. Zwar stimmt, dass es in Vollmond-Nächten oft sehr kalt werden kann. Der Mond ist jedoch dafür nicht die Ursache. Starke Abkühlung tritt auch unabhängig vom Vollmond in *wolkenfreien* Nächten auf. Umgekehrt bleibt es – eine gleiche Wettersituation vorausgesetzt – in Nächten mit einer dicken Wolkendecke wärmer, auch wenn diese in die Zeit des Vollmondes fallen.

Auch historisch gesehen wurden Verallgemeinerungen aus Beobachtungen und Erklärungsmustern z. T. lange Zeit beibehalten, die später verändert wurden.
So leiteten die Menschen im Altertum aus den beobachteten Bewegungen der Himmelskörper, vor allem von Sonne, Mond und Sternen, ab, dass sich die Erde im Zentrum der Welt befindet und sich alle Himmelskörper um die Erde bewegen. Gelehrte aus dem antiken Griechenland entwickelten daraus ein ganzes Weltbild über die Bewegungen im Kosmos und auf der Erde (Abb. 2). Ptolemäus (Abb. 3) fasste dieses Weltbild in einem Buch zusammen. Dieses Weltbild blieb jahrhundertelang bis in die frühe Neuzeit erhalten. Erst Gelehrte wie Kopernikus (1473–1542), Galilei (1564–1642), Kepler (1571–1630) und Newton (1642–1727) konnten ein wissenschaftliches Weltbild entwickeln, in dem die Sonne im Zentrum unseres Planetensystems steht.

Naturgesetze werden auch benötigt, um wissenschaftliche **Voraussagen** zu treffen.

Beim **Voraussagen** wird auf der Grundlage von Gesetzen und Modellen eine Folgerung in Bezug auf eine Erscheinung in der Natur oder in der Technik abgeleitet und zusammenhängend dargestellt. Dabei muss von den Wirkungsbedingungen der Gesetze ausgegangen werden.

Zum Erklären und Voraussagen werden in den Naturwissenschaften auch **Modelle** genutzt (Abb. 1).

Ein **Modell** ist eine Vereinfachung der Wirklichkeit. In wichtigen Eigenschaften stimmt das Modell mit der Wirklichkeit überein, in anderen nicht.

Deshalb kann man eine Reihe von Erscheinungen mit einem Modell erklären und voraussagen, andere wiederum nicht. Für letztere Erscheinungen muss man ein anderes Modell benutzen. Ein Modell ist weder richtig noch falsch, sondern nur für die Erklärung und Voraussage von bestimmten Erscheinungen geeignet oder nicht geeignet.

Modelle können sowohl materiell (gegenständlich) als auch ideell (gedanklich) sein. Das Teilchenaufbau ist ein solches ideelles Modell. Es kann jedoch auch materiell umgesetzt werden. Mit materiellen Modellen kann man ebenfalls experimentieren. Mit diesen Modellexperimenten kann man Erklärungen bestätigen und Voraussagen treffen.

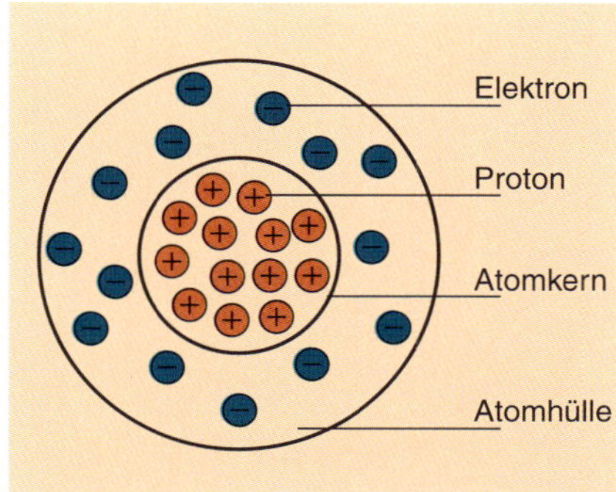

1 Das Kern-Hülle-Modell ist ein einfaches Modell für den Aufbau von Atomen. Es beschreibt, dass ein Atom aus einem Atomkern mit Protonen und einer Atomhülle mit Elektronen besteht. Es stellt kein ganz bestimmtes Atom dar.

Das Teilchenmodell – ein wichtiges Modell in den Naturwissenschaften

Viele Erscheinungen in der Natur kann man erklären oder voraussagen, wenn man vom Teilchenaufbau der Stoffe und somit vom **Teilchenmodell** ausgeht.

1. Alle Stoffe bestehen aus Teilchen.
2. Die Teilchen befinden sich in ständiger Bewegung.
3. Zwischen den Teilchen wirken Kräfte.

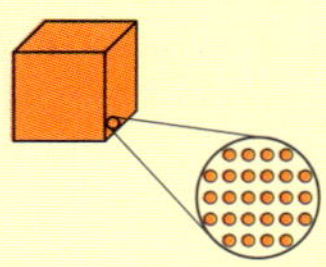

Mit dem Teilchenmodell kann man z. B. die folgende verblüffende Erscheinung erklären oder voraussagen:

Mischt man 50 ml Alkohol mit 50 ml Wasser, so erhält man nach dem Mischen nicht 100 ml Flüssigkeit, sondern nur ca. 96 ml (Abb. 2). Die Mathematik scheint hier nicht zu stimmen:

$$50 + 50 = 96?$$

Erklären kann man diese verblüffende Erscheinung, wenn man davon ausgeht, dass Alkohol und Wasser aus Teilchen aufgebaut sind und die Alkohol- und Wasserteilchen unterschiedlich groß sind. Beim Mischen schieben sich die Wasserteilchen zwischen die Alkoholteilchen. Da die Alkohol- und die Wasserteilchen unterschiedlich groß sind, kann der Raum zwischen den größeren Alkoholteilchen durch die kleineren Wasserteilchen ausgefüllt werden. Dadurch ist das Volumen der Mischung kleiner als die Summe der beiden Einzelvolumen von Alkohol und Wasser.

In einem Modellexperiment mit (größeren) Erbsen und (kleineren) Reiskörnern kann man diese Erklärung bestätigen (Abb. 3).

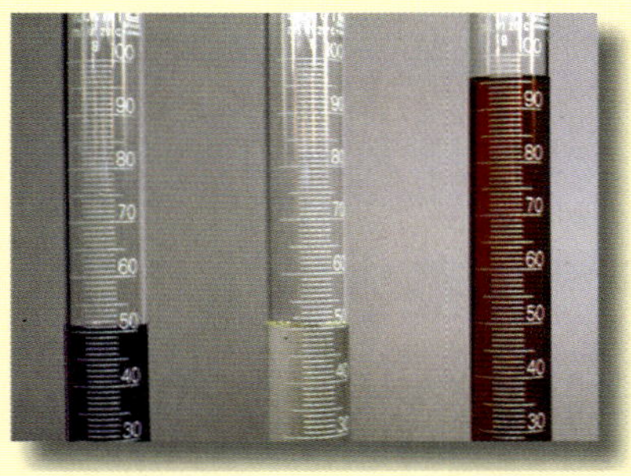

2 Die Summe der Einzelvolumen von Wasser und von Alkohol ist nicht gleich dem Volumen des Gemisches von Wasser und Alkohol.

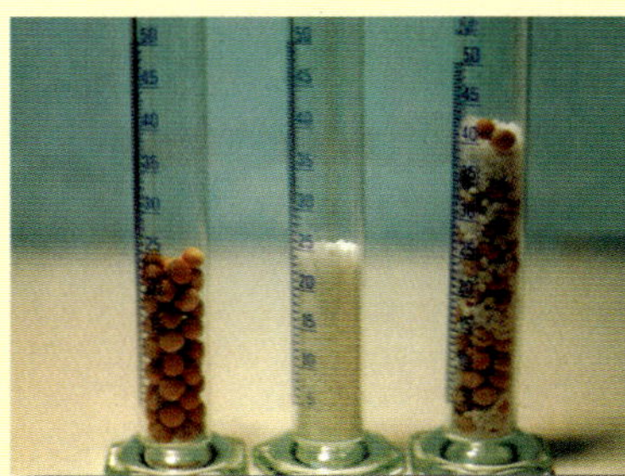

3 In einem Modellexperiment mit Erbsen und Reiskörnern lässt sich die verblüffende Erscheinung (Abb. 2) ebenfalls demonstrieren.

1 In Kraftwerken wird elektrische Energie bereitgestellt, die wir in Industrie und im Haushalt nutzen können. Gleichzeitig werden große Mengen Wärme und (z. B. bei Kohlekraftwerken) Abgase frei, die z. T. in die Umwelt gelangen. Das bei jeder Verbrennung entstehende Kohlenstoffdioxid gelangt in die Atmosphäre und kann sogar das Klima auf der Erde beeinflussen.

2 Beim Bau von Autobahnen werden große Flächen an Wald, Wiesen und Ackerland „verbraucht" und mit Beton versiegelt. Dabei kommt es häufig zu Eingriffen in die Lebensräume von Pflanzen und Tieren. Auch der Lebensraum der Menschen wird – u. a. durch Lärm und Abgase – beeinflusst.

1.3 Wir führen unsere Erkenntnisse zusammen

Die Natur ist sehr vielschichtig und komplex. Um zu naturwissenschaftlichen Erkenntnissen zu gelangen, müssen viele einzelne Untersuchungen durchgeführt werden. Häufig sind diese ziemlich aufwendig und langwierig. Sie werden deshalb von verschiedenen Forschergruppen z. T. an unterschiedlichen Orten der Welt und zu verschiedenen Zeiten durchgeführt. Für viele Untersuchungen sind Spezialisten einzelner naturwissenschaftlicher Disziplinen erforderlich.

Unsere natürliche Umwelt ist aber ein einheitliches Ganzes. Um Erscheinungen in der Natur richtig zu verstehen, müssen deshalb häufig Erkenntnisse aus verschiedenen Naturwissenschaften herangezogen und gemeinsam ausgewertet werden.

Mit technischen Geräten und Anlagen, die wir heute nutzen (Abb. 1), und dem großen Baugeschehen (Abb. 2) nimmt der Mensch Eingriffe in die Natur vor, die z.T. gewaltig sein können. Mit diesen Eingriffen können die Lebensgrundlagen von Pflanzen, Tieren und Menschen auf der Erde erheblich beeinflusst, ja sogar zerstört werden. Es ist deshalb dringend erforderlich, dass bei großen Bauvorhaben, beim Errichten und Betreiben technischer Anlagen, aber auch bei anderen Eingriffen in die Natur die Ingenieure, Techniker, Wissenschaftler verschiedener Naturwissenschaften und Spezialisten anderer Wissenschaften zusammenwirken, um umweltverträgliche Lösungen für die Vorhaben zu finden. Umweltverträglichkeit bedeutet dabei, dass die Vorhaben so umgesetzt werden müssen, dass keine nachhaltig negativen Auswirkungen auf die Lebensräume von Pflanzen, Tieren und Menschen entstehen.

Hinsichtlich der Umweltverträglichkeit gibt es eine Prüfung. Sie soll jedoch nicht nachträglich durchgeführt werden, wenn ein Bauvorhaben bereits ausgeführt ist. Die Umweltverträglichkeitsprüfung dient vielmehr dazu, behördliche Entscheidungen über Zulassung eines Vorhabens, z. B. zum Straßenbau oder zu einem Bebauungsplan einer Stadt, *vorzubereiten.* Die Umweltfolgen sollen *vorausschauend* abgeschätzt werden. Die Umweltverträglichkeitsprüfung muss alle Umweltbereiche, also Boden, Wasser, Luft, Menschen, Tiere, Pflanzen, erfassen, ebenfalls die komplizierten Wechselwirkungen zwischen ihnen. Als Ergebnis ist ein Gutachten zu erstellen, das sowohl den Behörden als auch der Öffentlichkeit zugänglich gemacht werden soll. Danach soll das Gutachten nochmals überarbeitet werden. Die Umweltverträglichkeitsprüfung kann ein Bauvorhaben und seine Durchführung beeinflussen, manchmal auch verhindern.

In vielen Fällen ist nicht nur aus Gründen der Umweltverträglichkeit ein Zusammenwirken der verschiedenen Naturwissenschaften mit der Technik, der Wirtschaft und den anderen Wissenschaften notwendig. Es ist auch deshalb erforderlich, um das Vorhaben überhaupt sicher realisieren zu können. Beim Bau von neuen Eisenbahntrassen und -brücken müssen Erkenntnisse aus der Physik, Chemie, Geologie, Biologie, verschiedenen Spezialwissenschaften, der Technik und den Ingenieurwissenschaften angewendet werden. Die Brückenkonstruktion selbst basiert auf vielen physikalischen und technischen Kenntnissen (s. S. 29) sowie auf Materialkenntnissen, in die wiederum chemisches Wissen einfließt (Abb. 1).

1 Auch diese neu errichtete Eisenbahnbrücke über den Havelkanal muss sich einer Belastungsprobe unterziehen. Hier genügen vier Großdiesellokomotiven, da die Brücke nur ein Gleis trägt.

Beim Bau der Bahndämme sind geologische und physikalische Kenntnisse über die Eigenschaften der verwendbaren Materialien, die Neigung der Hänge in Abhängigkeit vom Material und andere Bedingungen notwendig (Abb. 2).

Um an Hängen und Böschungen Stabilität zu erreichen, müssen neben biologischen Kenntnissen über Pflanzenarten, mit denen man die Hänge bepflanzen kann, damit sie gegen Abspülung und andere Umwelteinflüsse sicher sind, auch physikalische Kenntnisse herangezogen werden (Abb. 3).

Ferner sind bei den Trassenführungen natürlich auch die möglichen Auswirkungen auf die Lebensräume von Pflanzen und Tieren zu berücksichtigen. Wie man sieht, ist die Zusammenarbeit der Naturwissenschaften bei der Lösung praktischer Probleme und beim umweltverträglichen Zusammenwirken von Mensch, Natur und Technik notwendig. Wir wollen deshalb bereits in der Schule mit fächerübergreifenden Betrachtungen zu den Naturwissenschaften solch einen übergreifenden Blick vorbereiten.

2 Die vom Menschen im Zusammenhang mit der Errichtung einer neuen Trasse für die Eisenbahn angelegten Böschungen werden begrünt und so gegenüber Abspülungen durch oberflächlich ablaufendes Niederschlagswasser gesichert.

3 Hier wurde zur Befestigung des Hanges statt einer Mauer oder einer Betonwand eine naturnahe Lösung gewählt. Kunststoffbewehrte Begrünungsmatten wurden in den leicht terrassierten Hang verlegt.

1.4 Aufgaben

Wir beobachten und beschreiben

1. Fertige eine Übersicht über die Arten der Beobachtung in den Naturwissenschaften an!
   Die Übersicht soll auch für jede Beobachtungsart ein Beispiel enthalten!

2. Stelle in einer Tabelle zusammen, welche Eigenschaften von Gegenständen und Erscheinungen in der Natur der Mensch mit welchen Sinnen und Sinnesorganen wahrnehmen kann!

Sinn	Sinnesorgan des Menschen	wahrnehmbare Eigenschaften
...	...	...

3. Die folgenden vier Abbildungen zeigen verschiedene Wolkenarten.

a) Informiere dich in Nachschlagewerken darüber, um welche Arten von Wolken es sich in den Abbildungen handelt! Beschreibe diese Wolken!
b) Stelle in einer Tabelle deine Informationen zusammen und gib einen Zusammenhang der Wolkenart zur jeweiligen Wettersituation an!

Name der Wolkenart	Merkmale der Wolken	Wettersituation
...	...	...

c) Beobachte an sieben aufeinander folgenden Tagen jeweils zur selben Uhrzeit den Himmel. Beschreibe die beobachteten Wolken und gib den Namen der jeweiligen Wolkenart an!

4. Die in unseren Nahrungsmitteln enthaltenen **Nährstoffe** kann man nicht direkt mit dem Auge beobachten. Jedoch kann man sie durch spezielle Verfahren mit Hilfe von Chemikalien, durch Erhitzen oder durch die „Fettfleckprobe" nachweisen. Die folgende Tabelle gibt einen Überblick über die wichtigsten Nachweisverfahren von Nährstoffen und von Vitamin C in Nahrungsmitteln:

Nährstoff bzw. Vitamin C	Beschreibung des Verfahrens	Nachweis
Stärke	– Beträufeln des zerkleinerten Nahrungsmittels mit Iod-Kaliumiodidlösung	blauschwarze Färbung

Traubenzucker	– zerkleinertes Nahrungsmittel in Wasser geben – Mischung von Fehling I und II (gleiche Anteile) hinzugeben – Schütteln und Erwärmen über Brenner	ziegelrote Färbung
Eiweiß	– zerkleinertes Nahrungsmittel in Wasser geben – bis 60 °C erwärmen **oder** Essig hinzugeben	Gerinnung des Eiweißes
Fett	– zerkleinertes Nahrungsmittel auf Filterpapier bringen und zerdrücken – Filterpapier gegen das Licht betrachten	durchscheinender, heller Fettfleck
Vitamin C	– Nahrungsmittel in destilliertem Wasser lösen – Lösung mit Pipette aufnehmen und in Reagenzglas mit Kaliumpermanganatlösung geben	Entfärbung des schwach violetten Kaliumpermanganats

Untersuche folgende Nahrungsmittel auf ihren Gehalt an Stärke, Traubenzucker, Eiweiß, Fett und Vitamin C:
Brot, Erbsen, Äpfel, Bananen, Kartoffeln, Nüsse, Schokolade, Käse, Wurst, Eier, Milch, Limonade, Cola und Saft.
Trage die Ergebnisse in eine Tabelle ein!

Nahrungsmittel	Stärke	Traubenzucker	Eiweiß	Fett	Vitamin C
Kartoffeln	x				

5. Die Tatsache, dass man manche Stoffe und ihre Eigenschaften nicht direkt mit dem Auge beobachten kann, sondern zu ihrem Nachweis spezielle Verfahren benötigt, kann man beim Schreiben mit **„Geheimtinte"** nutzen.
   a) Schreibe mit einem Federhalter (mit Feder) oder mit einem spitzen Holzstab und einer Cobaltchloridlösung (vom Lehrer) einen Satz auf ein Blatt weißes Papier!
   b) Trockne das Papier an der Luft und beobachte! Beschreibe deine Beobachtung!
   c) Erwärme das Papier vorsichtig mit einem Bügeleisen, einem Föhn oder auf einer Heizplatte und beobachte wieder! Beschreibe deine Beobachtung!

6. Stellt man Blüten mit Stängel in eine farbige Flüssigkeit, so kann man interessante Beobachtungen machen.
   Führe eine solche Beobachtung durch! Verwende Lebensmittelfarbe oder Ostereierfarbe für die Herstellung der farbigen Flüssigkeit und Blüten von Blumen (z. B. Alpenveilchen, weiße Nelken o. Ä.)! Die Blüten sollten eine deutlich andere Farbe haben als die farbige Flüssigkeit.

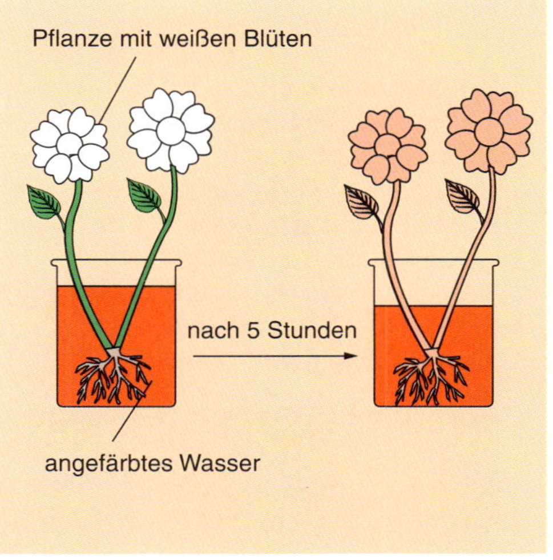

   a) Beobachte die Farbe der Blüte und des Stängels in Abständen von 20 Minuten!
   b) Trage deine Beobachtungsergebnisse in eine Tabelle ein!
   c) Was kann mit diesem Versuch und den Beobachtungen nachgewiesen werden?

7. Führe folgenden Versuch mit einem hart gekochten, geschälten Ei und einer Milchflasche aus!
Wirf in die Milchflasche ein brennendes Streichholz und lege das Ei auf die Öffnung der Milchflasche!

a) Beobachte und beschreibe deine Beobachtung!
b) Was kann mit diesem Experiment nachgewiesen werden?
c) Welche anderen Möglichkeiten gibt es, das Ei in die Flasche zu bekommen? Probiere sie aus!
d) Welche Möglichkeiten gibt es, das Ei wieder aus der Flasche herauszuholen? Probiere sie aus!

8. Der **Sternhimmel** soll beobachtet werden. Die Beobachtungsergebnisse werden zeichnerisch in einem Bild vom Sternhimmel festgehalten. Dazu fertigt man sich auf einem Blatt Papier einen Halbkreis an und beschriftet die Zeichnung. Die beobachteten Sterne werden als Kreuze gekennzeichnet. Die Nord- oder die Südrichtung wird ebenfalls beschriftet:

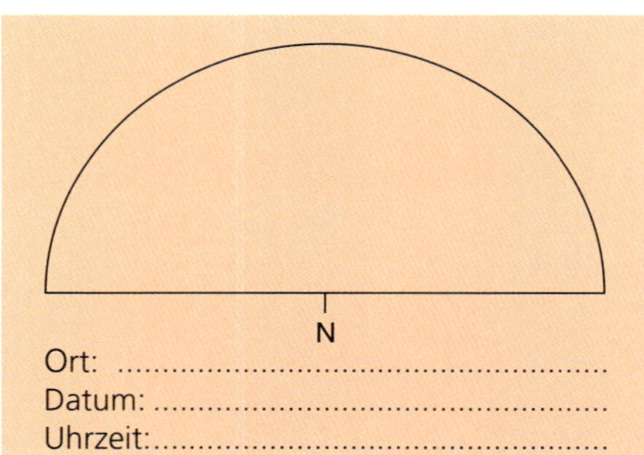

a) Beobachte den Sternhimmel! Zeichne den Polarstern und markante Sternbilder ein! Fertige zwei Zeichnungen, eine für die Nordrichtung und eine für die Südrichtung an!
b) Beobachte die scheinbare Bewegung der Himmelskugel! Fertige dazu eine Zeichnung vom Sternhimmel mit dem Sternbild „Großer Wagen" an! Wiederhole die Beobachtung in dieselbe Richtung nach einer Stunde und fertige wieder eine Zeichnung an!
c) Die Mondbewegung und die Mondphasen sollen beobachtet werden! Fertige dazu an sieben, möglichst aufeinander folgenden Tagen zur gleichen Zeit Zeichnungen vom Mond und von wichtigen hellen Sternen und Sternbildern an! Skizziere dabei den sichtbaren Mond und seinen Ort über dem Horizont!
d) Beobachte die Mondoberfläche einmal mit bloßem Auge und einmal mit einem Fernrohr! Fertige für jede Beobachtung eine Zeichnung von der sichtbaren Oberfläche an!
e) Beobachte den zweiten Stern an der Deichsel des „Großen Wagens" mit bloßem Auge und mit einem Fernrohr! Beschreibe deine Beobachtungen! Was kann man bei der Beobachtung mit dem Fernrohr feststellen?

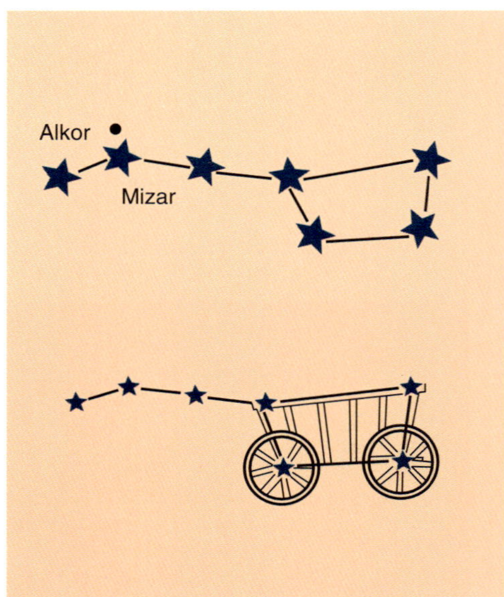

Sterne und Sternbilder

Zur Orientierung am Sternhimmel hat sich der Mensch sogenannte **„Sternbilder"** geschaffen. Dazu verbindet man gedanklich vor allem die helleren Sterne am Himmel durch Linien miteinander, so dass gedachte Figuren entstehen. Die Figuren und damit die Sternbilder haben Namen erhalten, die häufig aus der griechischen Sagenwelt stammen. Die folgenden Abbildungen zeigen wichtige Sternbilder, die man im Winter (Abb. 1) oder im Sommer (Abb. 2) am Himmel beobachten kann.

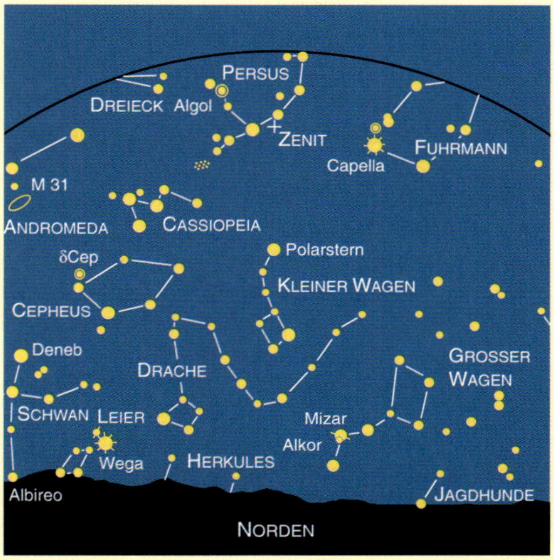

1 Einige Wintersternbilder

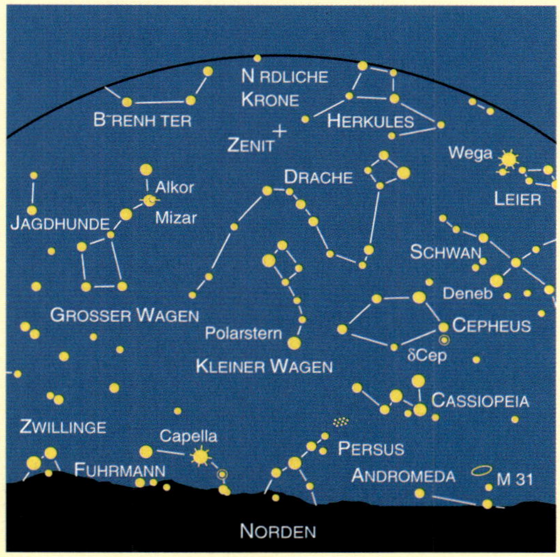

2 Einige Sommersternbilder

Ein für die Orientierung wichtiger Stern ist der **Polarstern.** Er zeigt immer fast genau die Nordrichtung an. Er steht am Himmel scheinbar still, während sich alle anderen Sterne um ihn herum bewegen (Abb. 3). Man nennt diesen Stern manchmal auch Nordstern.

Den Polarstern kann man leicht mit Hilfe der Sternbilder „Kleiner Wagen" oder „Großer Wagen" finden. Er ist der letzte Stern der Deichsel des kleinen Wagens. Verlängert man gedanklich die Hinterseite des Wagenkastens des Großen Wagens um das Fünffache, so findet man ebenfalls zum Polarstern.

3 Die Lichtspuren zeigen die Bewegung der Sterne in einer einzigen Nacht.

9. Bestimme an einem sonnigen Tag mit verschiedenen Mitteln die Himmelsrichtungen! Benutze außer natürlichen Gegebenheiten
   a) einen Kompass,
   b) eine Uhr und
   c) einen Schattenstab!

10. Mit dem Kompass kann man zwar die Himmelsrichtungen feststellen, jedoch nicht die Richtung, in der sich z. B. auf einer Wanderung das Ziel befindet. Dazu ist eine Karte erforderlich, die zusammen mit dem Kompass benutzt werden muss.

a) Orientiere an einer Stelle im Gelände, von der du einen guten Ausblick hast, z. B. auf einer Anhöhe, deine Wanderkarte mit Hilfe des Kompasses. Gehe dabei so vor:
   - Breite die Karte flach auf der Erde aus! Sie ist jetzt noch nicht nach der Wirklichkeit orientiert oder „eingenordet".
   - Lege den Kompass mit seiner Anlegekante an den westlichen Kartenrand!
   - Drehe die Karte mit dem aufgelegten Kompass vorsichtig so lange, bis die Nordspitze der Magnetnadel den Richtungspfeil auf der Bodenplatte des Kompasses genau überdeckt! Jetzt zeigt nicht nur die Magnetnadel in Nord-Süd-Richtung, sondern auch die Karte. Sie ist orientiert oder „eingenordet".

b) Stelle deinen eigenen Standort im Gelände fest! Dabei müssen folgende Arbeitsschritte eingehalten werden:
   - Suche in der näheren oder weiteren Umgebung nach markanten Geländepunkten (Berggipfel, Kirchtürme, Straßenkreuzungen)!
   - Finde mindestens zwei solcher Punkte auf der Karte wieder!
   - Ziehe durch diese Punkte auf der Karte dünne Bleistiftlinien, die parallel zu deiner Blickrichtung zum jeweiligen Punkt im Gelände verlaufen!
     Du musst dabei immer wieder die Lage und die Richtung dieser Punkte in der Wirklichkeit und der Karte vergleichen.
   - Trage am Schnittpunkt dieser Linien deinen Standort auf der Karte ein!
   - Überprüfe die Richtigkeit deiner Feststellung, indem du weitere Punkte oder Linien auf der Karte (Wegkreuzungen, Bachverläufe, Brücken, Waldgrenzen) in der Wirklichkeit wiederfindest!

Bestimmung der Himmelsrichtungen

Für die Orientierung auf der Erde, in geographischen Karten und für Himmelsbeobachtungen ist es wichtig, die **Himmelsrichtungen** zu kennen. Für die Bestimmung der **Nord-Süd-Richtung** gibt es mehrere Möglichkeiten, die verhältnismäßig einfach zu beherrschen sind:

1. Ein Kompass gibt mit seiner Nadel die Nord-Süd-Richtung an (Abb. 1). Die Nordrichtung ist an der Nadel farbig markiert.

1 Ein Kompass ist zur Orientierung nicht nur auf hoher See oder im Flugwesen unentbehrlich, sondern auch bei Wanderungen z. B. im Hochgebirge, wo plötzlich einsetzender Nebel eine Orientierung nach der Sicht unmöglich machen kann.

2. Bei Sonnenschein kann die Südrichtung mit Hilfe einer Uhr ermittelt werden (Abb. 2). Dazu wird der kleine Zeiger in Richtung Sonne gehalten. Genau zwischen diesem Zeiger und der 12-Uhr-Markierung befindet sich die Südrichtung. Hierbei muss allerdings beachtet werden, ob gerade die Sommerzeit gilt oder nicht.

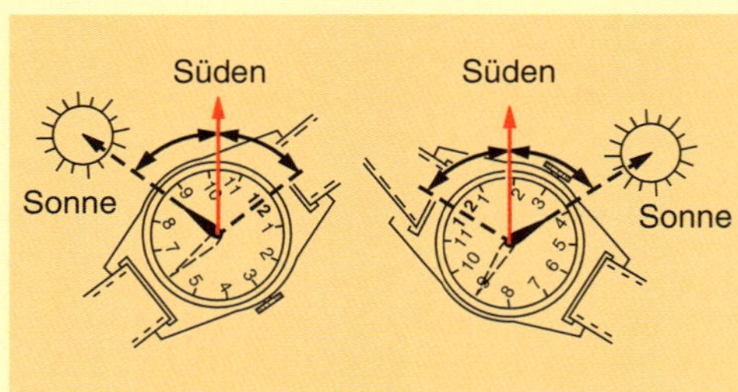

2 Abweichungen von der genauen Südrichtung entstehen auch dann, wenn man sich am östlichen oder am westlichen Rand einer Zeitzone befindet.

3. Man kann die Südrichtung auch bestimmen, wenn man an einem senkrecht aufgestellten Stab bei Sonnenschein den Schatten beobachtet (Abb. 1, S. 41). Man verbindet die Endpunkte von zwei gleich langen Schatten, die zu unterschiedlichen Zeiten festgestellt werden, und halbiert die Verbindungslinie zwischen den Schattenenden. Auch hierbei ist die Sommerzeit zu beachten.

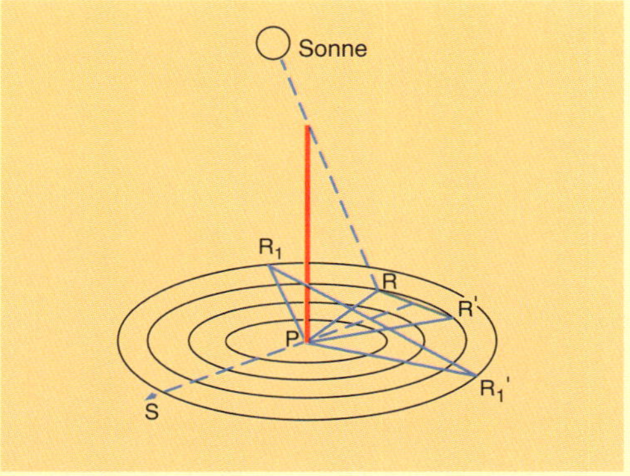

1 Die Bestimmung der Südrichtung mit Hilfe des Schattenstabes kann auf jedem Schulhof erfolgen.

4. Nachts kann bei wolkenlosem Himmel die Nordrichtung bestimmt werden, indem man den Polarstern findet. Der Polarstern zeigt uns die Nordrichtung.

5. Die Wetterseite allein stehender Bäume oder von frei stehenden Steinen und Felsen ist fast immer mit Moosen und Flechten überzogen. Die Wetterseite zeigt bei uns meist in westliche Richtungen (Abb. 2). Die Wetterseite wird auch durch allein stehende Bäume angezeigt, deren Wipfel sich nur entgegen der Hauptwindrichtung ausbilden konnte. Außerdem kann man die Himmelsrichtung mit Hilfe der Jahresringe an Baumstümpfen und der Lage von Ameisenburgen bestimmen. Jahresringe liegen an der Wetterseite dichter beieinander als an der dem Wetter abgewandten Seite. Die Roten Waldameisen legen ihre Burgen meist südlich von Bäumen und Sträuchern an.

2 Die Richtungsbestimmung mit Hilfe der Wetterseite ist recht ungenau. Sie sollte nur bei starker Bewölkung, wenn die Sonne verdeckt ist, angewendet werden.

11. Fertige von einem Moosblättchen ein **Frischpräparat** an! Beobachte das Moosblättchen unter einem Mikroskop! Beschreibe deine Beobachtung! Fertige dazu eine Zeichnung an!

12. Fertige von einem kleinen, bereits toten Insekt ein **Dauerpräparat** an!
Gehe dabei wie folgt vor:
    - Lege das Insekt zuerst in 30%igen und dann in 70%igen Alkohol!
    - Entfette das Insekt in Xylol, konserviere es in Optal!
    - Richte das Insekt auf einem Objektträger aus und benetze es mit einem Tropfen Neutralbalsam!
    - Lasse das Deckgläschen vorsichtig schräg auf den Tropfen fallen!

    Beobachte das Präparat unter dem Mikroskop! Beschreibe deine Beobachtung! Fertige dazu eine Zeichnung an!

13. Wiederhole das Präparieren mit einem anderen bereits toten Insekt!
Gehe dabei wieder nach den in Aufgabe 12 angegebenen Arbeitsschritten vor!

Die Herstellung von Mikropräparaten

Bei Mikropräparaten unterscheidet man **Frisch-** und **Dauerpräparate.** Ein Mikropräparat besteht aus dem Objektträger, dem Objekt, oftmals einem Einschlussmittel (z. B. Wasser) und einem Deckgläschen. Will man von den Objekten alle Einzelheiten untersuchen und diese genau beobachten, müssen die Objekte angefärbt werden. Dazu verwendet man spezielle **Färbemittel.**

Im Folgenden werden an einem Beispiel die Arbeitsschritte zur Herstellung von Frischpräparaten erläutert:

1. Lege zunächst einen sauberen Objektträger und ein Deckgläschen bereit! Außerdem benötigst du ein Gefäß mit Wasser.
Bringe in die Mitte des Objektträgers mit Hilfe einer Pipette ein bis zwei Tropfen Wasser!

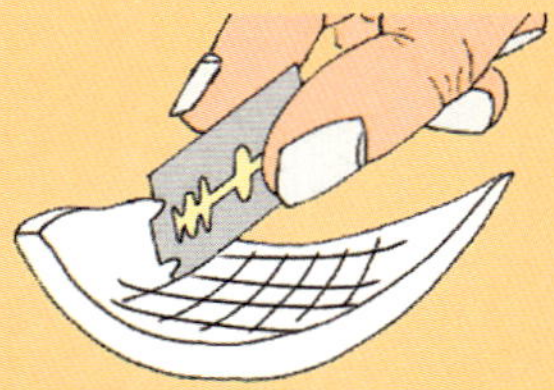

2. Zerschneide die innere durchsichtige Haut einer Zwiebelschuppe mit einer Rasierklinge in kleine Quadrate. **(Vorsicht! Beachte den Arbeitsschutz!)**

3. Hebe vorsichtig mit einer Pinzette ein Stückchen der durchsichtigen Zwiebelhaut ab und lege es ausgebreitet in den Wassertropfen auf dem Objektträger.
Vorsicht! Wenn das Hautstückchen einrollt, musst du es mit 2 Präpariernadeln vorsichtig aufrollen.

4. Nun lege vorsichtig ein Deckglas auf den Wassertropfen mit dem Objekt!
Dazu bringe das Deckgläschen schräg an den Wassertropfen heran und lasse es langsam auf das Objekt im Wasser sinken.

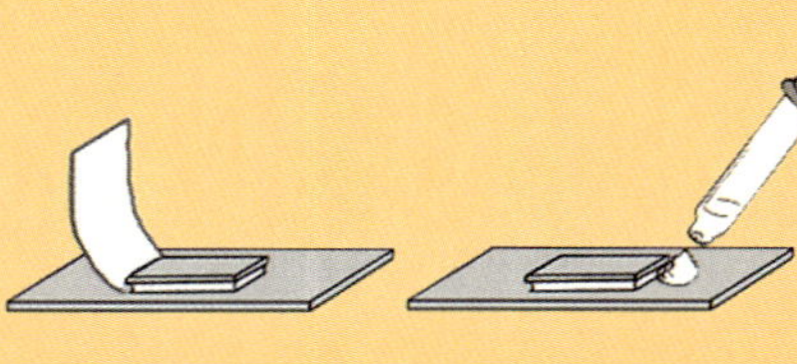

5. Wenn seitlich Wasser hervorquillt, kannst du das überflüssige Wasser mit einem Filterpapierstreifen absaugen.
Bei Wassermangel tropfst du Wasser seitlich am Deckglas hinzu.
Damit ist das Präparat fertig und das Objekt kann mikroskopisch betrachtet werden.

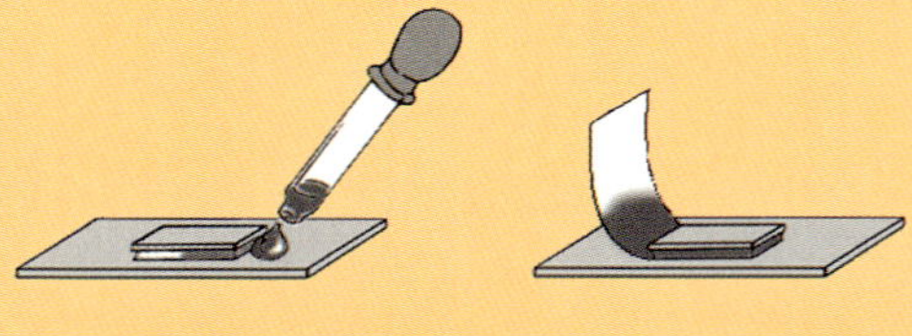

6. Soll das Objekt angefärbt werden, tropfe wenige Tropfen Farbstofflösung an den Rand des Deckgläschens und sauge sie mit Hilfe eines Filterpapierstreifens unter dem Deckglas hindurch.

Wir vergleichen und klassifizieren

14. Die folgenden Abbildungen zeigen die Blüten von verschiedenen Pflanzen. Du kannst diese Pflanzen auch auf einer Exkursion sammeln.

1 Gänseblümchen **2 Lupine**

3 Kornblume **4 Löwenzahn**

5 Rot-Klee **6 Wicke**

a) Beobachte die Blüten dieser Pflanzen möglichst mit einer Lupe und vergleiche sie!
b) Versuche, gemeinsame Merkmale von einzelnen Pflanzen herauszufinden und klassifiziere alle Pflanzen, indem du zwei Gruppen bildest!
c) Stelle in einer Tabelle die beiden Klassen von Pflanzen gegenüber (vgl. S. 22)! Benenne die beiden Pflanzenklassen!

15. Untersuche experimentell, welche Wirkung Rotkohlsaft in Wasser, Essig und in einer Seifenlösung hinterlässt!
Vorbereitung:
Geräte und Materialien:
Rotkohlsaft, Wasser, Essig, Seifenlösung, 3 Reagenzgläser, Pipette
Durchführung:
Die zu untersuchenden Flüssigkeiten befinden sich in den 3 Reagenzgläsern. Mit einer Pipette wird in jedes Reagenzglas Rotkohlsaft gegeben. Die Farbe des Rotkohlsaftes in der Flüssigkeit wird beobachtet.

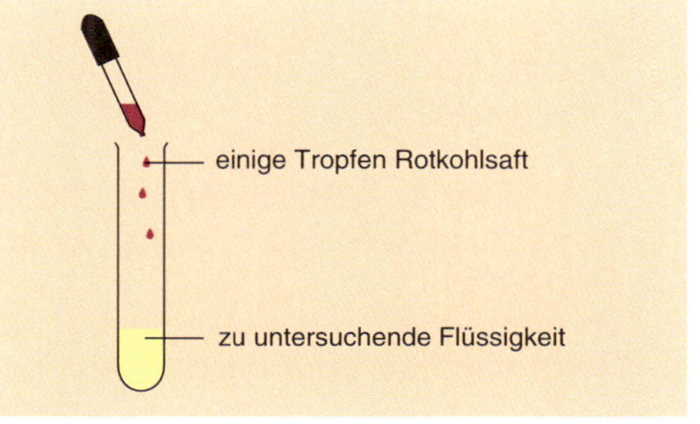

Auswertung:
Trage deine Beobachtungsergebnisse in eine Tabelle ein!

Flüssigkeit	Beobachtungsergebnis
Wasser	...
Essig	...
Seifenlösung	...

Vergleiche die drei Beobachtungsergebnisse!

16. Untersuche **Böden** aus verschiedenen Untersuchungsgebieten durch die Fingerprobe und bestimme deren **Bodenart!**
Sandboden:
Einzelkörner sind mit bloßem Auge gut sichtbar, Boden fasst sich rau und körnig an, bei Bewegung zwischen den Fingern ist Knirschen hörbar; Boden ist nicht formbar, er zerfällt; Finger werden nicht beschmutzt.
Lehmboden:
Es sind nur wenige Körner sichtbar und zu fühlen, fasst sich klebrig an, knirscht nur ganz leise;
Boden ist gut verformbar, kann zu „Würsten" ausgerollt werden; Finger werden sichtbar beschmutzt.
Tonboden:
Einzelkörner nicht sichtbar und nicht fühlbar, Boden fasst sich fettig bzw. seifig an, knirscht nicht; gut verformbar und dünn ausrollbar, lässt sich auf der Hand zu einer glänzenden Gleitfläche ausstreichen; starke Beschmutzung der Finger.

Trage deine Beobachtungsergebnisse in eine Tabelle ein!

Bodenprobe	Beobachtungen	Bodenart
...	...	...

Beachte bei der Auswertung, dass häufig keine reinen Bodenarten vorliegen!

17. Untersuche die **Löslichkeit** von Stoffen in Wasser und teile diese Stoffe danach in Gruppen ein!
Vorbereitung:
Stoffe sind in Wasser löslich, wenn sie sich ganz oder teilweise mit Wasser vermischen.
Es sollen die folgenden Stoffe auf ihre Löslichkeit in Wasser untersucht werden: Mehl, Salz, Zucker, Speiseöl, Grieß, Reis!
Geräte und Materialien:
Reagenzgläser, Reagenzglasständer
Durchführung:
Die Reagenzgläser werden bis zur Hälfte mit Wasser gefüllt und die zu untersuchenden Stoffe in kleinen Mengen in jeweils einem Reagenzglas hinzugesetzt. Danach werden die Reagenzgläser etwa 10 Minuten in den Ständer gestellt und beobachtet.
Die Beobachtungen werden protokolliert. Es dürfen bei *diesem* Experiment auch Geschmacksproben von der Flüssigkeit durchgeführt werden.
Auswertung:
Die Beobachtungsergebnisse werden in eine Tabelle eingetragen!

Stoff	Beobachtung	Löslichkeit
Zucker	nach kurzer Zeit nicht mehr erkennbar	löslich
...	...	...
...	...	...

Teile die Stoffe nach ihrer Löslichkeit in zwei Gruppen ein!

18. Untersuche experimentell die **Wärmeleitfähigkeit** verschiedener Stoffe und teile die Stoffe danach in Gruppen ein!
Vorbereitung:
Die Wärmeleitfähigkeit gibt an, ob und wie schnell Wärme von einer Stelle höherer Temperatur zu einer Stelle niedrigerer Temperatur transportiert wird.
Geräte und Materialien:
Heizplatte, Becherglas mit Wasser, Stäbe aus verschiedenen Stoffen, Uhr

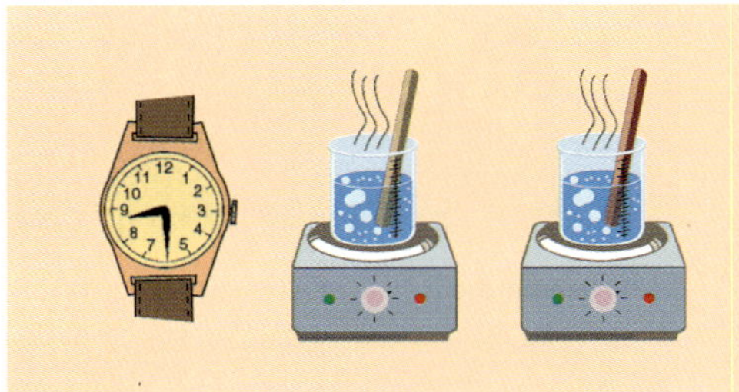

Durchführung:
Tauche nacheinander die Stäbe in siedendes Wasser! Fasse die Stäbe am anderen Ende an und miss die Zeit, bis du den jeweiligen Stab infolge der hohen Temperatur loslassen musst! (**Vorsicht!** Füge dir keine Verbrennungen zu!)
Auswertung:
Trage die Messergebnisse in eine Tabelle ein!

Stoff	Zeit bis zum Loslassen
...	...

Teile die Stoffe nach ihrer Wärmeleitfähigkeit in zwei Gruppen ein!

Wir messen, experimentieren und stellen Ergebnisse dar

19. Stelle in einer Tabelle für folgende Größen wichtige Angaben zusammen:
Länge, Flächeninhalt, Volumen, Zeit, Masse, Kraft, Temperatur, Geschwindigkeit!

Größe	messbare Eigenschaft	Formelzeichen	Einheiten	Messgeräte
...	...	...	...	...

20. Die Temperatur kann mit dem **Flüssigkeitsthermometer** gemessen werden. Dabei wird der gesetzmäßige Zusammenhang genutzt, dass sich Flüssigkeiten beim Erwärmen ausdehnen und beim Abkühlen zusammenziehen. Als Fixpunkte für die Thermometerskala mit Grad Celsius (°C) werden die Werte für das Schmelzen von Eis (0 °C) und für das Sieden von Wasser (100 °C) genommen. Diese Kenntnisse nutzend kann man ein einfaches Thermometer selbst bauen. Dafür benötigst du folgende Materialien:
Fläschchen, durchbohrten Stopfen, in die Bohrung passendes Glasrohr und Pappstreifen.
   a) Fülle das Fläschchen bis zum Rand mit einer Flüssigkeit, die aus $\frac{1}{4}$ Wasser und $\frac{3}{4}$ Alkohol (gefärbt) besteht. Verschließe die Fläschchen mit Stopfen und Glasrohr so, dass die Flüssigkeit das Glasrohr bis zur Hälfte füllt. Klebe an das Rohr einen Pappstreifen, auf dem man eine Skala zeichnen kann (s. Abb.)!
   b) Tauche das entstehende Thermometer in eine Mischung aus Eis und Wasser! Warte, bis sich der Flüssigkeitsstand im Glasrohr nicht mehr ändert, und markiere diesen Stand auf dem Pappstreifen! Es ist der Wert für 0 °C. Gib das Glasrohr jetzt in siedendes Wasser und warte, bis sich sein Flüssigkeitsstand nicht mehr erhöht. Markiere diesen Stand als 100 °C!
   Unterteile anschließend den Abstand zwischen beiden Punkten in 10 gleiche Abstände. Dadurch erhältst du eine Celsiusskala!

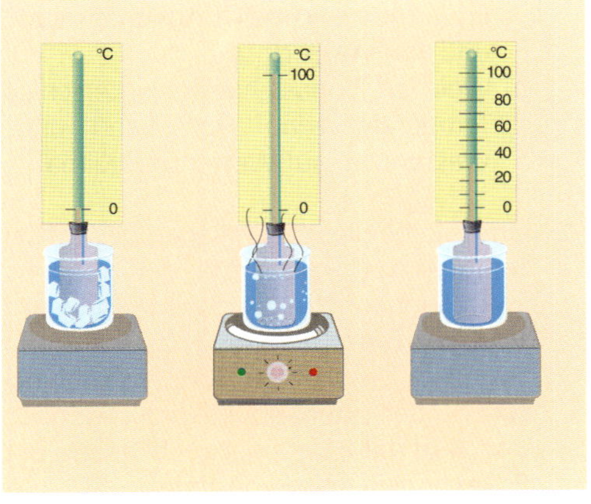

   c) Tauche das selbst gebaute Thermometer in eine Flüssigkeit mit beliebiger Temperatur und miss diese! Miss die Temperatur auch mit einem üblichen Thermometer und vergleiche beide Werte!
   d) Warum muss die Thermometerflüssigkeit einen so hohen Anteil Alkohol besitzen?

21. Ermittle im Laufe eines sonnigen Tages den Zusammenhang zwischen dem **Sonnenstand,** der Himmelsrichtung, in der die Sonne steht, und der Uhrzeit!
Vorbereitung:
Zur Feststellung des Sonnenstandes wird sowohl der Winkel, mit dem die Sonne über dem Horizont steht, als auch die Himmelsrichtung bestimmt. Diese wird als Winkel von der Nord-Richtung aus angegeben.
Durchführung:
Die Sonne darf nie direkt mit ungeschützten Augen beobachtet werden, weil sonst schwere Augenschäden entstehen!
Um die Höhe der Sonne zu bestimmen, benutzen wir die Projektionsmethode mit einer Lochkamera. Eine einfache Lochkamera kann man sich aus einer Kaffeebüchse herstellen. Direkt in die Mitte ihres Bodens wird ein Loch mit einem Nagel geschlagen.
Der Boden wird in Richtung Sonne gehalten. Befindet sich das Bild der Sonne direkt in der Mitte des durchscheinenden Deckels der Dose, der als Bildschirm dient, so zeigt die Lochkamera direkt in Richtung der Sonne.
An einer Seite der Lochkamera werden ein Winkelmesser und ein Lot befestigt.

Am Winkelmesser kann so die Sonnenhöhe abgelesen werden. Die Himmelsrichtung wird mit einem Kompass bestimmt.

Auswertung:

a) Trage die Beobachtungsdaten in eine Tabelle ein und notiere das Datum!

Uhrzeit	Himmelsrichtung	Sonnenhöhe
...	...	...

b) Stelle die Beobachtungsdaten in einem Diagramm dar!

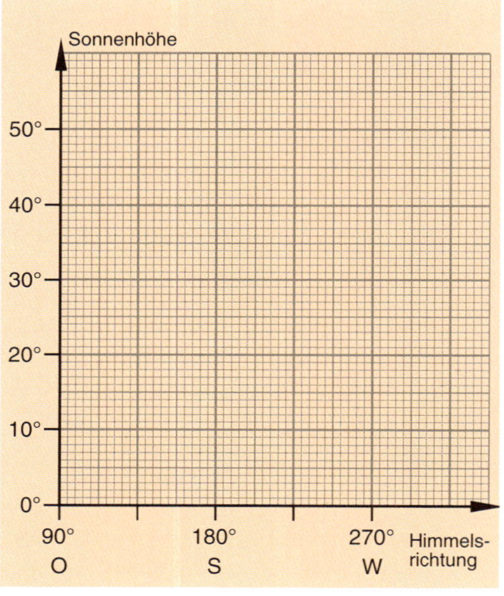

c) In welcher Himmelsrichtung hat die Sonne den höchsten Stand?

d) Wie groß ist der höchste Sonnenstand an diesem Tag?

22. Untersuche den **Temperaturverlauf** beim Erwärmen und Abkühlen von Sand und von Wasser!

Vorbereitung:

Geräte und Materialien:

Heizplatte mit Stativmaterial, feuerfestes Glas- bzw. Porzellangefäß, Thermometer bzw. Temperaturfühler mit Anzeigegerät, Sand und Wasser

Durchführung:

Baue den Versuchsaufbau nach folgender Abbildung auf!

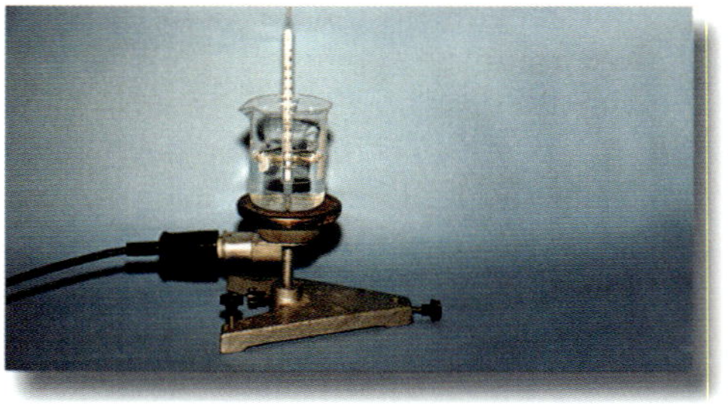

Das Gefäß sollte ca. 3 cm hoch mit Sand bzw. Wasser gefüllt sein. Das Thermometer bzw. der Messfühler sollte sich etwa in der Mitte des Sandes bzw. des Wassers befinden.

a) Stelle das Gefäß auf die heiße Heizplatte und miss 10 Minuten lang im Abstand von je einer Minute die Temperatur!

b) Nimm anschließend das Gefäß von der Heizplatte und miss wieder 10 Minuten lang jede Minute die Temperatur!

c) Führe die Messungen sowohl mit Sand als auch mit Wasser durch!

Auswertung:

a) Notiere die Messwerte in einer Tabelle!

Zeit in min	Sand-temperatur in °C	Wasser-temperatur in °C
...	...	...

b) Stelle die Messwerte in einem gemeinsamen Liniendiagramm dar!

c) Beschreibe den Temperaturverlauf beim Erwärmen und beim Abkühlen der Stoffe!

d) Vergleiche den Temperaturverlauf beim Erwärmen und beim Abkühlen von Sand und von Wasser!

e) Welchen Einfluss hat der unterschiedliche Temperaturverlauf von Sand und von Wasser u. a. auf Wetter und Klima?

23. Untersuche die Abhängigkeit der Lufttemperatur vom Einfallswinkel der Sonnenstrahlung (Sonnenhöhe) an einem sonnigen Tag!

Vorbereitung:

Der Einfallswinkel der Sonnenstrahlung entspricht der Sonnenhöhe (vgl. Aufgabe 21) und wird mit Hilfe einer Lochkamera und der Projektionsmethode bestimmt.

Geräte und Materialien:
Lochkamera mit Winkelmesser und Lot, Thermometer, Uhr

Durchführung:

Die Messung der Sonnenhöhe wird wie in Aufgabe 21, S. 45 vorgenommen.
Die Lufttemperatur wird im Freien an einem schattigen Platz gemessen.
Nimm die Messungen im Abstand von je einer Stunde vor!

Auswertung:

a) Trage die Beobachtungsdaten in eine Tabelle ein und notiere das Datum!

Uhrzeit	Sonnenhöhe	Temperatur in °C
...	...	...

b) Stelle die Beobachtungsdaten in einem Diagramm dar! Trage dabei die Punkte für jede Uhrzeit mit einer anderen Farbe ein! Verbinde die Punkte in der Reihenfolge der vorgenommenen Messungen!

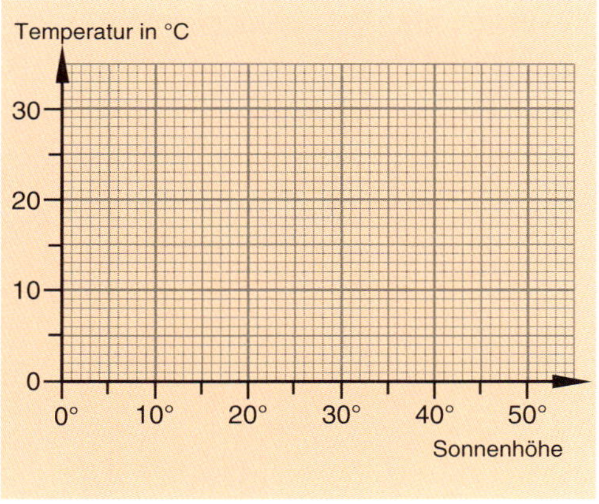

c) Wann erreichte an diesem Tag die Lufttemperatur ihren höchsten Wert?

d) Beschreibe Zusammenhänge zwischen dem Einfallswinkel der Sonnenstrahlung (Sonnenhöhe) und der Lufttemperatur!

24. Mit einem **Hygrometer** kann die Luftfeuchtigkeit gemessen werden. Ein einfaches Hygrometer kann man sich selbst bauen. Beim Hygrometer wird ausgenutzt, dass sich Haare zusammenziehen, wenn die Luft trocken ist, und sich wieder ausdehnen, wenn sie feucht ist.

Aus Papier wird ein Zeiger hergestellt, den man mit einer Reißzwecke beweglich auf Zeichenkarton befestigt. Der Zeiger wird mit einem langen Haar und Klebestreifen so befestigt, dass er eine waagerechte Position einnimmt. Rotes Haar ist am besten geeignet. Bei sonnigem, trockenem sowie bei wolkenreichem, feuchtem Wetter werden die Stellungen des Zeigers bezeichnet (s. Abb.). Zwischen diesen Stellungen kann man noch eine Skala anfertigen.

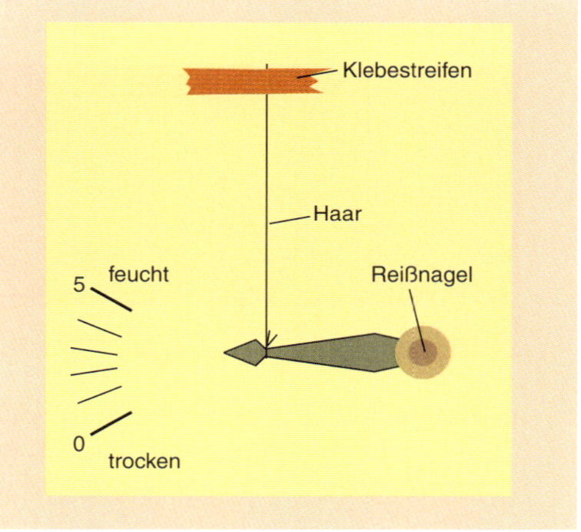

25. Mit einem **Barometer** kann man den Luftdruck messen. Ein einfaches Barometer kann man selbst bauen. Beim Barometer wird die Wirkung des Drucks der Luft auf eine Gummihaut genutzt.

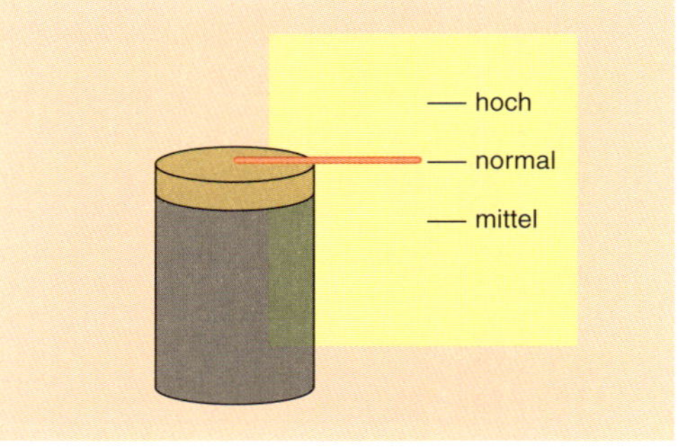

Die schmale Öffnung eines Luftballons wird abgeschnitten und der Rest über die Öffnung einer leeren Dose gestülpt. Der Ballon wird glatt gezogen und mit Klebestreifen dicht am Dosenrand festgeklebt. In der Mitte wird vorsichtig ein Strohhalm waagerecht festgeklebt. Hinter der Dose bringt man ein Stück Karton für die Markierung der Skala an (s. Abb.). Durch Vergleich mit einem käuflichen Barometer kann eine Skala festgelegt werden.

26. Fertige über den Zeitraum von einer Woche ein **Wetterprotokoll** an! Nimm deine Beobachtungen und Messungen jeweils zur selben Uhrzeit am Tage vor!
    a) Trage deine Beobachtungen und Messungen in eine Tabelle ein und notiere die Uhrzeit:

Datum	Temperatur	Luftdruck	Luftfeuchtigkeit	Bewölkung	Niederschlagsart	Wind
…	…	…	…	…	…	…

    b) Fertige für Temperatur (in °C), Luftdruck (in 10 hPa) und Luftfeuchtigkeit (in %) jeweils getrennte Säulendiagramme an! Die Abbildung gibt dir einen Vorschlag für die Einrichtung der Diagramme. Die jeweiligen Skalenwerte bringst du unter Beachtung der Messwerte selbst an!

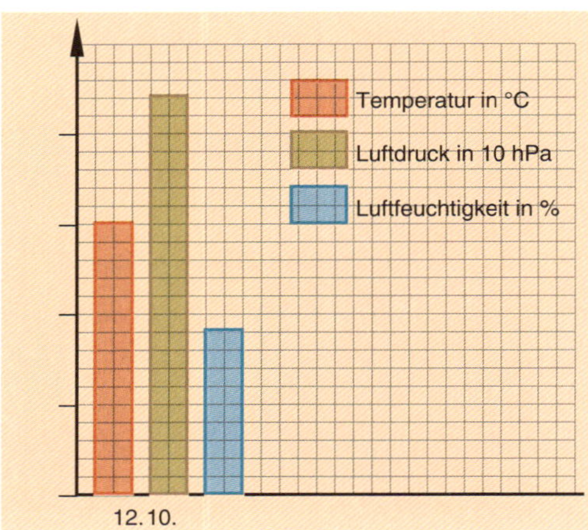

    c) Vergleiche deine Beobachtungs- und Messergebnisse mit den Wetterberichten und -vorhersagen in einer Tageszeitung und stelle Übereinstimmungen und Abweichungen fest!
    d) Welche Gründe können für Abweichungen
       – zwischen deinen Ergebnissen und den Berichten in der Zeitung und
       – zwischen Vorhersagen in der Zeitung und dem tatsächlichen Wetter bestehen?

27. Humusbestandteile in Böden sind durch chemische Zersetzung pflanzlicher und tierischer Reste entstanden. Bei starker Erhitzung verbrennt Humus. Dadurch kann der Humusanteil in Böden nachgewiesen werden.
Bestimme den **Humusanteil** in einer Bodenprobe!

Vorbereitung:
Eine Bodenprobe wird getrocknet.
Der Humusanteil wird durch Wägen der Bodenprobe vor und nach dem Erhitzen ermittelt.
Geräte und Materialien:
Brenner, Dreifuß, Drahtnetz, Tiegelzange, Porzellanschale, Waage

Durchführung:
Baue die Versuchsanordnung nach der Abbildung auf!

a) Bestimme die Masse der Bodenprobe m_1 vor dem Erhitzen!
b) Danach wird die Bodenprobe unter einem Abzug so lange erhitzt, bis sie gut durchgeglüht ist, und anschließend wieder abgekühlt!
c) Die Masse der Bodenprobe m_2 wird nach dem Erhitzen gemessen!

Auswertung:
a) Berechne die Masse des Humus in der Bodenprobe mit $m_{Humus} = m_1 - m_2$!
b) Berechne den Humusanteil an der Bodenprobe mit m_{Humus}/m_1 in %!

28. Beim Bau von Dämmen oder Einschnitten für Verkehrswege, beim Aufschütten von Lärmschutzwällen, aber auch bei der Anlage von Abraumhalden muss man wissen, wie steil die entstehenden Hänge werden können. Dies ist u. a. abhängig vom Material, das aufgeschüttet wird. Die **Neigung** des Hanges wird durch den **Böschungswinkel** α (oder durch das Verhältnis von Höhe *h* zum Durchmesser *d)* angegeben.

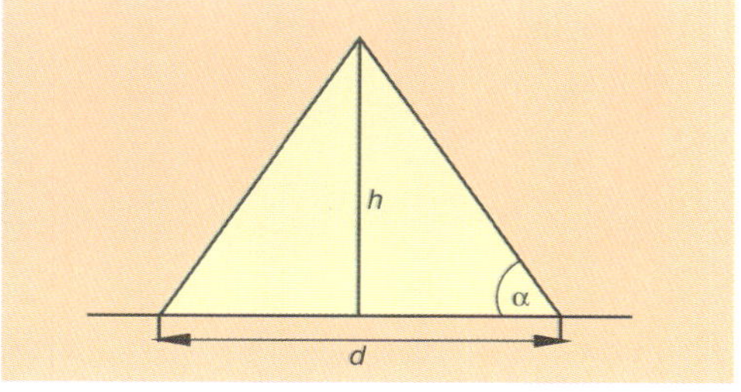

Bestimme experimentell den möglichen Böschungswinkel bei verschiedenen Materialien!

Vorbereitung:

Geräte und Materialien:

Stativmaterial, Trichter, Millimeterpapier, Lineal, unterschiedliche Lockermaterialien (z. B. Grobsand oder Feinsand, jeweils mit unterschiedlichem Lehmanteil)

Durchführung:

Der Versuch wird ähnlich wie in der Kiesgrube auf dem Foto aufgebaut!

Die Materialprobe wird durch einen Trichter auf Millimeterpapier geschüttet. Mit Hilfe des Millimeterpapiers wird der Durchmesser des entstehenden „Berges" ermittelt. Die Höhe wird mit einem Lineal gemessen.

Auswertung:

a) Die Messwerte werden in eine Tabelle eingetragen!

Art des Materials	Durchmesser *d* in mm	Höhe *h* in mm	Neigung $\frac{h}{d}$
...	...	...	...

b) Stelle die Neigung für die verschiedenen Materialproben in einem Säulendiagramm dar!

29. Wie effektiv Verkehrsmittel sind, hängt auch davon ab, von wie vielen Personen sie zugleich genutzt werden.

a) Stelle dich an eine Straßenkreuzung und zähle, mit wie vielen Personen die Pkw, die in eine Richtung fahren, besetzt sind! Trage die Ergebnisse in eine Strichliste ein und notiere die Zeitspanne deiner Beobachtung!

1 Person	2 Personen	3 Personen	4 Personen	mehr als 4 Personen
𝍸	III	II		

b) Berechne, wie viel Prozent aller Pkw, die du gezählt hast, mit 1, 2, 3, 4 oder mehr als 4 Personen besetzt waren! Stelle deine Ergebnisse in einem Kreisdiagramm dar!

c) Bewerte deine Untersuchungsergebnisse!

30. Untersucht die Abhängigkeit der **Pulsfrequenz** von der körperlichen Belastung!

Vorbereitung:

Die Pulsfrequenz wird als Anzahl der Pulsschläge pro Minute angegeben.

Durchführung:

Die Pulsschläge werden mit Zeige- und Mittelfinger am Handgelenk festgestellt.

Es werden drei Messungen durchgeführt:

a) Ruhepuls vor der Belastung,

b) Belastungspuls nach 20 Kniebeugen,

c) Erholungspuls, 2 Minuten nach der Belastung.

Auswertung:

a) Tragt die Messwerte für verschiedene Schüler in die Tabelle ein!

Schüler	Ruhepuls pro Minute	Belastungspuls pro Minute	Erholungspuls pro Minute
...	...	...	...

b) Stellt die Messwerte in einem Säulendiagramm dar!

c) Wovon können die unterschiedlichen Werte des Pulsanstieges bei Belastung und des Rückganges in der Erholungsphase abhängen?

31. Jeder Mensch benötigt eine bestimmte Zeit, um auf Ereignisse reagieren zu können. Ermittle experimentell deine **Reaktionszeit!**

Vorbereitung:

Es soll deine Reaktionszeit beim freien Fall eines langen Lineals gemessen werden.

Durchführung und Auswertung:

Ein Mitschüler lässt plötzlich ein langes Lineal durch deine Hand fallen. Du hältst zunächst deine Hand am unteren Ende des Lineals und greifst dann nach dem fallenden Lineal.
Aus der Fallstrecke kannst du mit Hilfe folgender Tabelle die Reaktionszeit ermitteln.

Fallstrecke in cm	Reaktionszeit in s	Fallstrecke in cm	Reaktionszeit in s
5	0,10	55	0,33
10	0,14	60	0,35
15	0,17	65	0,36
20	0,20	70	0,37
25	0,22	75	0,39
30	0,24	80	0,40
35	0,26	85	0,41
40	0,28	90	0,42
45	0,30	95	0,44
50	0,32	100	0,45

Führe den Versuch 10-mal durch und bilde dann den Mittelwert für deine Reaktionszeit! Fertige hierzu eine Wertetabelle an!

Welchen Einfluss hat die Reaktionszeit auf die Genauigkeit von Zeitmessungen per Hand bei Experimenten?

32. Bestimme experimentell den **Abwurfwinkel,** bei dem beim schrägen Wurf die größte Wurfweite erzielt wird!

Vorbereitung:

Geräte und Materialien:
Federstoßeinrichtung mit Kugel, Lineal, Reißbrett, Holz- oder Plasteplatte

Durchführung:

Baue die Experimentieranordnung entsprechend der Abbildung auf!

Stelle die Anordnung leicht schräg auf, so dass die Kugel nach dem Abwurf auf der Platte abrollt!
Miss bei jedem Abwurfwinkel zwischen 10° und 80° (in Abständen von je 10°) die Wurfweite!

Auswertung:

a) Trage die Messwerte in eine Tabelle ein!

b) Bei welchem Abwurfwinkel erreicht man beim schrägen Wurf die größte Weite?

33. Ermittle experimentell den Zusammenhang zwischen dem zurückgelegten Weg und der Zeit bei der aufsteigenden **Bewegung einer Luftblase** in einem Glasrohr!

Vorbereitung:

Welche Größen müssen gemessen werden und mit welchen Messgeräten kann man dies tun?

Durchführung:

Fülle ein dünnes Glasrohr mit Wasser, so dass eine etwa 1 cm lange Luftblase bleibt!
Verschließe das Glasrohr auf beiden Seiten!
Lege das Glasrohr auf einen kleinen Bücherstapel! Drehe das Glasrohr um 180°, so dass die Luftblase vom unteren Rohrende aus aufsteigt!
Miss für verschiedene Strecken die Zeit, die die Luftblase für den Weg benötigt!
Miss die Zeit für einen Weg jeweils 5-mal und bilde den Mittelwert!
Trage die Messwerte in eine Tabelle ein!

Auswertung:

a) Stelle die Messwerte in einem Liniendiagramm dar!

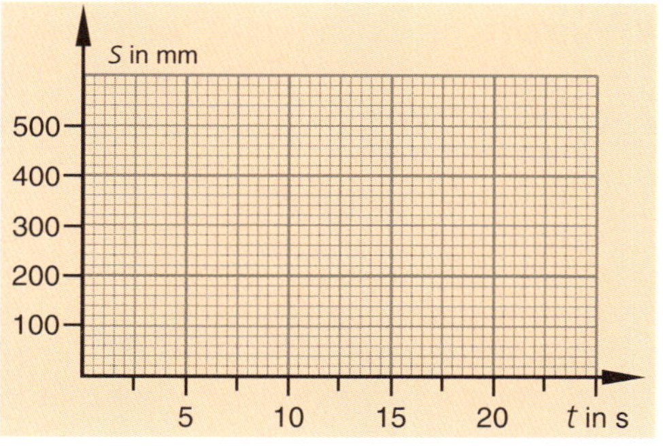

b) Was für einen Zusammenhang vermutest du zwischen Weg und Zeit bei dieser Bewegung? Überprüfe deine Vermutung rechnerisch!

c) Die Geschwindigkeit gibt an, wie schnell oder wie langsam sich ein Körper bewegt. Bei einer Bewegung mit konstanter Geschwindigkeit kann sie mit der Gleichung $v = \frac{s}{t}$ berechnet werden.

Berechne die Geschwindigkeit für die Bewegung der Luftblase!
Warum ist es für die Genauigkeit der Geschwindigkeitsberechnung günstig, einen möglichst langen Weg zu wählen?

34. Untersuche experimentell den Zusammenhang zwischen der **Verlängerung *s* eines Gummibandes** und der an ihm angreifenden Kraft *F*!

Vorbereitung:

Welche Größen müssen gemessen werden und mit welchen Messgeräten kann man dies tun?
Entwirf eine Experimentieranordnung für dieses Experiment und benenne die notwendigen Geräte und Hilfsmittel!

Durchführung:

Nimm die entsprechenden Messwerte auf und trage sie in eine Tabelle ein!

Auswertung:

Stelle die Messwerte in einem Diagramm dar!
Interpretiere das Diagramm!
Gilt für ein Gummiband das hookesche Gesetz (s. S. 31)? Begründe!

35. Beim Auflösen von Brausetabletten in Wasser entsteht ein Gas (s. Abb.).

Entwickle eine Experimentieranordnung, mit deren Hilfe das Gas aufgefangen und dessen Volumen bestimmt werden kann!
Gehe dabei von den Eigenschaften dieses Gases im Vergleich zur Luft aus!
Führe ein entsprechendes Experiment durch!

Wir erklären und sagen voraus

36. Löse einige Körnchen Kaliumpermanganat in einer Schale mit Wasser auf und beobachte!
Beschreibe deine Beobachtung!
Erkläre deine Beobachtung mit Hilfe des Teilchenmodells!

37. Gib einige Blütenpollen in einen Tropfen Wasser und stelle daraus ein Mikropräparat her!
Beobachte die Blütenpollen unter einem Mikroskop!
Erkläre deine Beobachtung!
So entdeckte 1827 der englische Biologe ROBERT BROWN (1773–1858) die nach ihm benannte brownsche Bewegung.

38. Lege einen Stein über Nacht in ein Gefrierfach! Übergieße ihn anschließend mit heißem Wasser (**Vorsicht!**).
Beschreibe deine Beobachtung!
Erkläre deine Beobachtung!
Leite aus dem Versuch Schlussfolgerungen für die Verwitterung von Gestein ab!

39. Folgendes Experiment soll durchgeführt werden (s. Abb.):

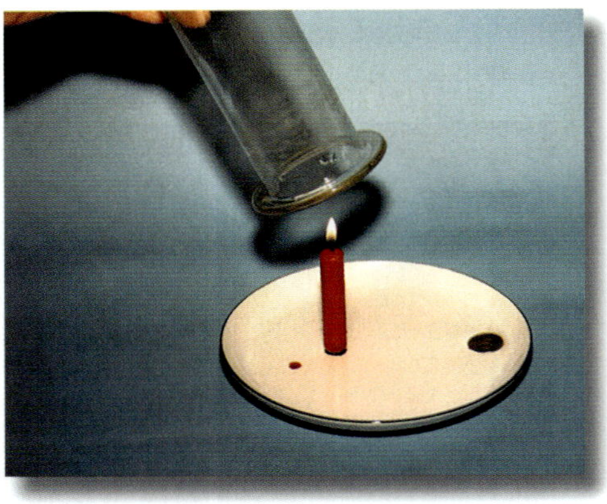

Eine Münze wird seitlich auf einen Teller gelegt und mit Wasser bedeckt. Gegenüber wird eine Kerze aufgestellt und entzündet. Darüber wird ein Standzylinder gestülpt.
a) Sage voraus, was passiert!
b) Überprüfe deine Voraussage, indem du das Experiment unter Aufsicht durchführst!

40. Um Öl von einer Wasseroberfläche zu beseitigen, wird es mit Sägespänen bestreut, die anschließend entfernt werden.
a) Erkläre, wie dieses Verfahren der Ölbeseitigung funktioniert!
b) Probiere dieses Verfahren in einem Experiment mit Speiseöl selbst aus!

41. Das in Salzwasser enthaltene Salz soll gewonnen werden.
a) Beschreibe ein Verfahren, mit dem diese Aufgabe gelöst werden kann!
b) Begründe deinen Vorschlag für das Verfahren!
c) Überprüfe dein Verfahren in einem Experiment!

42. Untersuche experimentell die Zusammensetzung des Farbstoffes eines schwarzen Faserschreibers!
Trage auf einen Streifen Filterpapier, etwa 2 cm vom unteren Rand, einen Tropfen Farbstoff und lass ihn eintrocknen! Befestige den Papierstreifen an einem Reagenzglas und tauche ihn maximal 1 cm tief in Wasser ein.
Hat das Wasser nahezu das Ende des Papierstreifens erreicht, wird er entnommen und getrocknet.
Du hast ein **Chromatogramm** erhalten.
Was sagt dieses Chromatogramm über die Zusammensetzung des schwarzen Farbstoffes aus?

43. Untersuche experimentell die Zusammensetzung des grünen Farbstoffes von Pflanzen (**Chlorophyll**)!
Vorbereitung:
Geräte und Materialien:
Laubblätter (z. B. von Flieder), Alkohol (96%ig), Schere, Mörser, Wasserbad, Brenner, Trichter, Filterpapier, 2 Bechergläser
Durchführung:
a) Übergieße zerkleinerte Laubblätter mit Alkohol!
Lass diese vorsichtig im Wasserbad sieden!
Flitriere sie nach etwa 30 Minuten!
Du erhältst eine konzentrierte Chlorophylllösung.
b) Gieße etwas Chlorophylllösung in ein Becherglas!
Hänge einen etwa 4 cm breiten Filterpapierstreifen in die Lösung!
c) Trockne nach etwa 30 Minuten den Papierstreifen an der Luft und klebe ihn auf!
Auswertung:
Welche Farbstoffe enthält das Chlorophyll der grünen Pflanzen?

2 Die Entwicklung der Naturwissenschaften

Was können wir aus der Geschichte der Naturwissenschaften für uns in der Gegenwart lernen?

Ein neues Jahrhundert beginnt. Wir begrüßen es mit Computern und Mobiltelefonen, mit Magnetschwebebahnen und Jumbojets, mit Laserskalpellen und Satellitenfernsehen. An diese Dinge sind wir bereits gewöhnt, der Umgang mit ihnen vermittelt uns das Gefühl, modern zu sein.

Vor hundert Jahren kannten die Menschen nichts davon. Und doch wurden viele Entdeckungen, die auch für das Funktionieren dieser modernen Geräte wichtig sind, schon vor vielen Jahrzehnten, ja Jahrhunderten gemacht. Die Geschichte der Naturwissenschaften ist jedoch nicht nur deshalb für uns heute so wichtig. Sie zeigt auch, wie man zu naturwissenschaftlichen Erkenntnissen kommt.

2.1 Naturwissenschaften zwischen Vergangenheit und Zukunft

Elektrische Beleuchtung, Wasserleitungen oder gar Telefonanschlüsse waren vor einhundert Jahren noch aufregend neu und längst nicht in allen Orten zu finden. Die ersten Autos, die über die Straßen fuhren, ähnelten sehr den Pferdekutschen und fuhren kaum schneller als 25 km/h.
Am 17. Dezember 1903 flog der Amerikaner ORVILLE WRIGHT als erster Mensch mit einem Motorflugzeug. Der erfolgreiche Flug dauerte ganze 12 Sekunden (Abb. 1). Nur wenige Jahrzehnte mussten vergehen, bis die Welt mit einem Netz von Autostraßen und Fluglinien überzogen war.

Vieles hat sich in nur einhundert Jahren verändert. Die Menschen des Jahres 1900 würden sich in unserer Zeit nicht zurechtfinden, wenn sie plötzlich um einhundert Jahre in die Zukunft versetzt würden. Umgekehrt hätten auch wir Orientierungsschwierigkeiten, könnten wir eine Zeitreise in das Jahr 1900 unternehmen (Abb. 2 und 3). Dabei reden wir hier nur von einer hundertjährigen Zeitspanne – viel für ein Menschenleben, aber verschwindend wenig für die Geschichte der Menschheit. Seit mehr als einer halben Million Jahren leben Menschen auf der Erde. Ein Jahrhundert ist weltgeschichtlich eine sehr kurze Zeit.

Unsere Modernität gibt uns kein Recht, überheblich und selbstzufrieden auf die Welt unserer Vorfahren herabzusehen. Die Technik, auf die wir heute stolz sind, wird den Menschen des Jahres 2050 ebenso veraltet vorkommen, wie uns rauchende Fabrikschornsteine und Dampfmaschinen (Abb. 4)

1 Ein Motorflugzeug der Gebrüder WRIGHT wird zum Start vorbereitet. Sie hatten sich seit 1896 in Ohio selbst zu Ingenieuren ausgebildet.

2 Ab 1901 verkehrt die Hochbahn in Elberfeld (Wuppertal). Dieses neuartige Verkehrsmittel bewegt sich weitgehend längs über dem Fluss Wupper.

3 Im Jahre 1911 war die Dampfmaschine, die bereits seit dem 18. Jh. existierte, zur Frischdampf-Generator-Dampfturbine weiterentwickelt.

4 Die Eisenbahn war für die Menschen im 19. Jahrhundert eine Sensation. 1822–1825 entstand die erste öffentliche Dampfeisenbahnlinie zwischen den englischen Städten Stockton und Darlington. In Deutschland dampfte es zuerst 1835 zwischen Nürnberg und Fürth.

erscheinen. Wer heute jung ist, wird diesen Wandel selbst erleben und mitgestalten. Was sich in den kommenden Jahrzehnten ändern wird, können wir höchstens vermuten. Aber die Wandlungen werden enorm sein. Ein Blick in die Vergangenheit macht es uns leichter, uns darauf einzustellen. Er gibt uns ein Gefühl für das Tempo, mit dem sich das moderne Leben verändert, und für die Probleme, die Menschen damit haben können.

> Veränderungsbereitschaft ist das Erste, das wir aus der Geschichte lernen können. Geschichte ist nicht einfach etwas Gewesenes. Sie geht immer weiter, wir sind mittendrin.

Moderne Technik steckt – näher betrachtet – voll von Mathematik und Naturwissenschaft. Die Spezialisten, die Maschinen, Geräte oder Verfahren entwickeln, verwenden dabei Kenntnisse, die in langer und mühsamer Forschungsarbeit gefunden worden sind. In der Regel entsprechen diese Kenntnisse dem neuesten Stand der Wissenschaft, doch sie enthalten zugleich Elemente, die wesentlich älter sind. Ein wichtiges Beispiel: Um technische Aufgaben wissenschaftlich zu bewältigen, müssen oft Gleichungen aufgestellt und gelöst werden. Gewiss ist dieses mathematische Verfahren im Laufe der Zeit immer weiter ausgebaut und verfeinert worden, doch der Umgang mit Gleichungen selbst ist schon Jahrtausende alt. Nachweislich wurden im alten Ägypten (Abb. 1 und 2) bereits vor etwa 4 000 Jahren einfache Gleichungen gelöst. Dieses uralte Wissen ist ein Baustein unserer Fähigkeit, die Konstruktion von Brücken, die Bahnen von Erdsatelliten oder die günstigste Lösung von Zulieferproblemen für ein Großunternehmen zu berechnen.

Die Folgerichtigkeit und Zuverlässigkeit mathematischer Berechnungen beruht darauf, dass sie streng den Regeln der Logik folgen. Die Logik steckt schon in unserer Umgangssprache. Doch im täglichen Sprachgebrauch wird sie oft nicht genau beachtet. Für die Sprache der Wissenschaft, die exakter sein muss als die Sprache des täglichen Lebens, ist es wichtig, diese Regeln zu kennen. Die Grundlagen dieser Kenntnis verdanken wir bereits den Denkern des Altertums. Ein hervorragender Logiker war der griechische Gelehrte ARISTOTELES (Abb. 3).

Hier wird besonders deutlich, wie modernstes Wissen in jahrtausendealten Kenntnissen wurzelt. Die einfachsten, schon im Altertum aufgeklärten Strukturen des logischen Schließens wurden damals etwa so dargestellt:

> (1) Alle Menschen sind sterblich.
> (2) SOKRATES ist ein Mensch.
> (3) Also ist SOKRATES sterblich.

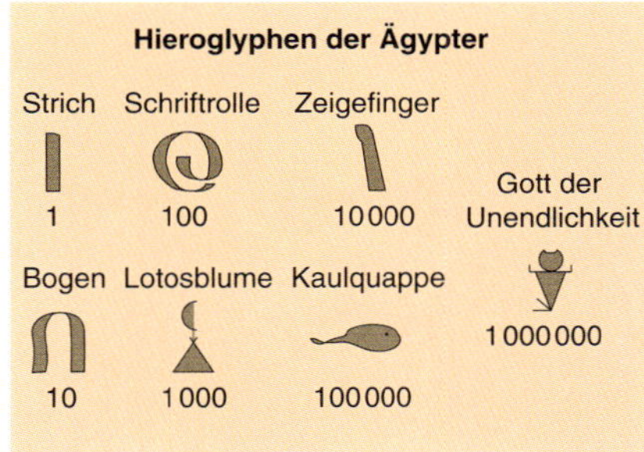

1 Die Ägypter benutzten vor etwa 4 000 Jahren auch Zahlenhieroglyphen. Die Erfindung von Schriften war eine große Leistung der Hochkulturen.

2 Vor rund 4 000 Jahren wurde in Ägypten mit dem Bau des Tempels von RAMSES II., der aus dem Felsen gehauen ist, begonnen.

3 Der griechische Gelehrte ARISTOTELES lebte von 384 – 322 v. u. Z. Er gehörte zu den bedeutendsten Denkern der Antike.

1 SOKRATES lebte von 470 bis 399 v. u. Z. in Athen. Zu den Lehren des Philosophen gehört die Auffassung, dass die Wissenschaft Erkenntnisse liefern soll, die dem richtigen Handeln der Menschen dienen können.

Die Sätze (1) und (2) sind die Voraussetzungen (Prämissen), der Satz (3) ist die Folgerung, die sich aus der Verknüpfung der Prämissen ergibt. Das ganze Schema bedeutet: **Wenn** die Voraussetzungen wahr sind, **dann** ist die Folgerung wahr. **Ob** aber die Prämissen zutreffen, ist keine Angelegenheit der Logik. Das muss aus der Erfahrung ermittelt werden. Diese Erfahrung liegt meist nicht so auf der Hand wie im Fall des Menschen SOKRATES (Abb. 1) und ist nur durch mühsame Forschungsarbeit zu gewinnen. Man sagt deshalb auch, dass das logische Schließen formal ist: Seine Gültigkeit hängt nur von der Struktur der Sätze und ihrer Verbindungen ab, nicht von ihren besonderen Inhalten.

Aus dem formalen Charakter der Logik ergibt sich ihre enorme Macht. Sie beschreibt Strukturen, denen richtiges Denken folgen muss – ganz gleich, von welchen Inhalten es handelt. Die Programme, die die Software unserer Computer bilden, sind Ketten logischer Schlüsse. Wir können ihnen vertrauen, weil ihre Arbeitsweise das logische Schließen nachbildet und wir können sie für die unterschiedlichsten Aufgaben einsetzen, weil dieses Schließen formal ist (Abb. 2).

In den logischen Strukturen seiner Software ist in jedem PC das Denken der alten Griechen lebendig, auch wenn sein Nutzer nichts davon ahnt. Ohne die Denkleistungen des griechischen Altertums gäbe es keine Computer, kein Internet, kein Informationszeitalter. In ganz ähnlicher Weise könnten wir das Wissen, auf dem die Computerhardware beruht, weit in die Vergangenheit zurückverfolgen.

Wir lernen aus der Geschichte der Erkenntnis also noch etwas ganz anderes als die Gewissheit, dass auch das heute Moderne schnell veralten wird. Auch das allermodernste Wissen enthält Leistungen, die vor Dutzenden, Hunderten oder auch Tausenden von Jahren erbracht worden sind. Die Schöpfer dieser Leistungen sind lange tot, aber ihre Ideen sind lebendig geblieben. Ohne sie könnten wir gar nicht modern sein.

> Je gründlicher wir das Wissen und Können unserer Vorfahren verwerten, um so sicherer werden wir zu neuem Wissen und Können gelangen, das es so noch nicht gegeben hat. Der Schlüssel zum Neuen liegt im Alten.

2 Computerprogramme (Software) basieren u. a. auf logischen Schlüssen, die bereits seit Jahrtausenden bekannt sind und benutzt werden.

Auf dieser Ebene ist unsere Lage mit der Situation schöpferischer Menschen zu allen Zeiten vergleichbar. Jede Generation hatte Kenntnisse, Techniken und Lebensformen, die ihr vertraut und selbstverständlich waren. Wer Neues schaffen wollte, musste aus dem Gewohnten aussteigen und den Vorhang des Selbstverständlichen beiseite schieben, damit er die vertraute Welt in einem neuen Licht sehen konnte.

Die frühen Hochkulturen der Erde

In der Entwicklung von Wissenschaft und Technik der Menschheit spielten die frühen Hochkulturen der Erde eine besondere Rolle. Sie bestanden in verschiedenen Regionen der Erde, in unterschiedlichen Zeiträumen und zum Teil isoliert voneinander. Ganz grob lässt sich die Zeit zwischen 5 000 v. u. Z. bis etwa zum Beginn der modernen Zeitrechnung dafür angeben.

Die Hochkulturen beendeten in ihrem Bereich die etwa 30 000 Jahre dauernde Epoche des Homo sapiens, in der er als Jäger und Sammler lebte. Die frühen Hochkulturen sind verbunden mit der Errichtung ortsfester Objekte und dem damit erfolgenden Übergang zur Sesshaftigkeit. Viehzucht und Ackerbau wurden betrieben, wozu – zumindest in Europa – der Rückzug des Inlandeises der Würm- bzw. Weichsel-Eiszeit eine der erforderlichen Voraussetzungen war.

Der Ackerbau und die im Zusammenhang mit ihm entwickelten unterschiedlichen Bewässerungstechniken führten zur Erzeugung eines Überschusses an Nahrungsmitteln. Nicht mehr alle Mitglieder eines Gemeinwesens mussten sich der Sicherung der Ernährung widmen. Der Überschuss förderte die gesellschaftliche Arbeitsteilung und ein deutliches Wachstum der Bevölkerung. Neue Berufe entstanden.

1 Seit etwa 3 000 v. u. Z. sind Rad und Karren bekannt, z. B. in Syrien (Tonmodell).

2 Die Herstellung von (Ton-)Gefäßen, wie hier auf Kreta, begann in den Hochkulturen. Gefäße sind Ausdruck der Vorratswirtschaft. Diese wiederum war nur nach dem Übergang zu festen Siedlungen möglich.

3 Nicht nur Wirtschaft und Technik entwickelten sich in den frühen Hochkulturen. Auch Rechtswesen, Bildung, Philisophie, Literatur und Kunst erreichten eine erste Blüte. Die Freskenmalerei von Knossos auf Kreta ist ein Beispiel dafür.

4 In Mittelamerika und Peru befanden sich frühe Hochkulturen Amerikas. Sie sind untrennbar mit den Reichen der Olmeken und der Inka verbunden.

Der sich entwickelnde Handel nutzte die Erfindung von Rad und Karren (Abb. 1, S. 57) und von seetüchtigen Schiffen. Die beginnende Metallverarbeitung brachte den Durchbruch zu technischem Denken und Handeln.

Das Mehrprodukt an Nahrungsmitteln, mit dem auch die Menschen versorgt wurden, die sie nicht mehr selbst produzierten, und der Handel mit Erzeugnissen auch anderer Berufe erforderte die Herstellung von Gefäßen (Abb. 2, S. 57) und von Speichern. So förderte diese Entwicklung ihrerseits die Sesshaftigkeit und die Bildung von Städten.

Es ist schnell einsichtig, dass eine solche menschliche Kultur nicht durch das für die Epoche der Jäger und Sammler charakteristische instinktive Handeln einzelner Menschen entstehen konnte. Hierfür war überlegtes, planmäßiges Tun innerhalb einer funktionierenden Gemeinschaft von Menschen erforderlich.

Die Entwicklung von Schriften und von Gesetzgebungen, von Rechnungswesen und Geographie, von Medizin und Kunst sind weitere wichtige Kennzeichen der frühen Hochkulturen.

Da die schriftlich überlieferte Geschichte erst rund 3 000 Jahre vor der Zeitrechnung beginnt und einige der Hochkulturen in die Zeit vor der Erfindung der Schrift zurückgehen, musste unser Wissen über diese ersten Epochen der menschlichen Zivilisation und ihre Leistungen häufig anhand von Sachzeugen rekonstruiert werden. Vieles ist daher bis heute unbekannt oder nicht restlos geklärt.

In Amerika sind vor allem die Olmekenkultur in Mittelamerika und das Inkareich im heutigen Peru zu den Hochkulturen zu rechnen (Abb. 4, S. 57). Amerika besaß seit dem Ende der letzten Eiszeit keine Landverbindung zu Asien mehr, da das abschmelzende Eis den Meeresspiegel steigen ließ. So gab es hier über 10 000 Jahre lang eine isolierte Entwicklung von Pflanzen, Tieren und Menschen.

Die **Olmeken** schufen von etwa 1 200 v. u. Z. an die erste bedeutende Zivilisation in Amerika. Zu ihren Leistungen gehören u. a. die Monumentalarchitektur (Abb. 2), geometrisch konstruierte Kultstätten mit Pyramiden und Plätzen, genaueste astronomische Beobachtungen und die Glyphenschrift. Grundlage für diese Kultur war eine intensive Landwirtschaft im Tieflandsbereich, die bei zwei Ernten jährlich große Nahrungsmittelüberschüsse erzeugte. Schon seit etwa 5 000 v. u. Z. wurde in Mittelamerika Mais angebaut.

Seit etwa 1 000 v. u. Z. haben die Menschen in den Hochebenen und Tälern der Anden Terrassenfeldbau betrieben. Dadurch konnten sie sowohl sorgsam bewässern als auch der Bodenerosion vorbeugen. Eine besondere Blüte erreichte das **Inka-Reich.** Hier sind vor allem ingenieurtechnische Leistungen zu nennen: Straßen- und Brückenbau, Anlage von Bewässerungskanälen und Hangterrassen für die Landwirtschaft, Speicher für die Lagerung der Ernte, Manufakturen, Festungen und Städte (Abb. 1).

1 Die Terrassenstadt Machu Picchu ist eine Meisterleistung der Ingenieurkunst und Architektur der Inka. Sie war aufgrund ihrer Lage der Zerstörung durch die Spanier entgangen und wurde erst 1912 entdeckt.

2 In den großen Städten der Olmeken wurden riesige Basaltköpfe aus einem Stück entdeckt. Sie weisen eine Masse bis zu 20 t auf. Sie wurden über 100 km transportiert.

1 Das aus Lehmziegeln erbaute Ischtartor und die zu ihm führende „Straße der Prozessionen" waren mit blau glasierter Keramik verkleidet, in der Löwen, Drachen und Stiere reliefartig abgebildet waren. Es wurde unter NEBUKADNEZAR II. um 580 v. u. Z. errichtet.

Auch in **Mesopotamien** war der landwirtschaftliche Überschuss die Grundlage für die Entwicklung. Bewässerungsanlagen und -kanäle sowie feste Siedlungen wurden ab 4 000 v. u. Z. errichtet. Facharbeiter und Bauern waren beruflich getrennt. Zu den großen wissenschaftlich-technischen Leistungen gehören die Entwicklung einer Schrift (um 3 100 v. u. Z.), die in Tontafeln geritzt wurde, die Erfindung von Rad und Karre sowie die ersten Lastschiffe (um 4 000 v. u. Z.), die später seetauglich wurden. **Babylon,** zu beiden Seiten des Euphrat gelegen und Anfang des 2. Jahrtausends v. u. Z. erbaut, wies einen rechtwinkligen Grundriss auf und besaß Brücken und eine Stadtmauer. Haupteingang zur Stadt war das berühmte Ischtartor (Abb. 1). Babylon trat durch eine erste umfassende Gesetzgebung hervor, die auch schriftlich festgehalten, in Stelen gemeißelt wurde. Die Babylonier hatten die Vorstellung, dass das ihnen bekannte Land von Meer umgeben ist, aus dem alle Himmelskörper auf- bzw. in das sie eintauchen.

Ägypten war (und ist) wie kein anders Land vom Nil abhängig. Nur in seinem Tal und im Delta ist – jahreszeitlich schwankend – ausreichend Wasser für die Landwirtschaft vorhanden. Vom Rhythmus des Nils war die Einteilung des Arbeitsjahres in Ägypten abhängig: Während der Überschwemmung konnte nicht auf den Feldern gearbeitet werden, in Zeiten des Nil-Tiefstandes musste bewässert werden (Abb. 2, S. 68). Von etwa 3 100 v. u. Z. bis 332 v. u. Z. blühte im Tal des Nils eine der ältesten und reichsten Kulturen der Alten Welt. Davon zeugen noch heute Pyramiden, Obelisken, Tempel und Statuen (Abb. 1, S. 60), zu deren Errichtung besondere technische Kenntnisse und Erfahrungen erforderlich waren. Besonders in Ägypten erreichte die Medizin einen hohen Entwicklungsstand.

2 Von Zentralchina um die Stadt Xian breitete sich die chinesische Hochkultur in Richtung Große Ebene aus.

1 Der Totentempel der Königin HATSCHEPSUT in Deir el-Bahri in der Nähe von Luxor wurde im 15. Jh. v. u. Z. errichtet. Er gehört zu den großartigsten Tempelanlagen des alten Ägyptens.

3 Im Dorf Banpo bei Xian, das erst 1958 entdeckt und ausgegraben wurde, bestanden die Häuser aus mit Lehm verschmiertem Flechtwerk.

4 Kohl wurde in China schon lange Zeit vor der Shang-Dynastie kultiviert. Er ist auch heute noch ein wichtiges Nahrungsmittel.

Während die meisten Hochkulturen der Alten Welt, wie die der Olmeken oder der Inka, untergegangen sind oder zerstört wurden, findet man in **China** die älteste noch heute existierende Kultur der Erde. Das hängt u. a. mit der lange Zeit bestehenden Isolierung Chinas von der übrigen Welt zusammen. Wissenschaftler gehen davon aus, dass die Chinesen erst Ende des 2. Jh. u. Z. von den anderen Kulturen der Erde erfahren haben. Immerhin war dies über 1 000 Jahre früher als die Europäer durch MARCO POLO von der Existenz Chinas erfuhren (s. S. 84).

Als Sinnbild der Leistungsfähigkeit der Chinesen wird oft die Große Chinesische Mauer angesehen. Doch sie wurde erst ab 453 v. u. Z. errichtet. Die chinesische Kultur geht jedoch wesentlich weiter zurück. Bereits ab 7 000 v. u. Z. wurden Hirse, Reis, Kohl (Abb. 4) oder Sojabohnen in der Großen Ebene und am Huang He im Lößhochland kultiviert (Abb. 2). Ab 5 000 v. u. Z. sind eine große Anzahl jungsteinzeitlicher Siedlungen in der Nähe der heutigen Stadt Xian vorhanden gewesen (Abb. 3).

Während der Shang-Dynastie (1 800–1 100 v. u. Z.) fand die chinesische frühe Hochkultur ihren Höhepunkt. Sie bildet den Übergang von der Vorgeschichte Chinas zur Bronzezeit. Die Beherrschung der Bronzeverarbeitung sicherte den Shang eine überlegene Waffentechnik und dadurch die Erweiterung ihres Einflussbereiches. Hier, im traditionellen Zentrum Chinas, wurden Künste und Gewerbe (Jadeschnitzerei, Töpferei), aber auch der Seidenanbau, Malerei und Kalligraphie entwickelt. Und sie sind bis heute erhalten und werden gepflegt. Mehr als in anderen Kulturen standen Schrift und Gelehrsamkeit im Mittelpunkt. In dieser Zeit entstanden befestigte Städte, wurden große Grabbauten errichtet, ein Verwaltungssystem, standardisierte Gewichte und der Kalender eingeführt.

Grundlage der Hochkultur der Shang-Dynastie war aber die Landbautechnik, die sich durch Reisanbau, Bewässerung und Zähmung der Wasserbüffel auszeichnete. Noch heute sind traditionelle Arbeitstechniken anzutreffen.

2.2 Regelmäßigkeiten und Gesetze in der Natur

Die Naturwissenschaft beruht darauf, dass es in der Natur Regelmäßigkeiten gibt: Wärmezufuhr bringt Eis zum Schmelzen. Meteoriten (Abb. 1), die aus dem Weltraum in die Erdatmosphäre eindringen, ziehen am Himmel eine leuchtende Bahn. Bakterien können Infektionskrankheiten verursachen.

Bestimmte Ursachen rufen bestimmte Wirkungen hervor. Die Welt ist voll von solchen Zusammenhängen. Manche liegen offen zutage, manche sind schwer zu ergründen. Ist es einmal gelungen, eine solche Regelmäßigkeit zu finden und die Bedingungen zu bestimmen, unter denen sie auftritt, dann können wir erwarten, der gleichen Regelmäßigkeit immer wieder zu begegnen, sobald wir auf entsprechende Bedingungen treffen oder sie selbst praktisch herstellen. Wenn wir begründet sagen können, dass eine bestimmte Regelmäßigkeit unter genau bestimmten Bedingungen mit Notwendigkeit auftritt, dann haben wir ein Naturgesetz erkannt.

Die Kenntnis von Naturgesetzen ermöglicht uns die Orientierung in der Welt und das vernünftige, zielstrebige Handeln.

So erwarten wir, dass das Fallgesetz immer gilt, wenn wir es mit Vorgängen des freien Falls zu tun haben, ganz gleich, ob der fallende Körper groß oder klein, regelmäßig oder unregelmäßig, einfach oder zusammengesetzt ist (Abb. 2). Es ist auch einerlei, ob der Vorgang ohne unser Zutun geschieht oder ob er von uns absichtlich hervorgerufen worden ist. Der reife Apfel, der vom Baum fällt, gehorcht dem Fallgesetz ebenso wie der Stein, den wir in die Höhe geworfen haben und der zur Erde zurückkehrt. Die Kenntnis dieses Gesetzes verdanken wir dem Italiener GALILEO GALILEI (s. S. 95). Er hat nicht nur das Fallgesetz gefunden, sondern auch viel über die allgemeinen Aufgaben der Naturerkenntnis nachgedacht. Deutlich hat er ausgesprochen, dass es der Sinn der Naturwissenschaft ist, Gesetze zu entdecken und exakt zu formulieren.

Natürliche Regelmäßigkeiten waren für den Menschen schon in Urzeiten Leitfaden des Lebens, lange bevor er die Schrift entwickelt hatte und sein Wissen mit wissenschaftlicher Genauigkeit formulieren und aufzeichnen konnte. Der Wechsel von Tag und Nacht und die regelmäßige Wiederkehr der Jahreszeiten gaben dem Leben einen Grundrhythmus. Der Mensch begriff, dass er nur dann, wenn er in einer bestimmten Jahreszeit aussäte, eine gewisse Zeit später eine Ernte erwarten konnte. Die Bearbeitung von Steinen, Holz

1 Der Hoba-Meteorit nahe der Stadt Grootfontein in Namibia ist der größte bekannte Meteorit auf der Erde. Seine Masse beträgt ca. 60 t.

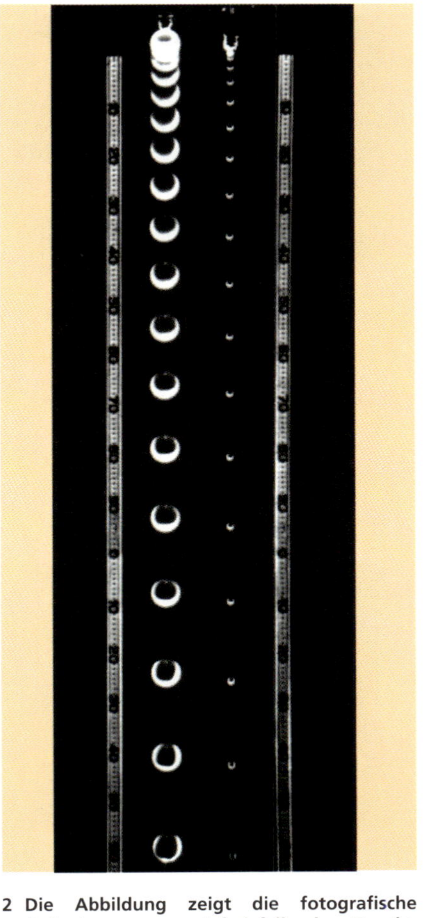

2 Die Abbildung zeigt die fotografische Aufnahme von zwei frei fallenden Kugeln. Für beide Kugeln wirkt das gleiche Fallgesetz, das von GALILEI gefunden wurde.

1 Im alten Ägypten wurden Feldvermessungen mit Hilfe von Messleinen ausgeführt. Solche praktische Tätigkeiten förderten in den alten Hochkulturen z. B. die Herausbildung der Geometrie und Mathematik.

2 Dem genauen Messen und damit der Entwicklung exakter Maße und Gewichte dienten auch Markierungen am Nilufer, wie hier auf der Insel Elphantine bei Assuan. An diesen Nilometern wurde der Wasserstand des Nils abgelesen.

3 Zu den eindrucksvollsten Ruinenstätten in Theben gehört das Ramesseum, der Totentempel RAMSES' II. (1290–1224 v. u. Z.) mit seinen gewaltigen Osirispfeilern, die sich vor den Resten der Vorhalle des Tempels befinden.

oder Knochen lehrte ihn die regulären Eigenschaften natürlicher Materialien kennen. Die Erfahrungen, die er bei der Verwendung der aus diesen Materialien hergestellten Werkzeuge, Gerätschaften oder Waffen sammelte, informierten ihn über weitere Regelmäßigkeiten in der Welt.

So wuchs die grundlegende Fähigkeit der Wissenschaft, Gesetze zu erkennen, aus den praktischen Erfahrungen des Alltagslebens heraus. Die Wurzeln der wissenschaftlichen Erkenntnis reichen weit zurück in die Urgeschichte der Menschheit.

Als die Menschen dazu übergingen, vom Ackerbau zu leben, wurde wegen der großen Abstände zwischen Saat und Ernte eine genauere Zeitbestimmung notwendig. Um gute Kalender machen zu können, mussten Sonne und Sterne lange und sorgfältig beobachtet werden. An den Bewegungen der Himmelskörper zeigten sich Regelmäßigkeiten deutlich und ungestört. Daher ist die Astronomie eine sehr alte Wissenschaft. Schon vor weit mehr als vier Jahrtausenden hatten die alten Ägypter mit Hilfe von Himmelsbeobachtungen einen brauchbaren Kalender aufgestellt. Sie benötigten ihn vor allem, um das Eintreten der alljährlich wiederkehrenden Nilüberschwemmungen, von denen die Fruchtbarkeit des Bodens abhing, zuverlässig voraussagen zu können. Anfangs war es Aufgabe der Priester, den Gang der Gestirne zu beobachten.

Himmelsbeobachtung, Landvermessung (Abb. 1), Beobachtungen des Nilwasserstandes (Abb. 2), Bau von Tempeln (Abb. 3) und Palästen – das alles brachte schon im Altertum die Kunst des Zählens und Messens und damit die Mathematik voran. Der griechische Gelehrte EUKLID (um 300 v. u. Z.) schuf ein System geometrischen Wissens, das für die Lösung einfacher Aufgaben noch heute in Gebrauch ist. Die euklidische Geometrie ist ein sehr frühes Beispiel einer wissenschaftlichen Theorie.

Als eine **Theorie** bezeichnen wir eine logisch geordnete Gesamtheit von Sätzen. Aufgrund dieser inneren Ordnung können wir Schlüsse ziehen.

Der strenge Aufbau der Geometrie von EUKLID war über viele Jahrhunderte, bis in unsere Zeit, ein großes Vorbild für die Ordnung des Wissens – nicht nur in der Mathematik, sondern auch in den Naturwissenschaften. Dem englischen Naturforscher ISAAC NEWTON (Abb. 1, S. 65) ist es gegen Ende des 17. Jahrhunderts geglückt, der Mechanik eine solche Form zu geben. Er baute dabei auf den Leistungen von GALILEI und anderen Wissenschaftlern auf. Wenn man beispielsweise den Zustand eines fliegenden Geschosses zu einem beliebigen Zeitpunkt kannte, dann konnte man mit Hilfe dieser Theorie auf seinen Zustand zu jedem beliebigen anderen Zeitpunkt schließen und damit seine Bahn bestimmen (Abb. 1 und 2).

Nicht nur mathematisches Wissen, sondern auch Wissen über die Natur kann in eine strenge Theorieform gebracht werden, die exakte Schlüsse erlaubt.

Viele haben GALILEI und NEWTON nachgeeifert. Vor allem in der modernen Physik sind verschiedene Theorien ähnlich streng formuliert. Die Sprache der Mathematik bietet hervorragende Möglichkeiten, Gesetze und Theorien genau auszudrücken. Die Naturwissenschaft von heute geht in den Fußstapfen von GALILEI und NEWTON, wenn auch die mathematischen Gewänder ihrer Theorien viel komplizierter geschneidert sind als die der Mechanik des 17. Jahrhunderts.

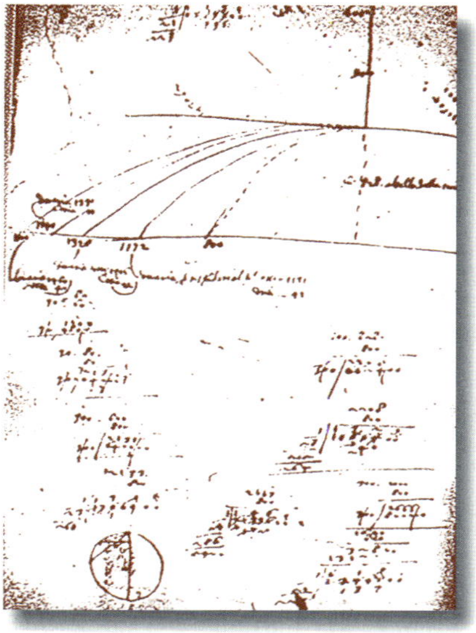

1 Diese Seite ist ein galileisches Manuskript mit Aufzeichnungen und Berechnungen zur Flugbahn von Kugeln.

2 Im Zusammenhang mit Überlegungen zur Flugbahn von Kugeln stellte GALILEI Versuche an, die zur Ermittlung der Bewegungsgesetze des freien Falls führten (Gemälde aus dem 19. Jahrhundert).

NEWTON und die Mechanik

Bereits im antiken Griechenland untersuchten Gelehrte die Bewegungen von Körpern. ARISTOTELES (384–322 v. u. Z.) unterschied Bewegungen im Himmel und auf der Erde. Letztere teilte er in natürliche und erzwungene Bewegungen ein. *„Alles, was sich bewegt, bewegt sich entweder von Natur oder durch eine äußere Kraft oder vermöge seines freien Willens."* Eine natürliche Bewegung war z. B., dass ein schwerer Körper nach unten fällt und ein leichter Körper nach oben steigt. ARISTOTELES beschäftigte sich auch mit anderen Fragen der Mechanik.

Über Jahrhunderte wurden seine Lehrsätze als unumstößlich und wahr angesehen, weil sie auch scheinbar mit den Alltagserfahrungen übereinstimmten. Erst nach dem Mittelalter wurden zunehmend Zweifel an der Lehre des ARISTOTELES laut, da mit ihrer Hilfe eine Reihe von Naturerscheinungen nicht richtig erklärt bzw. praktische Aufgaben nicht gelöst werden konnten.

Gelehrte, wie KOPERNIKUS (1473–1543), GALILEI (1564–1642) und KEPLER (1571–1630), untersuchten Bewegungen auf der Erde und am Himmel genauer und entdeckten deren Gesetze. Diese und andere Erkenntnisse griff der englische Physiker ISAAC NEWTON (1642–1727) auf und schuf daraus eine Theorie der Mechanik, die nach ihm benannte „Newtonsche Mechanik".

NEWTON (Abb. 1, S. 65) wurde 1642 als Sohn eines Landpächters in Mittelengland geboren. Der Rektor seiner Schule setzte durch, dass sich der begabte Junge auf ein Universitätsstudium vorbereiten konnte. Von 1661 bis 1665 studierte er in Cambridge. In seine Heimatstadt zurückgekehrt, entwickelte NEWTON in nur zwei Jahren die Grundideen seiner neuen Naturauffassung, die er später weiter ausbaute und veröffentlichte.

1687 erschien sein Werk mit dem Titel „Mathematische Prinzipien der Naturlehre" (Abb. 1). Das Werk bestand aus drei Büchern. Im ersten Band führte er alle Bewegungen auf drei grundlegende Gesetzte zurück. Im zweiten Band behandelt NEWTON die Bewegungen in Flüssigkeiten, im dritten Band die Bewegungen der Himmelskörper. Dabei wendet er die physikalischen Bewegungsgesetze für Körper auf der Erde auch auf Bewegungen der Himmelskörper an.

So hob er die Unterscheidung zwischen Bewegungen im Himmel und auf der Erde auf und begründete eine einheitliche Physik. Die Legende berichtet, dass NEWTON die Kraft zwischen Körpern mit 23 Jahren entdeckte. Als er auf einer Wiese lag und sah, wie ein Apfel vom Baum fiel, wurde er zum Nachdenken darüber angeregt, warum ein Apfel zur Erde fällt.

NEWTON machte auch wichtige Entdeckungen auf Gebieten der Optik (Abb. 2) und der Mathematik.

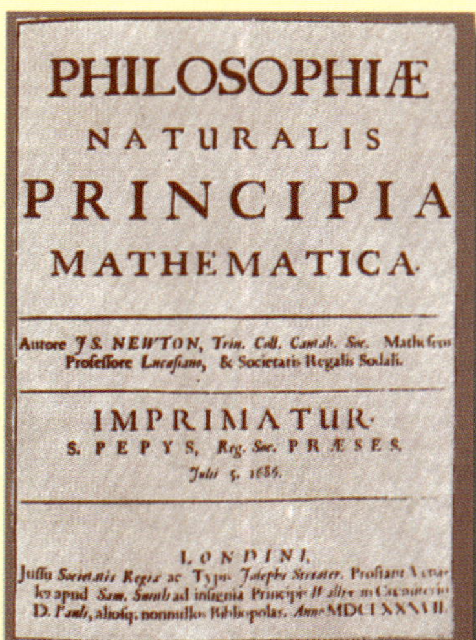

PHILOSOPHIÆ
NATURALIS
PRINCIPIA
MATHEMATICA.

Autore JS. NEWTON, Trin. Coll. Cantab. Soc. Matheseos Professore Lucasiano, & Societatis Regalis Sodali.

IMPRIMATUR.
S. PEPYS, Reg. Soc. PRÆSES.
Julii 5. 1686.

LONDINI,
Jussu Societatis Regiæ ac Typis Josephi Streater. Prostant Venales apud Sam. Smith ad insignia Principis Walliæ in Cœmiterio D. Pauli, aliosq; nonnullos Bibliopolas. Anno MDCLXXXVII.

1 1687 erschien sein wissenschaftliches Hauptwerk, die „Mathematischen Prinzipien der Naturlehre".

2 Das Foto von Erich Lessing zeigt einen Ausschnitt aus NEWTONS Manuskript zur Lichtbrechung und das von ihm bei seinen Untersuchungen benutzte Prisma.

Es wäre nicht richtig, nur dort von Wissenschaft zu sprechen, wo das Wissen einen mathematischen Ausdruck gefunden hat. Oft sind die Sachverhalte, in denen regelmäßige Züge erkannt werden, so kompliziert, dass ein mathematischer Ausdruck nicht oder noch nicht gelingt und die normale Sprache genügen muss.

Aber es besteht kein Zweifel, dass die mathematische Form die vollendetste Art und Weise ist, in der wir Naturgesetze ausdrücken können, und dass die Bemühungen weitergehen werden, unser Wissen von der Natur überall in eine solche Form zu bringen.

1 Isaac Newton lebte von 1642 bis 1727. Seine Bewegungslehre begründete eine einheitliche Physik.

2.3 Die Einheit der Natur

Wir wissen, dass schon in der Urgesellschaft die Menschen auf den verschiedensten Gebieten ihrer praktischen Erfahrung Regelmäßigkeiten begegnet sind, deren Erkenntnis sie nutzen konnten, um ihr Leben sinnvoll einzurichten. Doch sie bemerkten auch, dass die einzelnen Felder ihrer Erfahrung nicht getrennt voneinander existieren. Sie stellten fest, dass das Wachstum der Pflanzen mit der Witterung zusammenhängt, die Witterung mit der Jahreszeit, die Jahreszeit mit dem Stand der Sterne am Himmel. Viele Abhängigkeiten zwischen den Erscheinungen erfuhren sie, und alle zusammen legten die Vermutung nahe, dass die Natur ein geordnetes Ganzes bilden könnte – einen Kosmos, wie man im alten Griechenland sagte.

Was ist es, das diesen Kosmos zu einem Ganzen macht, das – mit Goethes Worten – „die Welt im Innersten zusammenhält"? Es war eine große Denkleistung, so fragen zu lernen. Wer das tat, der musste über die besonderen Interessen des Jägers und des Sammlers, des Händlers und des Ackerbauern, des Webers und des Schmiedes hinausgehen und überlegen, was die Erfahrungskreise dieser ganz unterschiedlichen Gruppen von Menschen miteinander zu tun haben.

2 Noch zu Lebzeiten des Thales von Milet war der Rundtempel von Delphi der „Nabel der Welt". Hier befragte die Priesterin das Orakel – wahrscheinlich aus einer Felsspalte austretende schwefelhaltige Dämpfe – nach der Zukunft.

Anfänge des wissenschaftlichen Denkens gab es in verschiedenen Kulturen – in China und Indien, im Vorderen Orient, in Südamerika (s. S. 57). Die für die moderne Wissenschaft wichtigsten Schritte in dieser Richtung wurden jedoch in den letzten Jahrhunderten vor unserer Zeitrechnung im alten Griechenland gegangen (Abb. 2).

Den griechischen Denkern wurde die Frage nach der Einheit der Natur als ein schwieriges Problem bewusst und sie versuchten, es zu lösen. Die meisten, die darüber nachdachten, nahmen einen einheitlichen „Urstoff" an, aus dem auf irgendeine Weise die riesige Vielfalt der wirklichen Dinge hervorgehen sollte (Demokrit). Ihnen war der Versuch gemeinsam,

Die Naturwissenschaften in der Antike

Die Gelehrten im griechischen Altertum – der Antike – haben sich mit vielen grundlegenden Fragen der Natur beschäftigt, die über Jahrtausende hinweg, z. T. bis heute die Naturwissenschaften beeinflussen. Das sind vor allem Fragen nach der Entstehung, der Entwicklung und dem Aufbau der Welt.

Bereits vor der Antike haben die Menschen Erkenntnisse über die Natur, in der Mathematik und der Technik gewonnen und gesammelt. In Ägypten kannten die Menschen z. B. bereits im 3. Jahrtausend v. u. Z. Geräte zum Messen von Entfernungen und Zeiten, wie Sonnen-, Wasser- und Sanduhren. Zum Bau der Pyramiden wurden einfache Maschinen genutzt. Bei diesen Erkenntnissen handelte es sich jedoch um Einzelwissen.

Die Gelehrten der Antike gaben sich mit diesem Einzelwisssen nicht zufrieden. Sie suchten nach den tiefsten Geheimnissen der Natur, nach den „Urstoffen" und „Urkräften", aus denen die ganze Welt aufgebaut ist und die überall wirken. Sie wollten eine einheitliche und systematische Wissenschaft betreiben und ganze Weltbilder erschaffen. Dabei gingen sie davon aus, dass viele Erscheinungen in der Natur nicht von Göttern, sondern von der Natur selbst verursacht sind, und dass sich der Mensch diese Naturerscheinungen nutzbar machen kann.

Eine Blüte erlebten die Naturwissenschaften im antiken Griechenland vom 6. Jh. v. u. Z. an. Dort hatten sich mächtige Stadtstaaten herausgebildet, die ihren Reichtum vor allem der Arbeit der Sklaven verdankten.

Gleichzeitig hatten die freien Bürger Zeit, sich mit Wissenschaft, Medizin, Geschichte und Kunst zu beschäftigen. Sie haben auf diesen Gebieten großartige Leistungen hervorgebracht.

Als einer der Ersten versuchte THALES von Milet (ca. 624 bis ca. 546 v. u. Z., Abb. 1), alle Erscheinungen auf ein gemeinsames Prinzip zurückzuführen. Wasser sollte der Urstoff für alle Körper sein (s. S. 69). Außerdem führte er alle Erscheinungen auf zwei Urkräfte zurück: das Zusammenziehen und das Ausdehnen.

1 Seine Erklärung der Weltentstehung, die nicht mehr auf mythologischen Vorstellungen fußte, machte THALES zum ersten Naturphilosophen.

PYTHAGORAS (ca. 572 bis ca. 492 v. u. Z.) war Mathematiker und Philosoph und gründete eine ganze Schule mit Gelehrten – die Pythagoräer. Sie sahen in den mathematischen Beziehungen die Verbindungen zwischen den Gegenständen der Wirklichkeit. Die Pythagoräer gelangten zu beachtlichen mathematischen Ergebnissen. Sie entwickelten eine Teilbarkeitslehre und erkannten, dass es unendlich viele Primzahlen gibt. Auch ihre Leistungen in der Geometrie waren beachtlich (Satz des PYTHAGORAS).

PYTHAGORAS experimentierte außerdem mit einer gespannten Saite (Abb. 2) – einem Monochord – und fand mathematische Zusammenhänge zwischen der Länge der schwingenden Saite und der Tonhöhe heraus (s. S. 103).

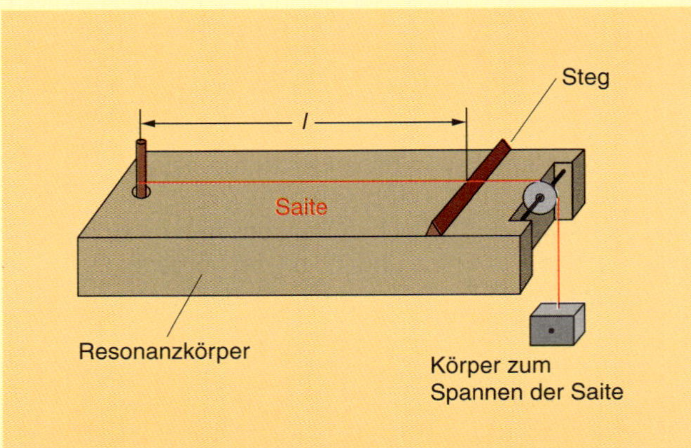

2 Bereits PYTHAGORAS experimentierte mit einem Monochord. Ein Monochord ist ein einfaches Saiteninstrument. Er besteht aus einer Saite und einem Resonanzkörper. Die Saite kann unterschiedliche Länge und unterschiedliche Spannung aufweisen. Aus diesen beiden Eigenschaften resultieren unterschiedliche Töne.

Einen weiteren Schritt in Bezug auf die Einheit der Natur ging DEMOKRIT (ca. 455 bis ca. 370 v. u. Z., Abb. 1). Nach seiner Lehre besteht die ganze Welt aus kleinen unsichtbaren Teilchen, den Atomen (griechisch: das „Unteilbare"). Die verschiedenen Stoffe unterscheiden sich danach nur durch eine unterschiedliche Menge und Anordnung der Teilchen. Je nach Anordnung bildeten sie Lebewesen und nichtlebende Dinge.

Einer der größten Denker des Altertums war ARISTOTELES (384–322 v. u. Z.). Er beschäftigte sich mit fast allen Gebieten der Wissenschaft seiner Zeit und brachte sie in ein umfassendes System. Seine Werke wurden ins Lateinische übersetzt und von der Kirche und vielen Wissenschaftlern bis ins Mittelalter als unumstößlich betrachtet. Er prägte die Begriffe „Physik" (gr.: „Natur") und „Botanik" (gr.: „Pflanze"). Besonderen Einfluss auf die Naturwissenschaften seiner Zeit und der Jahrhunderte danach hatten seine Ansichten zu Raum, Zeit, den Bewegungen und dem Leeren (Vakuum). ARISTOTELES beschäftigte sich auch mit dem Aufbau der Erde und des Weltalls. Auch die Biologie hatte ihm damals viel zu verdanken. Er systematisierte und verallgemeinerte das biologische Wissen seiner Zeit. So erkannte er, dass der Mensch auch nur ein Tier ist, welches anderen Tieren aber geistig überlegen ist. Allerdings ordnete er auch Pflanzen als „primitive Tiere" ein, die die Köpfe in die Erde stecken.

Ein großer Gelehrter seiner Zeit war ARCHIMEDES (ca. 287–212 v. u. Z.). Er verband die Physik, also die Naturwissenschaften, mit der Mathematik und der Technik. Physikalische Gesetze wurden bereits mathematisch formuliert und zum Bau von technischen Geräten und Maschinen genutzt. Er formulierte Gesetze für den Hebel, den Auftrieb, die Dichte und die Optik, baute ein Planetarium und erfand etwa 40 Maschinen, darunter Kräne, die endlose Schraube (Abb. 3 und 1, S. 68) und den Flaschenzug. Mit ARCHIMEDES und seinen Zeitgenossen erlebten die naturwissenschaftlichen und mathematischen Leistungen der Antike ihren Höhepunkt.

1 DEMOKRIT aus Abdera erklärte wie LEUKIPP von Milet alle Eigenschaften der Dinge aus der unterschiedlichen Anordnung der Atome sowie aus deren Größe, Gestalt und Lage.

3 Die archimedische Schraube ist ein vom griechischen Mathematiker und Techniker ARCHIMEDES erfundenes Wasserhebegerät. Es wurde sehr vielseitig in der Wirtschaft eingesetzt. Mit ihrer Hilfe wurden auch mit Wasser vollgelaufene Schiffe entleert.

2 PTOLEMÄUS befasste sich vorwiegend mit Mathematik und Astronomie. Hier lehrt ihn Astronomia das Himmelssystem (Holzschnitt 1504).

1 **Die archimedische Schraube fand im alten Ägypten bei der Feldbewässerung breite Anwendung. Später war sie in Holland zur Entwässerung mit Windmühlen gekoppelt. Sie wird noch bis heute genutzt.**

2 **Das Schaduf ist wesentlich älter als die archimedische Schraube. Diese einfache Vorrichtung ist bis in die Gegenwart erhalten geblieben.**

Eratosthenes (ca. 275 bis ca. 195 v. u. Z.) war ein großer Universalgelehrter, der sich mit vielen Wissensgebieten – von der Literatur bis zur Erdkunde – beschäftigte. Er hielt die Erde für kugelförmig, berechnete den Erdumfang aus den Sonnenständen an zwei verschiedenen Punkten. Außerdem entwarf er eine Karte von der Erde auf wissenschaftlicher Grundlage (Abb. 3). Eratosthenes war auch ein großer Mathematiker, der u. a. eine Methode erfand, die Primzahlen der Reihe nach zu ermitteln – das sogenannte „Sieb der Primzahlenbestimmung".

Claudius Ptolemäus (ca. 100 bis ca. 170 u. Z., Abb. 2, S. 67) fasste die Ergebnisse der bisherigen astronomischen Forschungen in einem Handbuch zusammen. Er sah die Erde im Mittelpunkt der Welt, um die sich alle Himmelskörper bewegten. So formte er das „geozentrische Weltbild". Sein Handbuch wurde 827 ins Arabische und später ins Lateinische übersetzt. Das geozentrische Weltbild war – auch durch die Unterstützung der Kirche – bis ins Mittelalter bestimmend (s. S. 94).

Im ersten Jahrhundert unserer Zeitrechnung übernahm eine andere Sklavenhaltergesellschaft die führende Stellung: das römische Kaiserreich. In der römischen Antike wurden zwar die wissenschaftlichen Leistungen der griechischen Gelehrten bewahrt und angewendet, jedoch kaum weiterentwickelt. Die Römer waren große Baumeister und Ingenieure, jedoch keine Naturforscher.

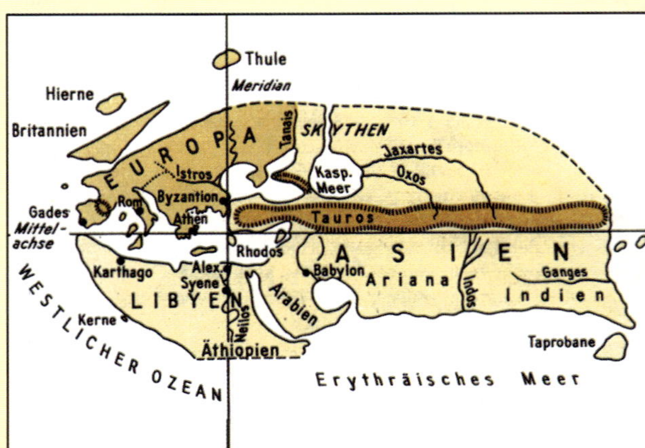

3 **Der entscheidende Fortschritt der Erdkarte des Eratosthenes (um 200 v. u. Z.) war, dass sie nicht mehr nur auf reinen Vermutungen basierte, sondern schon weitgehend auf wissenschaftlichen Beobachtungen beruhte. Sie wurde auf mathematischer Grundlage gezeichnet: Die Karte weist Längen- und Breitenkreise auf. Alle Entfernungen wurden nach den zwei Hauptachsen und parallel zu ihnen verlaufenden Hilfslinien festgelegt.**

einen natürlichen Ursprung für die vielen verschiedenartigen Dinge zu finden, die uns umgeben und mit denen wir umgehen (Abb. 1).

Dieser Versuch war ein Durchbruch des Denkens, denn vorher war es üblich gewesen, Natur und Mensch für das Werk von Göttern zu erklären und im göttlichen Schöpfungsakt den inneren Zusammenhang aller Dinge zu erblicken. Nun wurde dieser Zusammenhang in der Natur selbst gesucht. Diese Richtung des Denkens unterschied die wissenschaftliche Erklärung vom religiösen Glauben.

Es steht auf einem anderen Blatt, dass die Lösungsvorschläge von THALES und von DEMOKRIT unzulänglich waren. So stellte sich heraus, dass die Atome, die DEMOKRIT für unteilbar gehalten hatte, eine Struktur haben und aus noch kleineren Teilchen – z. B. aus Kern und Elektronen – zusammengesetzt sind. Um bis zu diesen Einsichten zu gelangen, hat die Wissenschaft Jahrtausende gebraucht. Die chemische Zusammensetzung des Wassers kennen wir erst seit dem 18. Jahrhundert, die Zusammengesetztheit des Atoms seit dem späten 19. Jahrhundert und seinen Aufbau aus Kern und Elektronenhülle gar erst seit Anfang des 20. Jahrhunderts (Abb. 2 und 3).

Zwischen den Annahmen von THALES und jenen von DEMOKRIT bestand ungeachtet ihrer Gemeinsamkeiten auch ein wichtiger Unterschied:
- Das Wasser, mit dem THALES alles erklären wollte, war ein alltäglicher, jedem vertrauter Gegenstand. Für die Fischer, die Seeleute, die Händler und die Handwerker in der Hafenstadt Milet war das Wasser die Basis des Lebens und des Wohlstandes. Es lag also nahe, in einer so wichtigen Sache den Grund aller Dinge zu vermuten.
- Die Atome des DEMOKRIT hingegen konnte man nicht sehen. Sie wurden als so winzig angenommen, dass sie den menschlichen Sinnen nicht direkt zugänglich sein sollten. Nur auf Umwegen konnte man Aufschlüsse über ihre Eigenschaften erhalten. Nur nach indirekten Zeugnissen konnte man über ihre Existenz oder Nichtexistenz entscheiden.

Die zwei Jahrhunderte, die zwischen THALES und DEMOKRIT lagen, bedeuteten einen Sprung in der Kultur des Denkens. Bei THALES war die Wissenschaft noch kaum von der alltäglichen Lebenserfahrung zu unterscheiden. Bei DEMOKRIT hob sie sich schon deutlich von der Alltagserfahrung ab. Auch die Erkenntnis von der Gestalt des Erdkörpers erforderte die Überwindung der alltäglichen Erfahrung und die Anwendung wissenschaftlicher Methoden, so des Beobachtens, des Messens und des Berechnens.

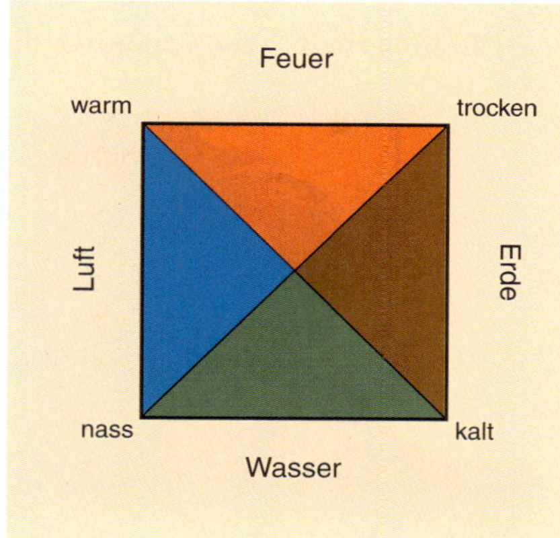

1 Die Urbestandteile der Welt waren nach Ansicht der griechischen Naturphilosophen Wasser, Luft, Erde und Feuer.

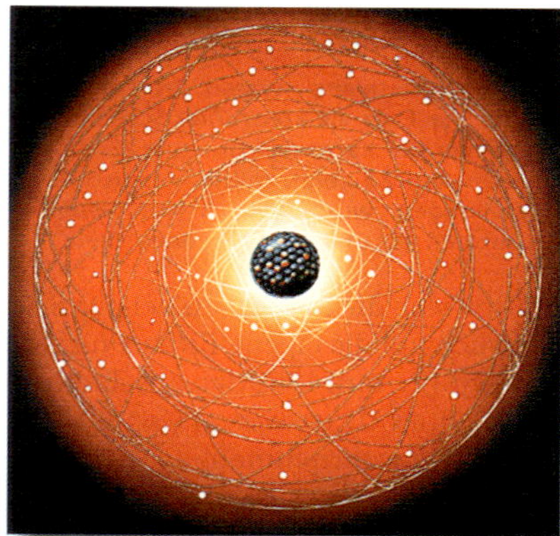

2 Modellhafte Vorstellungen vom Atomaufbau entstanden erst Anfang des 20. Jahrhunderts.

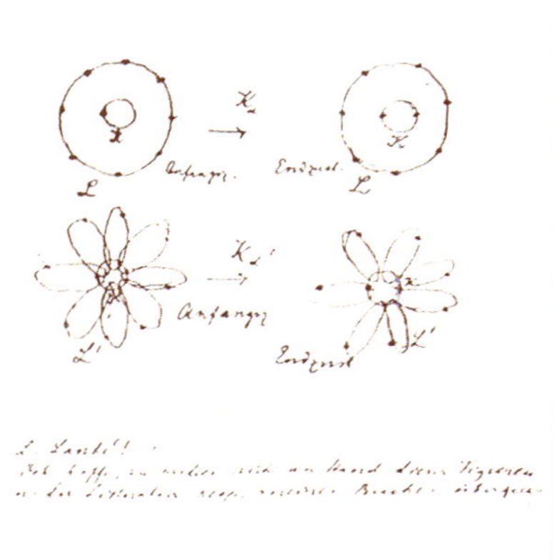

3 Diese Skizze eines Atommodells befindet sich in einem Brief ARNOLD SOMMERFELDS an ALFRED LANDE aus dem Jahre 1920.

Die Erde ist rund – schon lange vor der direkten Anschauung bewiesen

1 Der Russe JURI GAGARIN (1934–1968) umrundete als erster Mensch die Erde. Er befand sich insgesamt 108 Minuten im All.

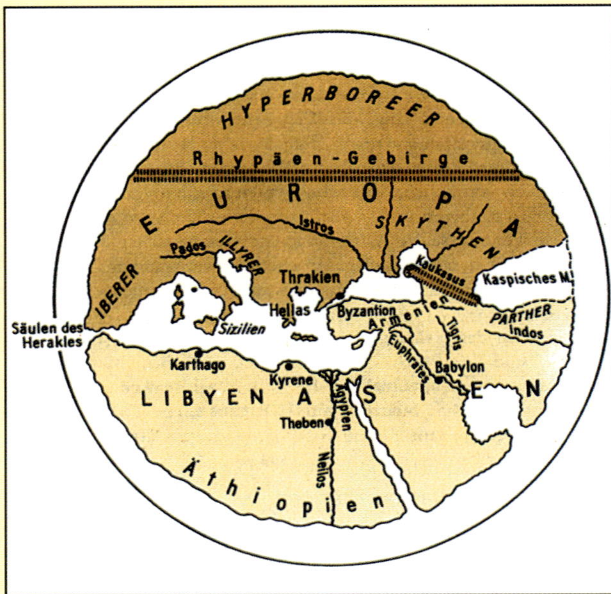

2 Jahrhundertelang waren Vorstellungen von der Erde als kreisrunde Scheibe, wie sie hier die Karte des HEKATAIOS (Ende des 6. Jh. v. u. Z.) zeigt, gültig. Ähnliche Darstellungen wurden auch von anderen Autoren vor und nach ihm entwickelt.

Hätten sich die Menschen bei der Erforschung ihrer Umwelt, zu der ja die Erde insgesamt auch gehört, lediglich auf die eigene Erfahrung verlassen und auf wissenschaftliche Methoden verzichtet, sie hätten erst am 12. April 1961 den anschaulichen Beweis von der annähernd kugelförmigen Gestalt der Erde erhalten. JURI ALEXEJEWITSCH GAGARIN (Abb. 1) konnte als erster Mensch diesen lange bewiesenen Sachverhalt direkt wahrnehmen.

Beweise für die Kugelgestalt der Erde waren schon erforderlich. So sahen z. B. die ägyptischen Priester wie die christliche Kirche bis ins Mittelalter hinein die Erde als eine Scheibe an. Diese Vorstellung beruhte auf den Alltagserfahrungen der Menschen und ihrem – im wahrsten Sinne des Wortes – beschränkten Horizont. Danach gab es einen kreisrunden Erdrand, um den sich das Weltmeer, der Okeanos, befand (Abb. 2). Das Zentrum dieser Scheibe bildete Griechenland, genauer die Stadt Delphi als der „Nabel der Welt". Von hier aus verkündete das Orakel des Gottes Apollon der Welt die Ratschläge der griechischen Weisheit (Abb. 2, S. 65).

Die wahre Gestalt der Erde war wie ihre Größe und die Verteilung von Kontinenten und Ozeanen unbekannt. Dass HEKATAIOS überhaupt eine Karte zeichnen konnte, in der es schon viele Ähnlichkeiten mit der heute bekannten Wirklichkeit gibt, ist mit seinen vielfältigen Reisen in der damals bekannten Welt zu erklären.

Aber bereits einige Jahre früher, als HEKATAIOS seine Erdkarte zeichnete, entstand der Gedanke, die Erde sei eine Kugel. Er tauchte seit PYTHAGORAS, dem Philosophen und Mathematiker aus Samos (s. S. 66) immer wieder auf, konnte sich jedoch gegenüber den herrschenden Lehren der Priester, wonach die Erde eine Scheibe war, nicht durchsetzen. Die Pythagoräer schlussfolgerten die Kugelgestalt der Erde aus ihrer Erkenntnis, die Kugel sei der vollkommenste Körper.

200 Jahre später wurden von EUDOXOS von Knidos und von ARISTOTELES (s. S. 67) indirekte Beweise dafür angeführt:

- Der Horizont bildet einen Kreis. Je höher man steht, desto weiter wird er.
- Steht man am Meer und es taucht ein Schiff auf, sieht man zuerst den Mast, viel später den Schiffsrumpf.
- Bei einer Mondfinsternis bildet sich ein gerundeter Erdschatten auf dem Mond ab.
- Weiter südlich sieht man andere Sterne am Himmel als weiter nördlich.

Wenige Jahre danach hatte ERATOSTHENES (s. S. 68) die Kühnheit, die Größe der Kugel Erde bestimmen zu wollen (Abb. 1), obwohl sich die Vorstellung von der Kugelgestalt der Erde noch längst nicht durchgesetzt hatte und es für diese Vermutung noch keinerlei direkte Beweise gab. Sein Forschermut muss auch deshalb bewundert werden, weil zu seiner Zeit den Griechen nur etwa zehn Prozent der Kontinente der Erde bekannt waren, von den Ozeanen höchstens drei Prozent!

Durch seine Beobachtungen, Messungen und Berechnungen hat ERATOSTHENES zu Gestalt und Größe der Erde eine wissenschaftliche Aussage gegeben, die jederzeit nachgeprüft werden konnte, und damit vorwissenschaftliche Spekulationen zu diesem Gegenstand überwunden. Die feste Gewissheit des Griechen von der Kugelgestalt der Erde brauchte überhaupt nicht mehr verändert werden und die Genauigkeit seiner Bestimmung des Erdumfanges hatte rund 2 000 Jahre Bestand.

Nach dem Tod von ERATOSTHENES mussten noch fast 2 000 Jahre vergehen, bis durch die Vollendung der ersten Weltumsegelung die Kugelgestalt der Erde durch Erfahrung von Menschen bestätigt wurde. Die Rede ist von der Reise des portugiesischen Seefahrers in Diensten des spanischen Königs Karl I., FERNANDO MAGELLAN (1480–1521), bei der er auf den Philippinen in einer Auseinandersetzung mit Einheimischen getötet wurde.

MAGELLAN, der am 20. September 1519 Spanien mit fünf Schiffen verließ, wählte den Westweg, entdeckte die nach ihm benannte Durchfahrt zwischen dem südamerikanischen Festland und der Insel Feuerland, die Magellanstraße (Abb. 3), und erreichte im Frühjahr 1521 die Philippinen. Die Rückreise leitete SEBASTIAN DE ELCANO, der das einzige verbliebene Schiff, die „Victoria" (Abb. 2), beladen mit Gewürzen und von den Portugiesen unentdeckt, nach 3 Jahren und 14 Tagen wieder anlandete.

Heute wissen wir, dass die Erde nicht mit irgend einem geometrischen Körper übereinstimmt. Extra für ihre Form wurde der Begriff „Geoid" eingeführt. Durch die Erdabplattung gilt am Äquator ein anderer Erdumfang als über die Pole.

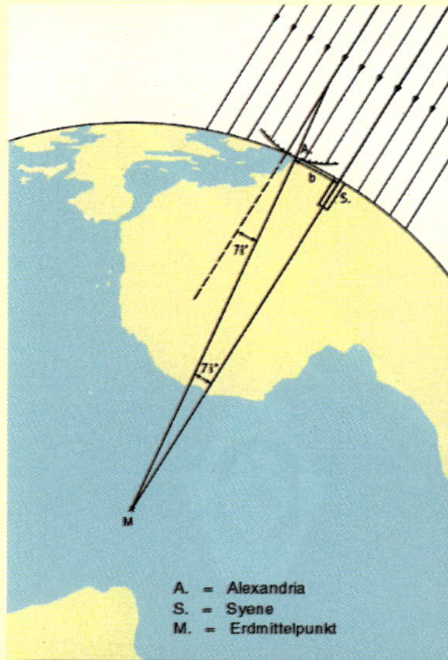

1 Die Erdmessung des ERATOSTHENES war eine bahnbrechende wissenschaftliche Leistung, die auf gründlicher Beobachtung beruhte.

2 Die „Victoria" war das einzige Schiff der Flotte MAGELLANS, das (allerdings ohne den Seefahrer) wieder im Ausgangshafen ankam. Sie war das erste Schiff, das die Erde vollständig umrundete.

3 Von Punta Arenas aus, der an der Magellanstraße gelegenen südlichsten Stadt der Erde, kann man bei gutem Wetter die Insel Feuerland „entdecken". Die Meeresstraße wird auch heute noch von der Schifffahrt benutzt, weil sie eine kürzere Verbindung zwischen der West- und der Ostküste Südamerikas darstellt als die gefährliche Route um Kap Hoorn.

Wissenschaft dringt in Schichten der Wirklichkeit vor, die mit den normalen Erfahrungen des praktischen Alltagslebens nicht zu erschließen sind. Sie blickt „hinter" diese Erfahrungen und „tiefer" als diese sind.

Dazu hat sie Geräte hervorgebracht, die das natürliche Leistungsvermögen der menschlichen Sinnesorgane verstärken. Fernrohre (Teleskope) entstanden um 1600 als ein Nebenprodukt der Brillenfertigung. Galilei baute sich ein solches Teleskop (Abb. 1), beobachtete damit den Himmel und entdeckte dort Dinge, die nach den damals herrschenden Vorstellungen unmöglich erschienen – zum Beispiel, dass der Planet Jupiter von Monden umkreist wird. Es gab gelehrte Zeitgenossen, die so sehr von der geltenden Lehre überzeugt waren, dass sie sich weigerten, die Jupitermonde durch das Teleskop zu betrachten. Im 17. Jahrhundert wurde auch das Mikroskop erfunden (Abb. 2). Die Entdeckung, dass es in jedem Wassertropfen von Kleinstlebewesen wimmelt, war eine ungeahnte Sensation.

Doch die Wissenschaft hat sich nicht damit begnügt, nur „Verstärker" für unsere Sinne zu schaffen. Sie hat auch eine Vielzahl von Geräten entwickelt, die man durchaus als künstliche Sinnesorgane bezeichnen kann. Mit ihnen lassen sich Erscheinungen beobachten und messen, für die wir gar kein Sinnesorgan haben (Abb. 3), zum Beispiel Elektrizität und Magnetismus. Solche Geräte wandeln Erscheinungen, die wir nicht wahrnehmen können, in solche um, die unseren Sinnen zugänglich sind. So können wir etwa elektrische Spannungen und Stromstärken auf Zeigerskalen ablesen oder – noch bequemer – einer digitalen Anzeige entnehmen.

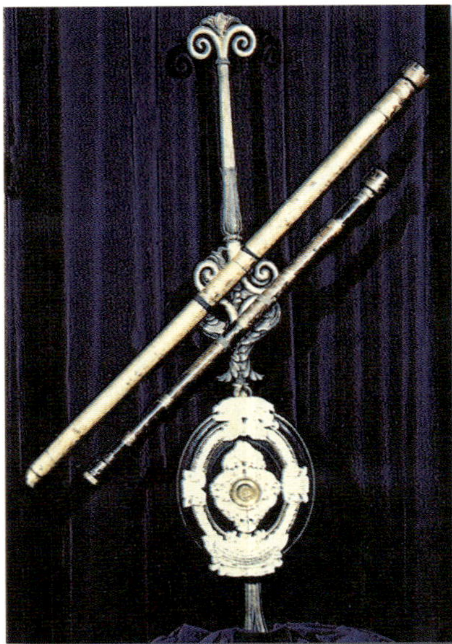

1 Galilei trug durch seine astronomischen Entdeckungen mit diesen Fernrohren entscheidend zur Durchsetzung dieses neuen Gerätes bei.

2 Mit „Adams neuen Augen", dem um 1600 erfundenen Mikroskop – hier das Gerät des englischen Naturforschers Robert Hooke (1635–1703), erschloss sich die moderne Naturwissenschaft die Welt des Kleinen.

3 In der Nähe von Hamburg befindet sich das Deutsche Elektronen-Synchrotron (DESY) mit seinem 6,3 km langen Tunnel. Hier werden hochenergetische Proton-Elektron-Kollisionen untersucht. Dazu ist ein Nachweisgerät erforderlich, an dessen Entwicklung 430 Forscher mitgewirkt haben.

Doch auch damit, dass sie den Menschen mit einer wachsenden Zahl künstlicher Sinnesorgane ausstattet, sind die Möglichkeiten der Wissenschaft zur Erweiterung unseres Erfahrungshorizonts noch nicht erschöpft. Sie erkennt auch Erscheinungen, die überhaupt nicht unmittelbar registriert werden können, weil sie in der Vergangenheit oder in der Zukunft liegen. Das Mittel, das sie dazu einsetzt, ist das theoretische Denken. Richtige Theorien erlauben es, von der Gegenwart auf Künftiges oder Vergangenes zu schließen. Freilich müssen Theorien mit Vorsicht verwendet werden, damit man nicht etwas, das sich nur vermuten lässt, versehentlich für eine sichere Konsequenz solcher Theorien hält.

Die genaue Vorausberechnung von Sonnen- und Mondfinsternissen war schon vor Jahrhunderten eine bewunderte Leistung der Astronomie. Auch den Blick in die Vergangenheit übt die Wissenschaft schon seit langer Zeit (Abb. 1). Vielfach glaubte man nicht an den organischen Ursprung der Fossilien, sondern betrachtete sie als „Spiele der Natur". Im späten 17. und frühen 18. Jahrhundert setzte sich infolge immer genauerer Untersuchungen die Einsicht durch, dass es sich wirklich um Überreste früherer Lebewesen handelte und dass viele von ihnen solchen Arten angehörten, die es auf der Erde nicht mehr gibt. Die theoretische Deutung der Fossilien erschloss Wege zur Erkenntnis früherer Stadien der irdischen Tier- und Pflanzenwelt, darunter auch der untergegangenen Welt der Saurier (Abb. 2).

1 Fossile (versteinerte) Überreste früherer Pflanzen und Tiere – hier Steinkohlenfarne – in verschiedenen Schichten und Ablagerungen der Erdkruste waren den Naturforschern schon seit dem Altertum immer wieder aufgefallen.

2 Aus fossilen Skelettresten konnte das Aussehen der Saurier rekonstruiert werden.

Die Wissenschaft gründet sich auf die alltäglichen Erkenntnismöglichkeiten des Menschen, die auf dem natürlichen Leistungsvermögen unserer Sinnesorgane beruhen. Ihre Aufgabe ist es aber, diese Grundlage systematisch zu erweitern und in allen Richtungen über die Grenzen dessen hinauszugehen, was der menschlichen Wahrnehmung unmittelbar zugänglich ist.

2.4 Das Experiment in den Naturwissenschaften

Spricht man heute von Naturwissenschaften, dann denkt man sofort an mit Geräten aller Art ausgestattete Laboratorien, in denen die verschiedensten Effekte erzeugt, abgewandelt, beobachtet und gemessen werden können (Abb. 3). Schon der moderne naturwissenschaftliche Fachunterricht in der Schule ist damit verbunden, dass die Schüler in die Kunst des Experimentierens und des Messens eingeführt werden. Doch dieser Experimentalunterricht ist eine Errungenschaft des 20. Jahrhunderts. An den Universitäten setzten sich naturwissenschaftliche Institute mit Laboratorien erst im Laufe

3 Moderne Laboratorien gibt es auch in angewandten Bereichen, wie hier in der Wasserwirtschaft.

1 Der deutsche Chemiker Justus Freiherr von Liebig lebte von 1803 bis 1873. Er kann als der „Vater" der mineralischen Düngung in der Landwirtschaft bezeichnet werden. Dadurch stiegen die Erträge deutlich.

2 Liebig richtete 1842 an der Universität Gießen eines der ersten Labors, in denen die Studenten experimentierten, ein. Dadurch setzte sich die Experimentalausbildung an den Universitäten durch.

des 19. Jahrhunderts durch. Vorher herrschten im Unterricht wie im Studium „Kreidephysik" und „Kreidechemie". Als der junge Professor Justus Liebig (Abb. 1) um 1830 an der Universität Gießen für seine Studenten die systematische Ausbildung im chemischen Laboratorium einrichtete, tat er etwas ganz Ungewöhnliches (Abb. 2). Aus zahlreichen Ländern kamen Studenten nach Gießen. Viele Schüler Liebigs wurden später in Europa und Amerika berühmte Chemiker.

Wie ist die Naturwissenschaft zum Experimentieren gelangt? Das Experiment ist ohne Zweifel ein Mittel, um der Natur mehr Auskünfte über sich selbst abzuringen, als sie unserer Alltagserfahrung preisgibt. Hunderttausende chemische Verbindungen, die unter natürlichen Bedingungen auf der Erde nicht vorkommen, sind in den letzten zwei Jahrhunderten experimentell dargestellt worden. Unter ihnen sind viele mit nützlichen Eigenschaften, deren Entdeckung neue, mit ihrer Erzeugung befasste Industrien ins Leben gerufen hat (Abb. 3).

3 Im ausgehenden 19. Jahrhundert waren – wie hier in der Badischen Anilin- und Sodafabrik – rauchende Fabrikschlote das Kennzeichen der chemischen Industrie. (Gemälde)

Berzelius – Meister der Elemente und Verbindungen

1 Der Schwede Jöns Jacob Berzelius lebte von 1779 bis 1848. Ihm verdankt die Chemie die Kenntnis vieler Elemente und Verbindungen, aber auch die Zeichensprache.

Jöns Jacob Berzelius (Abb. 1) wurde 1779 in Östergötland (Schweden) als Sohn eines Theologen geboren. Schon in früher Kindheit entwickelte sich sein Interesse für die Naturwissenschaften, das besonders von seinem Stiefvater und von seinem Lehrer für Naturgeschichte am Gymnasium gefördert wurde. Dies beeinflusste auch seinen Berufswunsch. So entschied er sich gegen eine theologische Laufbahn und studierte Medizin an der Universität in Uppsala. Dort unternahm er auch die ersten Schritte in der chemischen Forschung. 1807 wurde er als Professor für Chemie und Medizin an das medico-chirurgische Institut in Stockholm berufen.

Obwohl dem jungen Berzelius am Ende seiner Schulzeit kein besonders gutes Zeugnis ausgestellt wurde – Man bescheinigte ihm, dass er ein „junger Mann von guten Naturanlagen, aber schlechten Sitten und von zweifelhafter Hoffnung sei“ – leistete der schwedische Mediziner und Chemiker bedeutende Beiträge zur Entdeckung neuer Elemente und Verbindungen.

Im 18. Jh. erlangte die Gewinnung einheimischer Erze in Schweden eine große Bedeutung. Um ihre Nutzungsmöglichkeiten einschätzen zu können, mussten die Erze auch analysiert werden. Dadurch wurde die analytische Chemie besonders gefördert und von vielen bedeutenden Chemikern mit großem Interesse verfolgt. Auch Berzelius beschäftigte sich mit Untersuchungen verschiedener Mineralien. So fiel ihm 1817 die besondere rötliche Färbung des Abfallschlamms einer Schwefelsäurefabrik auf. Er entnahm mehrere Proben und ermittelte mit Hilfe komplizierter experimenteller Untersuchungen ihre Zusammensetzung. Dabei gelang es ihm, einen Stoff abzutrennen, der nach dem Erkalten metallisch grau glänzte, mit blauer Flamme verbrannte und bei der Verbrennung einen rettichartigen Geruch entwickelte. Dieser Stoff war bis dahin noch nicht bekannt. Berzelius bewies, dass es sich um ein neu entdecktes Element handelte, und gab ihm den Namen „Selen“.

Heute ist Selen aus der Technik nicht mehr wegzudenken. Es besitzt Halbleitereigenschaften und wird deshalb in der Elektronik eingesetzt. Als Zusatz bei der Herstellung von besonderen Stahlsorten wird ebenfalls Selen benötigt.

Die Entdeckung des Elements Selen ist nicht die einzige Leistung von Berzelius. 1829 fand er in einem Mineral, das ihm mit der Bitte um Analyse zugeschickt wurde, ein weiteres Element, das Thorium. Außerdem gelang es ihm, erstmalig metallisches Silicium, Titan, Zirconium und Tantal herzustellen.

Trotz seiner überragenden Erfolge erkannte Berzelius immer auch die Leistungen anderer an. So informierte ihn 1830 sein Schüler Sefström darüber, dass er in einer Mineralienprobe ein neues Metall vermutete. Gemeinsam erforschten die Wissenschaftler die Zusammensetzung des Minerals. Die Untersuchung gestaltete sich sehr schwierig. Erst nach drei Wochen mühsamer Arbeit gelagten Berzelius und Sefström zu einem Ergebnis. Die Vermutung betätigte sich. Das neu entdeckte Metall wurde „Vanadium“ genannt. Obwohl auch Berzelius einen Anteil an der Arbeit hatte, veranlasste er seinen Schüler, diese Entdeckung nur unter dessen Namen zu veröffentlichen.

Nicht nur im Bereich der analytischen Chemie vollbrachte Berzelius große Leistungen. Sein Name ist auch mit der chemischen Zeichensprache und der einheitlichen Benennung von Stoffen eng verbunden.

Al N S Ba Sb Ca Th Cu Si Mg Na O Se H Zr
V Fe Pb U Zn Cl Cr Sn Li F Au He P C Ta K

1 Heute bestimmen Rohrschlangen, Kühltürme und Druckbehälter das äußere und innere Bild von chemischen Großbetrieben – ein Zeichen des hohen technischen Aufwandes.

Ein frühes Beispiel dafür aus dem 19. Jahrhundert ist die Teerfarbenindustrie, die den Ausgangspunkt für die weitverzweigte organisch-chemische Industrie bildete. Der bei der Leuchtgasherstellung aus Steinkohle anfallende Teer war zunächst ein unerwünschtes und lästiges Abfallprodukt. Chemiker fanden in ihm jedoch eine „Schatzkammer" wertvoller Verbindungen. FERDINAND FRIEDLIEB RUNGE in Oranienburg untersuchte 1833/34 den Teer und gewann daraus unter anderem Anilin, das den Ausgangspunkt für die Herstellung von Textilfarbstoffen mit bis dahin unerreichter Farbenpracht bildete. Auf der Londoner Weltausstellung 1862 waren die Anilinfarbstoffe noch so teuer wie Edelmetalle. 1900 waren in 14 deutschen Teerfarbenfabriken bereits rund 20 000 Personen beschäftigt. Zu diesen Betrieben gehörte die 1865 in Ludwigshafen gegründete und noch heute bestehende Badische Anilin- und Sodafabrik – BASF (Abb. 3, S. 74 und 1).

Immer wieder zu probieren, bis man auf einfachste und zuverlässigste Weise ein gewünschtes nützliches Resultat erzielt hat, ist eine Eigenschaft von Menschen aus einer Zeit, in der sie noch Faustkeile aus Feuerstein und Pfeilspitzen aus Knochen anfertigten.

Viele Verfahren, die so gefunden wurden, waren streng gehütete Geheimnisse der Spezialisten. In den mittelalterlichen Städten waren die Handwerker der einzelnen Gewerke in Zünften vereinigt, die oft über hochentwickelte, kunstvolle Arbeitsverfahren verfügten. Diese Verfahren waren Zunftgeheimnisse, deren Verrat bestraft wurde. Unter dem Siegel der Verschwiegenheit arbeiteten auch die Alchemisten, die aus „unedlen" Stoffen Gold zu machen suchten. In ihren Laboratorien entstanden dabei die Urformen vieler chemischer Verfahren und Geräte.

Das Probieren der Praktiker war eine geschichtliche Voraussetzung des wissenschaftlichen Experiments, doch es war noch nicht das Experiment selbst.

Die Eigenart des Experiments besteht darin, dass es nicht unmittelbar auf einen praktischen Nutzen ausgeht, sondern darauf abzielt, eine Erkenntnisfrage zu beantworten. Es ist, wie man manchmal sagt, eine Frage an die Natur. Doch die Natur versteht nicht die Sprache der Worte. Sie reagiert nur, wenn wir so vorgehen wie sie selbst, wenn wir also mit materiellen Mitteln auf die natürlichen Dinge einwirken, deren Erkenntnis wir uns zum Ziel gesetzt haben.

Erst im 16. und 17. Jahrhundert setzte sich allmählich die Überzeugung durch, dass sich wissenschaftliche Erkenntnis nach Möglichkeit auf Experimente stützen und mit Experimenten geprüft werden sollte. Seitdem hat die experimentelle Methode – das als Methode der Erkenntnis eingesetzte Experiment – in immer weitere Gebiete der Naturwissenschaft Einzug gehalten.

Warum ist die experimentelle Methode erst so spät zum Markenzeichen der Naturwissenschaft geworden? Das ist eine schwierige, bis heute nicht sicher beantwortete Frage. Auch im alten Griechenland waren einfache Experimente technisch ohne weiteres möglich und wurden auch hier und da angestellt (s. S. 66). Die Gelehrten waren aber meist der Überzeugung, dass eine Sache nur dann richtig erkannt werden kann, wenn man sie so betrachtet, wie sie in der unmittelbaren Beobachtung erscheint. Sie meinten, dass die experimentelle Einwirkung auf ein Untersuchungsobjekt dieses Objekt verfälschen und daher seine Erkenntnis nicht erleichtern, sondern im Gegenteil erschweren oder gar unmöglich machen würde.

Mit der beginnenden Neuzeit wandelte sich die Einstellung zum Erkenntniswert des experimentellen Eingriffs in die Natur. Vor allem war mit der von Galilei und Newton (Abb. 1) formulierten Mechanik zum ersten Mal eine Theorie vorhanden, aus der man durch logisches Schließen genaue Voraussagen möglicher experimenteller Situationen (freier Fall, schiefer Wurf usw.) gewinnen konnte. Wenn man nun diese Situationen praktisch herstellte und dann exakt beobachtete, so konnte man verfolgen, ob das Vorausgesagte eintrat oder ob der wirkliche Verlauf vom Vorausgesagten abwich. Daraus wiederum konnte man Folgerungen über die Richtigkeit oder Unrichtigkeit der verwendeten Theorie ziehen.

Seither bemühen sich die Naturwissenschaften, ihr Wissen in Theorien zu organisieren, die Voraussagen von solcher Genauigkeit ermöglichen. Ein sehr eindrucksvolles Beispiel dafür bietet die Relativitätstheorie von Albert Einstein, eine der wichtigsten und mathematisch schwierigsten naturwissenschaftlichen Theorien des 20. Jahrhunderts. Es gibt nur wenige Schlussfolgerungen aus dieser Theorie, bei denen die technischen Möglichkeiten eine experimentelle Prüfung erlauben. Eine davon ist, dass Lichtstrahlen in der Nähe sehr großer Massen gekrümmt werden. Danach muss sich der astronomische Ort eines Fixsterns, wenn dieser Stern am Rand der Sonne steht, um einen winzigen, aber von der Theorie genau vorhergesagten Betrag von dem Ort unterscheiden, den der gleiche Stern in Abwesenheit der Sonne zeigt. Die für diese Beobachtung nötige Experimentalanordnung lieferte die Natur in Gestalt einer totalen Sonnenfinsternis (Abb. 2). Die Prüfung stellte höchste Anforderungen an die Genauigkeit der Messung und damit an die Präzision der Messtechnik.

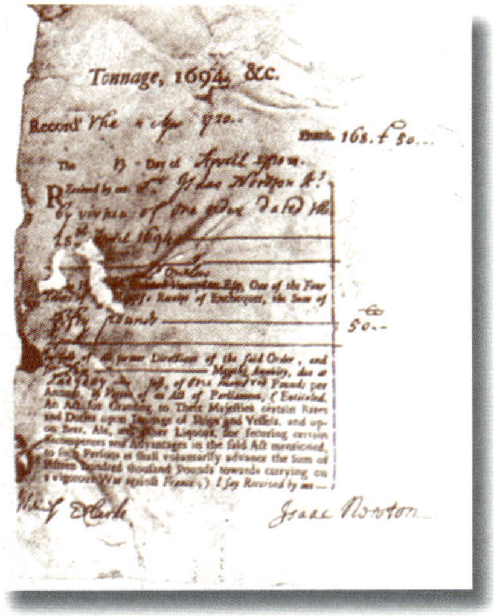
Tonnage, 1694, &c.
Isaac Newton

1 Dieses Protokoll aus dem Jahre 1694 trägt die Unterschrift des englischen Gelehrten Isaac Newton.

2 Bei dieser Sonnenfinsternis erscheinen am Sonnenrand Sterne durch die Ablenkung der Lichtstrahlen etwas nach außen verschoben. Dieses Naturereignis bestätigte die wissenschaftliche Voraussage Einsteins.

1 Die Grabbeigaben der ägyptischen Könige sind Symbole für Macht und Reichtum. Das Grab des Tutanchamun (18. Dynastie, 14. Jh. v. u. Z.) beinhaltete auch diese Goldmaske.

2 In China galt der Löwe – hier in der Verbotenen Stadt – als Symbol für Wohlstand und für Glück.

3 Goldbarren sind auch in der Gegenwart ein Zeichen für Reichtum und wirtschaftliche und finanzielle Macht.

Die Alchemie und der Stein der Weisen

Gold spielte für die Menschen schon lange eine wichtige Rolle. Seine Bedeutung ergab sich aus seinen besonderen Eigenschaften. Die Färbung des Goldes wurde der Farbe der Sonne gleichgesetzt. Ein besonderer Glanz zeichnete dieses Metall aus. Der Glanz blieb erhalten und Gegenstände aus Gold veränderten sich auch über lange Zeiträume nicht. Gold kann durch Feuer nicht zerstört werden. Dadurch war Gold nicht nur zur Fertigung besonderer Schmuckstücke gut geeignet, sondern es entwickelte sich auch zum Zahlungsmittel und wurde zum Symbol für Macht und Reichtum (Abb. 1 und 2), was es bis heute geblieben ist (Abb. 3).

Man schrieb diesem Stoff wohltuende Wirkung zu. So sollten goldene Gefäße die in ihnen enthaltenen Getränke in besonderer Weise verändern. Schon sehr lange träumen habgierige Menschen davon, alltägliche Dinge in Gold verwandeln zu können. Eines der bekanntesten Beispiele dafür ist das grimmsche Märchen vom Rumpelstilzchen. Diesem Männlein gelang es bekanntlich, Stroh zu Gold zu verspinnen. Diesen alten Traum versuchten in Ländern ohne natürliche Goldvorkommen einige Experimentatoren auf chemischem Wege zu verwirklichen: die **Alchemisten.**

Was das Wort „Alchemie“ genau bedeutet, ist keineswegs geklärt. Leitet es sich vom ägyptischen *chem* ab, wäre Alchemie sinngemäß mit „schwarzer Kunst“ zu übersetzen. Geht es auf das griechische *chyma* zurück, bezieht es sich auf das Schmelzen von Metallen.

Alchemisten gab es schon seit mehr als zweitausend Jahren. Den Alchemisten ging es darum, unedle Stoffe in edle zu verwandeln. Ihre Versuche gingen auf die Lehre von DEMOKRIT (s. S. 69) zurück, wonach sich Stoffe nur durch Menge und Anordnung der Teilchen unterscheiden. In Europa begann die Blütezeit der Alchemie aber erst mit dem zwölften Jahrhundert.

Da trotz vieler Versuche das entscheidende Ziel der Alchemisten, Gold herzustellen, nicht erreicht werden konnte, nahm man an, dass dazu eine besondere Substanz nötig sei, der **Stein der Weisen.** Dieser Stein der Weisen musste nicht unbedingt festes Gestein sein. Er wurde auch als pulverförmiger Stoff, als „Elixier“ oder „Tinktur“ beschrieben. Auf alle Fälle nahm man an, dass dieser besondere Stoff der Schlüssel zu allem Wissen wäre und damit auch zur Verwandlung unedler Metalle in Gold. Unzählige Experimente wurden durchgeführt, um diesen Stein der Weisen zu finden. Entsprechende Verfahren wurden mündlich weitergegeben oder – mit geheimnisvollen Zeichen versehen – notiert. Schwefel und Quecksilber spielten bei diesen Rezepturen eine zentrale Rolle (Abb. 1, S. 79). Heute können versierte Chemiker diese Rezepturen lesen und die chemischen Reaktionen ableiten, die zum Stein der Weisen führen sollten. Dabei fällt auf, dass es nicht einfach war, diese Experimentiervorschriften einzuhalten. Man benötigte recht genaue Kenntnisse und viel Geschick im Umgang mit den Geräten.

Auch wenn die Alchemie zu Beginn eine geheimnisumwitterte Beschäftigung war, legten die Alchemisten den Grundstein für die Chemie als Naturwissenschaft. Viele Erkenntnisse wurden durch Alchemisten gewonnen, viele Stoffe gefunden, chemische Abläufe beschrieben und neue Elemente entdeckt. Durch chemische Reaktionen Gold zu gewinnen, konnte jedoch nicht gelingen, weil durch die von ihnen durchgeführten Versuche die kleinsten Teilchen, aus denen die Stoffe aufgebaut sind, nicht verändert werden konnten. Das ist nur durch Methoden der Kernphysik möglich.

Die Alchemie hatte einen sehr wechselnden Ruf. So waren Alchemisten zeitweise sehr geachtet, oftmals aber auch verspottet und mit Betrügern gleichgesetzt. Sie gaben vor, Gold herstellen zu können und ließen sich ihr „Wissen" teuer bezahlen. Es gelang ihnen, den Eindruck zu erwecken, sie verstünden die Kunst des Goldmachens wirklich. Dabei arbeiteten sie mit Geräten, die einen doppelten Boden besaßen oder schmuggelten ein Stückchen Gold in den Tiegel. Dem erstaunten Publikum wurde das Material effektvoll präsentiert. Manchen Alchemisten gelang es sicherlich auch, mit Hilfe von Goldsalzen Legierungen herzustellen, die wie Gold aussahen und auch eine Feuerprobe überstanden.

Einem sehr guten Experimentator wurde das Gerücht, er könne Gold fertigen, allerdings zeitweise zum Verhängnis: JOHANN FRIEDRICH BÖTTGER (1682–1719, Abb. 2). Er wurde wegen dieser angeblichen Fähigkeit von August dem Starken gefangen gesetzt. Natürlich konnte BÖTTGER den Befehl des sächsichen Königs nicht erfüllen. Es gelang ihm aber 1707, im Alter von 25 Jahren, das braunrote Böttgersteinzeug (aus Ton und Silikaten) herzustellen. Ein Jahr später konnte er „weißes Gold", das europäische Porzellan (aus Kaolin und Silikaten) aus dem Brennofen holen (Abb. 4). In China gab es schon ab dem Jahr 700 Porzellan. BÖTTGER wurde 1710 der erste Administrator der Meissener Porzellan-Manufaktur. Sie wurde weltbekannt unter dem Zeichen der „Gekreuzten Blauen Schwerter" (Abb. 3).

1 Die „Hochzeit" von Schwefel und Quecksilber ist ein wesentlicher Bestandteil der Rezepturen für die Versuche zur Herstellung des „Steins der Weisen".

2 Das Porträt BÖTTGERS wurde auf braunrotem Böttgersteinzeug® abgebildet.

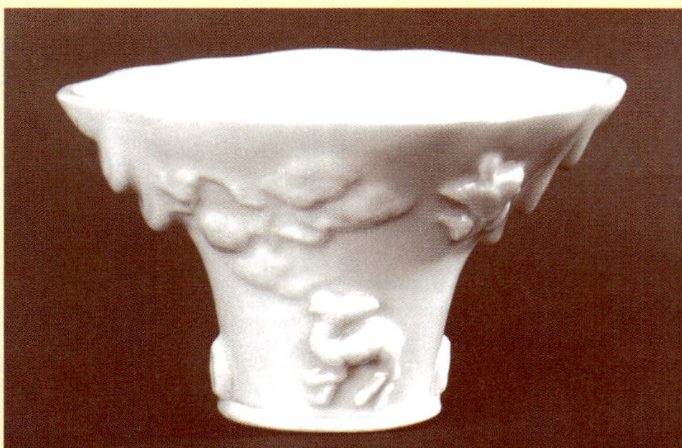

4 Das erste weiße und harte Böttgerporzellan war noch unbemalt. Haltbare Farben wurden erst nach BÖTTGERS Tod 1719 erfunden.

3 Das Warenzeichen des Meissener Porzellans wurde mehrfach verändert.

1 Sir ARTHUR STANLEY EDDINGTON (1882–1944) konnte 1919 im Rahmen einer britischen Sonnenfinsternis-Expedition die von ALBERT EINSTEIN vorhergesagte Krümmung des Lichtes im Schwerefeld eines Sterns (der Sonne) nachweisen.

Am 29. Mai 1919 gelang es einer Expedition unter Leitung des englischen Astronomen ARTHUR EDDINGTON (Abb. 1) in Brasilien, die erwartete Abweichung nachzuweisen. Dieses Unternehmen war sehr aufwendig. Der Aufwand wurde in Kauf genommen, weil es den Wissenschaftlern bewusst war, dass die mathematische Vollkommenheit allein noch nicht die Richtigkeit dieser Theorie garantierte und dass es letzten Endes auf ihre experimentelle Bewährung ankam (Abb. 2).

2.5 Die Wechselwirkung von Praxis und Naturwissenschaften

Die Naturwissenschaft wurzelt auf vielfältige Weise in der Praxis der Arbeit und des täglichen Lebens. Die Praxis hat den Menschen zur Beobachtung von Regelmäßigkeiten geführt. In der Praxis ist er auf Erscheinungen gestoßen, die er nicht erklären konnte und die seinen Forscherdrang antrieben. Der praktische Umgang mit natürlichen Gegenständen hat Vorbilder für experimentelle Verfahren geliefert.

> Welche Experimente zu einer bestimmten Zeit möglich sind, hängt nicht nur von der Fähigkeit der Wissenschaftler ab, Experimentalanordnungen zu erdenken. Es ist auch abhängig davon, ob die Industrie in der Lage ist, Geräte und Bauteile mit der erforderlichen Genauigkeit zu liefern.

Schon seit langem bemühten sich Gelehrte darum, Maschinen zu konstruieren und zu bauen, die aufwendige Rechenarbeiten übernehmen könnten. Solche Konstruktionen und Überlegungen sind schon aus dem 17. Jahrhundert von WILHELM SCHICKARD (Abb. 1, S. 81), BLAISE PASCAL und GOTTFRIED WILHELM LEIBNIZ bekannt.

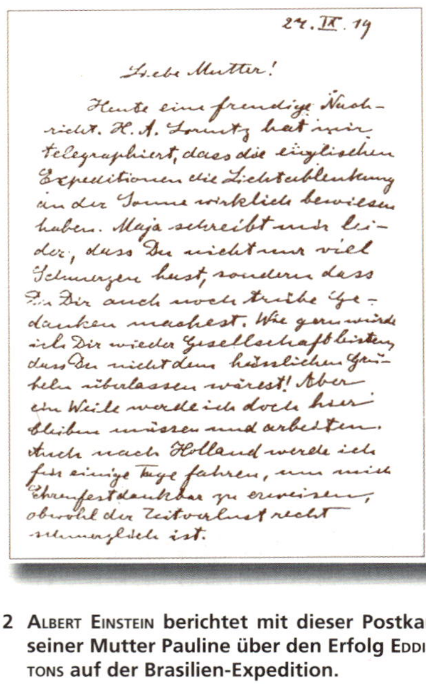

24. IX. 19

Liebe Mutter!

Heute eine freudige Nachricht. H. A. Lorentz hat mir telegraphiert, dass die englischen Expeditionen die Lichtablenkung an der Sonne wirklich bewiesen haben. Maja schreibt mir leider, dass Du nicht nur viel Schmerzen hast, sondern dass Du Dir auch noch trübe Gedanken machst. Wie gern würde ich Dir wieder Gesellschaft leisten, dass Du nicht dem hässlichen Grübeln überlassen wärest! Aber eine Weile werde ich doch hier bleiben müssen und arbeiten. Auch nach Holland werde ich für einige Tage fahren, um mich Ehrenfest dankbar zu erweisen, obwohl der Zeitverlust recht schmerzlich ist.

2 ALBERT EINSTEIN berichtet mit dieser Postkarte seiner Mutter Pauline über den Erfolg EDDINGTONS auf der Brasilien-Expedition.

3 Die Urform unserer heutigen Computer stellt der erste programmierfähige Rechenautomat Z 3 (Nachbau) von KONRAD ZUSE (1910–1995) dar. Das Original wurde im Zweiten Weltkrieg zerstört.

Im 19. Jahrhundert verwendete der englische Mathematiker CHARLES BABBAGE (Abb. 2) einen großen Teil seines Lebens und seines Vermögens dafür, Rechenmaschinen zu bauen. Diese Maschinen entsprachen schon wesentlichen Prinzipien moderner Computer. Aber BABBAGE war an die Möglichkeiten der Industrie seiner Zeit gebunden und hatte nur mechanische Bauteile wie Walzen und Zahnräder zur Verfügung. Verglichen mit elektronischen Bauelementen, waren diese Teile viel zu groß und funktionierten viel zu träge (Abb. 3, S. 80). So blieben diese Maschinen eine Frühgeburt, die sich nicht durchsetzen konnte.

Naturwissenschaftliche Experimente richten sich oft auf Erscheinungen, die nicht nur ungenügend erklärt sind, sondern auch im praktischen Leben nicht beherrscht werden. Forschungstechnik muss vielfach noch perfekter sein als die beste Technik, die in der Wirtschaft verwendet wird. Deshalb fällt es Ländern mit zurückgebliebener Industrie trotz aller Bemühungen ihrer Wissenschaftler oftmals schwer, in den Naturwissenschaften Schritt zu halten.

Die Abhängigkeit von Wissenschaft und Praxis ist wechselseitig. Die heute praktisch genutzten Verfahren sind zum großen Teil durch Anwendung wissenschaftlicher Erkenntnisse geschaffen oder zumindest verbessert worden. Die Fähigkeit, die Praxis systematisch zu fördern, bildete sich in der Wissenschaft erst nach und nach heraus. Im 17. und 18. Jahrhundert gab sie sich zögernd zu erkennen. Eines der frühesten Praxisfelder, auf denen Ergebnisse der Wissenschaft zum Einsatz kamen, war der Bergbau. Die bergmännische Vermessungskunst (Markscheidewesen), ohne die die komplizierten Stollensysteme großer Gruben nicht möglich gewesen wären, beruhte auf geometrischem Wissen (Abb. 3). Die zur Grubenentwässerung unentbehrlichen Pumpen waren ein Ergebnis physikalischer Forschung.

Im 19. Jahrhundert drang die Naturwissenschaft in die wichtigsten Industrien, aber auch in Medizin und Landwirtschaft ein. Dabei lässt sich ein bestimmtes Muster beobachten:

- Zuerst wurde die Wissenschaft vor allem verwendet, um Praxiszweige zu verbessern, die unabhängig von der Wissenschaft entstanden waren und auf praktischen Erfahrungen beruhten – Hütten-, Glas- und Textilindustrie, Maschinen- und Gerätebau, Ackerbau und Viehzucht, Bauwesen und andere mehr.
- Später entstanden auch Industrien, die ganz und gar von naturwissenschaftlicher Erkenntnis ausgingen und die es ohne diese Erkenntnisgrundlage gar nicht gegeben hätte. Schrittmacher waren die organisch-chemische Industrie und die Elektroindustrie (Abb. 1, S. 82). Danach kamen weitere Zweige hinzu.

1 Mit dieser Rechenmaschine des Tübinger Mathematikers SCHICKARD (1592–1635) konnte addiert und multipliziert werden.

2 Die „Analytical Engine" von CHARLES BABBAGE (1792–1871) gilt als die Vorläuferin der modernen Datenverarbeitungsanlagen.

3 Das Vermessungswesen im Bergbau war eine Voraussetzung für die Anlage von Gruben und ihren Betrieb.

1 **Das erste Elektrizitätswerk Europas befand sich in der Berliner Friedrichstraße 55 und wurde 1884 gebaut.**

Im 20. Jahrhundert wurde es zum Normalfall, dass Neuerungen in der Praxis umfangreiche wissenschaftliche Vorleistungen voraussetzen. Dabei beruhen sie meist nicht nur auf Ergebnissen eines einzigen Wissenschaftszweiges, sondern verbinden Resultate mehrerer Gebiete miteinander. Die Informationstechnik setzt nicht nur die Halbleiterphysik voraus, sondern unter anderem auch eine hochentwickelte Reinststoffchemie. Denn die Chipherstellung verlangt einen weit höheren Reinheitsgrad der verwendeten Materialien, als normalerweise in der Chemieindustrie erforderlich ist (Abb. 2). Die Gentechnik, die mit gezielten Eingriffen in die Erbsubstanz lebender Organismen operiert, ist Ergebnis einer engen Verflechtung der Biologie mit Physik und Chemie, die sich im Verlauf von mehr als hundert Jahren über viele Zwischenstufen herausgebildet hat.

Naturwissenschaftliche Forschung wird heute in erheblichem Umfang direkt für bestimmte Anwendungen betrieben. Deshalb verfügt die Wirtschaft über umfangreiche eigene Forschungseinrichtungen. In der deutschen Wirtschaft sind allein im Jahr 1997 mehr als 61 Milliarden DM für Forschung und experimentelle Entwicklung ausgegeben worden. In den Laboratorien, Forschungseinrichtungen und Entwicklungszentren der Wirtschaftsunternehmen waren über 275 000 Personen tätig. Allerdings setzen die eigenen wissenschaftlichen Bemühungen der Wirtschaft meist erst dann ein, wenn der Weg zu bestimmten neuen Produkten und Verfahren schon absehbar ist.

2 **Ein Chip kann über eine Million Bauelemente enthalten. Damit kann in kurzer Zeit eine enorme Anzahl von Rechenoperationen ausgeführt werden.**

Die für die Entwicklung der Praxis entscheidenden wissenschaftlichen Weichenstellungen finden aber oftmals schon im Vorfeld einer solchen gezielten Suche statt. Zu ihnen kommt es, wenn die Bemühungen der Wissenschaft, die Welt vollständiger zu erkennen, zur Entdeckung von Erscheinungen führen, an die zuvor niemand gedacht hatte. Zum Beispiel gehen Techniken wie Rundfunk, Fernsehen, Satellitentelefon oder Radar, die heute selbstverständlich sind, auf einen solchen Ursprung zurück.

3 **Der dänische Forscher Oersted führt 1820 seinen Versuch zur Ablenkung einer Magnetnadel mit einem stromdurchflossenen Leiter durch.**

Licht, Elektrizität und Magnetismus waren lange Zeit als selbstständige, voneinander unabhängige Erscheinungen betrachtet worden. Im Laufe des 19. Jahrhunderts mehrten sich die experimentellen Hinweise auf ihren inneren Zusammenhang. 1820 entdeckte der dänische Forscher Hans Christian Oersted (1777–1851) die Ablenkung einer Magnetnadel durch einen stromdurchflossenen Leiter (Abb. 3). Diese Beobachtung gelang ihm, weil er von der Idee der Einheit aller Naturkräfte überzeugt war und systematisch nach Belegen für Zusammenhänge zwischen solchen Erscheinungen suchte, die bis dahin getrennt erforscht worden waren.

Dieser Befund Oersteds löste eine Welle weiterer Entdeckungen von Wissenschaftlern aus verschiedenen Ländern aus. Auf dieser Grundlage schuf schließlich nach der Jahrhundertmitte der englische Physiker James Clerk Maxwell (1831–1879) eine Theorie, die Elektrizität, Magnetismus und Licht miteinander verbunden erklärte. Viele Physiker beschäftigten sich damit, diese Theorie zu prüfen und auszubauen. Aus ihr ergab sich beispielsweise die Möglichkeit, dass sich elektromagnetische Wellen außerhalb von Leitern frei im Raum ausbreiten könnten. Diese Erscheinung war bis dahin nicht bekannt.

Dem deutschen Physiker Heinrich Hertz (1857–1894) glückte zwischen 1886 und 1888 durch eine Serie geschickt angelegter Experimente ihr Nachweis (Abb. 1). Dieser wurde zum Ausgangspunkt für die Entwicklung der drahtlosen Telegrafie und bald darauf auch des Rundfunks, obwohl Hertz selbst an diese Möglichkeit nicht geglaubt hatte.

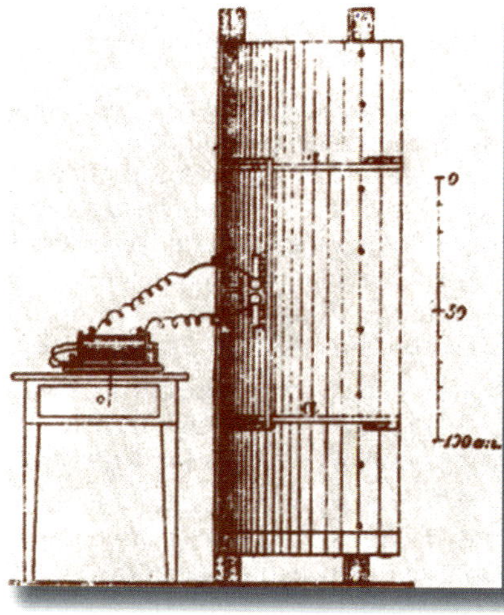

1 **Der deutsche Physiker Heinrich Hertz fertigte diese Zeichnung von seinem elektrischen Sender selbst an.**

> Die Leistungsfähigkeit der Naturwissenschaft für die Praxis beruht zu einem guten Teil auf umfassenden Theorien, die unabhängig von praktischen Zwecken mit dem Ziel aufgestellt werden, weite Bereiche von Naturerscheinungen einheitlich zu erklären. Diese Theorien beschränken sich nicht auf die Erklärung des bereits Bekannten. Sie sind stark genug, um zugleich Schlüsse auf die mögliche Existenz von bisher Unbekanntem zu gestatten.
> Wenn diese Möglichkeiten praktisch umgesetzt werden, dann entstehen neue Wirklichkeiten, die das menschliche Leben bereichern können.

Neue Wirklichkeiten entstanden auch in der Zeit zwischen dem Ende des 13. und der zweiten Hälfte des 16. Jh., als große geographische Entdeckungen das noch weitgehend unvollständige und ungenaue Bild des Mittelalters von der Erde vervollständigten und berichtigten. Die Erde wurde in ihrer ganzen Größe und in den wesentlichen Formen der Kontinente und Ozeane erfasst. Die vollständige Erdumsegelung von Magellan (Abb. 2) und Elcano (s. S. 87) erbrachte den letzten Beweis von der Kugelgestalt der Erde.

Ihren entscheidenden Antrieb erhielten die großen geographischen Entdeckungen und die in ihrem Vorfeld gemachten technischen Erfindungen – wie Forschungen in der Gegenwart – aus Bedürfnissen der gesellschaftlichen Praxis. Damals war es vor allem das Bestreben Europas, mit dem Osten Handel zu treiben bzw. diesen Handel aufrecht zu erhalten. Gleichzeitig besann man sich auf die Theorie von der Kugelgestalt der Erde, deren Befolgung schließlich zur Entdeckung der Erde in ihrer Vollständigkeit führte. Am Ende dieser Epoche waren allerdings die Kontinente nur in ihren Umrissen bekannt, nicht aber in ihrem Inneren.

2 **Der portugiesische Seefahrer Fernando Magellan (ca. 1480–1521) – auch: Magallanes oder Magalhães – entdeckte mit einer spanischen Flotte im Jahre 1520 die nach ihm benannte Meeresstraße.**

Bedeutende geographische Entdeckungen – MARCO POLO, CHRISTOPH KOLUMBUS, VASCO DA GAMA

Das uralte Kulturland China (s. S. 60) wurde im christlichen Europa erstmals durch den Reisebericht von MARCO POLO (Abb. 1), der 1477 auch gedruckt vorlag, bekannt. Bis ins 16. Jh. hinein war dieser für die Erweiterung des Erdbildes der Europäer bedeutendste Bericht des Mittelalters die Grundlage für das Wissen über China. Die antiken Kenntnisse über die Erde, die PTOLEMÄUS (s. S. 67) in einer Karte zusammengetragen hatte, verfielen mit dem Römischen Reich. Im Mittelalter mussten viele bereits schon einmal vorhandenen Kenntnisse über die Erde mühsam neu zusammengetragen werden. Dafür war MARCO POLOS Reise, die in der Zeit vor den eigentlichen großen geographischen Entdeckungen stattfand, ein wichtiger Baustein (Abb. 2).

MARCO POLO war 17 Jahre alt, als er 1271 von seinem Vater Nicolò und seinem Onkel Maffeo, venezianischen Kaufleuten, auf eine Reise nach China mitgenommen wurde. Diese Reise sollte 24 Jahre dauern, von denen die POLOS 17 Jahre in China verbrachten.

Das Mongolenreich reichte damals vom Gelben Meer bis nach Kleinasien und nach Südosteuropa hinein. Wer sich mit dem Großkhan KUBLAI gut verstand, dem standen sichere Handelswege bis nach China zur Verfügung. Die POLOS benutzten auch die berühmte Seidenstraße (Abb. 1, S. 85).

MARCO reiste im Auftrage des Großkhans durch große Teile des Riesenreiches, von dem man in Europa nicht die geringsten Vorstellungen hatte. Was er dort beobachtete und nach seiner Rückkehr nach Europa zu Papier brachte, fand zunächst wenig Beachtung und wurde nicht ernst genommen. MARCO POLO berichtete von dichter besiedelten Regionen als in Europa, von lebendigen Städten mit Millionen von Einwohnern, von gut ausgebauten Straßen, blühendem Handwerk, entwickeltem Postwesen mit Rasthäusern in regelmäßigen Entfernungen, von Papiergeld als offiziellem Zahlungsmittel, von der Anlage von Alleen, die den Reisenden im Sommer Schatten spendeten und ihnen in schneereichen Wintern den Weg wiesen oder vom Porzellan (Abb. 2, S. 85).

Trotz mancher fehlerhafter Entfernungsangabe und mancher Übertreibung wurde der Kaufmann POLO durch seinen Bericht, der im Original nur unvollständig erhalten geblieben ist, zum berühmtesten Reisenden vor KOLUMBUS.

Die Zeit des 15. und die erste Hälfte des 16. Jahrhunderts wird als das Zeitalter der großen geographischen Entdeckungen bezeichnet. Sie führten nicht nur zu einem neuen Bild von der Erde und ihrer Kulturen, sondern auch zur Einbeziehung bisher unbekannten Regionen und Länder in eine entstehende Weltwirtschaft von Europa aus. Untrennbar verbunden ist die Geschichte der Entdeckungen mit der Unterwerfung, Unterdrückung und Ausplünderung der entdeckten Länder und Völker durch brutale Gewalt. Sklavenhandel und Ausrottung ganzer Völker durch die Europäer sind Ausdruck eines der blutigsten Kapitel der Menschheitsgeschichte, des Kolonialzeitalters, das unmittelbar mit den großen Entdeckungen begann und erst um 1960 vollständig beendet war.

1 MARCO POLO (1254–1324) diktierte seine Erlebnisse einem Mitgefangenen in Genua, dem Rustighello von Pisa.

2 Während die Reise der POLOS nach China im Wesentlichen auf dem Landwege stattfand, legten sie die Rückreise größtenteils auf dem Seeweg zurück, der jedoch in Arabien unterbrochen werden musste.

1 Die Seidenstraße nahm ihren Ausgangspunkt im heutigen Xian, wo ein Denkmal für die Karawanen dieser alten Straße errichtet wurde.

2 Das Porzellan wurde in China rund 1 000 Jahre früher als in Europa erfunden.

Wie MARCO POLO, so reisten auch vor und nach ihm einzelne Kaufleute und Forscher von Europa nach Asien. Zwischen dem Westen der bekannten Welt (Europa) und dem Osten der im 13./14. Jh. bekannten Welt (unter der Sammelbezeichnung „Indien" bekannt) gab es regelmäßige Handelsbeziehungen auf Landwegen und entlang der Küste. Am Handel waren vor allem die Kaufleute und die Empfänger der Waren, die Feudalherren und Kirchenfürsten, interessiert. Aus „Indien" gelangten Gewürze nach Europa, um die Eintönigkeit der Speisen, die aus Mehlbrei und Fleisch bestanden, zu durchbrechen. Daher waren Nelken, Muskat, Zimt, Ingwer und besonders Pfeffer sehr begehrt. Hinzu kamen Atlas-, Damast-, Brokat- und Musselinstoffe aus Arabien, Teppiche und Edelsteine, Seide aus China. Da Europa keine Waren als Gegenleistung anbieten konnte, musste mit Silber und Gold bezahlt werden, das in Bergwerken gefördert wurde.

Dieser Handel fand nicht direkt, sondern über viele Zwischenhändler statt. Hauptumschlagplätze waren Konstantinopel, die Hauptstadt des oströmischen Reiches, und Alexandria in Ägypten. Bis auf die wenigen Reisenden, denen man wie POLO nicht einmal völlig glaubte, kannten die Europäer den Osten und die Reisewege dahin nicht direkt. Die Durchreise wurde ihnen von den islamischen Arabern, gegen die die POLOS im Auftrage des Papstes ein Bündnis mit den Mongolen schmieden sollten, verwehrt. Nur wenigen gelang es, diese „arabische Sperre" zu durchdringen. Der gewöhnte Weg nach Indien wurde völlig unmöglich, als das Mongolenreich zerfiel und die osmanischen Türken Regionen Vorderasiens besetzten, 1453 sogar den Hauptumschlagplatz Konstantinopel, aus dem fortan Istanbul wurde.

Da weder die europäischen Empfänger auf die Waren noch die Händler auf ihren Gewinn verzichten wollten, suchte man nach Auswegen aus der verfahrenen Situation. Um die Wende vom 14. zum 15. Jh. hatte man auch von den bis dahin bekannten Teilen der Erde nur sehr ungenaue Vorstellungen. Selbst das nördliche Asien war kaum bekannt. Von Afrika kannte man höchstens den an das Mittelmeer grenzenden Norden. Den Indischen Ozean stellte man sich wie das Mittelmeer als ein Binnenmeer vor. Doch man besann sich auf die Werke von PTOLEMÄUS, seine Auffassung von der Kugelgestalt der Erde und seine (viel zu geringe) Entfernungsangabe nach Indien westlich von Europa.

Noch manches andere hatte sich verändert und begünstigte die Suche nach dem Seeweg nach Indien:

- Die Schriften der Geographen der Antike konnten weit verbreitet werden, weil Anfang des 15. Jh. JOHANNES GUTENBERG aus Mainz den Buchdruck zu neuer Blüte führte.
- Die Magnetnadel hatte sich unter den Seefahrern verbreitet. Sie konnten sich nun auf das Meer hinaus wagen, ohne Kontakt zur Küste behalten zu müssen, da man immer die Nordrichtung bestimmen konnte (Abb. 1, S. 86).
- Im 15. Jh. war der Jakobsstab erfunden worden, mit dessen Hilfe man die Höhe der Sonne und anderer Himmelskörper bestimmen konnte. Damit wurde es möglich, die geographische Breite des Aufenthaltsortes eines Schiffes zu bestimmen.

1 Dieser Schiffskompass war im 15. Jh. eingeführt. Er wurde in Verbindung mit dem nautischen Quadranten angewendet. Schiffskompasse waren um 380 in China üblich.

2 Der Schiffstyp Karavelle war durch drei Masten gekennzeichnet.

3 Diese Bronzemedaille von 1506 enthält das einzige authentische Bild von Kolumbus.

- In der französischen Bretagne hatten Schiffbauer die hanseatische Kogge zur Karavelle (Abb. 2) weiterentwickelt, mit der man auch gegen den Wind kreuzen konnte.
- Schließlich konnten Seefahrer nach der Erfindung des Schießpulvers mit Kanonen und Handfeuerwaffen ausgerüstet werden, wodurch sie sich in der unbekannten Fremde sicherer fühlen konnten.

Zu den mutigen Entdeckern, die keinerlei Gefahren fürchteten und die ganz entscheidend zum neuen Bild von der Erde beigetragen haben, da sie bisher unbekannte Kontinente erreichten, gehören neben Fernando Magellan (s. S. 71) Christoph Kolumbus (1451–1506) und Vasco da Gama (1469–1524).

Der Italiener Christoph Kolumbus (Abb. 3) war von der Möglichkeit, Indien auf dem Westweg zu erreichen, auch dann noch überzeugt, nachdem der portugiesische König seiner Flotte diesen Weg nicht erlaubte. In spanischen Diensten startete er im August 1492 mit drei Karavellen in den unbekannten Westen. Am 12. Oktober 1492 sahen die Seeleute Land, dem sie den Namen „San Salvador" („der Erlöser") gaben, denn sie waren froh, nicht an den Rand der Welt gelangt und in den dort vermuteten Abgrund gestürzt zu sein. Sie glaubten fest daran, in Indien gelandet zu sein. Doch Kolumbus war auf einer Insel der Bahamas gelandet, in dem Teil Amerikas, der noch heute auch den Namen Westindien trägt. Die Küsten Amerikas waren entdeckt, das Innere des Doppelkontinents noch lange nicht!

Die Spanier entdeckten weiter das heutige Kuba und Haiti, wo allerdings Kolumbus' Flaggschiff, die „Santa Maria", auf Grund lief. Kolumbus beschloss die Heimreise und war nach Ankunft in Palos noch immer davon überzeugt, in Indien oder auf einer vorgelagerten Insel gewesen zu sein. Noch drei weitere Reisen unternahm Kolumbus und entdeckte weitere Inseln (Puerto Rico, Jamaika), nicht aber das indische Festland und die ersehnten Gewürze. Weitere Reisen vertraute man ihm nicht mehr an.

Die Spanier hatten großes Interesse an neuen Ländereien und deren Schätzen, die Portugiesen nicht minder. So kam es bereits 1494 durch den Vertrag von Tordesillas mit Billigung des Papstes zur ersten Aufteilung der „Neuen Welt" zwischen beiden iberischen Ländern. Im Unterschied zu den Spaniern suchten die Portugiesen den Seeweg nach Indien nicht in westlicher Richtung. Sie vertrauten der Auffassung, Indien liege westlich von Europa nicht und gingen davon aus, dass Afrika – obwohl nach Süden noch weitgehend unbekannt – umfahrbar war, weil es ebenfalls vom Ozean umgeben ist.

Die Entdeckung des Seeweges nach Indien gelang schließlich Vasco da Gama, der im Juli 1497 – also rund fünf Jahre nach der Entdeckung Amerikas durch Kolumbus – in seinem achtundzwanzigsten Lebensjahr in der Nähe von Lissabon in See stach und im Mai 1498 Indien im Hafen Kalikut erreichte (Abb. 2, S. 87).

Dieser Erfolg Gamas war langfristig vorbereitet worden. Er konnte auf vielen Ergebnissen portugiesischer Seefahrtkunst aufbauen:

- Heinrich der Seefahrer, portugiesischer Prinz, der selbst kaum zur See fuhr, gründete die erste Seefahrtschule der Welt und holte erfahrene Italiener als Lehrer dorthin. Ab 1416 schickte er mehrere Expeditionen zur Erkundung der afrikanischen Westküste aus. So konnten die Seefahrer Erfahrungen sammeln und sich nach und nach immer weiter nach Süden wagen. Heinrich ließ erste Festungen in Afrika bauen und mit dem Sklavenhandel beginnen.
- 1483 entdeckte Diogo Cão die Mündung des Kongo-Flusses und erreichte 2 Jahre später Kap Cross (Abb. 1) an der Küste des heutigen Namibias.
- Und Bartolomeu Diaz fuhr 1488 noch weiter nach Süden. Sein Schiff wurde während eines Orkans um das heutige „Kap der Guten Hoffnung", das Diaz „Kap der Stürme" nannte, getragen. Obwohl er wieder umkehren musste, war er – auch aufgrund eines warmen Meeresstroms, der heute Agulhasstrom heißt – davon überzeugt, den Weg nach Indien gefunden zu haben.

Vasco da Gama wird erst 9 Jahre danach unter dem Eindruck der Erfolge Kolumbus' wieder Richtung Indien geschickt. Die Portugiesen senden zur Sicherung ihrer Handelsinteressen Gama 1502 gleich noch einmal, aber mit 13 Kriegsschiffen nach Indien.

1 Solche Wappenpfeiler stellten die portugiesischen Entdecker auf, um ihre Oberhoheit über das Gebiet bekannt zu geben.

2 Diese Weltkarte zeigt Entdeckungsreisen von Christoph Kolumbus, Vasco da Gama und Fernando Magellan. Kolumbus fuhr noch 3-mal nach Amerika, Gama wurde wieder nach Indien geschickt.

1 Ammoniten gehören zu den in mehreren Gesteinsschichten enthaltenen Fossilien.

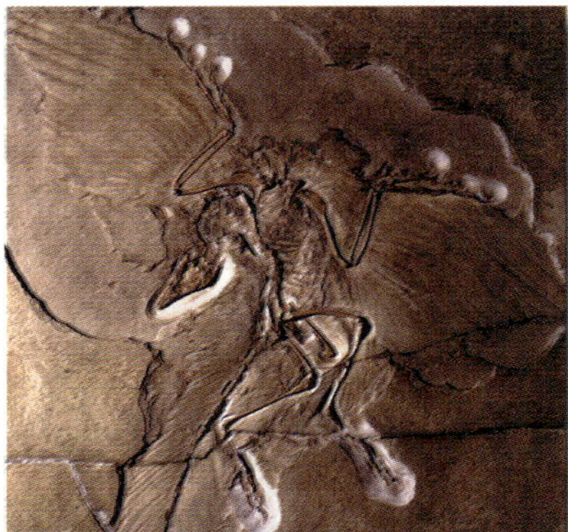

2 Dieser versteinerte Urvogel weist sowohl Merkmale der Vögel als auch Merkmale von Reptilien auf.

2.6 Die Evolution – alles ist in Entwicklung

Ohne menschliche Eingriffe verändert sich die natürliche Umwelt im Verlauf eines Menschenlebens in der Regel nur minimal. Auch die Werkzeuge und Lebensweisen der Menschen haben sich über viele Jahrtausende von Generation zu Generation nur geringfügig abgewandelt. Es lag deshalb nahe, sich die Natur als etwas Gleichbleibendes vorzustellen, in dem auch die beobachtbaren Vorgänge – die Bewegungen von Sonne, Mond und Planeten ebenso wie Geburt und Tod der Organismen – nur die ewige Wiederkehr des Gleichen sind. Man dachte sich die Natur entweder als von jeher so bestehend oder, wenn man eine religiöse Schöpfungsidee bevorzugte, als mit einem Schlag in der heutigen Gestalt geschaffen. Auch die Wissenschaft zeichnete im Wesentlichen das Bild einer unveränderlichen Welt.

Erst im 18. Jahrhundert setzte sich langsam die Überzeugung durch, dass auch die Natur eine Geschichte in der Zeit haben müsse und nicht immer so gewesen sei, wie sie sich heute darbietet. Die Beobachtung, dass in der Erdkruste verschiedene Gesteinsarten mehr oder minder regelmäßig übereinander geschichtet sind, wurde als ein Zeugnis dafür gedeutet, dass diese Gesteine zu unterschiedlichen Zeiten entstanden sein könnten. Im späten 18. und frühen 19. Jahrhundert bildete sich durch die Arbeit von Geologen wie JAMES HUTTON und CHARLES LYELL in England oder KARL ERNST ADOLF VON HOFF in Deutschland die Ansicht heraus, dass auch die Erdkruste ihre Geschichte hat, in der unterschiedliche Entwicklungsphasen einander ablösten. Die Entdeckung fossiler Überreste von ausgestorbenen Tier- und Pflanzenarten (Abb. 1 bis 3) in geologisch älteren Schichten gab wiederum Anlass zu der sogenannten Abstammungslehre: So wie die Nachkommen von den Eltern abstammen, sollten auch die gegenwärtig vorhandenen Tier- und Pflanzenarten aus anderen, älteren hervorgegangen sein.

3 Der Tambacher Ursaurier, hier das vollständig erhaltene Skelett des 1 m langen Tieres, wurde 1993 im zentralen Thüringer Wald gefunden. Die Ursaurier lebten etwa 100 Mio. Jahre vor den Dinosauriern.

> Die Idee der Entwicklung (oder Evolution) war im 19. und 20. Jahrhundert bis in unsere Zeit der wichtigste fächerübergreifende Gedanke der Naturwissenschaft.

Sie erweckte bei vielen Wissenschaftlern Begeisterung, traf aber auch auf Vorbehalte. Das Problem bestand darin, mögliche Wege zu finden, auf denen der Übergang von früheren zu späteren Formen auf natürliche Weise erfolgt sein konnte. Eine große Leistung vollbrachte hier schon 1755 der deutsche Philosoph Immanuel Kant (1724–1804). In seinem Buch „Allgemeine Naturgeschichte und Theorie des Himmels" (Abb. 1) beschrieb er einen möglichen Prozess, durch den sich aus einem chaotischen „Urnebel" nach und nach unser Planetensystem mit der Sonne im Zentrum gebildet haben sollte.
Kant zeigte, dass die kosmischen Körper eine Geschichte haben, dass sie entstanden sind und einmal untergehen werden. Diese Hypothese begründete den Entwicklungsgedanken in der Astronomie.
Das Bild dieses Prozesses ist später von der Astronomie stark korrigiert worden. Als fruchtbar und vielversprechend hat sich aber der Grundgedanke erwiesen:

> Wir können erst dann sagen, dass wir von einem Entwicklungsprozess ein wissenschaftliches Bild haben, wenn wir in der Lage sind, diesen Prozess als eine Konsequenz bekannter Naturgesetze zu beschreiben.

Kant hat sich bemüht, keine phantastische Geschichte zu erdenken, sondern er hat die von Newton formulierten Gesetze der Mechanik vorausgesetzt und gefragt, welche Übergänge unter dieser Voraussetzung von einem angenommenen Urnebel zum Planetensystem führen könnten. Später zeigte sich, dass die Gesetze der Mechanik nicht ausreichten, um diese Aufgabe zu lösen. Als mehr Wissen von den Naturgesetzen vorhanden war, musste sie neu bedacht werden. Die Einsicht aber, dass man dabei im Einklang mit den erkannten Naturgesetzen vorgehen müsse, ist von Kant übernommen worden.

Es dauerte etwa ein Jahrhundert, bis für die Welt der Lebewesen ein vergleichbares entwicklungstheoretisches Fundament zur Verfügung stand. Der englische Naturforscher Charles Darwin (Abb. 2) entwickelte den Gedanken, dass die Entstehung neuer Arten von Lebewesen durch „natürliche Auslese" unter den Individuen zuvor existierender Arten erfolgt sei.

Darwin begründete, dass zwischen den Individuen einer Generation, obwohl sie der gleichen Art angehören, zahlreiche zufällige Unterschiede bestehen.

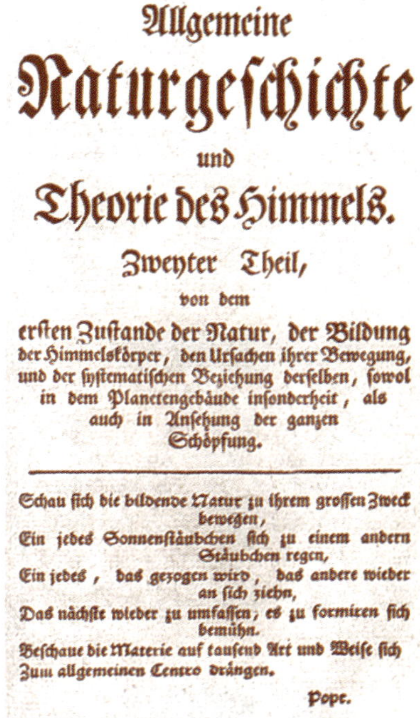
Allgemeine
Naturgeschichte
und
Theorie des Himmels.
Zweyter Theil,
von dem
ersten Zustande der Natur, der Bildung der Himmelskörper, den Ursachen ihrer Bewegung, und der systematischen Beziehung derselben, sowol in dem Planetengebäude insonderheit, als auch in Ansehung der ganzen Schöpfung.

Schau sich die bildende Natur zu ihrem grossen Zweck bewegen,
Ein jedes Sonnenstäubchen sich zu einem andern Stäubchen regen,
Ein jedes, das gezogen wird, das andere wieder an sich ziehn,
Das nächste wieder zu umfassen, es zu formiren sich bemühn.
Beschaue die Materie auf tausend Art und Weise sich
Zum allgemeinen Centro drängen.
Pope.

1 Kants Werk zur Begründung des Entwicklungsgedankens in der Natur erschien 1755 in Königsberg.

2 Der Engländer Charles Darwin lebte von 1809 bis 1882. Er entwickelte eine wissenschaftliche Auffassung von der Entstehung der Arten.

1 Darwins Theorie über die Entwicklungsgeschichte der Giraffen.

2 Naturnahe Wälder sind gemischt, an den Standort angepasst und stockwerkartig aufgebaut. Sie können eine reiche Tierwelt beherbergen.

Unter den gegebenen Umständen sind manche dieser Besonderheiten vorteilhaft, andere wiederum nachteilig für das Überleben (Abb. 1). Weil vorwiegend die am besten an ihre Umgebung angepassten Individuen überleben und sich vermehren, erfolgt eine „Auslese" der vorteilhaften Veränderungen. Nach und nach können, wie Darwin meinte, auf diesem Weg Organismen entstehen, die sich von der Ausgangsart so weit entfernt haben, dass man von einer neuen Art sprechen muss. Diese Gedanken waren für jene Zeit außerordentlich kühn. Darwin sammelte zwanzig Jahre lang Belege und Argumente für seine Theorie, ehe er sie 1859 veröffentlichte. Später hat ihr die moderne Genetik noch ein wesentlich festeres Fundament gegeben, als Darwin bereitstellen konnte.

> Inzwischen haben viele Gebiete der Naturwissenschaft gut begründete Entwicklungstheorien geschaffen. Die Einheit der Natur besteht auch in der Zeit, im Zusammenhang ihrer früheren und ihrer späteren Zustände.

Schon Darwin selbst hatte den Schluss gezogen, dass sich auch der Mensch nicht aus dem allgemeinen Entwicklungszusammenhang ausklammern kann: Er ist aus der Tierwelt hervorgegangen. Diese Auffassung ist von Ernst Haeckel (1834–1919) genauer ausgearbeitet worden.

Heute verfügt die Naturwissenschaft über ausgearbeitete Vorstellungen zur Entstehung des Lebens auf der Erde, zur Evolution der Fixsterne, der Galaxien und sogar unseres Universums insgesamt und zu vielen weiteren Entwicklungsprozessen. In den letzten Jahrzehnten hat sich auch die Physik verstärkt den physikalischen Grundlagen der Evolution zugewandt.

Besonders wichtig, auch in praktischer Beziehung, ist die Einsicht, dass die menschliche Gesellschaft und ihre natürliche Umwelt eine gekoppelte Entwicklung durchlaufen, in der die Menschheit gegenwärtig Tempo und Richtung bestimmt. Die ökologische Forschung untersucht die Bedingungen, unter denen diese gekoppelte Entwicklung stabil bleiben kann, und leitet daraus Konsequenzen für das Verhalten des Menschen gegenüber seiner natürlichen Umwelt ab.

So hat insbesondere seit Anfang der 80er Jahre des 20. Jh.s ein Umdenken der Menschen in Bezug auf die Wälder eingesetzt. Wirtschaftswälder, die u. a. durch Monokultur, Fehlen von Totholz, Anfälligkeit gegenüber Schadstoffen und Kahlschlag gekennzeichnet sind, sollen zu naturnahen Wäldern umgebaut werden. Der naturnahe Wald (Abb. 2) ist heute eine anerkannte Zielvorstellung. Er zeichnet sich z. B. durch eine Vielfalt der Baum- und Pflanzenarten und ihres Alters aus.

Darwin und die Vielfalt der Arten

Heute weiß jedes Kind, dass Hund und Wolf miteinander verwandt sind. Die Unterschiede sind durch Züchtung entstanden. Trotzdem weisen sie auch noch viele Ähnlichkeiten auf. Beobachtet man die Tiere in der Natur, kann man ebenso nahe verwandte Arten feststellen. Die noch heute gültige Erklärung für die Entstehung solcher Arten wurde von Charles Robert Darwin (1809–1882) aufgestellt.

Darwin wurde als fünftes Kind einer englischen Arztfamilie geboren. Er studierte zuerst Medizin, brach dieses Studium jedoch ab. Er wechselte zur Theologie, beschäftigte sich jedoch in der Freizeit mit naturwissenschaftlichen Forschungen. Für seine weitere Entwicklung war das Angebot, als Forschungsreisender an der Fahrt der „Beagle“ teilzunehmen, entscheidend. Die „Beagle“ sollte Seekarten der südamerikanischen Gewässer verbessern. Beinahe hätte Darwin diese Reise nicht miterleben können, denn sowohl sein Vater als auch der Kapitän des Schiffes waren nicht einverstanden.

Trotz dieser anfänglichen Schwierigkeiten wurde die 5-jährige Reise ein großer Erfolg (Abb. 1). Seine vielen Beobachtungen und gesammelten Präparate bildeten den Grundstein für die Theorie der Entstehung der Arten, die Darwin aufstellte. Ihm fiel u.a. besonders der unterschiedliche Bau nahe verwandter Finken auf benachbarten Inseln auf (Abb. 2). Außerdem fand er bei Exkursionen an Land Knochen ausgestorbener Säugetiere. Durch Gemeinsamkeiten im Bau der Knochen ließen sich verwandtschaftliche Beziehungen zu heute existierenden Arten herstellen.

Aus diesen und vielen anderen Tatsachen leitete Darwin eine bahnbrechende Theorie ab. Er machte deutlich, dass sich Arten über lange Zeiträume verändern können. Da Lebewesen mehr Nachkommen erzeugen, als für die Existenz der Art notwendig ist, können nicht alle überleben. Organismen der gleichen Art weisen verschiedene bauliche Merkmale auf. Diejenigen Nachkommen erreichen das fortpflanzungsfähige Alter, die den herrschenden Umweltbedingungen am besten angepasst sind. Auf diese Weise können durch räumliche Trennung von Organismengruppen auch neue Arten entstehen. Bei der Züchtung von Haustieren wird der Prozess durch den Menschen künstlich gesteuert.

Diese Theorie rief sowohl Zustimmung als auch heftige Kritik hervor. Bis dahin bestand die Lehrmeinung nämlich darin, dass die Arten einmal erschaffen worden und dann verhältnismäßig gleich geblieben sind. Man nahm nur eine geringe Merkmalsabweichung innerhalb der Art an, aber keine Entstehung neuer Arten. Darwins grundlegend entgegengesetzte Auffassung hatte auch Auswirkungen auf eine Neubewertung der biblischen Geschichte.

1 Während Magellan die Erde westwärts umrundete, fuhr die „Beagle“ mit Darwin an Bord in östliche Richtung. Längere Zeit blieb der Biologe auf den Galapagos-Inseln, wo er mit seinen speziellen Beobachtungen der Tierwelt die Grundlage für seine Theorie schuf.

2 Die Finkenarten der Galapagos-Inseln weisen große Ähnlichkeiten auf, unterscheiden sich jedoch durch ihre Schnabelform. Sie besiedeln verschiedene Biotope.

HAECKEL und die Stammbäume

Besitzer eines reinrassigen Hundes oder einer Katze verweisen stolz auf den Stammbaum des Tieres. Solche Stammbäume lassen sich aber nicht nur auf Einzelwesen bezogen, sondern für ganze Arten bzw. noch größere Gruppen von Lebewesen aufstellen. Der erste, der dies versuchte, war HAECKEL (Abb. 1). Zur Veranschaulichung der Tatsachen wählte er wirklich Bäume (Abb. 3).

Während seiner Studienzeit befasste sich HAECKEL neben seinem Medizinstudium mit der Zoologie und vergleichenden Anatomie. Ab 1862 arbeitete er als Professor für Zoologie an der Universität in Jena.

HAECKEL war ein ausgezeichneter Beobachter mit Blick für Einzelheiten und Naturschönheiten. Das wird in vielen Zeichnungen deutlich (Abb. 2) und ist auch bei den gezeichneten Stammbäumen zu spüren. Allerdings stellen diese Stammbäume vor allem eine wissenschaftliche Leistung dar.

HAECKEL war ein bedeutender Verfechter von DARWINS Theorie über die Entstehung der Arten. Bei seinen Vorträgen zu diesem Thema wiederholte und erläuterte HAECKEL jedoch nicht nur die grundlegenden Ideen, sondern leitete auch Konsequenzen daraus ab. So bezog er die Abstammung des Menschen in die Theorie mit ein und machte deutlich, dass Menschen und heute existierende Menschenaffenarten gemeinsame Vorfahren haben müssen. Eine weitere Folgerung aus DARWINS Theorie stellte die Entwicklung von Stammbäumen dar. Dazu musste HAECKEL erst ermitteln, wie die verwandtschaftlichen Beziehungen wirklich waren.

Dabei halfen ihm u. a. vergleichende Betrachtungen von Embryonen unterschiedlicher Wirbeltiere. Es wurde einmal mehr bestätigt, dass die Entwicklung der Keimesentwicklung eine schnelle Wiederholung wesentlicher Schritte der Stammesentwicklung ist. Außerdem bezog HAECKEL natürlich auch die Ähnlichkeit der Organismen in seine Überlegungen mit ein. Damit legte er die Kriterien für die Bestimmung des Verwandtschaftsgrades der Organismengruppen fest. Auch wenn HAECKEL seine Stammbäume selber überarbeitete, Änderungen vornahm und sich heute durch modernere (biochemische) Untersuchungsmethoden ebenfalls Abweichungen ergeben, sind die von ihm aufgestellten Stammbäume im Prinzip noch heute gültig.

1 ERNST HAECKEL (1834 bis 1919) wirkte vor allem im thüringischen Jena.

2 Diese Zeichnung der Scheibenqualle stammt aus der Feder HAECKELS.

3 Auch mit dem „Stammbaum des Menschen" (1874) propagierte HAECKEL die von DARWIN begründete Evolutionstheorie.

2.7 Erkennen als Prozess

Der Gedanke der Entwicklung gilt nicht nur für die von der Wissenschaft untersuchte Natur, sondern auch für die Wissenschaft selbst. Auch die Wissenschaft entwickelt sich, sie ist niemals fertig.

Das darf man nicht einfach so verstehen, als würde zwar ständig neues Wissen hinzukommen, das alte aber unverändert bestehen bleibt. Wissenschaft zeichnet ich gerade dadurch aus, dass ihre Behauptungen prinzipiell kritisierbar sind.
Dadurch unterscheiden sich die Sätze der Wissenschaft von Glaubenssätzen. Kritisiert werden Sätze der Wissenschaft nicht durch unbegründete Gegenbehauptungen, sondern durch ihre Gegenüberstellung mit Tatsachen oder auch durch den Nachweis von Mängeln in ihrer logischen Herleitung. Diese Kritik ist ein unentbehrliches Mittel für die Weiterentwicklung der Wissenschaft.

Natürlich kommen in der Wissenschaft auch Irrtümer vor, die durch Kritik ausgeräumt werden. Wichtiger ist aber, dass sich auch das bestätigte, gesicherte Wissen verändert. Die Zuverlässigkeit wissenschaftlicher Aussagen ist immer nur in dem Maße erwiesen, wie es der Genauigkeit der zu ihrer Begründung und Prüfung verwendeten Methoden entspricht. Zum Beispiel sind die Zahlenangaben über Atom- und Molekulargewichte oder auch über grundlegende physikalische Konstanten wie die Lichtgeschwindigkeit im Vakuum heute wesentlich genauer als noch vor einigen Jahrzehnten, weil viel präzisere Geräte zu ihrer Bestimmung zur Verfügung stehen. Mit dem weiteren Fortschritt der Gerätetechnik sind auch künftig Präzisierungen zu erwarten. Deshalb müssen die physikalischen Tabellenwerke, in denen solche Zahlenangaben zusammengestellt sind, von Zeit zu Zeit überarbeitet und auf den neuesten Stand gebracht werden.

Oft geschieht es, dass wissenschaftliche Aussagen mit der Weiterentwicklung der Erkenntnis in einen umfassenderen Zusammenhang gestellt werden und dadurch eine erweiterte Bedeutung erhalten. JOHANNES KEPLER (Abb. 1/2) hatte durch Auswertung astronomischer Beobachtungsdaten im frühen 17. Jahrhundert drei Gesetze gefunden, die die Bewegung der Planeten um die Sonne beschreiben. Diese Gesetze stimmten mit den Beobachtungen überein, aber sie standen für sich und hatten keine physikalische Begründung. Als später NEWTON seine Theorie der Mechanik aufgestellt hatte, ergaben sich diese Gesetze als eine mathematische Schlussfolgerung aus dieser Theorie. Das hatte eine doppelte Bedeutung: Einerseits war es eine Bestätigung für NEWTONS Theorie, andererseits erhielten die keplerschen Gesetze damit eine theoretische Begründung.

1 JOHANNES KEPLER lebte von 1571 bis 1630. Er war Nachfolger BRAHES als kaiserlicher Hofastronom und Mathematiker RUDOLF II. in Prag.

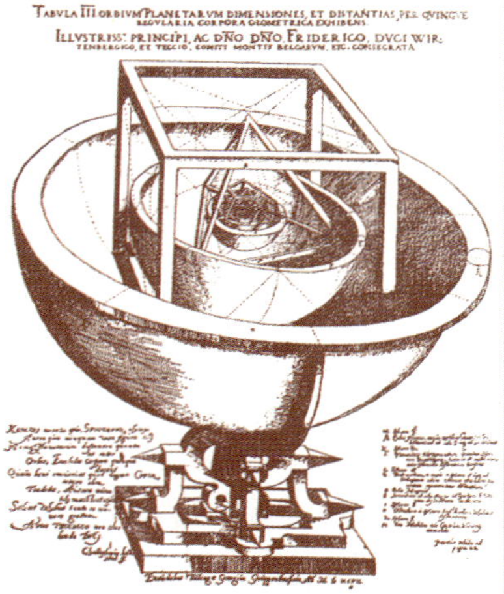

2 KEPLERS „Harmonie des Planetensystems" stellte sich nach der Berechnung der Marsbahn durch TYCHO BRAHE als ein Irrtum heraus.

„Und sie bewegt sich doch!" – Die Entstehung eines neuen Weltbildes

Bereits im Altertum konnten die Menschen Bewegungen der Himmelskörper, vor allem der Sonne, des Mondes und der Sterne, am Himmel beobachten. Sie sahen die Gestirne in östlicher Richtung auf- und in westlicher Richtung untergehen. Das führte zu der nahe liegenden Vermutung, dass sich die Erde fest im Zentrum der Welt befindet und sich alle Himmelskörper um die Erde bewegen. Zugleich erkannte man in den Bewegungen der Himmelskörper eine Reihe von Regelmäßigkeiten und nutzte sie, um Termine für Saat und Ernte zu bestimmen. Im antiken Griechenland versuchten Gelehrte, die beobachteten Fakten und erkannten Regelmäßigkeiten zu einem Weltbild zu vereinen, bei dem man aus wenigen Grundsätzen alles andere ableiten konnte. Wesentlich dabei waren die Auffassungen über Bewegungen im Kosmos und auf der Erde.

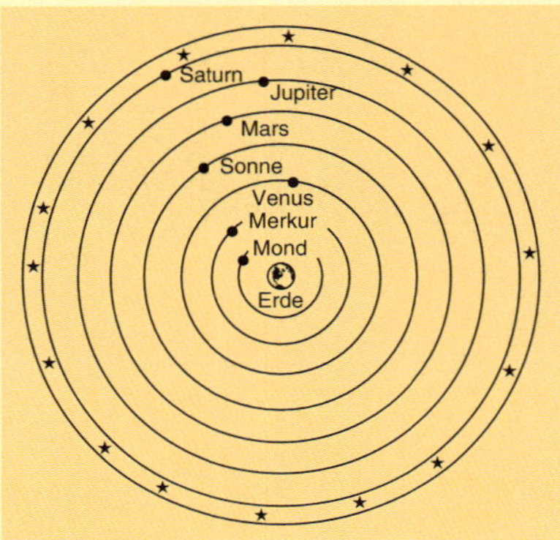

1 Das geozentrische Weltbild, das Ptolemäus aus Alexandria begründete, sieht die Erde im Zentrum der Welt. Um sie kreisen alle Gestirne.

2 Nikolaus Kopernikus (1473–1543) war Astronom, Arzt und Jurist. Er lebte und arbeitete in Polen, Deutschland und Italien. Sein astronomisches Hauptwerk wurde von Papst Paul III. auf den Index gesetzt.

Platon (427–347 v. u. Z.) vertrat die Auffassung, dass die Sterne sich nur auf der vollkommensten geometrischen Bahnform, der Kreisbahn, bewegen können. Aristoteles (384–322 v. u. Z.) unterschied Bewegungen im Himmel und auf der Erde. Außerdem teilte er die Bewegungen auf der Erde in natürliche und erzwungene Bewegungen ein. Eine natürliche Bewegung war z. B., dass ein schwerer Körper nach unten fällt und ein leichter Körper nach oben steigt. Alle Körper bewegen sich so zu ihrem „natürlichen Ort".

All diese und weitere Erkenntnisse wurden von Claudius Ptolemäus (Abb. 3, S. 32 und Abb. 2, S. 67) aus Alexandria in seinem Hauptwerk „Syntaxis mathematike" (Mathematische Zusammenstellung), arabisch auch „Almagest" genannt, zusammengefasst.

Mit diesem Werk begründete er das geozentrische Weltbild (Abb. 1), nach dem sich die Erde im Mittelpunkt der Welt befindet und alle anderen Himmelskörper auf Kreisbahnen um die Erde bewegen. Dieses Weltbild war eine großartge Leistung der antiken Wissenschaft, denn man konnte mit ihm die Position von Planeten recht genau vorausberechnen. Außerdem stimmte es aufgrund der Relativität der Bewegung mit der Beobachtung überein.

Und es stimmte auch mit den physikalischen Auffassungen des berühmten Aristoteles überein, dass sich schwere Körper zur Weltmitte hin bewegen.

Die Erde war für die Menschen damals der schwerste bekannte Körper, musste sich also in der Weltmitte befinden. Das geozentrische Weltbild war jahrhundertelang die vorherrschende Lehrmeinung und trotzdem war sie falsch.

Eine Reihe astronomischer Beobachtungen konnte nicht widerspruchsfrei erklärt werden. Außerdem war die Genauigkeit der Berechnungen für die Seefahrt und auch für den Kalender nicht mehr ausreichend. Um diese Probleme zu lösen, wurde das Weltbild von Ptolemäus immer weiter ausgebaut. Vor allem im Mittelalter wurden aber auch zunehmend Zweifel an diesem immer komplizierter werdenden Weltbild laut.

Nikolaus Kopernikus (Abb. 2) griff als Erster die früher bereits vereinzelt geäußerten Gedanken wieder auf, dass nicht die Erde, sondern die Sonne als Zentralstern im Mittelpunkt unseres Planetensystems steht und sich alle Planeten auf Kreisbahnen um die Sonne bewegen. Fast 30 Jahre lang arbeitete Kopernikus diese Idee mathematisch zum heliozentrischen Weltbild

(Abb. 1) aus, das dem geozentrischen überlegen sein sollte. Allerdings war auch sein Weltbild mathematisch relativ kompliziert, weil er von der falschen Auffassung ausging, dass sich die Planeten auf Kreisbahnen bewegen. Nach dem Tod von KOPERNIKUS löste sein Werk einen heftigen Meinungsstreit aus, in dem es nicht nur um wissenschaftliche Ansichten ging.

Die Kirchenleitung erkannte, dass die Auffassung, die Erde sei nur ein Planet unter vielen, nicht zu bestehenden kirchlichen Ansichten passte. Deshalb bekämpfte sie das heliozentrische Weltbild und auch deren Verfechter.

Ein berühmter Vertreter des heliozentrischen Weltbildes war GALILEO GALILEI (Abb. 2). Er entdeckte mit einem selbst gebauten Fernrohr vier Jupitermonde, also Himmelskörper, die sich nicht um die Erde, sondern um einen anderen Himmelskörper, den Jupiter, bewegen. Er entdeckte auch die Lichtphasen der Venus, die nur mit einem Umlaufen dieses Planeten um die Sonne erklärbar waren.

Diese und noch weitere Entdeckungen stützten GALILEIS Überzeugung von der Richtigkeit des heliozentrischen Weltbildes, so dass er sich 1613 erstmals auch schriftlich für das neue Weltbild einsetzte. Damit geriet er als berühmter Gelehrter in Widerspruch zur katholischen Kirche und zu deren eindeutigem Bekenntnis zum geozentrischen Weltbild. 1616 wurde GALILEI erstmals von der Inquisition ermahnt, von der Verteidigung des heliozentrischen Weltbildes abzusehen. Er hat dies in der Folgezeit nicht getan, sondern seine Auffassung in weiteren Schriften zu diesem Thema veröffentlicht.

Den Zorn des Jesuitenordens zog sich GALILEI auch dadurch zu, dass er die Arbeiten des Mönchs ORAZIO GRASSI über die 1618 beobachteten drei Meteore widerlegte. In einer Komödie karikierte er sogar Papst URBAN VIII. als wissenschaftlich ungebildeten „Simplicio".

1633 wurde GALILEI von einem Inquisitionsgericht in Rom, dem „Gericht des Heiligen Offiziums", nach vier Verhören und unter Androhung von Folter gezwungen, öffentlich seinen Lehren und damit dem heliozentrischen Weltbild abzuschwören: „Ich halte jene Meinung des Kopernikus nicht für wahr und habe sie niemals für wahr gehalten." Mit diesem Lippenbekenntnis widerruft der 69-jährige Mathematiker und Astronom im Kloster „Santa Maria sopra Minerva" seine wissenschaftliche Überzeugung und rettet damit sein Leben vor dem Scheiterhaufen.

Beim Hinausgehen aus dem Gericht soll er der Legende nach gesagt haben: „Und sie bewegt sich doch!" Dies ist nicht belegt und entsprach wohl auch eher der inneren Überzeugung GALILEIS. Obwohl er nach dem Prozess unter Hausarrest gestellt wurde, konnten Buchmanuskripte von ihm mit Hilfe von Freunden ins Ausland geschafft und dort veröffentlicht werden. In seiner Villa bei Florenz, in der er weitere physikalische Entdeckungen machte, stirbt GALILEI erblindet mit fast 78 Jahren.

Andere Wissenschaftler machten weitere wichtige Entdeckungen, die das heliozentrische Weltbild stützten. So entdeckte JOHANNES KEPLER (1571–1630), dass sich die Planeten nicht auf Kreisbahnen, sondern auf Ellipsenbahnen bewegen. ISAAC NEWTON (1642–1727) fand das Kraftgesetz, nach dem sich die Planeten um die Sonne bewegen. Heute ist das heliozentrische Weltbild anerkannte wissenschaftliche Auffassung. GALILEI wurde 1992, 359 Jahre nach seinem Prozess, von der Kirche rehabilitiert.

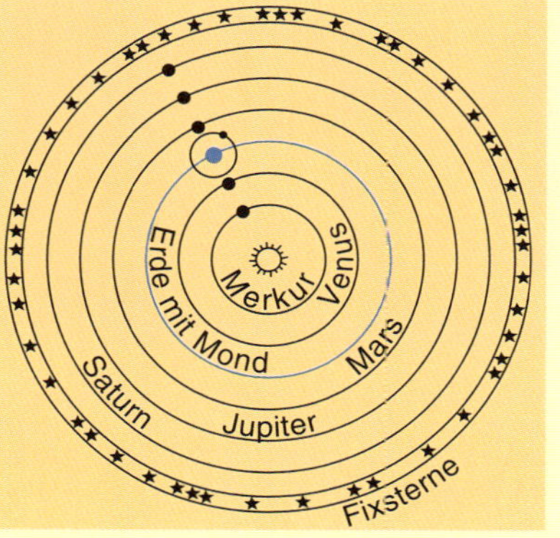

1 Das von KOPERNIKUS mathematisch begründete heliozentrische Weltbild sieht die Sonne und nicht die Erde im Zentrum unseres Planetensystems.

2 GALILEO GALILEI (1564–1642) stützte durch seine Himmelsbeobachtungen mit Fernrohren das heliozentrische Weltbild. Mit seinem Widerruf entging er dem Schicksal GIORDANO BRUNOS.

1 MAX PLANCKS Quantentheorie revolutionierte die Physik: Nicht mehr die wirklich eintretenden Ereignisse werden beschrieben, sondern die Möglichkeit ihres Eintretens.

In der Entwicklung der Wissenschaft kommt es immer wieder vor, dass älteres Wissen in neue, umfassendere Theorien eingebaut und dadurch auch selbst besser verstanden wird.

Besonders große Schwierigkeiten bereitet es den Wissenschaftlern, wenn neue Theorien solche Annahmen über die Natur enthalten, die den bisher vertretenen Ansichten widersprechen. Wir haben schon erwähnt, wie schwer es vielen Gelehrten gefallen ist, die Idee von der ewig gleich bleibenden Natur aufzugeben und den Entwicklungsgedanken anzunehmen.

Eine ähnliche Selbstverständlichkeit war bis zum Ende des 19. Jahrhunderts in der Physik auch die Annahme, dass physikalische Vorgänge stetig (gleichmäßig) verlaufen und daher die Größen, mit denen sie beschrieben werden, beliebig weit unterteilt werden können. Im Jahre 1900 entdeckte nun MAX PLANCK (1858–1947), dass die Strahlungsenergie nur in Portionen von endlicher Größe, den Quanten, abgegeben und aufgenommen wird. Die Strahlung ist also kein stetiger, sondern ein unstetiger Vorgang. Damit wurde festgestellt, dass es in der Natur nicht nur stetige Vorgänge gibt.

PLANCKS Entdeckung schockierte die Physiker und auch ihn selbst. Erst mit EINSTEINS im Jahre 1905 auf dieser Grundlage erbrachtem Nachweis, dass auch das Licht Quanten (Photonen) bildet, wurden die Vorbehalte gegenüber dem Quantenbegriff allmählich zurückgedrängt. Aber so neuartig diese Vorstellungen auch waren – die Aussagen der bisherigen Physik wurden damit nicht einfach unbrauchbar. Sie erwiesen sich als Grenzfälle der Quantenphysik für solche Vorgänge im atomaren Bereich, an denen eine sehr große Zahl von Quanten gleichzeitig beteiligt ist. Für solche Erscheinungen, auf die sie bis dahin erfolgreich angewandt worden waren, konnte man sie unbedenklich weiter benutzen.

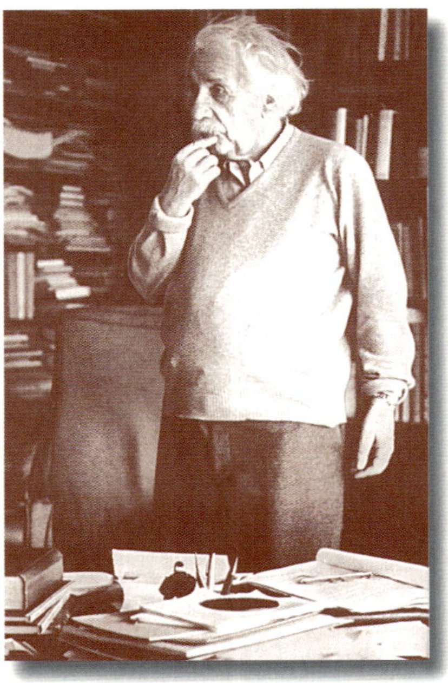

2 ALBERT EINSTEIN (1879-1955) wies u. a. nach, dass auch das Licht Energie-Quanten bildet.

Doch für die Ebene der Moleküle, Atome und Elementarteilchen muss unbedingt die Quantenphysik verwendet werden. Eine anschauliche Beschreibung der atomaren Vorgänge ist nicht möglich. Wir können Naturvorgänge im atomaren Bereich nicht mehr in der gleichen Weise begreifen wie im Großen.

Wir können erwarten, dass auch unser heutiges Wissen in Zukunft Präzisierungen und Umdeutungen unterworfen sein wird, obwohl wir nicht im Voraus sagen können, wann und in welcher Weise das geschieht. Die Beschäftigung mit der Geschichte der Wissenschaft hilft uns aber, gegenüber solchen möglichen Wandlungen offen zu sein.

2.8 Wissen und Verantwortung

1 Im australischen Darwin befindet sich dieser schlichte Gedenkstein für den deutschen Australienforscher LUDWIG LEICHHARDT (1813–1848), der auf seiner 3. Expedition verschollen ist.

Wissenschaft klärt Zusammenhänge auf, die bisher unbekannt waren. Zu diesem Ziel gibt es keinen hundertprozentig sicheren Weg. Jeder, der sich damit beschäftigt, nimmt ein Risiko auf sich. Es ist möglich, dass der Versuch zur Lösung eines Problems scheitert, selbst wenn er mit denkbar größter Gewissenhaftigkeit unternommen worden ist. Es ist auch nicht ausgeschlossen, dass dabei der Forscher selbst Schaden nimmt. Beim Erforschen der Natur, beim Entwickeln und Erproben neuer technischer Mittel können Gefahren auftreten, von denen man vorher nichts wusste oder auf die man nicht genügend vorbereitet war. Nicht wenige Forschungsreisende haben auf wissenschaftlichen Expeditionen den Tod gefunden (Abb. 1) oder bleibende Schäden an ihrer Gesundheit davongetragen. OTTO LILIENTHAL (1848–1896) stürzte bei Flugversuchen mit dem von ihm entworfenen und gebauten Gleitflugzeug ab und verletzte sich tödlich (Abb. 3). Oftmals traten in chemischen Laboratorien beim Umgang mit ungenügend bekannten Substanzen Unfälle auf. Die ersten Wissenschaftler, die mit Röntgenstrahlen oder radioaktiver Strahlung experimentierten, schädigten sich dabei selbst, weil sie von der schädlichen Wirkung größerer Dosen dieser Strahlungen auf den menschlichen Organismus noch nichts wussten (Abb. 2).

Weil Forschung nicht nur mit bekannten, sondern auch mit unbekannten Gefahren zu tun hat, verlangt ihre Durchführung ein Höchstmaß an Verantwortung und Vorsicht. Auch dann kann das mit ihr verbundene Risiko nicht vollkommen beseitigt werden, doch es wird auf ein vertretbares Maß gemindert.

2 MARIE CURIE, geb. SKLODOWSKA (1867–1934), forschte bis zu dessen Tod gemeinsam mit ihrem Mann PIERRE auf dem Gebiet der Radioaktivität. Sie erhielt 1903 und 1911 Nobelpreise. Sie starb an Strahlenschäden.

Es gibt Situationen, in denen nicht zu umgehen ist, dass auch andere Menschen – neben den Forschern selbst – Risiken der Forschung mittragen. Ein Beispiel: Wenn neue Heilmittel entwickelt werden, schließt auch die gründlichste Vorbereitung nicht die Notwendigkeit aus, sie schließlich an Patienten zu testen, die an der betreffenden Krankheit leiden.

3 Der deutsche Gleitflugpionier OTTO LILIENTHAL, der seine ersten Flugversuche in Berlin durchführte, stürzte nach mehr als 2000 gesteuerten, bis zu 300 m weiten Flügen in Stölln bei Rhinow ab und starb am folgenden Tag.

1 Das Schädlingsbekämpfungsmittel DDT, das u. a. zur Gefährdung vieler Vogelarten führte, verbreitete sich mit den Stoffkreisläufen über die gesamte Erde, so auch bis nach Antarktika.

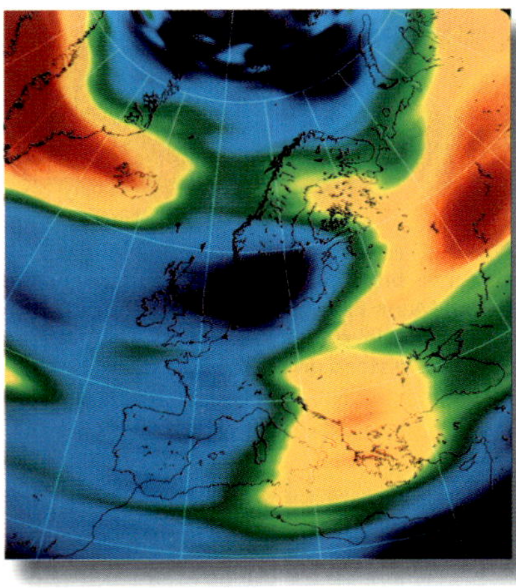

2 Sprays, die FCKW enthalten, tragen deutlich zur Vergrößerung des „Ozonlochs" bei. An den blau erscheinenden Regionen ist die Ozonschicht der hohen Atmosphäre besonders dünn.

Erst diese Tests entscheiden endgültig darüber, ob die angestrebte Heilwirkung tatsächlich eintritt. Zugleich bringen sie aber auch die Risiken und Nebenwirkungen an den Tag, die später, bei ihrer regulären Anwendung, den behandelnden Ärzten und den Patienten bekannt sein müssen. Der Prozess der Entwicklung, Erprobung und Einführung neuer Heilmittel ist deshalb durch strenge Vorschriften geregelt. Im Allgemeinen dauert er wegen der großen Vorsicht, die dabei beachtet werden muss, viele Jahre. Verantwortliches Entscheiden über das richtige Vorgehen ist hier mitunter außerordentlich schwierig. Auf der einen Seite wird das neue Medikament dringend erwartet, weil es vielleicht Menschenleben retten kann. Auf der anderen Seite ist behutsames Vorgehen geboten, weil eine verfrühte Einführung ohne ausreichende Prüfung Schaden anrichten könnte. Die Arzneimittelforschung muss beide Seiten in Betracht ziehen. Auch auf anderen Gebieten der Wissenschaft hat man es mit einem ähnlich komplizierten Für und Wider zu tun.

Wenn Ergebnisse wissenschaftlicher Arbeit in praktische Nutzung überführt werden, ist nicht immer von vornherein auszuschließen, dass sie neben dem Zweck, dem sie eigentlich dienen sollen, auch unvorhergesehene und dabei nicht selten schädliche Nebenwirkungen hervorbringen. Vielfach stellt sich das nicht sofort, sondern erst viel später heraus. Ein bekanntes Beispiel ist das zwischen 1940 und 1970 in der Landwirtschaft weltweit angewandte synthetische Schädlingsbekämpfungsmittel DDT (Abb. 1). Bei seiner Einführung wurde nicht in Betracht gezogen, dass erhebliche Mengen dieser gefährlichen Substanz in die Ozeane und von dort über die Nahrungskette Plankton–Fisch–Mensch in den menschlichen Organismus gelangen.

Aus den 80er Jahren stammt die Einsicht, dass die in Kühlschränken und für Sprays verwendeten synthetischen Fluorchlorkohlenwasserstoffe bei ihrer Freisetzung in die Hochatmosphäre aufsteigen und dort die gegen UV-Strahlung schützende Ozonschicht zerstören (Abb. 2). Erst seit wenigen Jahrzehnten ist bekannt, dass die aus dem Einsatz fossiler Brennstoffe resultierende starke Erhöhung des Kohlenstoffdioxidgehalts in der Atmosphäre eine allgemeine Klimaänderung mit unabsehbaren Folgen bewirken kann („Treibhauseffekt").

Diese Beispiele zeigen, dass die Leistungen der Wissenschaft für die Menschheit mit neuen, früher unbekannten Gefahren verbunden sind. Es wäre kein sinnvoller Ausweg, wenn wir, um den Gefahren zu entgehen, auf diese Leistungen verzichten wollten. Wir sehen aber, dass die Verantwortung der Wissenschaftler und die Verantwortung der Gesellschaft für ihre Wissenschaft nicht aufhört, wenn neue Erkenntnisse gewonnen, geprüft und gesichert sind. Was dann mit diesen Erkenntnissen geschieht, geht jeden an.

Wir dürfen uns die Mühe nicht ersparen, auch die praktische Verwertung dieser Ergebnisse ständig zu kontrollieren, schädliche Nebeneffekte vorausschauend zu vermeiden oder wenigstens frühzeitig festzustellen, risikoreiche Anwendungen durch weniger riskante zu ersetzen. In einzelnen Fällen kann es sogar richtig sein, bestimmte Anwendungen wissenschaftlicher Resultate ganz aufzugeben, weil die mit ihnen verbundenen Risiken zu hoch sind. Seit der Reaktorkatastrophe von Tschernobyl 1986 mehren sich die Stimmen, die einen vollständigen Verzicht auf Kernkraftwerke fordern (Abb. 1). Andere Fachleute sind hingegen der Meinung, dass man auf dem modernsten Stand der Technik derartige Katastrophen mit Sicherheit ausschließen kann. Die Frage ist weiter in der Diskussion.

1 Kernkraftwerke decken in vielen Ländern der Erde zu großen Teilen den Bedarf an elektrischer Energie. Sie tragen damit in Größenordnungen zur Minderung des Ausstoßes an Treibhausgasen bei. Andererseits sind viele Menschen davon überzeugt, dass die von ihnen ausgehenden Gefahren, vor allem hinsichtlich der radioaktiven Abfallstoffe, weitaus größer sind.

Das größte Risiko, das mit den Ergebnissen der modernen Wissenschaft verbunden ist, besteht nach wie vor in der Möglichkeit ihres militärischen Einsatzes. Im Ersten Weltkrieg waren in Deutschland erstklassige Wissenschaftler unter Leitung des bekannten Chemikers FRITZ HABER (1868–1934; 1918 Nobelpreis für die Synthese von Ammoniak) damit beschäftigt, tödlich wirkende Giftgase zu entwickeln. Sie wurden seit Frühjahr 1915 an der Westfront eingesetzt und führten bei ihren Opfern zum qualvollen Tod durch Ersticken.

Seit dem Abwurf der ersten beiden Atombomben am Ende des Zweiten Weltkrieges auf japanische Städte wissen wir, dass auf der Grundlage wissenschaftlicher Erkenntnisse zerstörende Kräfte entfesselt werden können, die stark genug sind, um die Menschheit zu vernichten und die Erde unbewohnbar zu machen. Glücklicherweise ist die Gefahr eines neuen Weltkrieges eher gering.

Aber auch ein „kleiner" Krieg in irgendeinem Teil der Erde, bei dem nukleare oder biologische Waffen (Abb. 2) zum Einsatz kommen, wäre mit unkalkulierbaren Risiken für die ganze Welt verbunden. Das ist nicht nur und nicht einmal in erster Linie ein Problem der Naturwissenschaftler. Der amerikanische Physiker EMILIO SEGRÈ schrieb mit Recht: „Es ist die Pflicht und Schuldigkeit des Naturwissenschaftlers, seine Mitmenschen zu informieren, aber die Verantwortung für die Anwendung seiner Entdeckungen kann man nicht unbedacht auf ihn abschieben."

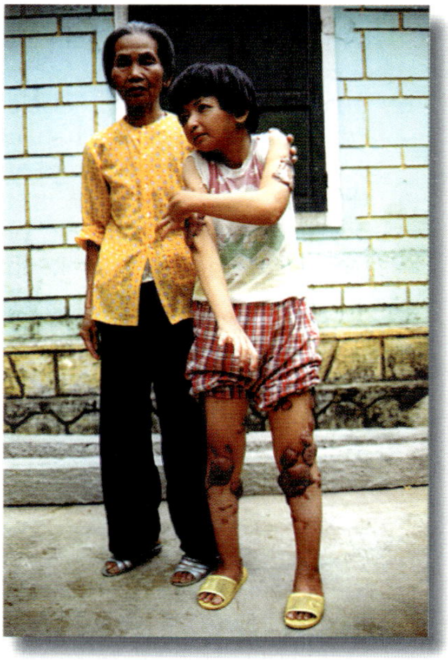

2 Im Vietnamkrieg setzten die US-amerikanischen Militärs Agent Orange als „Entlaubungsmittel" ein. An den Folgen leidet die Bevölkerung über mehrere Generationen noch bis heute.

Die moderne Naturwissenschaft ist eine große Herausforderung für uns alle. Sie verlangt von der Menschheit die moralische Reife, den Krieg für immer aus ihrem Leben zu verbannen und alle ihre Probleme friedlich zu lösen.

2.9 Aufgaben

Naturwissenschaften in den frühen Hochkulturen

1. Fertige eine Übersicht über die frühen Hochkulturen der Menschheit an!
   Trage das Ergebnis in der richtigen zeitlichen Abfolge in eine Tabelle ein:

Name der Hochkultur	ungefährer Zeitraum

   Nutze dazu die Darstellungen auf den S. 57–60, beachte aber, dass es weitere frühe Hochkulturen gegeben hat!

2. Die frühen Hochkulturen stellen einen deutlichen Entwicklungsfortschritt in der Menschheitsgeschichte dar.
   Weise diese Behauptung an bestimmten Merkmalen der Hochkulturen nach!

3. In den frühen Hochkulturen spielten Naturwissenschaft und Technik bereits eine besondere Rolle.
   a) Nenne und erläutere Beispiele für die Rolle von Naturwissenschaft und Technik in den frühen Hochkulturen!
   b) Wodurch war es möglich, dass sich Teile der Bevölkerung z. B. mit Wissenschaft und Technik beschäftigen konnten?

4. Untrennbar verbunden mit der Entstehung der Hochkulturen und der Herausbildung ihrer Siedlungen war die Schaffung eines Gefäßsystems. Erläutere und begründe diese Zusammenhänge!

5. „Ägypten ist ein Geschenk des Nils", stellte schon der griechische Geschichtsschreiber HERODOT fest.
   a) Erläutere diesen Ausspruch für die Zeit der frühen Hochkultur in Ägypten!
   b) Erläutere die Funktionsweise des Schadufs (Abb. S. 68)!
   c) Fertige eine „technische" Zeichnung vom Schaduf an und baue ein Modell!

6. Charakterisiere die großen wissenschaftlich-technischen Leistungen des alten Ägyptens! Nutze dazu auch die folgende Abbildung!

7. Die Babylonier hatten eine Vorstellung von der Beschaffenheit der Erde und des Weltalls, die für mehrere Kulturzentren der Menschheit zutraf und die im Bereich der päpstlichen Kirche bis ins Mittelalter hinein immer wieder auftrat.

   a) Erläutere diese Weltvorstellung!
   b) Erkläre, wie sie zustande kam!

8. Bereite dich auf einen Vortrag über die frühen Hochkulturen in Amerika vor!
   Nutze dazu die S. 57/58 im Buch, aber auch andere Literatur-Quellen!

9. Bereits während des Inka-Reiches wurden alle Flächen, die für den Ackerbau geeignet waren, bis in die Hochlagen der Anden hinein genutzt. Heute ist dies nicht mehr überall der Fall und die Bergbewohner sind zur Haltung von Alpakas (Foto) übergegangen.

Begründe diese Veränderung!

10. Die Shang-(auch: Schang-)Dynastie in China gehört zu den frühen Hochkulturen.
    a) Ordne die Shang-Zeit in die chinesische Geschichte ein!
    b) Stelle besondere Leistungen aus dieser Zeit heraus!

11. Zu den frühen Hochkulturen werden auch das minoische Kreta (2 000–1 450 v. u. Z.) sowie die Indus-Kultur (3 000–1 500 v. u. Z.) gerechnet.
    a) Informiere dich über eine dieser Hochkulturen in der Literatur!
    b) Bereite dich mit deinem gesammelten oder angefertigten Material (z. B. Karten) auf einen Vortrag vor oder gestalte ein Poster!

12. Für die Hochkulturen war u. a. die Entwicklung der Metallverarbeitung und -nutzung kennzeichnend.

    a) Kennzeichne die Metallverarbeitung als Ausdruck wissenschaftlich-technischer Entwicklung!
    b) Welche neuen Möglichkeiten ergaben sich durch die Nutzung von Metallgegenständen in verschiedenen Lebensbereichen?
    Nenne und erläutere Beispiele dafür aus verschiedenen Hochkulturen!

13. In Europa ist die prähistorische Megalith- oder Großsteinkultur bekannt. Dazu gehören die Anlagen von Stonehenge (s. Abb. S. 7), Großsteingräber in Mecklenburg-Vorpommern (Foto) oder die ungewöhnliche Anlage von Carnac in Frankreich.

Informiere dich über die Megalithkultur im westlichen Europa und stelle deine Erkundungsergebnisse in einem Poster dar!

14. Während der Bronzezeit spielte auch die Lausitzer oder Aunjetitzer Kultur eine große Rolle.
    Sammle Materialien darüber und berichte über die Bedeutung dieser Kultur!

Naturwissenschaften in der Antike

15. Die Menschen, die sich in der Antike mit naturwissenschaftlichen Dingen beschäftigten, suchten nach „Urstoffen" und „Urkräften".
    a) Erläutere an Beispielen, was darunter zu verstehen ist!
    b) Wie unterschied sich die antike Naturwissenschaft durch diese Suche von der in den alten Hochkulturen?

16. Ordne die folgenden Namen, Lebensdaten und Stichworte zu einer tabellarischen Übersicht!
– ARCHIMEDES, ARISTOTELES, DEMOKRIT, ERATOSTHENES; PTOLEMÄUS, PYTHAGORAS, THALES;
– 624–546, 572–492, 455–370, 384–322, 287–212, 275–195, 100–170;
– unteilbares Atom, Erde im Mittelpunkt, Hebelgesetz, Kugel als vollkommenster Körper, mathematisch gestützte Erdkarte, Urstoff Wasser.

Persönlichkeit	Lebenszeit	Leistung/ Gedanke
...	...	...
...	...	...

17. Deute die in der Zeichnung dargestellte Szene!

18. Ein Monochord ist ein einfaches Saiteninstrument, mit dem bereits PYTHAGORAS experimentierte (Abb. S. 103).
Untersuche experimentell den Zusammenhang zwischen der Tonhöhe und der Spannung der Saite!
Vorbereitung:
Die Spannung der Saite kann vergrößert werden, indem man mehr Körper mit einer insgesamt größeren Masse an die Saite anhängt: Durch die größere Masse der angehängten Körper wird die Saite mit einer größeren Kraft gespannt.
Durchführung:
Hänge nacheinander erst 1, dann 2, 3, 4 und 5 Körper mit einer Masse von je 100 g an die Saite. Bringe diese durch Zupfen zum Schwingen und vergleiche die Tonhöhe!
Trage deine Beobachtungsergebnisse in eine Tabelle ein!

Anzahl der angehängten Körper (Spannung der Saite)	Vergleich der Höhe des Tons zum vorherigen Ton
1	–
...	...

Auswertung:
Formuliere einen Zusammenhang zwischen der Spannung der Saite und der Tonhöhe!

19. Bei Gitarren, Geigen und anderen Saiteninstrumenten wird die Tonhöhe durch die Länge der schwingenden Saite beeinflusst.

a) Triff eine Voraussage für den Zusammenhang zwischen der Länge der schwingenden Saite und der Tonhöhe!
Überprüfe deine Voraussage experimentell mit einem Monochord (Abb. S. 103)!
b) Bei den Längen l und 1/2 l werden mit einem Monochord Töne erzeugt.
Welches musikalische Intervall entsteht dabei?
c) Erzeuge mit unterschiedlich langen Saiten an einem Monochord musikalische Intervalle!
Miss die Längen und bestimme die Zahlenverhältnisse der Längen für verschiedene Intervalle!

Bauanleitung für ein einfaches Monochord

Ein einfaches Monochord kannst du dir selbst bauen.

Du benötigst dazu eine größere Blechdose von 10–15 cm Durchmesser, einen stabilen Stab (z. B. Teil eines Besenstiels) sowie Holzschrauben, einen Steg aus Holz und dünnen Stahldraht.

Den Aufbau des selbst gebauten Monochords zeigt Abb. 1.

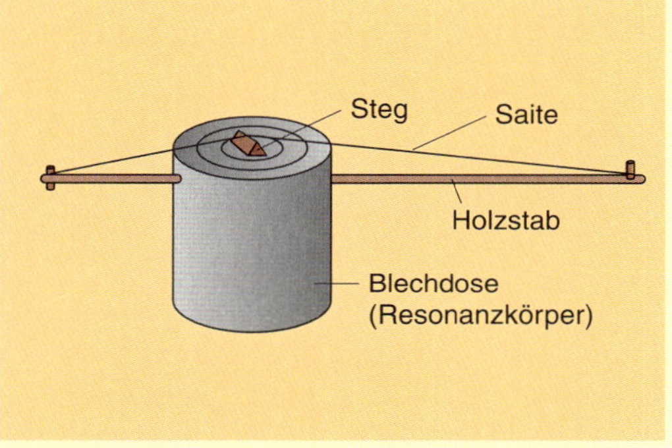

Gehe beim Bau des Monochords folgendermaßen vor:

- Bohre in die Blechdose kurz unterhalb des Bodens zwei gegenüberliegende Löcher in die Dose! Erweitere die Löcher so, dass der Holzstab gerade hineinpasst!
- Befestige den Draht links an einer Holzschraube!
  Beachte, dass diese Schraube zum Spannen des Drahtes genutzt werden soll!
- Spanne den Draht vorsichtig! Probiere dabei jeweils die Tonhöhe aus!

Mit diesem selbst gebauten Monochord kannst du eine Reihe von Untersuchungen durchführen und auch Musik machen. Du kannst z. B. untersuchen, wovon die Tonhöhe und die Lautstärke abhängig sind.

Versuche auch eine Möglichkeit zu finden, mit deinem Monochord verschieden hohe Töne zu spielen!

Wenn du eine solche Möglichkeit findest, dann kannst du einfache Melodien oder eine Tonleiter (Abb. 2) spielen.

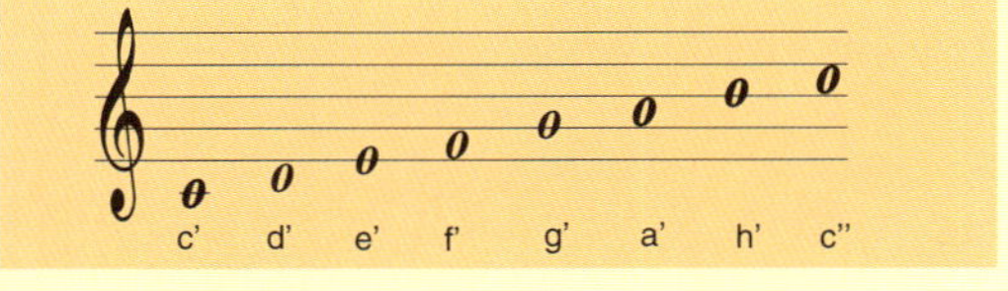

20. ARCHIMEDES hat sich u. a. durch die nach ihm benannte Schraube selbst ein „Denkmal" gesetzt.
    a) Beschreibe die Wirkungsweise dieses technischen Gerätes!
    b) Welche Bedeutung hatte diese Erfindung nahezu bis zur Gegenwart?
       Nenne Anwendungen!
    c) Baue ein Funktionsmodell der archimedischen Schraube!

21. In einer seiner bedeutendsten Schriften („Über schwimmende Körper") legte ARCHIMEDES wichtige Grundlagen zu Volumen, Masse, Gewicht und Form fester Körper und deren Verhalten in Flüssigkeiten.
    So entdeckte und beschrieb er das Gesetz für den Auftrieb in Flüssigkeiten. Durch diese Entdeckungen war es möglich, größere und sicherere Schiffe zu bauen.
    a) Informiere dich über das archimedische Gesetz vom Auftrieb und bereite einen Vortrag zu diesem Thema vor!
       Beziehe in den Vortrag auch Experimente ein!
    b) Untersuche experimentell den Zusammenhang zwischen dem Volumen des verdrängten Wassers und der Masse der Zuladung zu einem schwimmenden Körper!

    Vorbereitung:
    Verwende als schwimmenden Körper eine leere Kunststoffdose, in die Hakenkörper als Zuladung gelegt werden!

    Durchführung:
    Überlege dir, wie du das Volumen des verdrängten Wassers und die Masse der Zuladung bestimmen kannst!
    Nimm 5 Messwertepaare auf und trage diese in eine Tabelle ein!

    Auswertung:
    Fertige ein V-m-Diagramm an und trage die Messwertepaare ein!
    Welcher Zusammenhang besteht zwischen dem Volumen des verdrängten Wassers und der Masse der Zuladung?

22. Wie die antike Geschichtsschreibung berichtet, hat ARCHIMEDES das Gesetz über den Auftrieb in Flüssigkeiten entdeckt, als er eine schwierige Aufgabe seines Königs HERON VON SYRAKUS (306–215 v. u. Z.) zu lösen hatte.

Heron hatte sich von einem Goldschmied eine Krone aus reinem Gold anfertigen lassen. Die neue Krone war wunderschön, aber der König war misstrauisch, ob der Goldschmied die Krone nicht durch Beimischung von Silber verfälscht hatte.

Der berühmte Archimedes sollte diese Frage beantworten, ohne die Krone zu zerstören. Bei einem Bad in der Wanne kam ihm die Idee, als er wieder einmal die Auftriebskraft an seinem Körper spürte. Er soll nackt durch die Straßen gerannt sein und gerufen haben: „Heureka – Ich hab's gefunden!"
Archimedes befestigte die Krone und ein gleich schweres Stück reines Gold an einer Waage und ließ die Körper in Wasser eintauchen (s. Abb.). Die Waage neigte sich. Damit war der Goldschmied als Fälscher überführt.

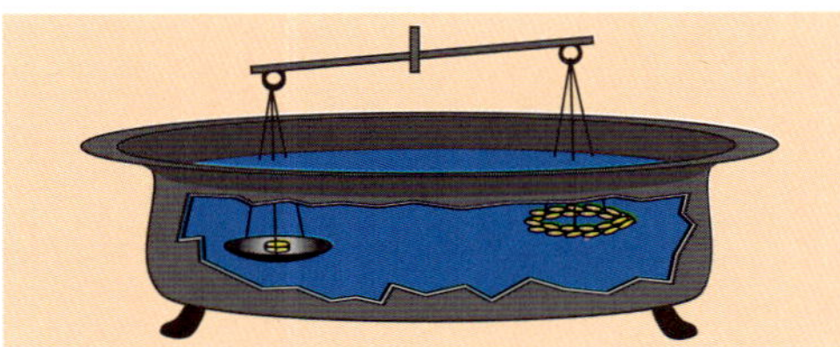

a) Jeder Stoff, so auch Gold, hat eine ganz bestimmte Dichte. Das bedeutet, dass ein Körper aus einem Stoff bei einem vorgegebenen Volumen eine ganz bestimmte Masse besitzt.
   Informiere dich über die physikalische Größe „Dichte" und bereite einen Vortrag dazu vor! Gehe im Vortrag insbesondere auf die Zusammenhänge zwischen Volumen, Masse und Dichte ein!
b) Archimedes verwendete für sein Experiment ein Stück reinen Goldes mit derselben Masse wie die der Krone. Beim Eintauchen der Waage in Wasser neigte sich die Schale mit dem reinen Gold nach unten. Welche Schlussfolgerungen können daraus hinsichtlich der Auftriebskraft von Goldklumpen und Krone gezogen werden?
c) Welche Schlussfolgerungen können aus der Neigung der Waage in Bezug auf das Volumen und die Dichte von Goldklumpen und Krone gezogen werden?
   Wie konnte damit der Goldschmied als Fälscher überführt werden?

23. Der Universalgelehrte Eratosthenes war vielseitig schöpferisch tätig. Unter anderem schuf er eine Karte von den damals bekannten Teilen der Erde, die neuartig war (s. auch S. 68).
    d) Beschreibe den Inhalt der Erdkarte von Eratosthenes! Stelle dabei Übereinstimmungen, Ähnlichkeiten und Unterschiede zu den tatsächlichen topographischen Gegebenheiten heraus!
    e) Worin besteht die Neuartigkeit seiner Erdkarte? Vergleiche z. B. mit der Hekataios-Karte (s. S. 70)!

24. Bei der Berechnung des Erdumfangs ging Eratosthenes davon aus, dass die Erde rund ist. Läuft man einmal um die Erde (ein Erdumfang), so wird ein Vollkreis zurückgelegt. Ein Vollkreis entspricht einem Winkel von 360°, ein Halbkreis 180° und ein Viertelkreis 90°.
    Erathostenes überlegte sich, dass man nur einen kleinen Teil des Erdumfanges zurücklegen müsste, wenn man den dazugehörigen Winkel α im Erdmittelpunkt bestimmen könnte.

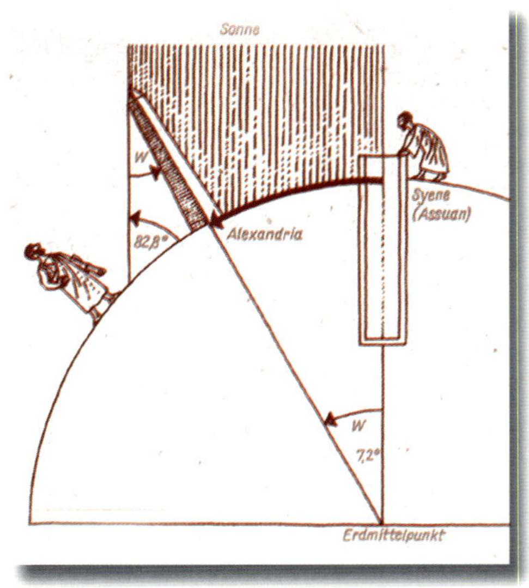

Dies gelang Erathostenes mit Hilfe der Sonne und seines mathematischen Wissens. Er machte außerdem folgende zwei Beobachtungen:
– In Syene, nahe dem heutigen Assuan,

schien die Sonne am 21. Juni zu Mittag in einen tiefen Brunnen hinein und spiegelte sich im Brunnenwasser. Das ist nur möglich, wenn die Sonne senkrecht über der Erdoberfläche steht.

- In Alexandria, das nördlich von Syene liegt, trat der senkrechte Sonnenstand niemals auf. Auch am 21. Juni fielen die Sonnenstrahlen unter einem Winkel von $\alpha = 7{,}2°$ ein. Dies konnte man an Hand eines Schattens feststellen.

a) Wie kann man aus dem Einfallswinkel der Sonnenstrahlen in Alexandria auf den Winkel α am Erdmittelpunkt schließen? Begründe!

b) Mittels des Einfallswinkels und der Entfernung zwischen Syene und Alexandria kann der Umfang der Erde ermittelt werden.
Bestimme die Entfernung zwischen beiden Orten unter Nutzung einer geeigneten Atlaskarte! Beachte dabei – was ERATOSTHENES unbekannt war –, dass beide Orte nicht genau auf gleicher geographischer Länge liegen!
Berechne nun den Umfang der Erde und vergleiche das Ergebnis mit dem heute gültigen Wert für den Erdumfang über die Pole!

25. Alle natürlichen Zahlen n (n > 1) lassen sich aus Primzahlen zusammensetzen bzw. in Primfaktoren zerlegen. Deshalb haben sich Mathematiker aller Zeiten für die Primzahlen interessiert. Aber wie kann man feststellen, welche Zahlen Primzahlen sind?
ERATOSTHENES hatte dafür bereits als einfache Methode das „Sieb der Primzahlenbestimmung" gefunden. Er schrieb alle Zahlen – oben links beginnend – der Reihe nach auf. Man streicht die 1. Die 2 wird als erste Primzahl eingekreist. Danach wird jede durch 2 teilbare Zahl, also jede 2. Zahl, gestrichen. Die nach der 2 nächste nicht gestrichene Zahl ist die 3. Sie ist die zweite Primzahl.
Nun streicht man jede durch 3 teilbare Zahl, also jede 3. Zahl. Jetzt sucht man die nächste kleinste nicht gestrichene Zahl und wendet die beschriebene Methode weiter an. Das ist die Zahl 5. Nun ist jede 5. Zahl zu streichen. Die nächste nicht gestrichene Zahl ist die 7.
Setzt man diese Methode fort, so sind gerade die Primzahlen nicht „durchs Sieb gefallen" (Abb.).

1	2	3	4	5	6	7	8	9	10
11	12	13	14	15	16	17	18	19	20
21	22	23	24	25	26	27	28	29	30
31	32	33	34	35	36	37	38	39	40
41	42	43	44	45	46	47	48	49	50
51	52	53	54	55	56	57	58	59	60
61	62	63	64	65	66	67	68	69	70
71	72	73	74	75	76	77	78	79	80
81	82	83	84	85	86	87	88	89	90
91	92	93	94	95	96	97	98	99	100

a) Ermittle mit dem Sieb des ERATOSTHENES alle Primzahlen bis 100!

b) Ermittle mit dem Sieb des ERATOSTHENES alle Primzahlen von 101 bis 200!

c) Ermittle alle Primzahlen von 201 bis 300!

d) Wie viel Primzahlen gibt es in folgenden Intervallen:

e) 1–100, 101–200, 201–300, 301–400 und 401–500?

26. ARISTOTELES stellte indirekte Beweise für die Kugelgestalt der Erde zusammen (s. S. 70).

a) Erläutere, wieso es sich dabei um Beweise für die Kugelgestalt der Erde handelte!

b) Stelle einige der Aussagen von ARISTOTELES zeichnerisch dar!

Naturwissenschaften in der frühen Neuzeit

27. MARCO POLO aus Venedig verbrachte viele Jahre seines Lebens in China, weil er das Vertrauen des Großkhans gewinnen konnte.

a) Berichte über die Person POLOS, den Anlass und die Umstände seiner Reise!

b) Was berichtete er nach seiner Rückkehr über China?
Warum wurde er als „Lügner" beschimpft?

c) Welcher Umstand führte dazu, dass sein Bericht aufgeschrieben und schließlich gedruckt wurde?

d) Warum war es nach POLOS Reise nur noch schwer und schließlich kaum noch möglich, nach China zu gelangen?
e) Erkläre, weshalb die POLO-Reise – so bedeutsam sie war – nicht zu den großen geographischen Entdeckungen gerechnet wird!

28. Die großen Reisen der portugiesischen und spanischen Seefahrer Ende des 15./Anfang des 16. Jahrhunderts führten zu viel weiter führenden Ergebnissen, als es ursprünglich ihr Ziel war.
a) Welches konkrete Ziel hatten anfangs die Reisen der Seefahrer, die zu Entdeckern von Teilen der Erde wurden, die in Europa unbekannt waren?
b) Auf welche Kenntnisse von der Erde konnten sich die Seefahrer stützen und welche technischen Voraussetzungen ermöglichten ihre Fahrten?
c) Erläutere die Unterschiede zwischen dem spanischen und dem portugiesischen Vorgehen bei der Suche nach dem Seeweg nach Indien!
d) Welche Folgen hatten die großen geographischen Entdeckungen für die wissenschaftliche Erkenntnis, für Portugal und Spanien und für die Bewohner der entdeckten Teile der Erde?

29. Die großen geographischen Entdeckungen sind u. a. mit den Namen CHRISTOPH KOLUMBUS, VASCO DA GAMA und FERNANDO MAGELLAN verbunden.
a) Fertige eine Kartenskizze mit den Routen der vier Fahrten von KOLUMBUS an!
b) Stelle die Etappen der portugiesischen Entdeckung des Seeweges nach Indien, das schließlich von GAMA erreicht wurde, in einer Kartenskizze dar.
c) Welche besondere wissenschaftliche Beweiskraft hatte die von MAGELLAN begonnene Reise?

30. Nach dem heliozentrischen Weltbild bewegen sich die Planeten, also auch die Erde, um die Sonne.
a) Die Erde bewegt sich innerhalb eines Jahres einmal um die Sonne.
Welchen Weg legt die Erde in dieser Zeit zurück, wenn man (vereinfacht) annimmt, dass sie sich auf einer Kreisbahn bewegt?
b) Unser Mond bewegt sich innerhalb eines Monats einmal um die Erde.
Welchen Weg legt der Mond dabei zurück, wenn man (vereinfacht) annimmt, dass er sich auf einer Kreisbahn bewegt?
c) Bewegt sich auch die Sonne oder befindet sie sich in Ruhe? Begründe deine Antwort!

31. GALILEI untersuchte die Fallbewegung an einer geneigten Ebene, da die Bewegung dort „langsamer" abläuft als im freien Fall. Er ging jedoch davon aus, dass die Bewegung auf der geneigten Ebene und der freie Fall nach denselben Gesetzen ablaufen.
Untersuche experimentell den Zusammenhang zwischen Weg und Zeit für die Bewegung einer Kugel auf der geneigten Ebene!
Vorbereitung:
Stelle zusammen, welche Größen mit welchen Messgeräten gemessen werden müssen!
Durchführung:
a) Baue die Experimentieranordnung nach der Skizze auf!

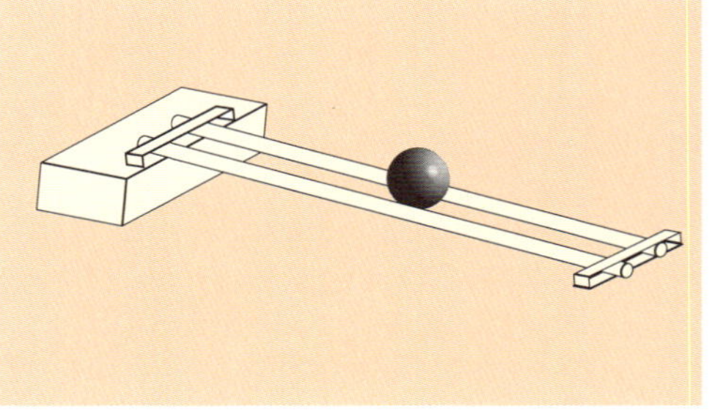

a) Lasse die Kugel von verschiedenen Stellen losrollen!
Miss Wege und Zeiten, bis die Kugel am Ende der geneigten Ebene ankommt!
b) Trage die Messwerte in eine Tabelle ein!

s in cm	t in s	$\frac{s}{t^2}$ in $\frac{cm}{s^2}$
...	...	...

Auswertung:
a) Stelle die Messergebnisse in einem Weg-Zeit-Diagramm dar!

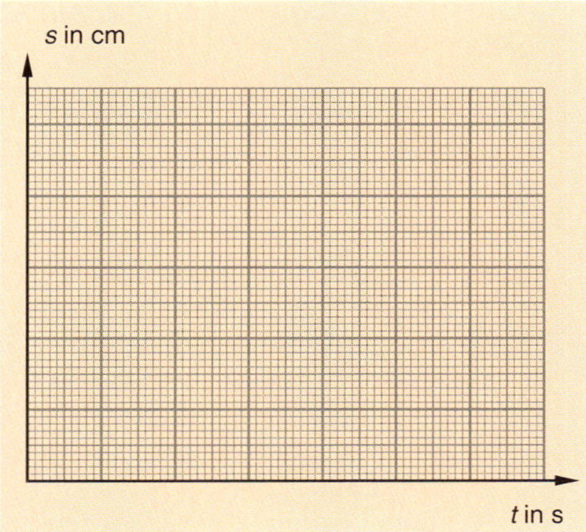

- a) Berechne für jedes Wertepaar den Quotienten s/t^2 und trage die Ergebnisse in die Tabelle ein!
  Was stellst du fest?
- b) Wiederhole das Experiment für andere Neigungen der Ebene!
- c) Vergleiche die experimentellen Ergebnisse für verschiedene Neigungen der Ebene!
  Welche Schlussfolgerungen kann man daraus in Bezug auf die Bewegungsgesetze an der geneigten Ebene und beim freien Fall ableiten? Begründe!

32. Führe mit zwei DIN-A5-Blättern Fallversuche durch!
    - a) Zerknülle nur das eine Blatt zu einem kleinen Ball.
      Lasse beide Körper zur gleichen Zeit aus derselben Höhe fallen und beobachte!
      Beschreibe deine Beobachtungen!
    - b) Zerknülle nun auch das zweite Blatt und wiederhole den Versuch!
      Beschreibe wieder deine Beobachtung!
    - c) Vergleiche deine Beobachtungen! Welche Schlussfolgerung kann daraus auf den freien Fall von Körpern gezogen werden?

33. Im Jahre 1708 wurde in Dresden durch JOHANN FRIEDRICH BÖTTGER das erste europäische Porzellan erzeugt.
    - a) Erarbeite aus der Literatur eine Übersicht über die Porzellanherstellung vor BÖTTGER!
    - b) Wodurch unterscheidet sich Böttgerporzellan von Böttgersteinzeug?
    - c) Gestalte ein Poster zur Geschichte des Meissener Porzellans!

Naturwissenschaften am Beginn des Industriezeitalters

34. Interpretiere am Beispiel von NEWTON und GALILEI die Aussage: „Der Schlüssel zum Neuen liegt im Alten"!

35. Die Dampfmaschine hat eine ganze industrielle Epoche geprägt.
    - a) Erläutere diese aufgestellte Behauptung!
    - b) Beschreibe die Wirkungsweise der Dampfmaschine!

    - c) Wodurch unterschied sich die Dampfmaschine von anderen Maschinen vor ihr?

36. Am meisten im Bewusstsein der Menschen ist die Dampfmaschine im Verkehrswesen geblieben.

a) Welche technischen Einrichtungen, auf die man heute wieder verzichten kann, waren für den Dampflokomotiv-Betrieb bei der Eisenbahn erforderlich?
b) Wo in Deutschland gibt es noch Dampfschiff-Flotten?
c) Erkundige dich über die historische Entwicklung des Eisenbahnnetzes in Thüringen und fertige eine Karte an!

37. Der schwedische Chemiker BERZELIUS hat nicht nur viele Elemente entdeckt, sondern auch besonders gut systematisierend gearbeitet. Die heute weltweit verwendete chemische Zeichensprache geht auf ihn zurück.
a) Erkläre, warum es überhaupt sinnvoll ist, bei der Darstellung und Erläuterung von chemischen Prozessen eine besondere Sprache zu benutzen!
b) Welche speziellen Sprachen werden in anderen Wissenschaften benutzt?

38. DARWIN unternahm auf dem Vermessungsschiff „Beagle" eine fünfjährige Forschungsreise. Die Erkenntnisse und Erfahrungen, die er in dieser Zeit gewann, bedingten seine gesamte weitere Laufbahn. Besonders die Aussage des Vizegouverneurs, er könne die Schildkröten der Galapagosinseln schon nach ihrem Aussehen den verschiedenen Inseln zuordnen, beeindruckte ihn sehr. Tatsächlich wiesen die Schildkröten deutliche bauliche Unterschiede auf.
Gib an, welche Schlussfolgerungen DARWIN aus diesen Beobachtungen ableitete!

39. DARWINS Theorien zum Ursprung der Arten, zur Entwicklung der Arten und zum Mechanismus dieser Entwicklung stellten einen deutlichen Einschnitt in der Wissenschaftsgeschichte dar. Das zeigt bereits ein Vergleich zu wenigen Gesichtspunkten zwischen den Auffassungen DARWINS und den Auffassungen vor ihm:
a) Ordne die nachfolgenden Auffassungen DARWIN bzw. der Zeit vor ihm zu!
- Gesichtspunkt „Ursprung der Arten":
  - Alle Arten haben einen gemeinsamen Ursprung.
  - Alle Arten sind einzig und allein von Gott geschaffen worden.
- Gesichtspunkt „Entwicklung der Arten":
  - Die Arten sind so wie sie geschaffen wurden und daher unveränderlich.
  - Die Arten ändern sich durch schrittweise Entwicklung.

a) Begründe, warum DARWINS wissenschaftliche Auffassungen in seiner Zeit für großes Aufsehen nicht nur bei Wissenschaftlern sorgten!

40. HAECKEL beschäftige sich mit einzelnen Tiergruppen besonders eingehend, z. B. mit den Quallen. Seine Untersuchungsergebnisse illustrierte er mit wunderschönen Zeichnungen. Eine wichtige Voraussetzung für solche Zeichnungen ist nicht nur künstlerische Begabung, sondern auch die Fähigkeit, genau beobachten zu können. Etwas genau zu beobachten kann man trainieren.
Wähle dir ein Tier, z. B. eine Schnecke, oder eine Pflanze aus und versuche, eine möglichst genaue Skizze anzufertigen!

41. Der deutsche Geophysiker, Meteorologe und Grönlandforscher ALFRED WEGENER wurde u. a. durch seine Theorie der Kontinentaldrift bekannt, die den Prozess der Plattentektonik beschreibt.
a) Stelle Informationen über das Leben WEGENERS zusammen!
b) Was verbirgt sich hinter den Begriffen „Kontinentaldrift" und „Plattentektonik"? Du kannst auch Skizzen anfertigen.

3 Wasser – Quelle des Lebens

Trotz riesiger Ozeane ist Trinkwasser ein kostbares Gut.

Trotz riesiger Wassermassen auf der Erde müssen die Menschen verantwortungsvoll mit Wasser umgehen und oft auch kleinste Mengen sorgsam nutzen. Schon zu Zeiten der Inka, vor etwa 3 000 Jahren, wurden die Täler der Anden bis in die Hochlagen hinein ackerbaulich genutzt. Dies war jedoch nur durch die Anlage von terrassenförmigen Feldern und deren planvoller Bewässerung möglich, da die Niederschläge zum Teil völlig unbedeutend sind. Es wird das Schmelzwasser verwendet, das die Firnkappen der Riesenvulkane spenden.

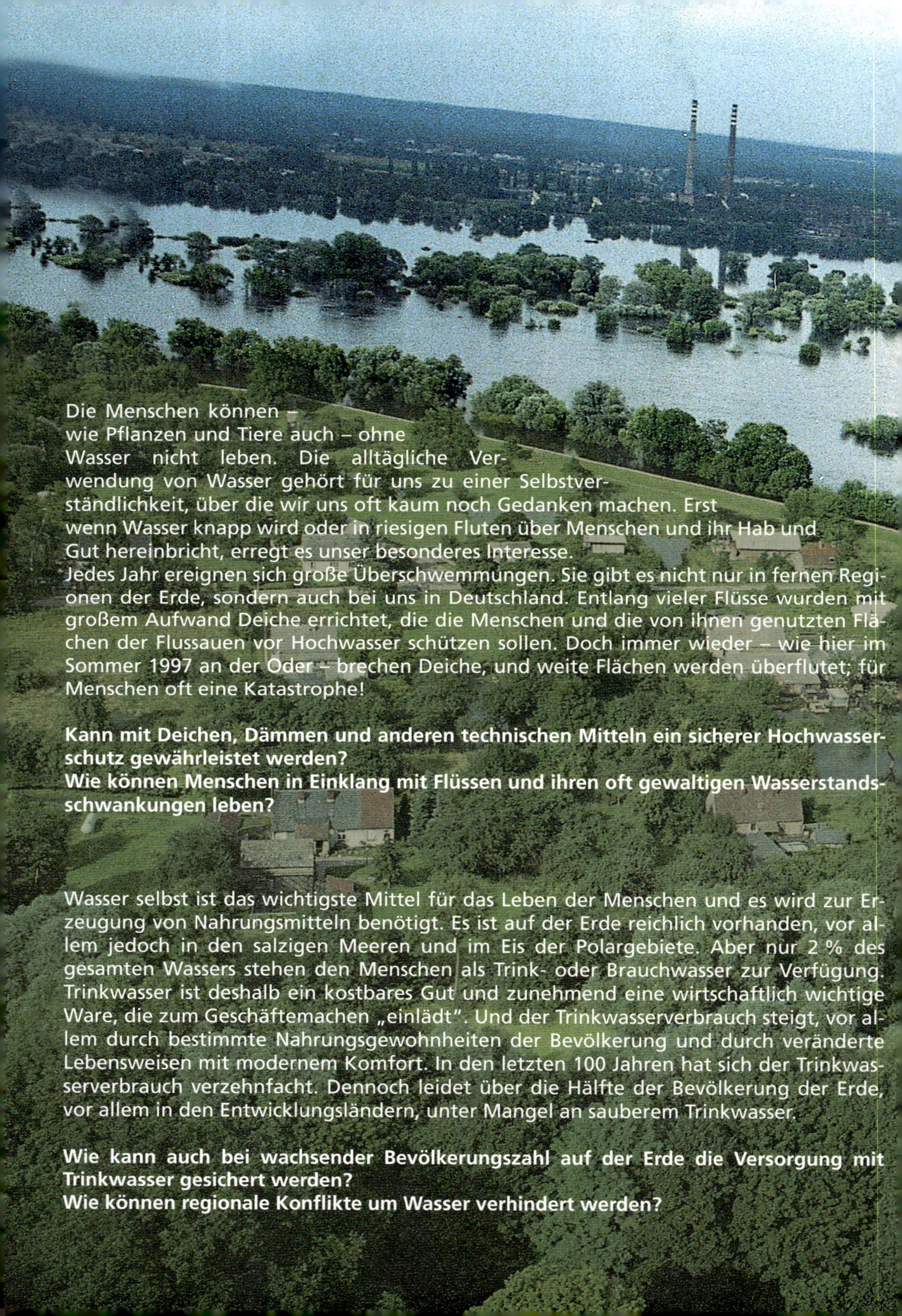

Die Menschen können – wie Pflanzen und Tiere auch – ohne Wasser nicht leben. Die alltägliche Verwendung von Wasser gehört für uns zu einer Selbstverständlichkeit, über die wir uns oft kaum noch Gedanken machen. Erst wenn Wasser knapp wird oder in riesigen Fluten über Menschen und ihr Hab und Gut hereinbricht, erregt es unser besonderes Interesse.
Jedes Jahr ereignen sich große Überschwemmungen. Sie gibt es nicht nur in fernen Regionen der Erde, sondern auch bei uns in Deutschland. Entlang vieler Flüsse wurden mit großem Aufwand Deiche errichtet, die die Menschen und die von ihnen genutzten Flächen der Flussauen vor Hochwasser schützen sollen. Doch immer wieder – wie hier im Sommer 1997 an der Oder – brechen Deiche, und weite Flächen werden überflutet; für Menschen oft eine Katastrophe!

Kann mit Deichen, Dämmen und anderen technischen Mitteln ein sicherer Hochwasserschutz gewährleistet werden?
Wie können Menschen in Einklang mit Flüssen und ihren oft gewaltigen Wasserstandsschwankungen leben?

Wasser selbst ist das wichtigste Mittel für das Leben der Menschen und es wird zur Erzeugung von Nahrungsmitteln benötigt. Es ist auf der Erde reichlich vorhanden, vor allem jedoch in den salzigen Meeren und im Eis der Polargebiete. Aber nur 2 % des gesamten Wassers stehen den Menschen als Trink- oder Brauchwasser zur Verfügung. Trinkwasser ist deshalb ein kostbares Gut und zunehmend eine wirtschaftlich wichtige Ware, die zum Geschäftemachen „einlädt". Und der Trinkwasserverbrauch steigt, vor allem durch bestimmte Nahrungsgewohnheiten der Bevölkerung und durch veränderte Lebensweisen mit modernem Komfort. In den letzten 100 Jahren hat sich der Trinkwasserverbrauch verzehnfacht. Dennoch leidet über die Hälfte der Bevölkerung der Erde, vor allem in den Entwicklungsländern, unter Mangel an sauberem Trinkwasser.

Wie kann auch bei wachsender Bevölkerungszahl auf der Erde die Versorgung mit Trinkwasser gesichert werden?
Wie können regionale Konflikte um Wasser verhindert werden?

Während in einer Reihe von Ländern Trinkwasser knapp ist, führen Lebensgewohnheiten und zu niedrige Wasserpreise in Industriestaaten zur Verschwendung von Trinkwasser. In Deutschland gelten recht hohe Wasserpreise, die mit dazu beigetragen haben, dass der Trinkwasserverbrauch je Einwohner zu sinken begonnen hat. Trotzdem wird auch bei uns sauberes Trinkwasser wegen Verschmutzungen von Boden und Gewässern rarer bzw. steigen die Kosten für seine Aufbereitung. Auch bei uns lässt sich noch viel Wasser sparen, ohne dass Hygiene und Lebensqualität darunter leiden müssten.

Warum wird auch für uns der sparsame Umgang mit Trinkwasser immer wichtiger, obwohl es in Deutschland fast überall ausreichend Trinkwasservorkommen gibt?
Wie können wir durch bewusstes Verhalten und mit Hilfe der Technik Wasser und damit Kosten sparen?

3.1 Wasser – ein vielseitiger Stoff mit wertvollen Eigenschaften

Ist Wasser wirklich nur Wasser?

Für Wanderer, die im Gebirge unterwegs sind, ist es stets ein besonderer Genuss, frisches Quellwasser trinken zu können. Während es dringend zu raten ist, aus den meisten Gewässern nicht zu trinken, weil dadurch gesundheitliche Schäden auftreten können, weist Quellwasser Trinkwasserqualität auf.

Doch ist trinkbares Wasser auch wirklich nur Wasser?

Wasser ist Leben

Wasser ist nicht nur für den einzelnen Menschen lebensnotwendig. Ohne Wasser gäbe es auf der Erde überhaupt kein Leben. Wasser ist eine Grundvoraussetzung für das Leben auf der Erde. Wo es reichlich vorhanden ist, haben sich vielfältige Lebensformen entwickelt. Ist es knapp oder fehlt es völlig, geht Leben zugrunde.

Welche Aufgaben besitzt das Wasser für die Lebewesen?

Laufen auf dem Wasser?

Ein Stein oder metallische Gegenstände gehen unter, wenn man sie ins Wasser wirft. Andere Körper schwimmen im Wasser, tauchen dabei aber auch ein. Bringt man vorsichtig eine Rasierklinge auf eine Wasseroberfläche, so schwimmt sie, ohne dabei einzutauchen. Ähnliches kann man bei einem Wasserläufer beobachten.

Wie ist es zu erklären, dass der Wasserläufer weder eintaucht noch untergeht?

3.1.1 Wasser als Stoff – Stoffe im Wasser

Wasser trägt vielfältige Bezeichnungen, je nachdem, unter welchem Gesichtspunkt man es betrachtet und untersucht.

Das **Wasser,** das bei Zimmertemperatur als eine farb- und geruchlose, geschmacksfreie Flüssigkeit in Erscheinung tritt, ist **eine chemische Verbindung.** Chemische Verbindungen sind Stoffe, die aus zwei oder mehreren Elementen bestehen.

Wasser ist eine chemische Verbindung aus den Elementen Wasserstoff und Sauerstoff (Abb. 1).

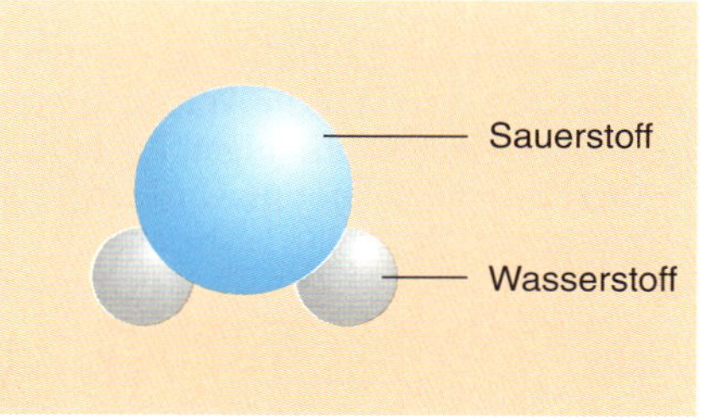

1 Wasser ist eine chemische Verbindung. Jedes Wassermolekül besteht aus 3 Atomen: aus 2 Wasserstoffatomen und aus 1 Sauerstoffatom. Davon ist die Formel H_2O abgeleitet.

Zerlegung und Zusammensetzung von Wasser

Die *Zerlegung von Wasser* kann mit Hilfe des hoffmannschen Wasserzersetzungsapparates (Abb. 2, links) vorgenommen werden: Die Elektroden dieses Gerätes werden an eine Gleichspannungsquelle angeschlossen. Sofort entstehen Gasblasen an den Elektroden, am Minuspol mehr als am Pluspol. Die Gase sammeln sich im oberen Teil der beiden Messrohre. Am Minuspol entsteht doppelt so viel Gas wie am Pluspol. Beide Gase werden aufgefangen und durch die Knallgasprobe (Abb. 2, Mitte) bzw. durch die Spanprobe (Abb. 2, rechts) geprüft.

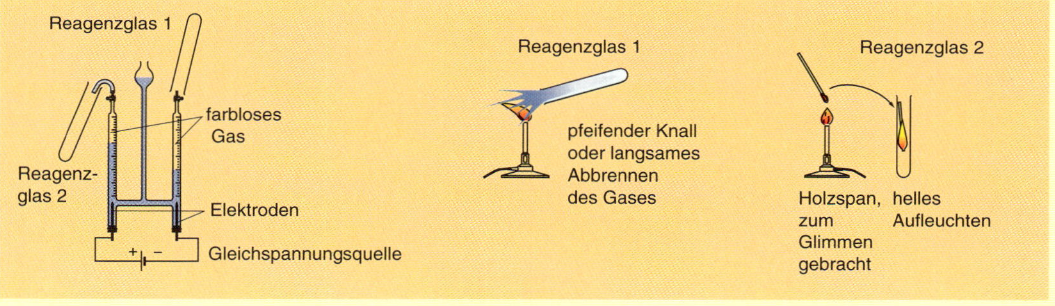

2 Mit Hilfe des elektrischen Stromes wird die chemische Verbindung Wasser in ihre chemischen Elemente Sauerstoff und Wasserstoff zerlegt. Die Volumen der entstehenden Gase Sauerstoff und Wasserstoff verhalten sich zueinander wie 1 : 2. Dieses Verhältnis beweist die Richtigkeit der Formel H_2O.

Mit dem Gas am Minuspol verläuft die Knallgasprobe positiv. Es ist **Wasserstoff.** Bei der Prüfung des Gases, das am Pluspol entstand, verläuft die Spanprobe positiv. Der glimmende Holzspan brennt kurzzeitig hell auf. Es kann **Sauerstoff** nachgewiesen werden. Umgekehrt ist es möglich, die Verbindung *Wasser* aus ihren Elementen Wasserstoff und Sauerstoff *zusammenzusetzen* (Abb. 3).

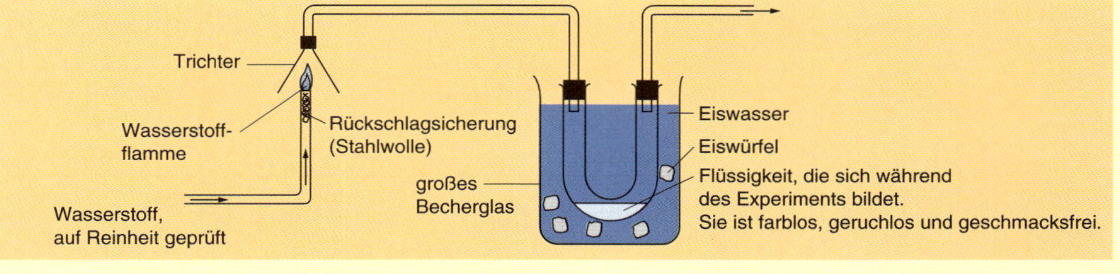

3 Reiner Wasserstoff brennt an der Luft ruhig und mit schwach blauer Flamme, während er als Gemisch mit Luft oder Sauerstoff explosiv ist. Aus Wasserstoff und Sauerstoff (der Luft) bildet sich Wasser.

Ob es sich bei der farblosen, geruchlosen und geschmacksfreien Flüssigkeit, die sich im U-Rohr gebildet hat, wirklich um Wasser handelt, wird mit Kupfer(II)-sulfat nachgewiesen (Abb. 1). Kupfer(II)-sulfat ist im wasserhaltigen Zustand ein blau gefärbtes Salz. Da man für den Wassernachweis ein entwässertes Salz benötigt, wird das Kupfer(II)-sulfat vorsichtig erwärmt. Es verliert seinen Wassergehalt und nimmt die weiße Farbe an.

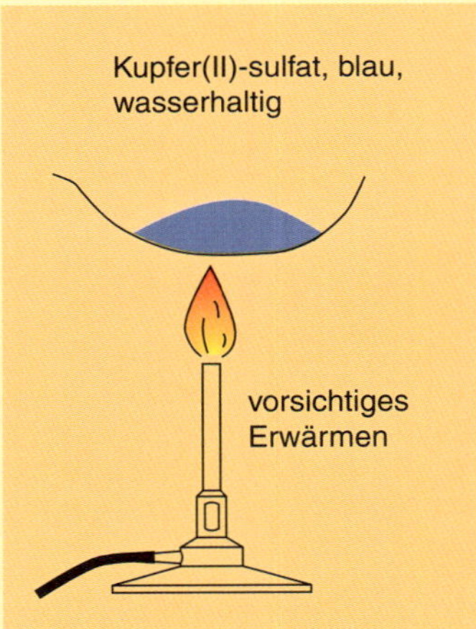

1a Eine Spatelspitze wasserhaltiges Kupfer(II)-sulfat wird in einer kleinen Porzellanschale über einer Sparflamme vorsichtig erwärmt.

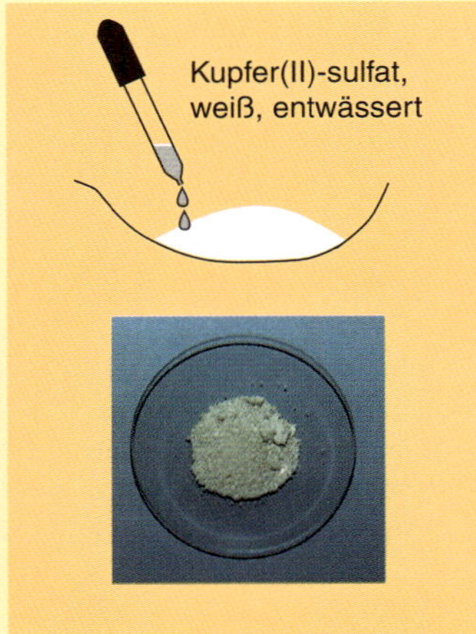

1b Auf entwässertes weißes Kupfer(II)-sulfat werden wenige Tropfen der zu prüfenden Flüssigkeit gegeben.

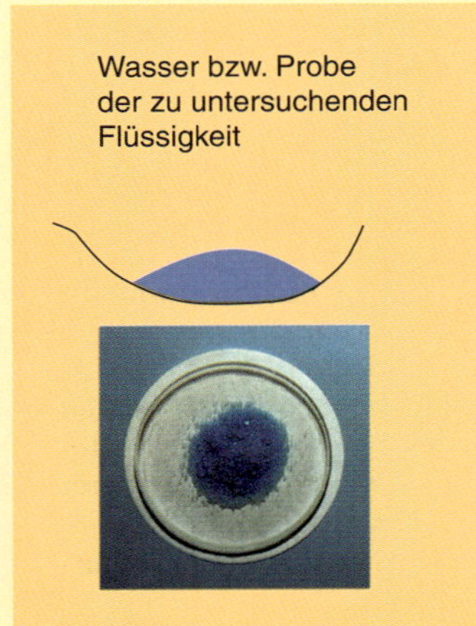

1c Die während des Experiments (s. Abb. 3, S. 113) entstandene Flüssigkeit hat eine Blau- bis Türkisfärbung des Kupfer(II)-sulfates bewirkt. Die Flüssigkeit ist Wasser.

Die Elemente Wasserstoff und Sauerstoff reagieren in einer chemischen Reaktion zur Verbindung Wasser. Wasser kann mit entwässertem Kupfer(II)-sulfat nachgewiesen werden.

2 Was mit bloßem Auge kaum erfasst werden kann, hält die Kamera fest.

Die chemische Verbindung Wasser ist ein **reiner Stoff** bzw. ein **Reinstoff,** denn es besteht ausschließlich aus gleichartigen Teilchen, den Wassermolekülen. Als ein solcher Reinstoff kann Wasser jedoch nur im Labor oder in technischen Anlagen gewonnen werden. Solches Wasser ist als *destilliertes Wasser* (s. S. 123) bekannt. Es wird dort eingesetzt, wo Gefäße und technische Anlagen lange Zeit funktionsfähig bleiben müssen. In der Natur – ob in Flüssen, Seen, als Regentropfen (Abb. 2) oder selbst in saubersten Quellen – sind die Teilchen des reinen Wassers immer mit Teilchen anderer Stoffe gemischt.

In der Natur stellt Wasser stets ein **Stoffgemisch** dar, das sich aus den Teilchen der chemisch reinen Verbindung Wasser und Teilchen anderer Stoffe zusammensetzt.

Teilchen anderer Stoffe sind häufig im Wasser gelöst. Wasser ist daher eine **Lösung** (Abb. 2, S. 115). Der Naturstoff Wasser enthält neben gelösten Stoffen auch schwimmende, schwebende und gesunkene Stoffe. Er ist ein mehrfach zusammengesetzter Stoff (Abb. 1, S. 115).

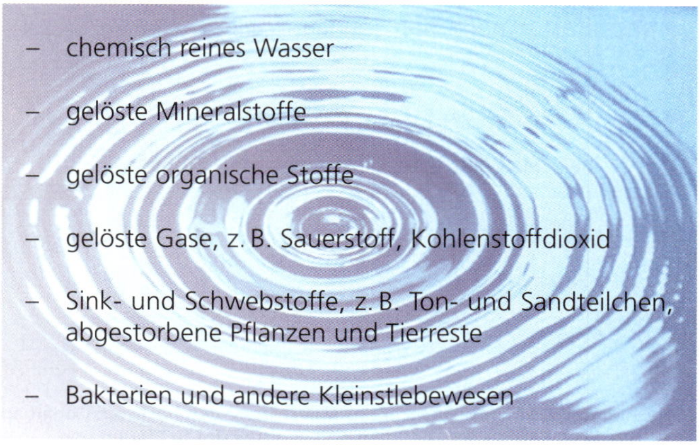

1 Bestandteile des Naturstoffes Wasser

Eine Lösung ist ein Stoffgemisch, bei dem sich ein Feststoff, eine Flüssigkeit oder ein Gas in einem Lösungsmittel, einer Flüssigkeit, vollständig löst. Wasser ist ein **Lösungsmittel.**

Wasser ist ein hervorragendes Lösungsmittel. Wenn man Salz in die Suppe streut, kann man beobachten, dass sich die weißen Kristalle scheinbar in nichts auflösen. Nur der Geschmack der Suppe verrät, dass das Salz nicht verloren gegangen ist. Was ist passiert?

Kochsalz (Natriumchlorid) ist eine Substanz, die aus positiv geladenen Natrium-Teilchen und negativ geladenen Chlorid-Teilchen aufgebaut ist. Kochsalz ist eine Art der **Salze.** Beim Lösen dringen Wassermoleküle in die Kristalle des Salzes ein und verringern die Anziehungskräfte zwischen den Teilchen (Abb. 3).

2 Lösungen sind Arten von Stoffgemischen. Sie können aus Lösungsmittel und Feststoff (a), Lösungsmittel und Gas (b) oder Lösungsmittel und Flüssigkeit (c) bestehen.

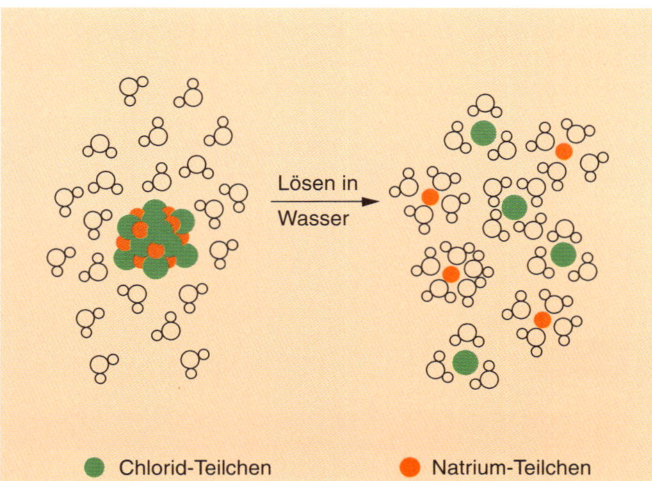

3 Kochsalz (Natriumchlorid), das weiß und kristallin in Erscheinung tritt, besteht aus Natrium-Teilchen und Chlorid-Teilchen. Es wird von Wasserteilchen umgeben (links). Das Ergebnis des Lösungsprozesses sind frei bewegliche, farblose Natrium-Teilchen und Chlorid-Teilchen, die von Wassermolekülen umgeben sind (rechts).

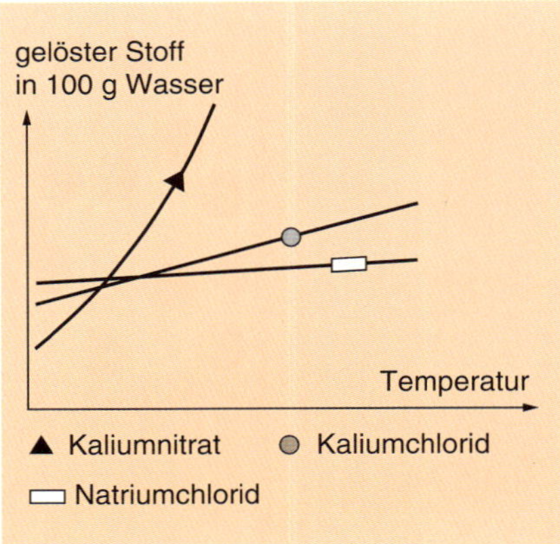

1 **Die Abhängigkeit der Löslichkeit von der Temperatur ist bei allen drei Salzen gegeben, jedoch in recht unterschiedlicher Weise.**

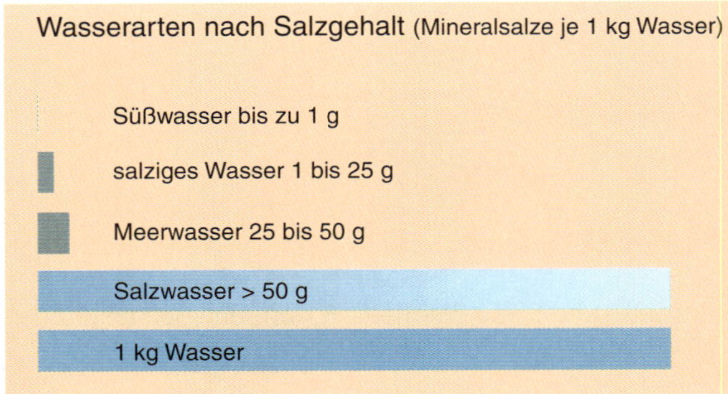

2 **Nach dieser Grafik besitzt nicht das Meerwasser den höchsten Gehalt an Salzen. Das „Salzwasser" befindet sich in abflusslosen Binnenseen.**

Je nach Stärke der Bindung ihrer Teilchen im Salzkristall sind Salze in Wasser mehr oder weniger gut löslich. Völlig unlösliche Salze gibt es nicht. Bei den meisten Salzen steigt die Löslichkeit mit zunehmender Temperatur (Abb. 1). Der Naturstoff Wasser wird auch nach seinem Salzgehalt unterschiedlich bezeichnet (Abb. 2).

Lösungen, vor allem wässrige Lösungen, haben für verschiedenste Prozesse in Natur und Technik und deren Erklärung besondere Bedeutung. Dazu gehören: die elektrische Leitung, die Mineral- bzw. Nährstoffversorgung von Lebewesen, die Wirksamkeit von Wasser im Wasch- und Geschirrspülprozess, die Sauerstoffversorgung von Fischen im Wasser, die Herstellung von Getränken, andere technische Prozesse und die Erklärung des sauren Regens.

Salzlösungen **leiten den elektrischen Strom.** Während sowohl chemisch reines Wasser als auch die Kristalle der Salze den elektrischen Strom nicht leiten, bewirken die frei beweglichen, geladenen Teilchen die elektrische Leitfähigkeit der Lösung (Abb. 3). Schon in normalem Leitungswasser ist eine Reihe von Salzen gelöst, wenn auch in sehr geringen Konzentrationen, so dass es den elektrischen Strom leitet.

Bereits durch relativ wenig Kochsalz kann man erreichen, dass Wasser den elektrischen Strom recht gut leitet (Abb. 4).

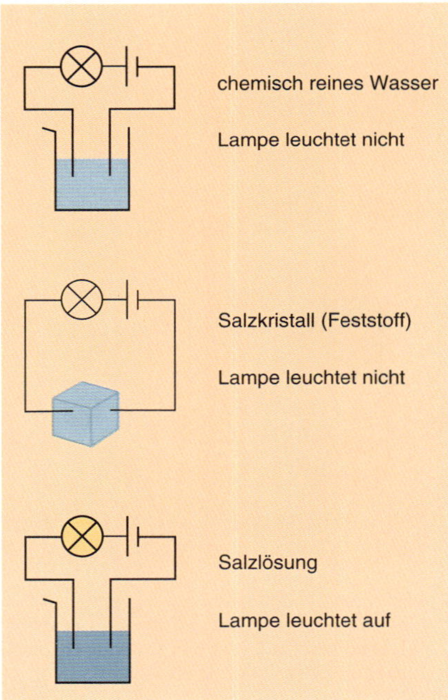

3 **Chemisch reines Wasser sowie der Feststoff Natriumchlorid (Kochsalz) leiten den elektrischen Strom nicht. Elektrische Leitfähigkeit besitzt jedoch die wässrige Natriumchloridlösung. Beim Experimentieren kann die Glühlampe auch durch einen Strommesser ersetzt werden, der schon sehr kleine Stromstärken anzeigt.**

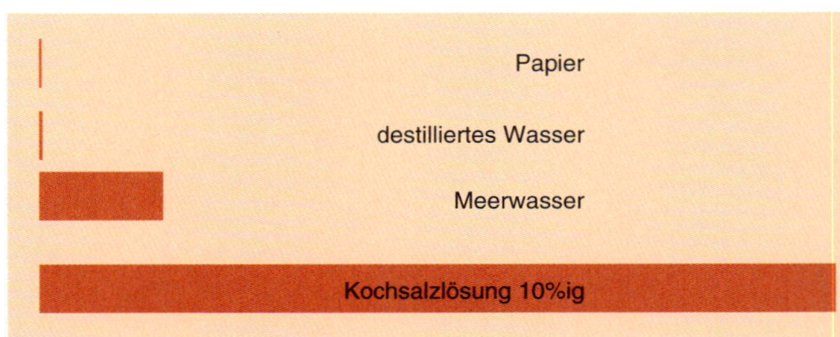

4 **Die elektrische Leitfähigkeit von Wasser im Vergleich zu der anderer Stoffe.**

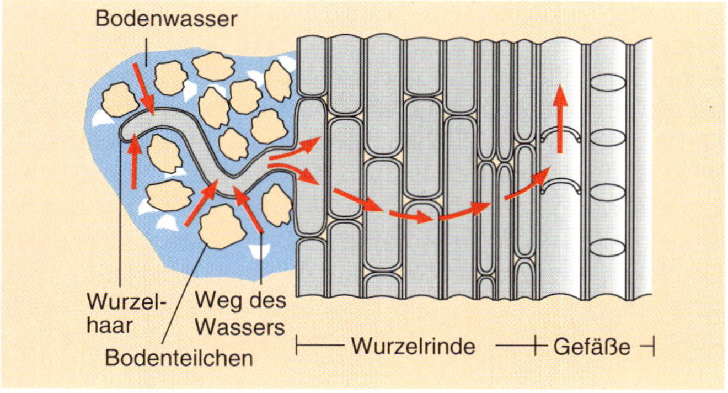

1 Die Verteilung des Wassers erfolgt innerhalb der Wurzelhaarzelle durch Diffusion, der Transport des Wassers in der Wurzelrinde durch Osmose.

Aufgrund dieser Leitfähigkeit gilt es, beim Umgang mit Wasser oder wasserhaltigen Gegenständen (Äste, Stöcke, feuchte Hände, nasse Lappen usw.) und elektrischen Quellen sehr vorsichtig zu sein.

Berühre niemals die Pole einer Steckdose, blanke Leitungen oder Leitungen mit schadhafter Isolierung mit bloßen Händen, metallischen Gegenständen oder anderen Leitern des elektrischen Stromes!

Lösungen, nicht das Wasser allein, sind wichtige Voraussetzungen für die **Mineral- und Nährstoffversorgung von Lebewesen,** vor allem von Pflanzen, aber auch von Tieren und von Menschen. Solche Stoffe sind im Wasser gelöst und können nur dadurch aufgenommen werden. Eng verbunden damit ist der Vorgang der **Diffusion** (Abb. 2, oben). In seinem Verlauf findet ein Konzentrationsausgleich zwischen unterschiedlich konzentrierten Lösungen statt. Bei Vorhandensein einer halbdurchlässigen Membran wandern Wassermoleküle vom Ort der höheren zum Ort der niedrigeren Konzentration. Dieser Prozess wird als **Osmose** (Abb. 2, unten) bezeichnet. Diffusion und Osmose spielen u. a. bei Aufnahme (Abb. 3) und Transport (Abb. 1) von wässrigen Lösungen in Pflanzen eine wichtige Rolle.

Auch bei der Aufnahme von Getränken durch die Menschen ist Osmose von Bedeutung. Unterschiedliche Getränke erzeugen unterschiedlichen osmotischen Druck, der über die Geschwindigkeit der Aufnahme von Inhaltsstoffen (Minerale, Kohlenhydrate) ins Blut entscheidet. Zu hoher osmotischer Druck von Getränken führt dazu, dass Inhaltsstoffe verzögert aufgenommen werden und dass dem Körper sogar noch Wasser entzogen wird. Das hängt damit zusammen, dass die Zellmembran nur für das Lösungsmittel (Wasser), nicht aber für die gelösten Stoffe (Kohlenhydrate) durchlässig ist. Das höher konzentrierte Getränk – im Vergleich zur geringer kon-

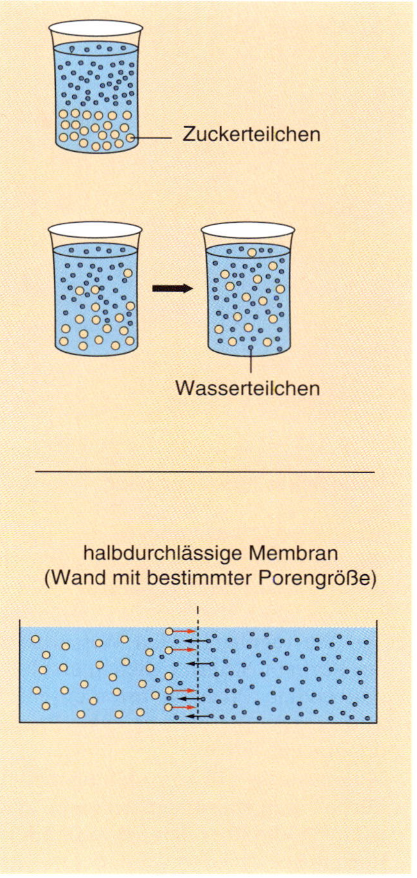

2 Diffusion (oben) und Osmose (unten) sind physikalische Vorgänge, die zwischen chemisch entstandenen Lösungen stattfinden und die biologisch bedeutsam sind.

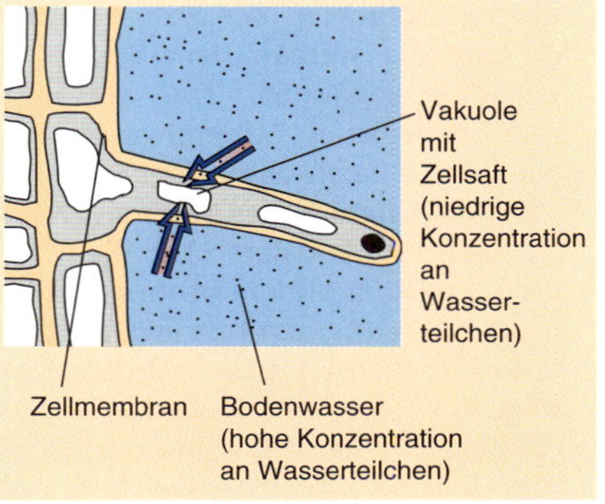

3 Wasser- bzw. Lösungsteilchen werden durch Osmose in das Wurzelhaar aufgenommen.

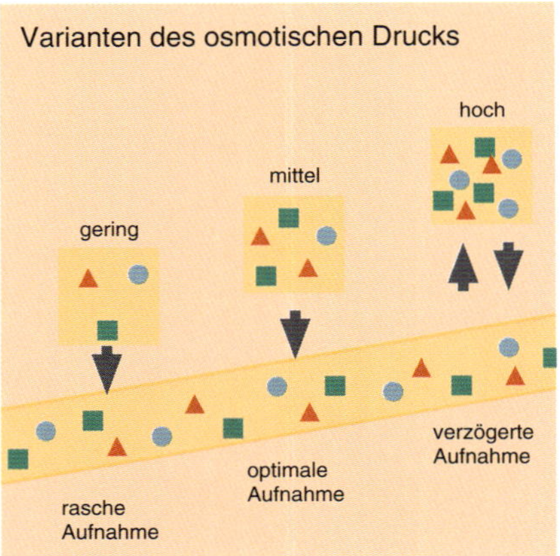

zentrierten Zellflüssigkeit – wird daher zunächst mit Körperflüssigkeit verdünnt (Wasserentzug). Dazu braucht der Körper Zeit. Bei geringerem osmotischem Druck erfolgt eine raschere bzw. günstigere Aufnahme von Inhaltsstoffen und Wasser im Körper (Abb. 1). Bei hohen körperlichen Belastungen (z. B. beim Leistungssport) ist deshalb die Aufnahme von Getränken, die wenig Kohlenhydrate (z. B. Zucker) enthalten und die deshalb einen geringen osmotischen Druck erzeugen, anderen Getränken vorzuziehen. Getränke, die einen geringen osmotischen Druck erzeugen, sind vor allem Mineralwässer. Fruchtsäfte erzeugen dagegen einen hohen osmotischen Druck.

1 Durch die Mischung von Mineralwasser und Obstsäften im Verhältnis 3 : 1 erreicht man eine optimale Aufnahme von Mineralstoffen und Energie.

Natürliches Mineralwasser

Mineralstoffe besitzen für den Bau und die Funktionen des menschlichen Organismus besondere Bedeutung. Sie sind am Bau von Knochen und Zähnen beteiligt. Sie regulieren den Wasserhaushalt des Körpers. Sie ermöglichen erst lebensnotwendige Prozesse im menschlichen Körper, wie Blutbildung oder Reizübertragung auf Nerven.

Mineralstoffe müssen ständig neu vom Körper aufgenommen werden, da sie auch ständig über den Schweiß oder den Harn ausgeschieden werden. Eine ausgewogene Ernährung kann dafür sorgen. Natürliches Mineralwasser sorgt nicht nur für genügend Wasser im Körper, sondern ist eine weitere wichtige Mineralstoffquelle, die erfreulicherweise auch zunehmend genutzt wird.

Solche Mineralstoffe löst das Wasser in tieferen Schichten der Erde und nimmt sie auf. Sie werden dem Wasser nicht künstlich zugesetzt. Die „Verordnung über natürliches Mineralwasser, Quellwasser und Tafelwasser“ legt fest, welches Wasser als natürliches Mineralwasser bezeichnet werden darf (Abb. 2). Mineralwasser wird in Mineralbrunnen gefördert (Abb. 1, S. 119) und muss an Ort und Stelle in Flaschen abgefüllt werden. Das erfolgt zu 93 % in Glas-Mehrwegflaschen. Jede Flasche wird 40–50-mal wieder befüllt. Vor dem Abfüllen darf natürliches Mineralwasser höchstens drei Behandlungsverfahren durchlaufen. Meist sind es die Enteisenung, die Entschwefelung und die Veränderung des Kohlensäuregehalts. Die Qualität des natürlichen Mineralwassers wird wie der Abfüllbetrieb ständig durch die Abfüller und die Behörden in Labors geprüft (Abb. 2, S. 119). Das Ergebnis der Wasseranalysen ist zusammen mit anderen Angaben auf dem Etikett der Mineralwasserflasche vermerkt (Abb. 4, S. 119).

Anforderungen gemäß Verordnung über natürliches Mineralwasser, Quellwasser und Tafelwasser (MTVO)	natürliches Mineralwasser	natürliches Heilwasser	Quellwasser	Tafelwasser *
von ursprünglicher Reinheit	●	●		
aus unterirdischen, vor Verunreinigungen geschützten Wasservorkommen	●	●		
Nachweis bestimmter – Wirkungen für die Ernährung	●			
– Wirkungen für die Heilung		●		
enthält von Natur aus Mineralien und Spurenelemente	●	●		
amtliche Anerkennung	●			
amtliche Zulassung		●		
am Quellort abgefüllt	●	●	●	

* zur Herstellung von Tafelwasser sind gem. § 11 MTVO bestimmte Zusatzstoffe zugelassen. Die o. g. Anforderungen müssen nicht nachgewiesen werden.

2 Die Unterschiede zwischen natürlichem Mineralwasser einerseits und Quell- und Tafelwasser andererseits sind sehr deutlich. Letztere enthalten zum Beispiel keine Mineralien und Spurenelemente.

Entsprechend der unterschiedlichen mineralischen Zusammensetzung der Gesteine, aus denen natürliches Mineralwasser gefördert wird, besitzen die einzelnen Mineralwässer auch unterschiedlichste Zusammensetzung. In Deutschland werden drei Hauptgruppen natürlicher Mineralwässer unterschieden: Hydrogencarbonat-Wässer, Sulfat-Wässer (Abb. 3) und Chlorid-Wässer. Dazwischen gibt es mannigfaltige Mischformen. Säuerlinge sind Wässer mit einem Gehalt an natürlichem Kohlenstoffdioxid von über 250 mg pro Liter.

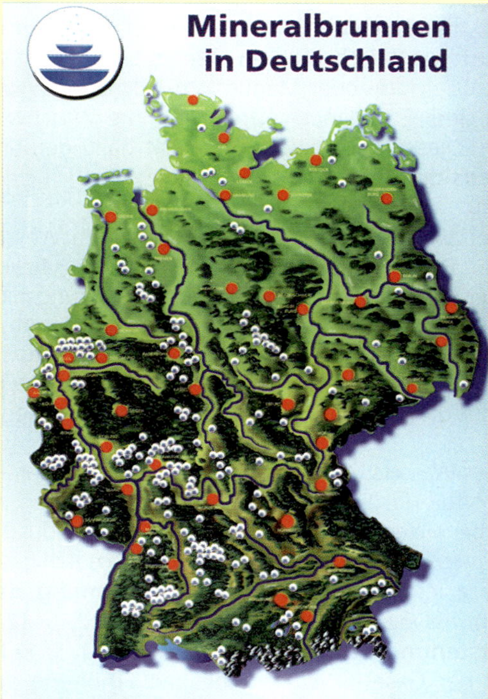

1 Allein in Deutschland gibt es etwa 550 anerkannte Mineralwasserquellen. Sie sind ungleichmäßig über das Land verteilt. Die Mineralquellen befinden sich vor allem in Gegenden mit geologischen Bruchzonen und relativ junger vulkanischer Tätigkeit. Dort kann das Wasser besonders viele Mineralien und Spurenelemente aufnehmen.

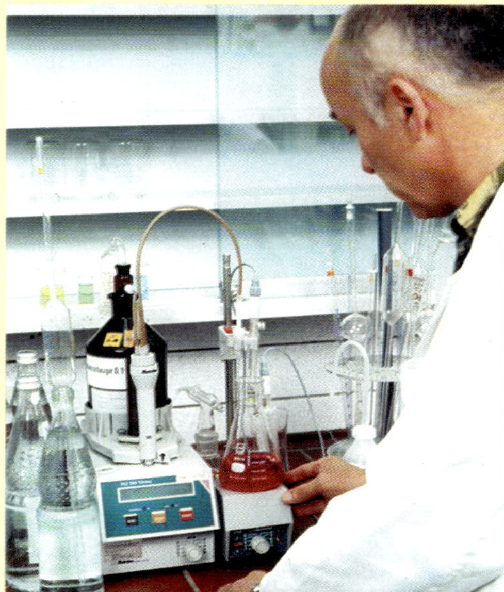

2 Natürliches Mineralwasser ist das einzige Lebensmittel in Deutschland, das amtlich anerkannt werden muss. Um die Anerkennung zu erhalten, sind rund 200 verschiedene Untersuchungen durchzuführen. Diese müssen u. a. zeigen, dass das Wasservorkommen vor Umweltverunreinigungen geschützt ist.

3 Kristalle des Calciumsulfats ($CaSO_4$) unter besonderer Beleuchtung – eine Schönheit der Natur. Calcium ist mengenmäßig der bedeutendste Mineralstoff im menschlichen Körper. Sulfat ist eine Schwefelverbindung.

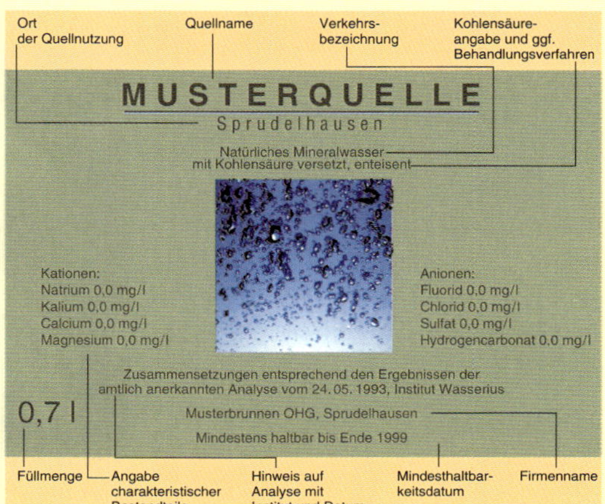

4 Das Flaschenetikett gibt nicht nur über den Quellnamen und den Quellort eines natürlichen Mineralwassers Auskunft.

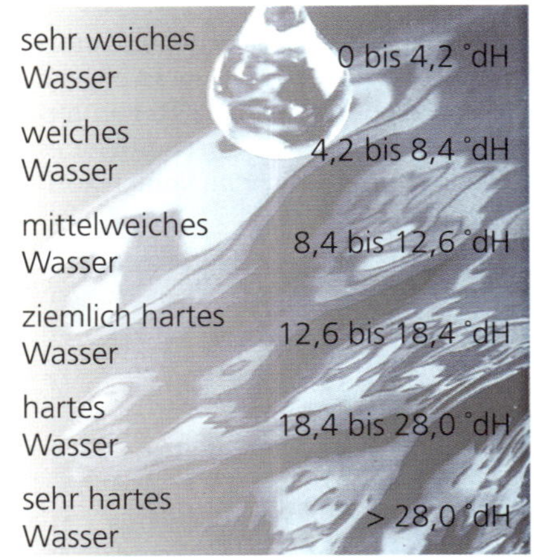

1 Entsprechend dem Härtegrad werden sechs Wasserarten unterschieden.

2 Ohne die Eigenschaft des Wassers, Lösungsmittel zu sein, könnten wir auch unseren Körper nicht durch Waschen vom Schmutz reinigen. Tenside beschleunigen den Waschvorgang.

Von besonderer Bedeutung für **Wasch- und Reinigungsprozesse** und viele andere chemische Prozesse ist die **Wasserhärte.** Der Härtegrad des Wassers (Abb. 1) wird in Grad deutscher Härte (°dH) angegeben.

Die Wasserhärte hat u. a. Einfluss auf den Waschprozess. Je härter das Wasser ist, umso weniger schäumt die Seife. Verursacht wird dies durch die Bildung von wasserunlöslicher Kalkseife, die sich auf Wäschestücken absetzt. Sie entsteht so lange, wie noch Calcium- oder Magnesium-Teilchen im Wasser vorhanden sind. Erst danach kann Seife ihre Waschwirkung entfalten. Dieser Nachteil der Seife hat dazu geführt, synthetische **Tenside** (Abb. 2) zu entwickeln.

Aber auch ihre Wirkung kann sich nur in weichem Wasser voll entfalten. Daher enthalten Waschmittel zusätzlich Wasserenthärter. Die genaue Beachtung der Dosierungshinweise auf den Waschmittelverpackungen und die Kenntnis der Härte des verwendeten Wassers können helfen, Waschmittel wirtschaftlicher und umweltschonender einzusetzen. Ähnliches gilt für die Körperwäsche und das Geschirrspülen.

Die Fähigkeit des Wassers, auch gasförmige Stoffe, z. B. Sauerstoff, Kohlenstoffdioxid, Schwefeldioxid oder Chlor, lösen zu können, wird bei vielen Verfahren der chemischen Industrie ausgenutzt. Praktische Bedeutung hat die Lösefähigkeit bestimmter Gase in Wasser ebenfalls für die **Atmung der Fische** (Abb. 3), für die **Getränkeindustrie** (Abb. 2, S. 121) und für die **Entstehung des sauren Regens** (Abb. 1, S. 121). Die Löslichkeit der Gase in Wasser sinkt mit Erhöhung der Wassertemperatur. Das hat u. a. Auswirkungen auf das Verhalten der Fische. Sie passen sich den schwankenden Temperaturen und folglich dem schwankenden Sauerstoffgehalt

3 Fische benötigen zum Atmen den gelösten Sauerstoff des Wassers. Reicht er nicht aus, so kann es auch ohne Verschmutzung von Gewässern zum Fischsterben kommen. Solche Ereignisse sind gar nicht so selten. Sie kommen bei anhaltender sommerlicher Hitze und ausbleibendem Wind vor.

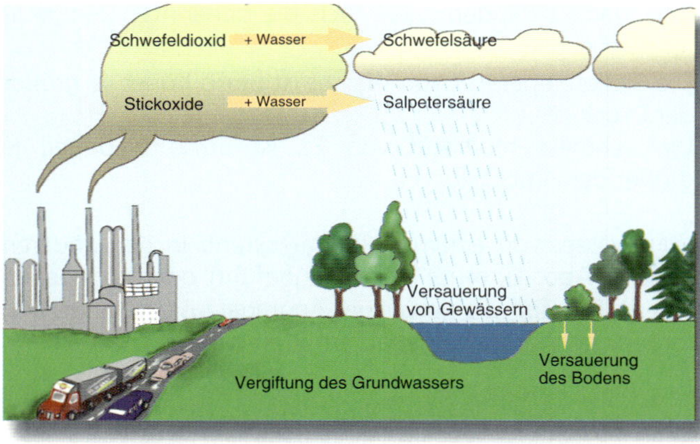

1 **Die Entstehung und Wirkung des sauren Regens ist nur durch die Lösung von Schadstoffen in Wasser möglich. So entsteht aus dem gasförmigen Schwefeldioxid in Verbindung mit Wasser Schwefelsäure, aus Stickoxiden Salpetersäure. Diese Säuren gelangen mit den Niederschlägen auf die Erdoberfläche. Ihre Wirkung ist dort am größten, wo es am meisten regnet.**

2 **In vielen Getränken wird Kohlenstoffdioxid unter Druck gelöst. Nach dem Öffnen der Getränkeflasche wird das Kohlenstoffdioxid wieder freigesetzt, da der Druck geringer geworden ist. Es sprudelt.**

an, indem sie sich in solchen Tiefen aufhalten, in denen das Wasser mit genügend Sauerstoff gesättigt ist. Reicht der gelöste Sauerstoff im Wasser durch zu hohe Temperatur und zu geringe Wasserbewegung nicht aus, schnappen sie an der Wasseroberfläche nach Luft. Tun sie das aber zu häufig, trocknen ihre Kiemen aus und die Fische sterben. Die Löslichkeit von Gasen in Wasser steigt, wenn sie unter Druck stehen.

Der Naturstoff Wasser besitzt nicht nur die Fähigkeit, andere Stoffe zu lösen. Er kann – wie auch andere Stoffe – in unterschiedlichen **Aggregatzuständen** vorliegen. Wasser kann fest, flüssig oder gasförmig sein.

Gasförmiger Wasserdampf existiert aber nicht nur bei Temperaturen über 100 °C, sondern auch bei normaler Lufttemperatur. Er ist Bestandteil der Luft und gelangt z. B. durch Verdunsten in sie. Der in der Luft befindliche Wasserdampf wird als Luftfeuchtigkeit bezeichnet und meist in Prozent angegeben. „60 % Luftfeuchtigkeit" bedeutet, dass die Luft bei einer bestimmten Temperatur noch weitere 40 % bis zum höchstmöglichen Wasserdampfgehalt von 100 % aufnehmen kann.
Wasser kann seine Aggregatzustände auf vielfältige Art und Weise ändern (Abb. 3).

Wasser kann im festen, flüssigen und gasförmigen Aggregatzustand vorliegen. Der jeweilige Aggregatzustand hängt von den äußeren Bedingungen ab.

Bei normalem Luftdruck betragen die Schmelztemperatur und die Erstarrungstemperatur 0 °C, die Siedetemperatur und die Kondensationstemperatur 100 °C. Ändert sich der

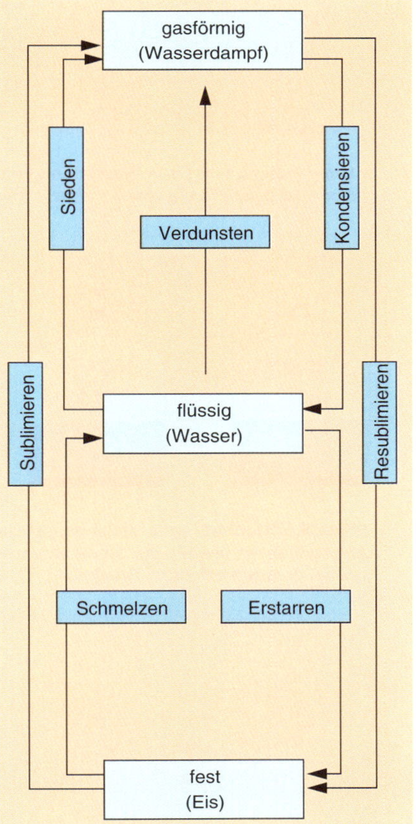

3 **Zwischen den drei Aggregatzuständen des Wassers gibt es sehr unterschiedliche Möglichkeiten der Umwandlung.**

1 Bei der Wolkenbildung geht Wasser vom gasförmigen in den flüssigen Zustand über.

Druck, dann verändern sich auch die genannten Temperaturen. Dabei gilt:

- Die Siedetemperatur von Wasser ist umso höher, je größer der Druck ist.
- Die Schmelztemperatur von Eis ist umso niedriger, je größer der Druck ist.

Damit Wasser von einem Aggregatzustand in den anderen übergeht (Abb. 1), muss Wärme zugeführt oder abgegeben werden. Die für die jeweilige Aggregatzustandsänderung erforderliche Wärme ist genau ermittelt worden (Abb. 2).

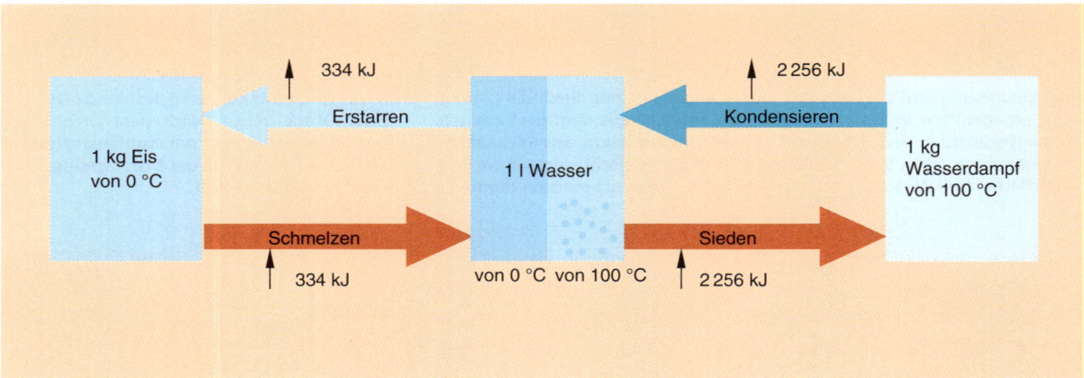

2 Zur Umwandlung von Eis in Wasser und von Wasser in Wasserdampf ist Wärme erforderlich. Beim Kondensieren und beim Erstarren wird jeweils die gleiche Wärme an die Umgebung abgegeben, die beim Sieden oder Schmelzen zugeführt wurde.

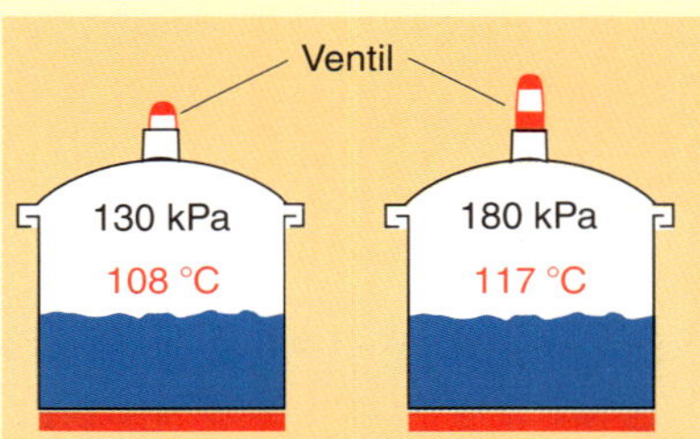

3 Schnellkochtopf bei verschiedenem Druck. Angegeben ist jeweils die Siedetemperatur bei dem betreffenden Druck.

Die Siedetemperatur ist druckabhängig.

Wie die Schmelztemperatur ist auch die Siedetemperatur von Wasser druckabhängig. Es gilt:

Die Siedetemperatur von Wasser ist umso höher, je größer der Druck ist.

Das wird z. B. bei Schnellkochtöpfen (Abb. 3) genutzt. Durch Erhöhung des Druckes im Topf wird erreicht, dass Wasser erst bei einer höheren Temperatur als 100 °C siedet und dadurch die Speisen schneller gar werden.

Der maximale Druck in einem solchen Topf beträgt etwa 180 kPa. Steigt der Druck zu stark an, so öffnet sich ein Sicherheitsventil.

Ist der Druck geringer als der normale Luftdruck, so ist auch die Siedetemperatur von Wasser geringer als 100 °C. So siedet Wasser z. B. auf dem höchsten Berg Europas, dem Montblanc (4 807 m), bereits bei 85 °C. Der Luftdruck beträgt in dieser Höhe nur noch 55 % des normalen Luftdrucks auf Meeresniveau (Abb. 4).

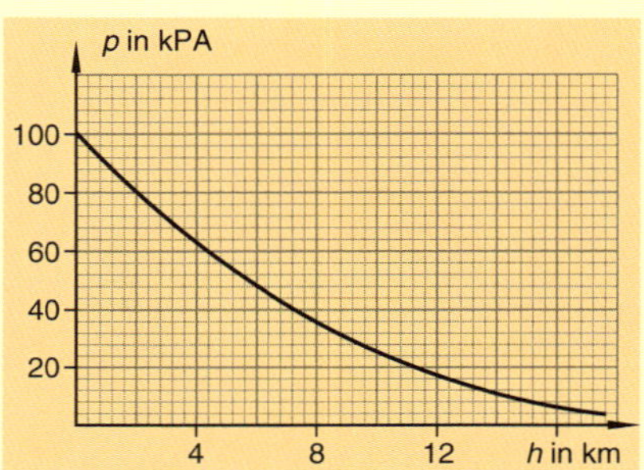

4 Das Diagramm zeigt den Zusammenhang zwischen Luftdruck und Höhe über dem Meeresspiegel.

1 Bei der Gewinnung von Salz aus dem Meer macht sich der Mensch den Verdunstungsprozess zunutze.

2 Salzgewinnung der Halloren: Hallesche Salzsieder gewannen das Kochsalz durch Sieden einer natürlichen Salzlösung, der „Sole", in sogenannten Siedepfannen.

Die Möglichkeit der Umwandlung des Wassers aus dem flüssigen in den gasförmigen Aggregatzustand ist die Voraussetzung für die **Zerlegung wässriger Lösungen** in ihre Ausgangsbestandteile. Dies geschah und geschieht beispielsweise beim Salzsieden (Abb. 2) und bei der auf der Erde in warmen Zonen verbreiteten Salzgewinnung aus dem Meer (Abb. 1).
Auf ähnliche Art und Weise sind die großen Salzlagerstätten Mitteleuropas an der Wende von der Erdaltzeit zur Erdmittelzeit entstanden. Noch heute spielen sich derartige Vorgänge auch ohne das Zutun des Menschen ab: Nach mehrjähriger Trockenheit können Binnenseen vollständig verdunsten. Salzkrusten bleiben an der Erdoberfläche übrig. Die Prozesse des **Eindunstens** oder des **Eindampfens** stellen die Umkehrprozesse zum Lösevorgang (s. S. 115) dar (Abb. 3).

Soll das Lösungsmittel Wasser ebenfalls zurückgewonnen werden, kann die wässrige Lösung durch Destillation in ihre Ausgangsbestandteile zerlegt werden (Abb. 4). Mittels einer Destillationsapparatur kann das Wasser einer (wässrigen) Lösung vom gelösten Stoff getrennt und so zurückgewonnen werden. Das Salz verbleibt im Destillationskolben.

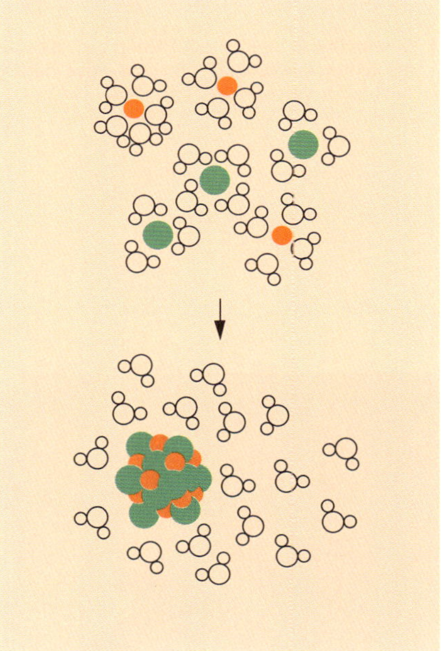

3 Die frei beweglichen Natrium-Teilchen (orange gezeichnet) und Chlorid-Teilchen (grün gezeichnet) der Salzlösung verbinden sich wieder zum kristallinen, weißen Kochsalz (Natriumchlorid).

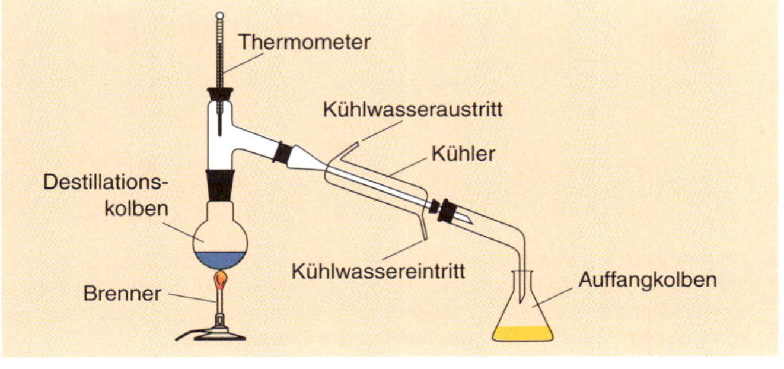

4 Aufbau einer Destillationsapparatur:
Der Wasserdampf wird durch Abkühlung wieder in den flüssigen Aggregatzustand überführt.

3.1.2 Wasser und Leben

Wasser ist nicht nur eine **Grundvoraussetzung für das Leben** auf der Erde. Das Leben selbst entstand im Wasser. In den Ozeanen waren die Bedingungen dafür gegeben. Vor der Bildung der Ozonschicht der heutigen Atmosphäre boten die Ozeane dem Leben Schutz vor der ultravioletten Strahlung der Sonne. Lange bevor Pflanzen und Tiere vor etwa 450 Millionen Jahren beginnen konnten, das Land zu erobern, hatte sich in den Ozeanen eine große Artenvielfalt entwickelt (Abb. 3). Bereits vor etwa 700 Millionen Jahren entstanden in den Ozeanen die ersten vielzelligen Lebewesen. Organismen, die in der Nähe der Meersoberfläche lebten, trugen dazu bei, dass sich Sauerstoff in der Atmosphäre anreicherte und sich die schützende Ozonschicht bilden konnte – zwei wichtige Voraussetzungen für Leben außerhalb des Wassers.

1 **Meeresfische weisen oft Farben auf, die wir als schön empfinden. Sie sind aber häufig Tarn- oder Warnfarben.**

Von den heute auf der Erde existierenden Tieren, die in Stämme, Klassen und andere Gruppen eingeteilt werden, lebt eine große Anzahl im Meer (Abb. 1) oder ist durch seine Lebensweise ständig mit dem Meer verbunden. Für viele Tierklassen stellt das Meer sogar den einzigen Lebensraum dar, andere kommen im Meer und an Land vor. Manche ehemaligen Landtiere wurden im Laufe der stammesgeschichtlichen Entwicklung der Tierwelt wieder zu Meerestieren, so Wale, Robben, Seekühe (Abb. 2) und Seeotter. Auch Meeresschildkröten und Seeschlangen „gingen ins Wasser". Das Meer besitzt also auch heute noch hervorragende Lebensbedingungen für die Tierwelt.

2 **Seekühe sind gewaltige Schwergewichte. Sie können eine Masse von über 1 t erreichen. Seekühe wurden früher von Seefahrern für Meeresjungfrauen gehalten.**

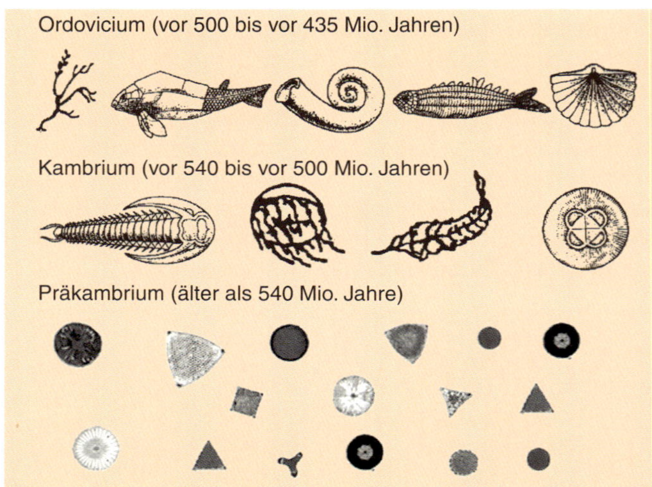

3 **Zu den ersten Lebewesen gehörten Bakterien, Algen, Tange, Moose, Nacktfarne, Bärlappe, Quallen, Triboliten, Fische und Lurche. Sie lebten zunächst in den Ozeanen. Präkambrium, Kambrium und Ordovicium gehören zu den ältesten Zeitabschnitten der Erdgeschichte.**

Das Leben auf der Erde hat sich zuerst im Wasser entwickelt. Erst nach rund 2,5 Milliarden Jahren erfolgte die Besiedelung des Festlandes. Die meisten der heute lebenden Tierklassen und -stämme kommen im Meer vor.

Heute lebende Organismen bestehen häufig größtenteils aus Wasser (Abb. 1). Auch dieser Sachverhalt unterstreicht, dass Leben ohne Wasser nicht möglich wäre.

Auch im menschlichen Körper ist der Wasseranteil sehr groß. Er verändert sich jedoch mit dem Alter des Menschen (Abb. 2). Der Wasseranteil des menschlichen Körpers ist auch vom Geschlecht abhängig. Frauen haben einen etwas geringeren Wasseranteil als Männer.

Das Wasser des menschlichen Körpers ist nicht gleichmäßig verteilt. Etwa 70 % des Wassers sind in den Körperzellen enthalten. Die restlichen 30 % zirkulieren im Körper mit der Blutflüssigkeit, mit der Gewebeflüssigkeit oder mit der Gehirnflüssigkeit. Nur etwa 10 % des gesamten Wassers im menschlichen Körper sind in der Blutflüssigkeit enthalten.

Die einzelnen Organe bzw. Gewebe des Menschen besitzen einen sehr unterschiedlichen Wassergehalt. Im Gehirn sind es z. B. 77 %, in der Haut 65 %, in den Haaren 4 %, in den Knochen 44–55 %, im Fettgewebe 15 %, in der Niere 80 %, in der Lunge 84 % oder im Blut 80 %.

Art	Wassergehalt in %
Pflanzen	
Algen	bis 98
Blätter	80–90
Gurke	bis 95
Holz	50
trockene Samen	13–14
Tiere	
Ohrenqualle	98
Weinbergschnecke	84
Wasserfloh	74
Kartoffelkäfer	65
Schleie	80
Frosch	77
Schaf	57
Kaninchen	69

1 Der Wassergehalt ausgewählter Organismen ist im Allgemeinen recht hoch. Dennoch gibt es beträchtliche Schwankungen.

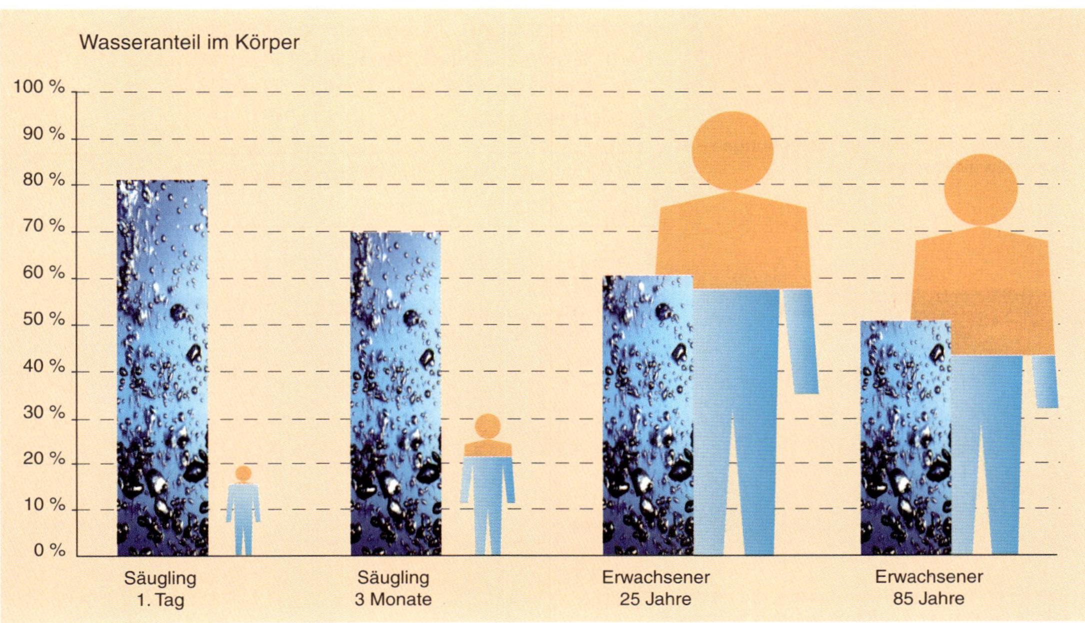

2 Der prozentuale Anteil von Wasser im menschlichen Körper ist vom Alter, aber auch vom Geschlecht abhängig.

Pflanzenart	Wassermenge, um 1 g Trockenmasse zu bilden
Fichte	231 g
Kiefer	300 g
Eiche	344 g
Weizen	435 g
Kartoffel	636 g
Reis	682 g
Baumwolle	568 g
Sonnenblume	575 g
Gurke	686 g
Gartenbohne	700 g

1 Bei Bäumen ist die Wassermenge zur Bildung von Trockenmasse geringer als bei den landwirtschaftlichen Kulturen.

2 Bei diesen klimatischen Bedingungen ist Ackerbau nicht sinnvoll.

3 Reis gehört zu den Nutzpflanzen, die unmittelbar im Wasser gepflanzt werden müssen. Er bildet vor allem in den Ländern Südostasiens das Hauptnahrungsmittel.

Der Wasserbedarf der heute an Land lebenden Organismen ist sehr groß. So benötigen Pflanzen ein Vielfaches an Wasser, um 1 g pflanzlicher Trockenmasse produzieren zu können (Abb. 1). Eine einzige 100-jährige Buche benötigt in einer Vegetationsperiode etwa 9 000 l Wasser. 1 ha Buchenwald verbraucht an einem einzigen warmen Sommertag bis zu 40 000 l Wasser. Der hohe Wasserbedarf von Pflanzen erklärt auch, warum in Regionen der Erde mit Niederschlagsarmut nur ein dürftiger Pflanzenbestand vorhanden ist (Abb. 2). Auch die landwirtschaftliche Produktion ist für die Erzielung höherer Ernten häufig auf zusätzliche Bewässerung angewiesen, wenn die Niederschläge für das erforderliche Pflanzenwachstum nicht ausreichen. Manche Kulturen müssen in überschwemmten Feldern gepflanzt werden (Abb. 3).

Der ständige Wasserbedarf von Organismen ist deshalb so hoch, weil Wasser von ihnen immer wieder ausgeschieden wird. Bei Tieren und beim Menschen erfolgt dies vorwiegend in flüssiger Form über Harn und Stuhl. Die Ausscheidungen über Lunge und Haut sind hauptsächlich gasförmig. Die Ausscheidungen von Wasser durch Pflanzen in Form der Transpiration durch die Spaltöffnungen an den Blättern sind vorwiegend gasförmiger Natur (Abb. 4). Die Organismen nutzen die Eigenschaft des Wasser, seinen Aggregatzustand zu wechseln.

An heißen Tagen beginnt der menschliche Körper verstärkt Wasser über die Hautoberfläche zu verdunsten. Wir schwitzen. Durch diese Schweißverdunstung wird dem Körper Wärme entzogen. Es entsteht eine kühlende Wirkung. Mit dem Schweiß verliert der Körper auch Mineralstoffe, die in Ionenform abgegeben werden. Besonders hoch ist der Natriumverlust.

Wasser dient auch der **Wärmeregulierung** des menschlichen Körpers.

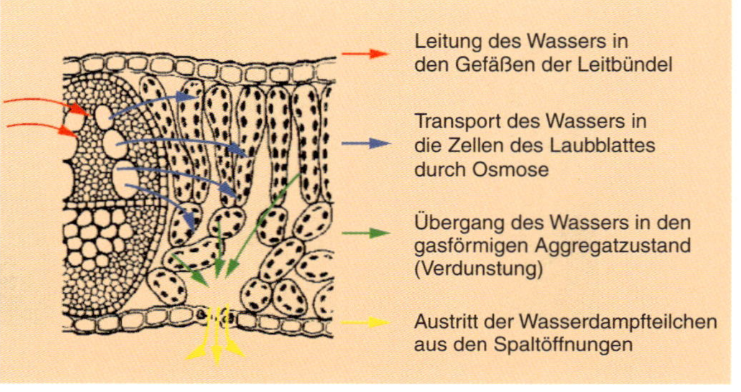

4 Die Transpiration ist auch bei den Pflanzen von Temperatur, Luftfeuchtigkeit und Wind abhängig.

Aufnahme und Abgabe von Wasser durch Organismen ist nicht Selbstzweck, sondern dient vor allem der Nährstoffversorgung.

Bei Mensch und Tier, die auch feste Nahrungsmittel aufnehmen, werden Nähr- und Wirkstoffe der Nahrung mittels Wasser gelöst und können erst so vom Körper verwertet werden. Die Lösungen werden durch Blut und Lymphe, die einen hohen Wassergehalt besitzen, zu allen lebenden Zellen des Körpers transportiert.

Von Pflanzen werden Nährstoffe nur in bereits gelöster Form aufgenommen und über ihre Gefäße zu den Zellen transportiert (Abb. 1).

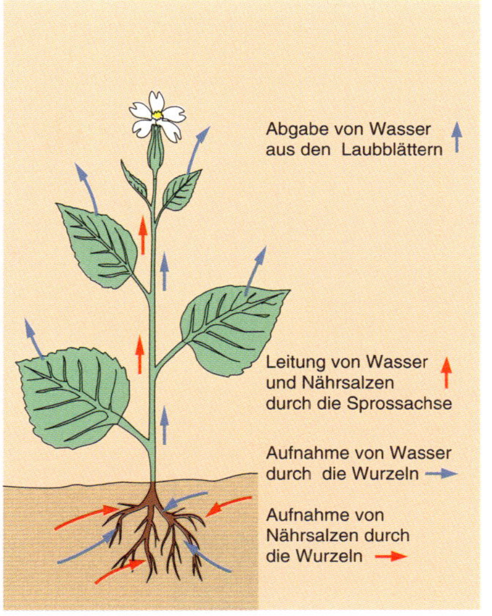

1 Pflanzen nehmen mit dem Wasser gelöste Nährstoffe auf, die für den Aufbau von Pflanzenmasse erforderlich sind.

Wasser dient auch als **Lösungsmittel** und als **Transportmittel** für die Ernährung von Organismen.

Die durch Diffusion und Osmose (s. S. 117) aufgenommenen und zu den Gefäßen der Sprossachse (Stängel, Stamm, Äste und Zweige) gelangten Nährstofflösungen können nur durch einen weiteren physikalischen Vorgang in der Pflanze nach oben transportiert werden, durch die **Kapillarität.**

Kapillarität ist eine Eigenschaft u. a. des Wassers, in dünnen Gefäßen Randkrümmungen zu bilden und nach oben zu steigen. Bei der Erscheinung der Kapillarität wirken Kohäsionskräfte und Adhäsionskräfte zusammen.

2 Eine Rasierklinge aus Stahl schwimmt auf der Wasseroberfläche.

Wenn man ein Glas randvoll mit Wasser füllt und vorsichtig weiter Wasser zugibt, kann man erreichen, dass sich ein regelrechter „Berg" bildet. Tropft man Wasser auf Glas oder Plastik, bilden sich linsenförmige Wassertropfen. Legt man eine Rasierklinge vorsichtig auf eine Wasseroberfläche, so schwimmt sie dort (Abb. 2). Ein Geldstück geht dagegen unter. Wasserläufer bewegen sich auf der Wasseroberfläche, ohne dabei einzusinken (s. S. 112).

Die Ursache für die beobachteten Erscheinungen sind Kräfte, die zwischen den Wasserteilchen wirken. Man nennt solche Kräfte zwischen den Teilchen *eines* Stoffes **Kohäsionskräfte.** An der Wasseroberfläche wirken diese Kräfte nur nach innen. Damit bildet sich dort ein Häutchen (Abb. 3).

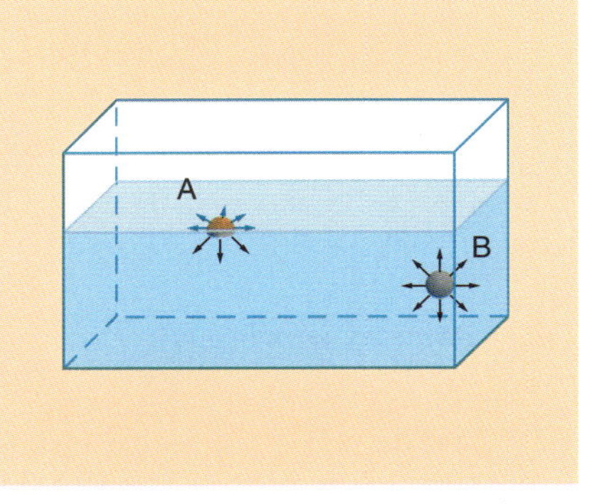

3 Kräfte wirken auf ein Teilchen an der Wasseroberfläche (A) anders als auf ein Teilchen im Inneren des Wassers (B).

Ein Maß für die Größe der Kraft, mit der die Oberfläche von Wasser „zusammengehalten" wird, ist die **Oberflächenspannung.** Es ist die Kraft, die erforderlich ist, um einen Körper mit einem bestimmten Durchmesser von der Wasseroberfläche abzulösen (Abb. 1, S. 128). Durch Geschirrspülmittel wird die Oberflächenspannung von Wasser deutlich verringert. Gelänge Geschirrspülmittel in Gewässer, würde das Leben von Wasserläufern und Fischen beeinträchtigt.

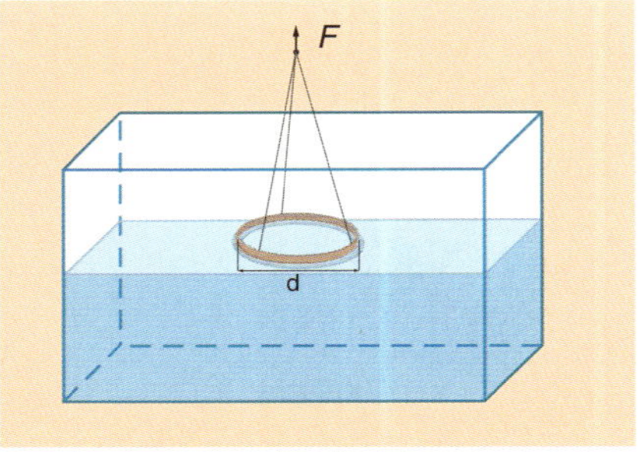

1 Es ist eine bestimmte Kraft erforderlich, um einen ringförmigen Körper von der Wasseroberfläche abzulösen.

Befindet sich Wasser in engen Röhren (Kapillaren), dann wirken nicht nur die Kohäsionskräfte zwischen den Wasserteilchen, sondern auch Kräfte zwischen dem Wasser und der Wandung des Gefäßes. Man nennt solche Kräfte zwischen den Teilchen *verschiedener* Stoffe **Adhäsionskräfte.**

Kohäsions- und Adhäsionskräfte zusammen bewirken, dass die Wasseroberfläche z. B. in einem Messzylinder eine charakteristische Randkrümmung aufweist (Abb. 2) und in Kapillaren nach oben steigt (Abb. 3).

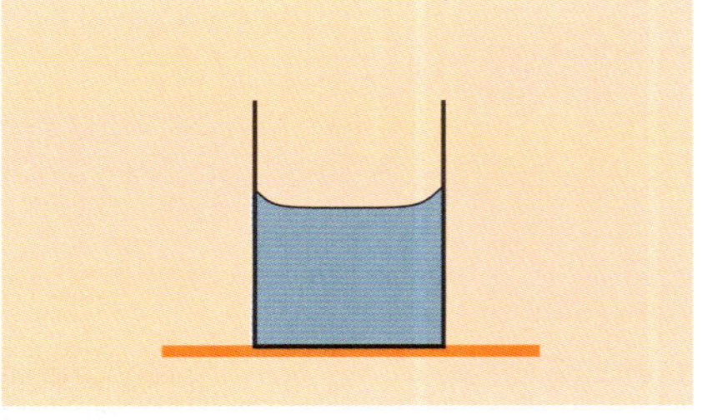

2 Befindet sich Wasser in einem Messzylinder, so tritt eine Randkrümmung auf.

Die Kapillarität bewirkt z. B., dass Wasser bzw. wässrige Lösungen in den Gefäßen der Sprossachse von Pflanzen (Abb. 2, S. 129) nach oben steigen können. So ist gewährleistet, dass alle Pflanzenzellen bis hinauf zum Wipfel von Bäumen mit nährstoffhaltigem Wasser versorgt werden (Abb. 4).

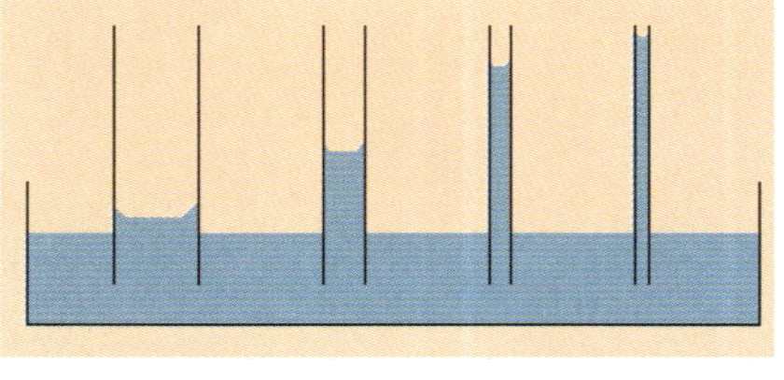

3 Je kleiner der Durchmesser der Röhre ist, desto höher steigt das Wasser.

Die Kapillarität sorgt auch für ein Aufsteigen von Wasser in den Kapillaren des Bodens. Da die Wurzeln vieler Pflanzen nur in geringe Tiefe reichen (Löwenzahn 0,30 m, Roggen 2,00 m, Erbse 2,10 m, Waldbäume bis 10 m) und nur wenige Pflanzen einen direkten ständigen Kontakt mit dem Grundwasser vertragen, werden sie trotz zeitweiliger Trockenheit in den oberen Bodenregionen mit Wasser versorgt.
Allerdings wirkt die Kapillarität im Boden nur bis zu einer bestimmten Höhe über dem Grundwasserspiegel (Abb. 1, S. 129). Bei starker Absenkung des jeweiligen Grundwasserspiegels durch natürliche oder vom Menschen ausgelöste Prozesse werden auch Tiefwurzler gefährdet.

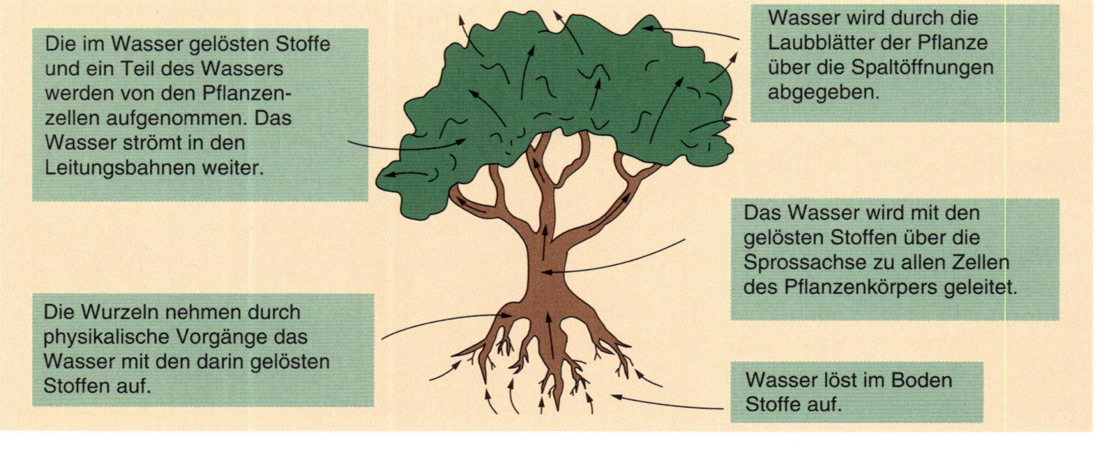

4 Der Durchgang von Wasser bzw. wässriger Lösung durch die Pflanzen stellt einen vielschichtigen chemisch-physikalisch-biologischen Vorgang dar.

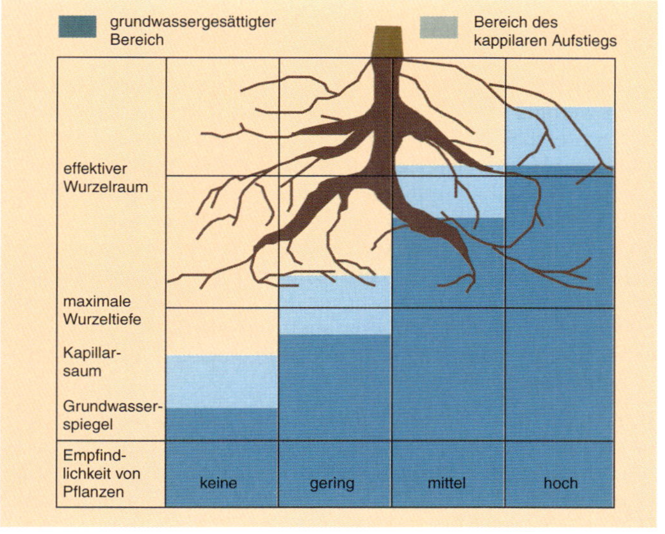

1 **Unabhängig von der Höhe des Grundwasserspiegels wirkt die Kapillarität nur im Kapillarsaum. Dieser erreicht oft nicht die Bodenoberfläche. Wird der Grundwasserspiegel durch Bauarbeiten oder durch Bergbau abgesenkt, sinkt der Kapillarsaum mit. Sinkt er unter die größte Wurzeltiefe, ist die Pflanze gefährdet.**

Die Kapillarität wirkt im Boden nicht immer. Bei Niederschlagsüberschuss versickert das Niederschlagswasser nach unten. Beim Überwiegen der Verdunstung wirkt die Kapillarität, Wasser steigt nach oben. In Regionen der Erde mit ständiger Trockenheit führt sie zur Versalzung von Böden, da mit dem Wasser gelöste Salze die Oberfläche erreichen und dort ihren kristallinen Zustand wieder erreichen (s. S. 123).

Wasser ist unverzichtbar für die **Bildung neuer Samenpflanzen.** Trockene Samen haben einen sehr geringen Wassergehalt (s. Abb. 1, S. 125). In diesem Zustand können manche Samen erstaunlich viele Jahre unbeschadet überstehen (Buche 2 Jahre, Kornblume 10 Jahre, Kopfsalat 20 Jahre, Erbse 31 Jahre, Hafer 41 Jahre, Kartoffel 200 Jahre und Hahnenfuß sogar 600 Jahre). Solche langen Zeiten sind vor allem für Pflanzen in Wüsten und Halbwüsten, wo Jahrzehnte lang Niederschläge ausbleiben können, arterhaltend. Das Vorhandensein von Wasser ist eine der Bedingungen, damit sich aus den Samen neue Pflanzen entwickeln können (Abb. 3). Vor der Verwendung von Samen unbestimmten Alters im Garten sollten Keimproben durchgeführt werden.

Samen beginnen sich zu einer neuen Pflanze zu entwickeln, wenn **Wasser,** Sauerstoff und eine günstige Temperatur als Keimungsbedingungen gegeben sind.

Wasser besitzt nicht zuletzt auch für die **Gesundheit** und das **Wohlbefinden** der Menschen größte Bedeutung.

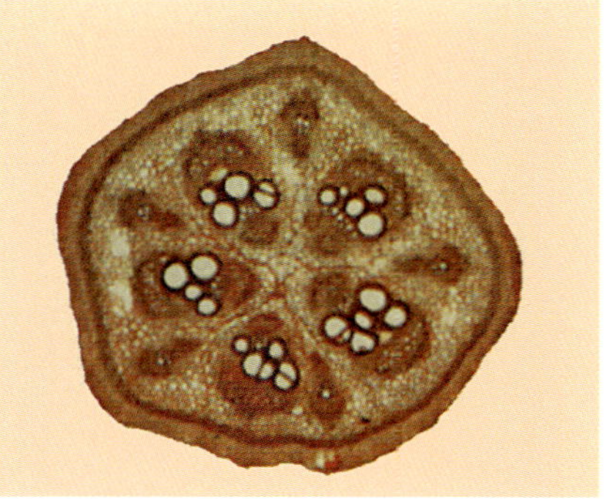

2 **Der Querschnitt durch eine Sprossachse ist deutlich vergrößert, um die Gefäße gut erkennen zu können. Bei manchen Pflanzen sind sie auch mit bloßem Auge zu erkennen.**

3 **Bei Bohnensamen, die 22 Jahre Trockenheit überstehen können, tritt bei Kontakt mit Wasser zunächst die Quellung (oben) ein. Dann durchstoßen die Keimwurzeln die Samenschale (Mitte), bis schließlich der Keimspross die Bodenoberfläche durchdringt.**

1 **Bei der Freiluftinhalation an der Gradierwand, wie hier in Bad Salzungen, gelangt ein heilender Salznebel in die Lungen.**

2 **Besonders an Wochenenden mit sommerlichen Temperaturen sind Freibäder Anziehungspunkt für Jung und Alt.**

3 **Das Bad im Ganges soll Sünden vergeben und Kraft und Reinheit verleihen.**

Von Wässern und Bädern

In Deutschland gibt es zwischen Küsten und Hochgebirge nicht weniger als 300 Heilbäder (Abb. 1), in denen Patienten mit unterschiedlichen Wässern und mit verschiedenen Methoden gegen spezielle Krankheiten behandelt werden können. Wasserbehandlungen gibt es auch in den zahlreichen „Reha"-Kliniken und darüber hinaus. Natürliche Seen, Stauseen, Freibäder (Abb. 2) und Swimmingpools ergänzen das Angebot zumindest für Erfrischung und Körpertraining. Wasser als Mittel zur Verbesserung des Wohlbefindens und des bodennahen Klimas tritt uns auch bei der Gestaltung von Landschaften oder städtischen Wohngebieten und Grünanlagen entgegen.

Wasser hat **in der Geschichte** der Menschheit für Badezwecke wie für Kulthandlungen schon frühzeitig Bedeutung erlangt. Nach frühen Vorstellungen sollten Kranke von Geistern und Dämonen befallen sein. Solche bösartigen Wesen fürchteten aber vor allem das Wasser. Deshalb sollten die Geister und mit ihnen die Krankheiten durch Baden in Flüssen vertrieben werden. Besonders Quellen, Bächen und Flüssen mit klarem und sprudelndem, „lebendigem" Wasser wurden solche Fähigkeiten zugeschrieben. Reinigungsvorschriften fanden Eingang in viele Religionen.

So pilgern gläubige Hindus noch heute nach *Benares,* der heiligen Stadt am Ganges, um in dessen Fluten zu gesunden und andere Vorzüge zu erlangen (Abb. 3).

Im *alten Ägypten* mussten die Priester zweimal am Tag und zweimal in der Nacht in kaltem Wasser baden.

Auch die *christliche Taufe* war und ist ein rituelles Reinigungsbad, das der Entsühnung und Erneuerung dient und ursprünglich das völlige Untertauchen des Täuflings erforderte.

Die *alten Griechen* kannten bereits Kurorte mit Heilbädern. In Epidauros gab es Gästehäuser, Brunnenhaus, Liegehallen, Museum, Bibliothek, Sportanlagen und großes Theater.

In der *römischen Kaiserzeit* (14–300) entstanden luxuriöse Thermen, in denen sich die Römer von Sklaven umsorgen ließen. Neue technische Erfindungen, wie Fensterglas und Hohlziegel, ermöglichten die Errichtung technisch perfekter Wunderwerke von Badehäusern.

Im Mittelalter entwickelten sich Mineralbäder *nördlich der Alpen,* unter ihnen die noch heute bedeutenden Orte Baden-Baden, Wiesbaden, Bad Ems, Wildbad oder Karlsbad. Viele andere Bäder, so Bad Lauchstädt, entstanden erst im 18. oder 19. Jahrhundert. Immer stärker wurde mit dem Baden eine spezielle medizinische Betreuung verbunden.

In den meisten Heilbädern der Gegenwart hat der Aufenthalt zwar etwas mit dem Baden im Wasser zu tun, er erschöpft sich aber nicht darin. Moorpackungen, Trinkkuren, Sauna, Massagen, Inhalationen, Wandern und Sport, besondere Ernährungsweisen, kulturelle Angebote u.v.a.m. runden das Programm ab.

3.1.3 Wasser – ein besonderes Medium

Wasser besitzt noch viele andere Eigenschaften, die vor allem von technischem Interesse sind. Sie sind aber auch mit dem Bau und der Lebensweise von Organismen verbunden. Zu diesen Eigenschaften gehören u. a. die Energiespeicherung durch Wasser, die Änderung seines Volumens und seiner Dichte mit der Temperatur, Schweredruck und Auftrieb (Abb. 1) oder das Verhalten von Licht und Schall in Wasser.

Um Wasser zu erwärmen, muss ihm Wärme zugeführt werden. Umgekehrt wird diese Wärme wieder frei und an die Umgebung abgegeben, wenn sich Wasser abkühlt. Dabei ändert sich die **in Wasser gespeicherte** thermische **Energie.**

In Wasser ist thermische Energie gespeichert. Durch Zufuhr oder durch Abgabe von Wärme ändert sich diese thermische Energie.

Die Wärme, die von Wasser an seine kältere Umgebung abgegeben oder von seiner wärmeren Umgebung aufgenommen wird, ist abhängig von
- der Masse des Wassers und
- der Temperaturdifferenz zwischen der Endtemperatur und der Anfangstemperatur des Wassers.

Für Wasser gilt: Wenn sich 1 kg Wasser um 1 K abkühlt, so wird eine Wärme von 4,19 kJ an die Umgebung abgegeben. Wenn 1 kg Wasser um 1 K erwärmt werden soll, muss ihm eine Wärme von 4,19 kJ zugeführt werden.

Die physikalische Größe, die die Abhängigkeit der abgegebenen oder aufgenommenen Wärme von einem Stoff beschreibt, wird als **spezifische Wärmekapazität** bezeichnet.

Die spezifische Wärmekapazität eines Stoffes gibt an, wie viel Wärme von 1 kg dieses Stoffes abgegeben oder aufgenommen wird, wenn sich seine Temperatur um 1 K ändert.
Formelzeichen: c
Einheit: 1 Kilojoule je Kilogramm und Kelvin $1\ \frac{kJ}{kg \cdot K}$

Die spezifische Wärmekapazität von Wasser beträgt

$$c = 4{,}19\ \frac{kJ}{kg \cdot K}$$

und ist damit wesentlich größer als die der meisten anderen Stoffe (Abb. 2). Die Tatsache, dass Wasser viel Energie aufnehmen, speichern und wieder abgeben kann, ist für viele Vorgänge in der Natur von großer Bedeutung und wird auch in der Technik genutzt.

1 Die mit dem Wasserstrahl unter die Wasseroberfläche geratenen Luftblasen bleiben nicht im Wasser. Sie gelangen durch den Auftrieb an die Oberfläche und wieder in die Luft.

Stoff	c in $\frac{kJ}{kg \cdot K}$
Aluminium	0,90
Benzin	2,02
Beton	0,90
Blei	0,13
Eis (bei 0 °C)	2,09
Eisen (Stahl)	0,46
Glas	0,86
Heizöl	2,07
Holz (Eiche)	2,39
Kupfer	0,39
Luft	1,01
Petroleum	2,00
Porzellan	0,73
Quecksilber	0,14
Ziegelstein	0,86
Wasser	4,19
Wasserdampf	1,86
Zinn	0,23

2 Die spezifische Wärmekapazität dieser ausgewählten Stoffe ist deutlich kleiner als die von Wasser.

Die Bedeutung der spezifischen Wärmekapazität des Wassers

Von allen in der Natur vorkommenden Stoffen hat Wasser mit die größte spezifische Wärmekapazität. $c = 4{,}19\ \mathrm{kJ/(kg \cdot K)}$ bedeutet, dass 1 l Wasser eine Wärme von 4,19 kJ aufnimmt, wenn es um 1 K erwärmt wird. Bei einer Abkühlung von 1 K gibt das Wasser eine Wärme von 4,19 kJ ab.

1 Temperaturunterschiede zwischen Sommer und Winter sind in Küstennähe geringer als im Binnenland.

Große Wassermengen, insbesondere Seen, Meere und Ozeane, haben dadurch erheblichen Einfluss auf das Klima (Abb. 1).

Im Sommer wird vom Wasser aufgrund der Sonneneinstrahlung viel Energie gespeichert.

Im Herbst und im Winter wird ein erheblicher Teil dieser Energie als Wärme an die Umgebung abgegeben. Die Witterung ist in Gewässernähe dadurch milder als in größerer Entfernung von Gewässern. Im Frühjahr und Frühsommer erwärmt sich das Wasser erst allmählich. Der umgebenden Luft, die sich schneller erwärmt, wird Wärme entzogen.

Insgesamt entsteht ein Seeklima, das sich durch relativ milde Winter und relativ kühle Sommer auszeichnet.

Beeinflusst wird das Klima in vielen Regionen auch durch gewaltige Meeresströmungen, z. B. durch den warmen Golfstrom, der zusätzlich Wärme aus anderen Klimazonen heranführt.

Auch in der Technik besitzt Wasser große Bedeutung. Bei Warmwasserheizungen wird genutzt, dass Wasser aufgrund seiner großen spezifischen Wärmekapazität viel Energie in Form von Wärme transportieren kann. Für die Kühlung von Motoren oder als Kühlmittel in Kraftwerken wird u. a. aus diesem Grunde ebenfalls Wasser verwendet.

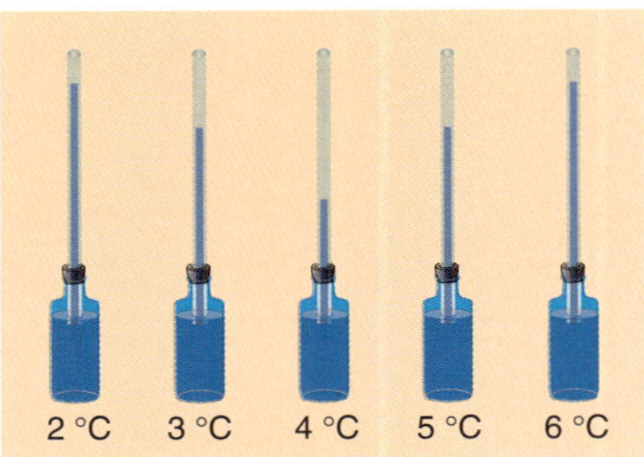

2 Bei 4 °C hat Wasser sein kleinstes Volumen.

Fast alle festen Körper, Flüssigkeiten und Gase zeigen ein gleichartiges Verhalten bezüglich des Zusammenhangs zwischen **Volumen und Temperatur:**

> Körper dehnen sich bei Erhöhung der Temperatur aus und ziehen sich bei Verringerung der Temperatur zusammen.

Das gilt auch für Wasser bei Temperaturen über 4 °C. Kühlt sich Wasser aber unter 4 °C ab, so wird sein Volumen nicht kleiner, sondern bis 0 °C wieder größer. Dieses „nicht normale" Verhalten von Wasser wird als **Anomalie des Wassers** bezeichnet (Abb. 2).

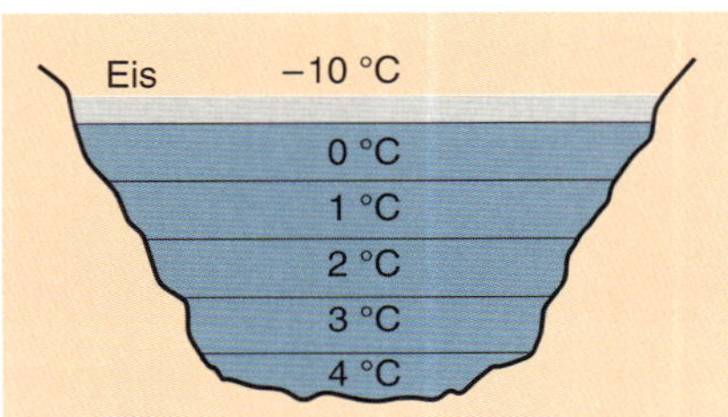

3 Temperaturschichtung in einem See im Winter

Da sich bei einer bestimmten Wassermenge mit dem Volumen V auch die Dichte $\rho = \frac{m}{V}$ ändert, gilt:

> Wasser hat bei 4 °C sein kleinstes Volumen und damit seine größte Dichte.

Das Volumen von Wasser ändert sich mit der Temperatur (Abb. 1, S. 133). Daraus kann man die Dichte des Wassers bei unterschiedlicher Temperatur ermitteln (s. Abb. 3, S. 133).

Wandelt sich Wasser in Eis um, so vergrößert sich dabei im Unterschied zu fast allen anderen Stoffen sein Volumen um ca. 10 %. Eis von 0 °C hat eine Dichte von 0,92 g/cm³.

> Die Dichte von Eis ist kleiner als die von Wasser. Wasser dehnt sich beim Erstarren aus.

Die Änderungen des Volumens und damit der Dichte von Wasser sind für das *Leben von Tieren und Pflanzen* im Wasser sehr wichtig.
Im Sommer wird das Wasser von der Sonne erwärmt. Das leichtere, wärmere Wasser bleibt an der Oberfläche, tiefer liegende Schichten sind kühler. Das kann man auch beim Baden feststellen.
Im Winter kühlt das Wasser an der Oberfläche ab (Abb. 3, S. 132). Sein Volumen verringert sich. Seine Dichte wird größer. Das schwere Wasser von 4 °C sinkt ganz nach unten. Das leichtere Wasser von 2 °C oder 0 °C bleibt oben.
Erfolgt eine weitere Abkühlung, so kann sich an der Oberfläche eine Eisschicht bilden. Tiefer liegende Wasserschichten gefrieren nicht. Dadurch haben Tiere und Pflanzen im Wasser die erforderlichen Lebensbedingungen (s. S. 174).

Die Volumenvergrößerung des Wassers (Abb. 2) beim Erstarren muss in der Technik beachtet werden.

Auch in der Natur spielt die Sprengwirkung von gefrierendem Wasser bei der Verwitterung die entscheidende Rolle (Abb. 4). Wasser dringt in Spalten und Risse ein. Sinkt die Temperatur unter den Nullpunkt, so gefriert das Wasser. Dabei vergrößert sich sein Volumen. Das führt zur regelrechten Sprengung von festem Gestein, einer Form der Verwitterung. Diesen Vorgang bezeichnet man als **Frostsprengung** bzw. als **Frostverwitterung.**

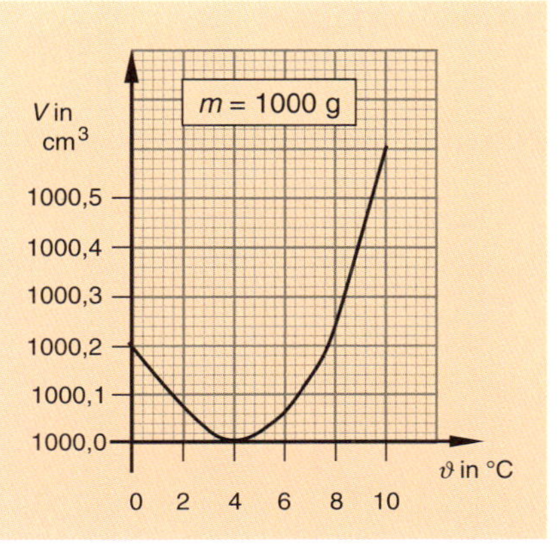

1 Das Volumen von Wasser ändert sich mit der Temperatur.

2 Stellt man einen randvoll mit Wasser gefüllten Plastikbecher in das Tiefkühlfach eines Kühlschranks, so zeigt sich deutlich die Volumenvergrößerung beim Erstarren. Glasgefäße würden zerplatzen.

4 Durch die Sprengwirkung von gefrierendem Wasser werden Felsblöcke allmählich zerkleinert. Es entsteht Gesteinsschutt.

Temperatur in °C	Dichte in g/cm³
0	0,999 840
2	0,999 941
4	0,999 973 ≈ 1,00
6	0,999 941
8	0,999 843
10	0,999 700
15	0,999 100
20	0,998 205
25	0,997 047
30	0,995 648

3 Dichte von Wasser bei unterschiedlicher Temperatur

3.1.4 Aufgaben

Zusammensetzung von Wasser

1. Nach den Auffassungen in der Antike gehörte das Wasser neben Erde, Feuer und Luft zu den vier grundlegenden Elementen der Welt.
   Kann Wasser aus heutiger Sicht als Element bezeichnet werden? Begründe deine Antwort!

2. Der reine Stoff Wasser ist eine chemische Verbindung.

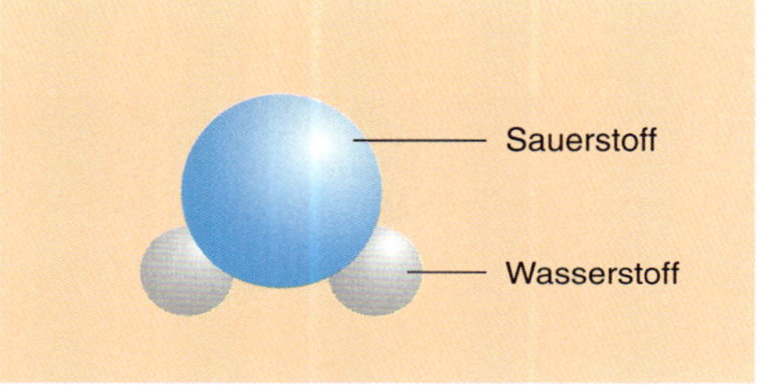

   a) Erkläre, weshalb Wasser als chemische Verbindung bezeichnet werden muss!
   b) Interpretiere mit Hilfe der Abbildung die Formel H_2O!
   Informiere dich in einem Tafelwerk über die chemischen Zeichen H und O!

3. Wenn Wasser eine chemische Verbindung aus zwei Elementen darstellt, muss es auch möglich sein, Wasser zu trennen. Führe den experimentellen Nachweis!
   Vorbereitung:
   a) Welche Elemente entstehen, wenn die chemische Verbindung Wasser zerlegt wird?
   b) Wie unterscheiden sich die Aggregatzustände des Wassers und seiner Elemente?
   c) Was muss aus diesem Unterschied für den Versuchsaufbau beachtet werden?
   d) Wie kann nachgewiesen werden, welche Elemente entstehen?
   e) Welches Element entsteht an welchem Pol?
   Durchführung:
   a) Baue die Versuchsanordnung nach der Abbildung (s. auch S. 113) auf!

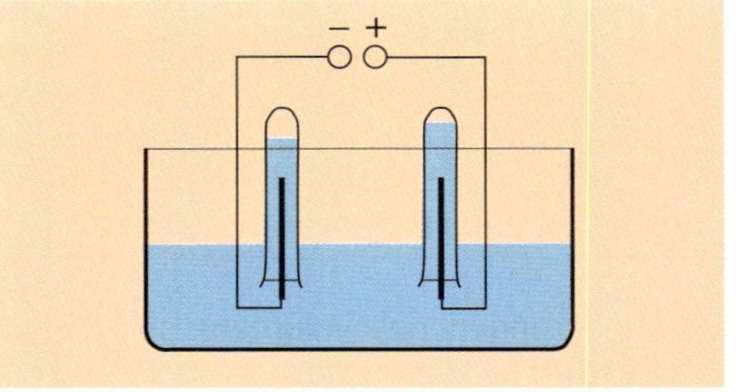

   b) Schließe die Elektroden an eine Gleichspannungsquelle an!
   c) Beobachte das Entstehen der Elemente des Wassers und vergleiche ihre Volumen!
   d) Führe den Nachweis für die entstandenen Elemente durch!
   Auswertung:
   a) Beschreibe deine Beobachtungen!
   b) Begründe das Verhältnis der beiden Volumen der entstandenen Elemente!
   c) Wissenschaftler „träumen" im Zusammenhang mit der Wasserzerlegung von einem künftigen umweltfreundlichen Antriebsstoff. Informiere dich darüber und bereite mit dem gesammelten Material einen Kurzvortrag vor!

4. In Aufgabe 2 wurde die Formulierung „Der reine Stoff Wasser" gewählt.
   a) Begründe, warum diese Formulierung im Zusammenhang mit den Aufgaben 2 und 3 erforderlich ist!
   b) Gehören Leitungswasser, Mineralwasser, Wasser in natürlichen Flüssen und Seen oder Regenwasser zu den reinen Stoffen oder zu Stoffgemischen? Begründe!
   c) Sollte man die Wäsche, die zum Trocknen auf der Leine hängt, bei einem Regenschauer hängen lassen, weil sie ja danach schnell wieder trocknet? Begründe deinen Vorschlag!

5. Das Stoffgemisch Wasser kann Schwimmstoffe, Schwebstoffe, Sinkstoffe und gelöste Stoffe enthalten.
   a) Fertige eine tabellarische Übersicht an, die kurze Erklärungen für die 4 Stoffgruppen und jeweils mehrere Beispiele dazu enthält!
   b) Erläutere Möglichkeiten, wie diese Stoffe ins Wasser gelangt sein könnten!

c) Prüfe das Verhalten verschiedener Stoffe bzw. Körper im Wasser in einem durchsichtigen Gefäß! Fülle eine Tabelle aus:

Stoff/ Körper	schwimmt	schwebt	sinkt
…			

6. Schwimmstoffe stören im Wasser häufig am meisten, sind jedoch am einfachsten vom Wasser zu trennen.
   a) Nenne Verwendungen von Wasser, bei denen Schwimmstoffe stören oder sogar Anlagen außer Betrieb setzen könnten!
   b) Auf welche Art und Weise werden Schwimmstoffe an Einläufen in Teiche und Seen, Mühlen und Wasserkraftanlagen entfernt?

7. Beurteile die beiden abgebildeten Gläser mit Wasser hinsichtlich ihrer Inhaltsstoffe!

   a) Zu welchen unterschiedlichen Urteilen hinsichtlich von Inhaltsstoffen des Wassers in den beiden Gefäßen kannst du kommen? Begründe!
   b) Welche Art von Stoffen könnten in diesem Wasser enthalten sein? Warum reicht eine optische „Diagnose" nicht aus?
   c) Überzeuge dich selbst, indem du das abgebildete Experiment mit einem Stück Würfelzucker durchführst!

8. Wasser enthält meist gelöste Stoffe und stellt daher auch eine wässrige Lösung dar.
   a) Stoffe welcher Aggregatzustände können im Wasser gelöst sein? Gib Beispiele an!
   b) Notiere Stoffe, die sich in Wasser nur schwer oder gar nicht lösen!

9. Wasser und Öl sollen gemischt werden.
   a) Gieße einige Tropfen Speiseöl in Wasser und rühre um! Beschreibe deine Beobachtung unmittelbar danach und kurze Zeit später!

   b) Was bedeutet das Beobachtungsergebnis für die Löslichkeit von Öl in Wasser?
   c) Kann man Ölflecke mit Wasser beseitigen? Begründe deine Antwort!
   d) Für welche Situationen sind die unterschiedlichen Eigenschaften von Öl und Wasser von großem Vorteil?

10. Die Löslichkeit von Salzen ist von der Wassertemperatur abhängig.
    Beschreibe die Art und Weise dieser Abhängigkeit! Werte dazu das Diagramm (Abb. 1) auf S. 116 aus!

11. Weise experimentell nach, dass Wasser ein Lösungsmittel ist!
    Vorbereitung:
    a) Überlege, welche Gemeinsamkeit das „Verschwinden" von Zucker im Tee und von Salz im Kartoffelwasser hat!
    b) Erkläre den Vorgang mit Hilfe der Abb. 3 auf S. 115! Begründe, dass das Wort „lösen" genau das Wesen dieses Prozesses trifft!
    c) Lege folgende Materialien und Geräte bereit:

- Natriumchlorid (NaCl), Kaliumchlorid (KCl);
- Wasser, Messzylinder, 2 Reagenzgläser, Reagenzglashalter, Gasbrenner.

Durchführung:

a) Beide Reagenzgläser werden mit je 3 ml Wasser, das Zimmertemperatur besitzt, gefüllt!

b) In je ein Reagenzglas werden unter Schütteln so lange Kristalle von Natriumchlorid bzw. von Kaliumchlorid gegeben, bis sich ein ungelöster Bodensatz bildet!

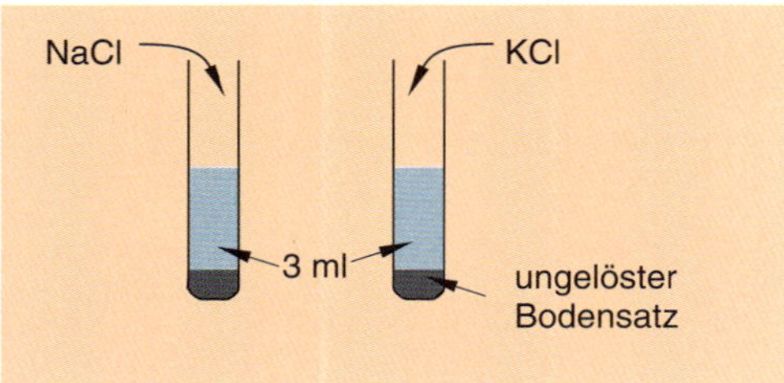

c) Die Reagenzgläser werden nacheinander vorsichtig erwärmt!

Auswertung:

a) Beschreibe, was durch die Erwärmung mit den Bodensätzen der beiden Salze geschieht!

b) Erkläre das Verhalten der beiden Stoffe unter Auswertung der Abb. 1 auf S. 116!

c) Formuliere ein verallgemeinerndes Ergebnis zur Temperaturabhängigkeit der Lösung von Salzen in Wasser!

12. Auch die Löslichkeit von Sauerstoff in Wasser ist temperaturabhängig.

a) Wandle die folgende Tabelle in ein Diagramm um!

Temperatur in °C	Sauerstoff in mg/l Wasser
0	14,16
4	12,70
8	11,47
12	10,43
16	9,56
20	8,84
24	8,25
28	7,75

b) Stelle Unterschiede zwischen der Löslichkeit von Sauerstoff und der von Salzen dar!

c) Wie gelangt Sauerstoff ins Wasser?

d) Nach der Tabelle ist der Sauerstoffgehalt von Wasser in der kalten Jahreszeit größer als in der warmen.
Dennoch besteht auch in strengen Wintern für Fische die Gefahr des Sauerstoffmangels.
Erkläre diesen Sachverhalt!

13. Beim Öffnen von Getränkeflaschen ist der Zusammenhang zwischen der Löslichkeit von Gasen und der Temperatur gut zu beobachten.

a) Öffne 1 Flasche mit mineralwasserhaltigem Getränk, die vorher im Kühlschrank gestanden hat, und 1 Flasche, die ungekühlt ist!

b) Welche unterschiedlichen Beobachtungen kannst du machen?

c) Begründe die unterschiedlichen Reaktionen der Getränke beim Öffnen!

d) Bei manchen Sportarten ist es üblich, sich bei der Siegerehrung mit Sekt zu besprühen. Werden die Getränke vorher gekühlt oder nicht? Begründe!

14. Im Wasser können verschiedene Salze gelöst sein. Dabei werden Teilchen aus dem Kristallgitter herausgelöst. Es entstehen Ionen, z. B. Ca^{2+}-, Na^{+}-, Mg^{2+}-, Cl^{-}-, SO_4^{2-}- und NO_3^{-}-Ionen.
Weise verschiedene Ionen im Wasser nach!

Vorbereitung:

a) Informiere dich über Ionen!

b) Notiere in dein Heft die obigen chemischen Bezeichnungen und schreibe die Wortformen dahinter! Benutze dazu ein Tafelwerk!

c) Bereite als Materialien und Geräte vor:
- verdünnte Salpetersäure, Silbernitrat-Lösung,
- Bariumchlorid-Lösung, verdünnte Salzsäure (5%ig),
- Nitratteststäbchen,
- Wasserproben (Leitungswasser, Mineralwasser, Bachwasser),
- Reagenzgläser, Farbskala für Nitrattest.

Nachweis von Chlorid-Ionen:

Durchführung:

a) Säure die jeweiligen Wasserproben im Reagenzglas mit einigen Tropfen verdünnter Salpetersäure an!
b) Versetze die Proben mit wenigen Tropfen Silbernitrat-Lösung!
c) Beobachte Reaktionen im Reagenzglas!

Auswertung:

a) Beschreibe deine Beobachtungen für jede Wasserprobe!
b) Vergleiche die Wasserproben untereinander!
c) Formuliere ein abschließendes Ergebnis!

Nachweis von Sulfat-Ionen:

Durchführung:

a) Säure die jeweiligen Wasserproben im Reagenzglas mit einigen Tropfen verdünnter Salzsäure an!
b) Versetze die Proben mit wenigen Tropfen Bariumchlorid-Lösung!
c) Beobachte die Reaktionen im Reagenzglas!

Auswertung:

a) Beschreibe deine Beobachtungen für jede Wasserprobe!
b) Vergleiche die Wasserproben untereinander!
c) Formuliere ein abschließendes Ergebnis!

Nachweis von Nitrat-Ionen (Schnelltest):

Durchführung:

a) Tauche in die Wasserproben jeweils ein Teststäbchen etwa 3 Minuten ein!
b) Vergleiche die Verfärbung des Stäbchens mit der Farbskala für den Nitrat-Test!
c) Trage die Ergebnisse in eine Tabelle ein!

Wasserprobe	Nitratgehalt
...	

Auswertung:

Beschreibe das Ergebnis!

15. Welche Möglichkeiten gibt es, um Stoffe in wässrigen Lösungen nachzuweisen?

16. Eindunsten oder Eindampfen führt zur Trennung wässriger Lösungen.
Dampfe Leitungswasser, Regenwasser und destilliertes Wasser vollständig ein!

Vorbereitung:

a) Überlege, ob bei den drei Wasserarten das gleiche Ergebnis zu erwarten ist!
b) Formuliere Vermutungen für die zu erwartenden Beobachtungen beim Eindampfen von Leitungswasser, Regenwasser und von destilliertem Wasser!
c) Stelle Materialien und Geräte bereit:
   - Proben von Leitungswasser, Regenwasser und von destilliertem Wasser,
   - Schalen, Dreifuß, Brenner.

Durchführung:

a) Baue die Versuchsanordnung auf!

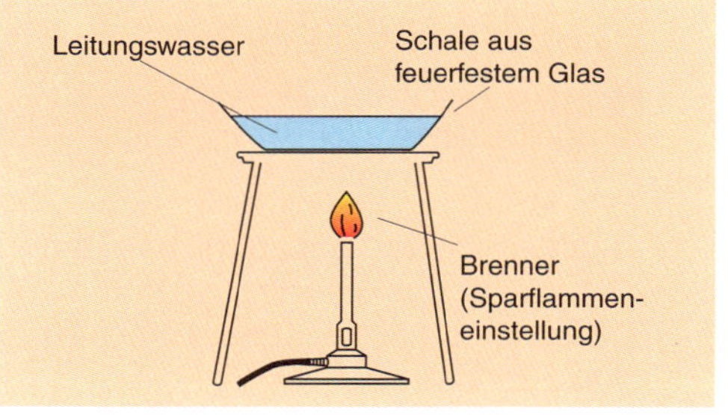

b) Lass nacheinander die Wasserproben vollständig eindampfen!

Auswertung:

a) Prüfe die Schalen nach dem Eindampfen und beschreibe das Ergebnis!
b) Vergleiche das Ergebnis mit deinen Vermutungen!
c) Überprüfe Rückstände auf ihre Löslichkeit in Wasser!

17. Erwärme in je einem Reagenzglas eine gleiche Menge Leitungswasser bzw. Mineralwasser!
   a) Was kannst du nach gleicher Zeit beobachten?
   b) Vergleiche beide Proben und erkläre mögliche Unterschiede!

18. Vergleiche das Ergebnis von Eindampfen mit dem von Eindunsten!
   a) Stelle eine gesättigte Kochsalzlösung her!
   b) Fülle je einen Milliliter davon in zwei Reagenzgläser!
   c) Dampfe die Lösung des einen Reagenzglases ein, lass die andere eindunsten!
   d) Vergleiche die Ergebnisse!

19. Die Trennung wässriger Lösungen kann auch so erfolgen, dass nicht nur der gelöste Stoff, sondern auch das Wasser wiedergewonnen wird. Letzteres sogar in einer besonderen Qualität. Dazu ist eine Apparatur erforderlich.

a) Beschreibe die Apparatur und den mit ihr durchzuführenden Vorgang!
b) Trenne mit ihr von einer Kochsalzlösung Wasser ab!
c) Welche Qualität besitzt das abgetrennte Wasser?

20. Filtrieren ist ein Verfahren zur Trennung von Schwebstoffen und Wasser. Der Filter kann aus Papier, Watte oder Keramik bestehen.

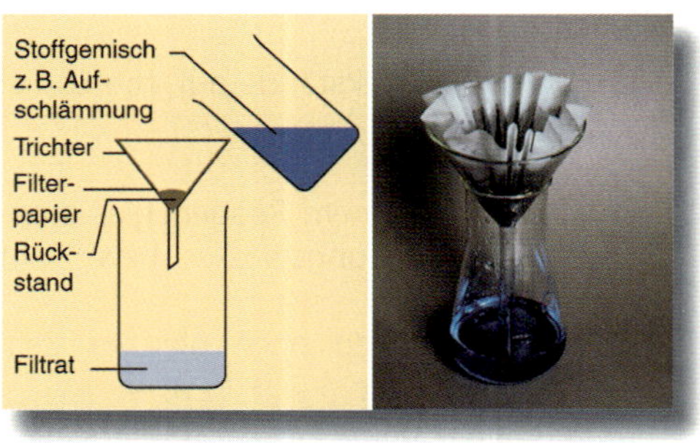

a) Beschreibe den Vorgang des Filtrierens!
b) Vermute, welchen Einfluss die Beschaffenheit des Filtermaterials im Verhältnis zur Teilchengröße des Feststoffes hat!
c) Stelle verschiedene Stoffgemische mit Wasser her, z. B. mit feinem Sand oder sandigem Lehm, und filtriere!
d) Vergleiche die Ergebnisse mit deinen Vermutungen!

Eigenschaften wässriger Lösungen

21. Die elektrische Leitfähigkeit von Lösungen ist abhängig von den jeweils gelösten Stoffen und deren Mengen. Untersuche experimentell die elektrische Leitfähigkeit von unverändertem Leitungswasser und von Leitungswasser mit verschiedenen Beimengungen (Zucker, wenig Kochsalz, viel Kochsalz, Essig, Waschpulver)!

Vorbereitung:
a) Informiere dich über den Sachverhalt der elektrischen Leitfähigkeit in Abb. 3 auf S. 116!
b) Stelle an Materialien und Geräten bereit:
- Zucker, Kochsalz, Essig, Waschpulver, Wasser;
- Gefäß, Glühlampe einer Taschenlampe (ca. 3,5 V), Batterie (4,5 V), isolierten Draht mit blanken Enden.

Durchführung:
a) Baue die Schaltung nach der Skizze auf!

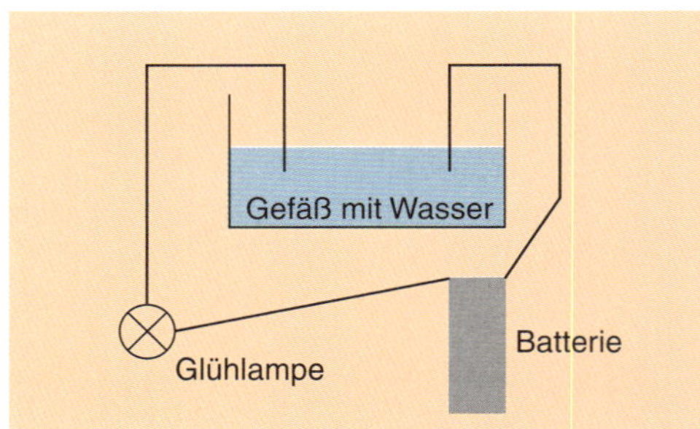

b) Untersuche die elektrische Leitfähigkeit von Leitungswasser!
c) Füge dann Kochsalz hinzu! Rühre gut um!
d) Führe die Untersuchungen mit anderen Beimengungen durch!
Spüle jeweils vorher das Gefäß gut aus!

Auswertung:
Vergleiche die Ergebnisse!
Unter welchen Bedingungen wird der elektrische Strom gut, unter welchen schlecht geleitet?

22. Der Eigenschaft des Wassers, Lösungsmittel zu sein, verdanken Lebewesen ihre Versorgung mit Mineral- und Nährstoffen.
a) Erläutere den genannten Zusammenhang!

b) Erkläre die Vorgänge der Diffusion und Osmose!

23. Wüsten gelten als nährstoffreiche Regionen. Warum wachsen dennoch Pflanzen nur spärlich?

24. Natürliches Mineralwasser erfreut sich zunehmender Beliebtheit bei Verbrauchern.
   a) Werte das folgende Diagramm aus!

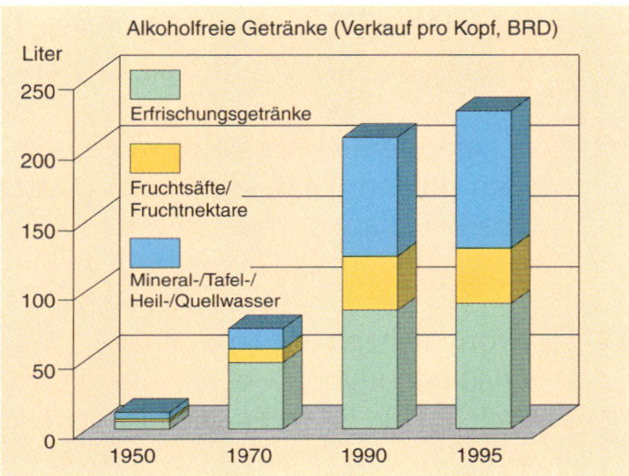

   b) Begründe, weshalb Mineralwasser als wässrige Lösung bezeichnet werden kann!
   c) Durch welche Merkmale unterscheidet sich *natürliches* Mineralwasser von anderen Wässern?
   d) Weshalb ist das Trinken von natürlichem Mineralwasser bzw. von Getränken, die natürliches Mineralwasser enthalten, zu empfehlen?

25. Jede der rund 500 Mineralwasserquellen in Deutschland enthält Mineralien und Spurenelemente in anderen Anteilen. Deshalb müssen diese Inhaltsstoffe auf dem Flaschenetikett angegeben werden.
   a) Sammle Mineralwasser-Etiketten!
   b) Entwickle eine Tabelle, aus der neben dem Namen des Wassers vor allem der Gehalt an Hydrogencarbonat, an Sulfat und an Chlorid hervorgeht!
   c) Welche Extremwerte nach unten und nach oben enthält deine Sammlung für die einzelnen Bestandteile?
   d) Fertige eine Mini-Landkarte von Deutschland an und trage die Quellorte aus deiner Sammlung ein!

26. Die Wasserhärte kann sehr unterschiedlich bestimmt werden. Am einfachsten geht es mit den entsprechenden Indikatorstäbchen. Etwas aufwendiger ist es nach dem Verfahren mit dem Umweltkoffer von Windaus. Untersuche die Wasserhärte nach der gegebenen Schrittfolge!
   a) Gib in ein Reagenzglas 10 ml einer Wasserprobe!
   b) Gib zu der Wasserprobe einen gestrichenen Messlöffel Reagenz 2 und rühre so lange um, bis sich das Reagenz gelöst und die Lösung rot gefärbt hat!
   c) Setze eine lange Tülle auf eine 5-ml-Spritze und fülle diese mit Reagenz 1 **(Vorsicht: Reagenz 1 reizt die Haut!).**
   d) Gib Reagenz 1 tropfenweise zur Wasserprobe und rühre jeweils um! Zähle die zugegebenen Tropfen!
   e) Gib so lange Tropfen zu, bis die Farbe der Wasserprobe nach smaragdgrün umschlägt! Bestimme die Wasserhärte in °dH (1 Tropfen ≙ 1 °dH)!

Beachte: Die mit Reagenzien versetzte Wasserprobe kann mit *viel* Wasser verdünnt in den Abfluss entsorgt werden.

27. Ermittle die Wasserhärte für Regenwasser, für Leitungswasser und für ein Oberflächengewässer in deiner Umgebung!

28. Hartes Wasser führt durch Erhitzen zur Bildung von Kesselstein, der zur vorzeitigen Unbrauchbarkeit von Geräten führen kann. Deshalb sollten z. B. Kaffeemaschinen, Waschmaschinen und Wasserkessel von Zeit zu Zeit von Kesselstein befreit werden. Dafür gibt es spezielle Chemikalien, aber man kann auch Essig dazu nutzen.

a) Probiere aus, Kesselstein mit Hilfe von Essig zu lösen!
Achtung: Wende Essig nur bei Zimmertemperatur an! In heißem Wasser können ätzende Dämpfe entstehen!
b) Nenne Vor- und Nachteile von Essig und speziellen Chemikalien!

29. Nach alten Plänen wurde 1937 in der Nähe von Oberhof der Lütsche-Stausee in Betrieb genommen, eigens für die Versorgung von Dampflokomotiven in Arnstadt und Erfurt mit Kesselspeisewasser über eine 37 km lange Rohrleitung. Zuletzt wurde das Wasser noch in Kesselwagen bis nach Sangerhausen gefahren.
Erkläre und begründe diesen großen Aufwand!
Wird er sich gelohnt haben?

30. Löse je eine abgeschabte Seifenflocke in 10 ml destilliertem Wasser und in 10 ml hartem Leitungswasser!
Was beobachtest du? Begründe die Ergebnisse!

31. Nicht gerade selten erreichen uns Meldungen vom Fischsterben in offenen Gewässern. Sofort denkt man an Giftstoffe im Wasser. Diese müssen jedoch nicht die Ursache sein.
a) Welche Situation in den Gewässern kann zum Fischsterben führen, ohne dass Giftstoffe beteiligt sind?
b) Warum ist es erforderlich, Abwässer, z. B. Kühlwasser von Wärmekraftwerken, vor dem Einleiten in Flüsse oder Seen auf die Temperatur dieser Gewässer zurückzukühlen?
c) Warum tritt das „ungiftige" Fischsterben vor allem an Sommertagen auf?

32. Erkläre die Entstehung des sauren Regens!
Nutze dazu die Abb. 2 auf S. 121!
Weise dabei nach, dass es sauren Regen ohne die Bildung wässriger Lösungen nicht geben könnte!

33. Erkunde, welche Schäden in der belebten und in der unbelebten Umwelt durch die Wirkung des sauren Regens in deiner Umgebung auftreten!

Wasser als Grundlage des Lebens

34. Wasser ist für die meisten Organismen ein wichtiger Baustoff.
Fertige aus der Tabelle auf S. 125 ein Säulendiagramm an!

35. Pflanzen, Tiere und Menschen haben einen ständigen Wasserbedarf.
a) Begründe den genannten Sachverhalt! Benutze dabei den Begriff „Transpiration"!
b) Beim Menschen hat die Transpiration noch eine „Neben"aufgabe. Erläutere sie!

36. Mit gefärbtem Wasser und Blumen mit weißen Blüten kann man die Wasseraufnahme bei Pflanzen nachweisen.
Führe ein solches Experiment durch!

37. Das von Pflanzen aufgenommene Wasser ist – genau genommen – eine wässrige Lösung.
a) Welche für Pflanzen lebensnotwendigen Stoffe müssen in dieser Lösung enthalten sein?
b) Beschreibe die Vorgänge von Wasseraufnahme durch die Pflanze, Wassertransport in ihr und Wasserabgabe durch sie! Nutze dazu die folgende Abbildung und verwende auch die Begriffe „Osmose" und „Diffusion"!

c) Was geschieht mit den durch die Lösung aufgenommenen Stoffen?

38. Der Wasser- bzw. Lösungstransport in Pflanzen beruht auf dem Prinzip der Kapillarität. Kapillarität wirkt auch im Boden und im Mauerwerk von Häusern, die gegenüber dem Untergrund schlecht isoliert sind.
    a) Erkläre diese Erscheinung!
    b) Übertrage die Skizze in dein Heft und fülle das Gefäß mit „Wasser"!

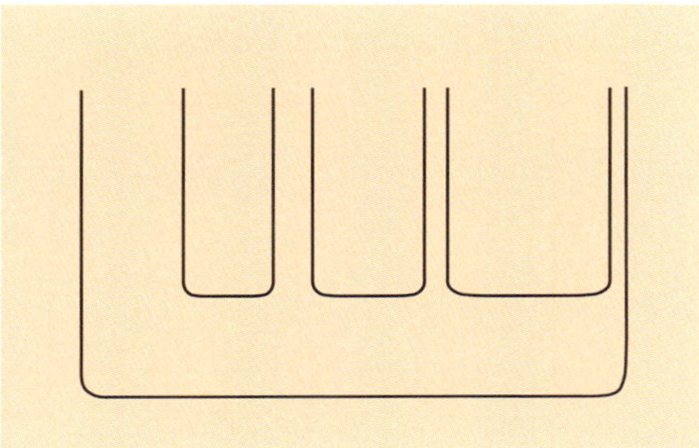

39. Im Stamm der Hainbuche steigt Wasser in einer Stunde um 1,25 m.
    Berechne, wie lange es dauert, bis Wasser von der Wurzel bis in die Laubblätter gelangt ist!
    Die betreffende Hainbuche hat eine Höhe von 25 m.

40. Samen verändert sich mit seinen Umweltbedingungen.
    a) Was geschieht, wenn Bohnensamen auf feuchten Boden gelegt wird?
    b) Wie heißt dieser Vorgang?
    c) Was kann man beobachten, wenn die Bohnensamen einige Zeit auf dem feuchten Boden gelegen haben?

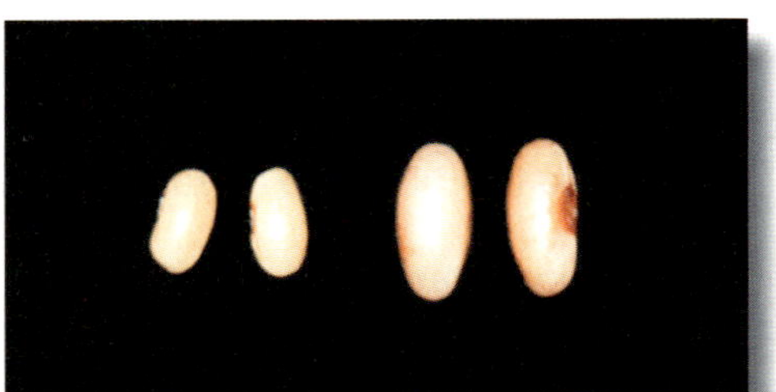

41. Zum Keimen benötigen Samen Wasser und eine bestimmte Temperatur.
    Führe ein entsprechendes Experiment durch!

Vorbereitung:

a) Wozu benötigen Samen Wasser?
b) Auf welche Weise kann den Samen Wasser zugeführt werden?
c) Welche Temperaturen sind für die Samenentwicklung günstig?
d) Überlege, wie das Experiment gestaltet werden muss, um beide Keimbedingungen (Wasser und Temperatur) zu berücksichtigen!
e) Bereite folgende Materialien und Geräte vor:
   – Kressesamen, wenige ml Wasser,
   – 4 Petrischalen, Filterpapier.

Durchführung:

a) Lege in alle 4 Petrischalen ein Blatt Filterpapier und streue Kressesamen hinein!

b) Halte bei 2 Petrischalen das Filterpapier ständig feucht, bei den zwei übrigen ständig trocken!
c) Stelle je eine Schale mit feuchtem und mit trockenem Filterpapier an einen warmen Ort, die beiden übrigen an einen kalten Ort!
d) Halte die Bedingungen gleich und beobachte mehrmals täglich eine Woche lang! Eine Tabelle hilft dir, die Übersicht zu behalten:

Zeit	Schale 1: feucht-warm	Schale 2: feucht-kalt	Schale 3: trocken-warm	Schale 4: trocken-kalt
1. Tag, 17 Uhr				
2. Tag, 9 Uhr				

Auswertung:

a) Beschreibe deine Beobachtungen!
b) Formuliere ein Gesamtergebnis zum Experiment, das auch auf andere Samenpflanzen übertragbar ist!

42. Erläutere die Feststellung, dass Wasser auch für die Gesundheit und das Wohlbefinden der Menschen bedeutsam ist!

43. Auch in deinem Bundesland bestehen Heilbäder und Kurorte.

a) Verschaffe dir einen Überblick über die in deinem Bundesland vorhandenen Heilbäder und Kurorte!
Zeichne diese Orte in eine Karte ein!
b) Sammle Materialien, die über die Eigenschaften des Wassers, über die Art der Wasseranwendungen und deren Zweck in Heilbädern und Kurorten Auskunft geben! Welche besonderen Heilwirkungen wird dem Wasser in den einzelnen Orten zugesprochen?
c) Gestalte mit den Materialien und gesammelten oder selbst „geschossenen" Fotos ein Poster!

Wasser und Temperatur

44. Erkläre das Abtrocknen einer feuchten Straße!

45. Nenne Beispiele für Stoffe, die in Natur und Technik in verschiedenen Aggregatzuständen vorkommen!

46. Erläutere das Schema zur Aggregatzustandsänderung bei Wasser auf S. 121!
Die Erläuterung soll auch die wichtigen Begriffe beinhalten!

47. Das Diagramm zeigt den Temperaturverlauf beim Erwärmen und Sieden von Wasser.

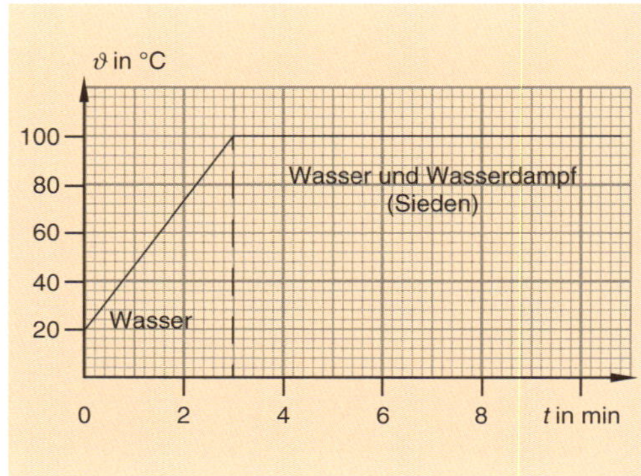

a) Interpretiere das Diagramm!
b) Wie ist dieser Temperaturverlauf zu erklären?

48. Untersuche experimentell den Temperaturverlauf beim Erwärmen von Wasser und erfasse dabei die zu beobachtenden Erscheinungen!
Trage deine Ergebnisse nach folgendem Muster in eine Übersicht ein:

Temperatur in °C	Beobachtungen
30 °C	Am Boden und an der Wandung des Gefäßes bilden sich erste Bläschen.
…	

49. Wie viel Wärme ist erforderlich, um 2 l Wasser von 20 °C auf 80 °C zu erwärmen?

50. Der Bleiloch-Stausee an der Saale hat ein Fassungsvermögen von 215 Mio. m^3 Wasser. Welche Wärme wird frei, wenn sich die Temperatur dieses Wassers im Durchschnitt um 2 °C verringert?

51. Wasser wird bei verschiedenen technischen Prozessen zum Kühlen eingesetzt.

a) Warum ist Wasser besonders gut als Kühlflüssigkeit geeignet?

b) Begründe, warum es sinnvoll ist, in Kühlsystemen von Kraftfahrzeugen nicht Wasser, sondern ein Gemisch von Wasser und Frostschutzmittel zu verwenden!

52. Meeresströmungen sind eine bedeutsame Erscheinung auf der Erde.

a) Informiere dich anhand von Büchern und Atlanten über große Meeresströmungen!

b) Meeresströmungen haben Auswirkungen auf Lebensräume der Meeresfische, auf die Vereisung von Küsten und auf das Klima.
Erläutere an einem Beispiel solche Auswirkungen!

53. Führe folgendes Experiment aus:
Fülle einen Plastikbecher mit Wasser und markiere den Wasserstand!
Stelle den gefüllten Becher dann in das Tiefkühlfach eines Kühlschranks!
Nimm den Becher nach 24 Stunden heraus!

a) Beschreibe deine Beobachtungen!

b) Erkläre sie!

54. Das Foto zeigt eine Glasflasche, die mit Wasser gefüllt war und eine Winternacht lang bei –10 °C im Freien stand.

Beschreibe und erkläre!

55. Lutz meint: „Wasser ist ein sehr weicher Stoff." Juliane dagegen äußert: „Wasser kann wie Dynamit wirken." Wer hat Recht?

56. Eis von 0 °C hat eine Dichte von 0,92 g/cm³; 1 kg Wasser von 0 °C nimmt ein Volumen von 1,00 Liter ein.
Berechne das Volumen, das 1 kg Eis von 0 °C einnimmt!

57. Erläutere die Frostsprengung bei Gesteinen!

a) Gehe dabei auf die physikalischen Ursachen ein, verwende auch den Begriff „Anomalie des Wassers"!

b) Bei welchen Gesteinen und unter welchen Witterungsbedingungen kann die Frostsprengung vor allem wirken?

58. Kenntnisse über die Anomalie des Wassers haben sehr praktische Bedeutung.

a) Was muss in unserer Klimazone getan werden, um das Einfrieren unterirdischer Wasserleitungen und von Leitungen auf der Erde bzw. von Pumpen zu verhindern?

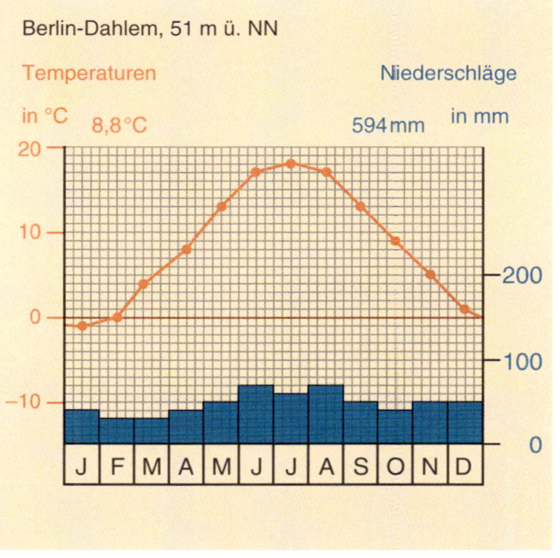

b) Was muss beim Auswerten eines Klimadiagramms beachtet werden?

3.2 Wasser auf der Erde

Die Erde – der „Blaue Planet“

Unsere Erde wird mitunter der „Blaue Planet“ genannt. Diese Bezeichnung ist nicht nur angesichts des Anblicks, den die Kosmonauten und Astronauten aus dem Weltraum haben, treffend gewählt. Sie bezieht sich auch auf den großen Anteil der Meere an der gesamten Erdoberfläche.

Warum machen sich Menschen dennoch Wassersorgen?
Welche Bedeutung haben die Meere für die Natur und für das Leben der Menschen?

Wasser verändert die Erde

Die Flüsse der Erde und ihre Wasserfälle gehören zu den eindrucksvollsten Naturvorgängen. Das fließende Wasser strebt – der Erdanziehungskraft folgend – den Hohlformen der Erde zu. Dabei verlagern die Flüsse Gesteinsteile und Bodenmaterial und sie verändern damit die Oberfläche der Erde.

Wie verändert fließendes Wasser die Erdoberfläche?
Welche anderen äußeren Einwirkungen haben die Erdoberfläche geformt?

Der Mensch greift in den Wasserkreislauf ein

Der Kreislauf des Wassers auf der Erde folgt Naturgesetzen. Er kann folglich nicht „angehalten“ werden. Dennoch können die Menschen in vielfältiger Weise direkt oder indirekt den Wasserkreislauf beeinflussen. Oftmals führen diese Eingriffe zu unbeabsichtigten Folgen mit katastrophaler Wirkung.

In welcher Weise greifen die Menschen in den natürlichen Wasserkreislauf ein?
Müssen sie zwangsläufig nachteilige Folgen „in Kauf nehmen“ oder können diese verhindert werden?

3.2.1 Viel Meer – wenig zu gebrauchen?

Wasser ist – in welchem Aggregatzustand auch immer – nicht überall auf dem Planeten Erde vorhanden. Es tritt in der Nähe der Erdoberfläche, in der **Wasserhülle der Erde,** der **Hydrosphäre,** auf. Äußerlich sichtbar ist vor allem das Wasser auf der Erdoberfläche (Abb. 1).

Meer und Land sind auf der Erdoberfläche nicht gleichmäßig verteilt – ein Sachverhalt, der erst durch die Weltumsegelungen von JAMES COOK (1768–1779) bekannt wurde. Auf der Nordhalbkugel nimmt das Meer 61 %, auf der Südhalbkugel 81 % der Fläche ein. Aber auch im Bereich der Halbkugeln schwankt der Land-Meer-Anteil von Breitenkreis zu Breitenkreis.

Zur Wasserhülle gehört jedoch ebenfalls das Wasser innerhalb der Lufthülle der Erde, der Atmosphäre, wie auch das Wasser unterhalb der Erdoberfläche innerhalb der Gesteinshülle der Erde, der Lithosphäre. In der Atmosphäre ist Wasser jedoch nur in ihren unteren Schichten vorhanden, in der Lithosphäre nur in den oberen Bereichen (Abb. 2).

Die Hydrosphäre der Erde, die Wasserhülle, umfasst alles auf der Erde vorkommende Wasser an der Erdoberfläche, in der Atmosphäre und unter der Erdoberfläche.

1 An der Erdoberfläche fallen zunächst die größten Wasserflächen der Erde, die Ozeane, auf. Blickt man auf das Zentrum eines Ozeans, so treten Landflächen völlig in den Hintergrund. Der Anteil der Meeresflächen an der Gesamtfläche der Erde beträgt 71 %. Rechnerisch wurde eine „Wasserhalbkugel" ermittelt. Ihr Pol liegt bei 47° 15' südlicher Breite und 177° 30' östlicher Länge, südöstlich von Neuseeland. Auf ihr dominiert das Meer sogar mit 91 % der Fläche. Aber auch auf der „Landhalbkugel" werden vom Meer noch 51 % Anteil erreicht.

Auf den Landflächen, den Kontinenten und Inseln, befindet sich Wasser in Seen, Mooren, Stauseen und Teichen, in Bächen, Flüssen und Kanälen, aber auch in allen Organismen. Es kann ständig oder zeitweilig in fester Form als Eis oder Schnee auftreten (vgl. Abb. 3).

in der Atmosphäre	Luftfeuchtigkeit, Wolken, Nebel, Regentropfen, Schneekristalle, Eiskörner
an der Erdoberfläche	Rinnsale, Bäche, Flüsse, Ströme, Kanäle, Gräben, Seen, Moore, Stauseen, Teiche, Meere, Tautropfen, Regentropfen, Schnee, Eis, Gletscher
unter der Erdoberfläche	Bodenwasser, Grundwasser, Flüsse, Seen, Eis in Höhlen, Eis in Dauerfrostgebieten, Quellwasser

3 Die Erscheinungsformen des Wassers auf der Erde sind vielseitig. Ob sie in einer Region oder zu einem Zeitpunkt tatsächlich auftreten, hängt von vielen konkreten Bedingungen ab. Zu ihnen gehören Klima und Wetter, die Breiten- oder die Höhenlage eines Gebietes.

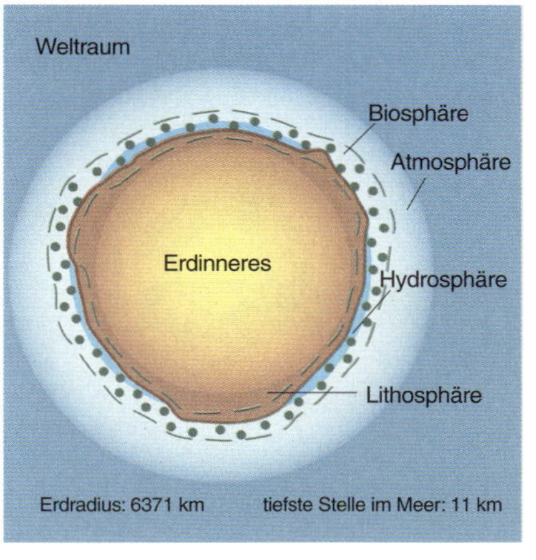

2 Die Hydrosphäre besitzt im Vergleich zum gesamten Erdkörper (einschließlich der Atmosphäre) nur einen geringen Anteil. Das drückt sich auch im Volumen des Wassers auf der Erde im Vergleich zum Gesamtvolumen der Erde aus: Letzteres wird mit $1{,}08332 \cdot 10^{12}\ km^3$ angegeben. Das Wasservolumen dagegen beträgt $1{,}454 \cdot 10^9\ km^3$. Das sind lediglich 0,1342 % des Erdvolumens!

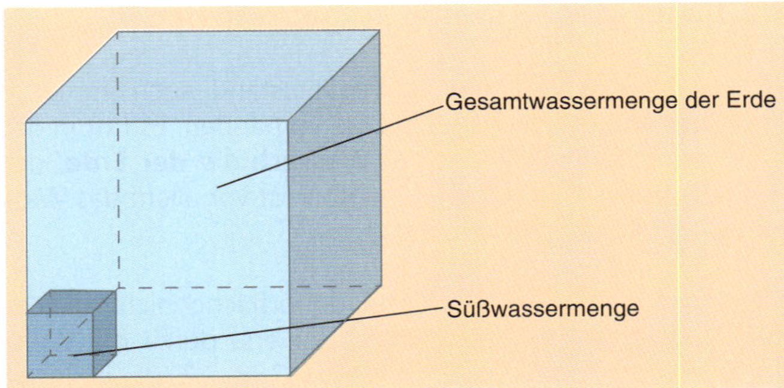

1 **Vergleich der Süßwassermenge mit der Gesamtwassermenge der Erde. Als Süßwasser, das nur einen geringen Anteil am Wasser der Erde hat, gilt Wasser mit einem Salzgehalt bis zu 1 g Salz je 1 kg Wasser.**

2 **Gletscher in den Hochgebirgen der Erde stellen wie das Inlandeis Antarktikas oder Grönlands eine besondere Form festen Wassers dar: Im Unterschied zum winterlichen Eis auf Flüssen, Seen und Meeren, das sich durch Gefrieren des Wassers bildet, entsteht Gletschereis durch Umformung aus den abgelagerten Schneekristallen des Niederschlags.**

Die **Gesamtwassermenge der Erde**, zu der auch die von den Menschen nutzbare Menge gehört, wird aufgrund schwieriger Berechnungsbedingungen sehr unterschiedlich angegeben. Sehr wahrscheinlich ist der Wert, der das Wasser auf der Erde mit $1\,454\,193 \cdot 10^3$ km^3 angibt. Diese Wassermenge würde eine Hülle von 2851 m Höhe rund um den Erdball bilden, wenn es keinerlei Höhenunterschiede gäbe! Die Meere, deren Wasser nicht ohne weiteres als Trinkwasser nutzbar ist, haben daran einen Anteil von rund 94 % (Abb. 1). Nur 1,94 % sind Süßwasser, das sich aber wieder auf verschiedene Erscheinungsformen verteilt (Abb. 4). Die Süßwassermenge ergäbe auf einem eingeebneten Erdkörper noch eine Hülle von 55,4 m Höhe. Daran hätte das im Inlandeis und in den Gletschern gespeicherte Wasser (Abb. 2) einen Anteil von 47,1 m, die Wassermenge, die sich ständig in Flüssen befindet, nur noch 2,35 mm!

Die Menschen können ohne Schaden für ihre eigenen Lebensgrundlagen in der Natur nur einen sehr geringen Anteil an der Gesamtwassermenge der Erde nutzen. Er entspricht dem ständig in den Flüssen befindlichen Wasser von 1200 km^3 oder 0,0001 % des gesamten Wassers.

3 **Das Bild zeigt, dass sich auch über Halbwüsten Wasser befinden kann: Wolken, die in sehr verschiedenen Arten auftreten können, bestehen aus feinsten Wasserströpfchen, die in der Atmosphäre schweben. Im Unterschied dazu ist Wasser zwischen der Erdoberfläche und der Wolkenunterseite gasförmig als unsichtbarer Wasserdampf in der Luft enthalten.**

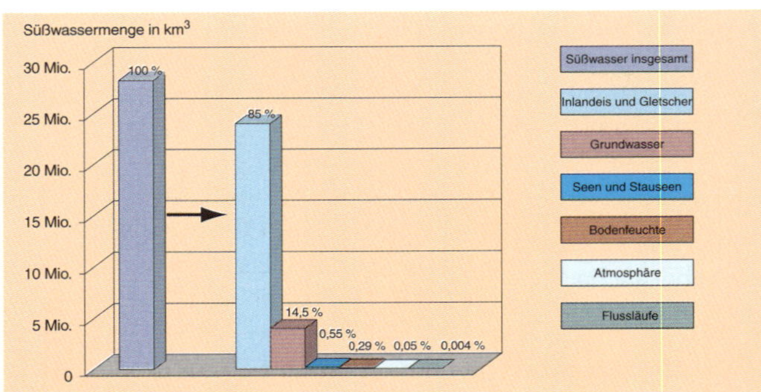

4 **Mengen und Anteile am Süßwasser der Erde, insgesamt 28 253 200 km^3**

Das Weltmeer und seine Bedeutung

Das Weltmeer gliedert sich in Ozeane und Nebenmeere. Die Nebenmeere werden in Mittelmeere (z. B. Ostsee, Rotes Meer) und in Randmeere (z. B. Nordsee, Ostchinesisches Meer) unterteilt.

Ozean (mit Nebenmeeren)	Fläche in Mio. km^2	mittlere Tiefe in m	größte Tiefe in m	Wassermenge in Mio. km^3
Pazifischer Ozean	181,34	3 490	11 034	714,41
Atlantischer Ozean	94,31	3 576	9 219	337,21
Indischer Ozean	74,12	3 480	7 455	284,61
Arktischer Ozean	12,26	1 117	5 449	13,70
zum Vgl.: Ostsee	0,39	55	470	0,02

1 Auch die Größenangaben zu Ozeanen und Nebenmeeren sind nicht überall gleich. Manchmal wird der Arktische Ozean nicht gesondert ausgegliedert, sondern im Wesentlichen zum Atlantik gerechnet. In Atlanten wird er dann Nordpolarmeer genannt.

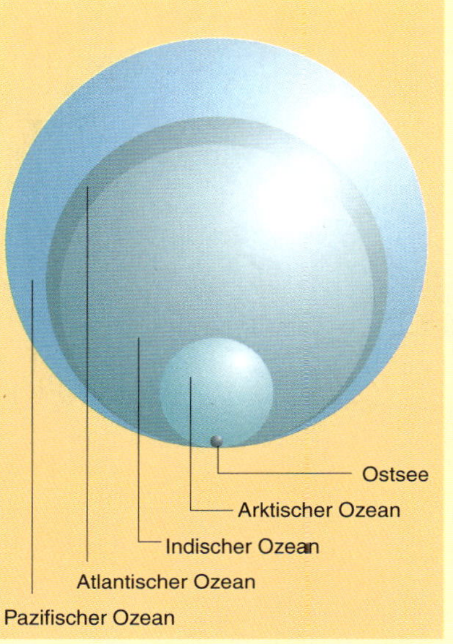

2 Auch durch ihr Volumen unterscheiden sich die Ozeane beträchtlich voneinander.

Das Wasser des Weltmeeres unterscheidet sich von vielen Gewässern des Festlandes vorwiegend durch seinen Salzgehalt. Dessen Größe ist abhängig u.a. von Tiefe, Temperatur und Küstennähe. Der durchschnittliche Salzgehalt beträgt 3,5 %. In 1000 g Meerwasser sind also 35 g Salze enthalten. Im Roten Meer zum Beispiel liegt er bei 4,0 %, in der Nähe abschmelzender Eisberge geht er fast auf 0 % zurück.

3 Wenn auch das Wasser des Weltmeeres als Trink- und Brauchwasser (s. S. 146) nicht direkt verwendet werden kann, haben die Meere dennoch größte Bedeutung für die Erde. Sie und ihre Küsten sind – wie hier am Kreuzkap (Namibia) für die Zwergpelzrobben – wichtige Lebensräume für zahlreiche Tiere und Pflanzen und so auch Nahrungsgrundlage für die Menschen. Die Meere beeinflussen in starkem Maße das Klima auf der Erde.

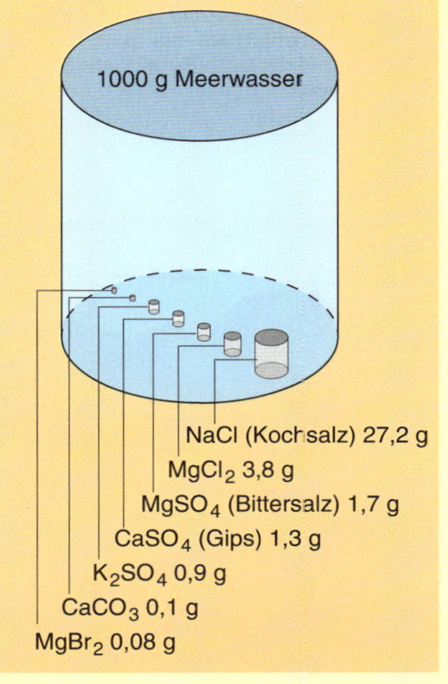

4 Salze mit größten Anteilen im Meerwasser. Der Anteil der verschiedenen Salze am Salzgehalt der Meere ist in den offenen Ozeanen überall nahezu konstant. Der salzige Geschmack des Meerwassers wird vom Kochsalz verursacht, der bittere von Magnesiumsalzen.

1 Durch den Wasserkreislauf sind Hydrosphäre, Atmosphäre und Lithosphäre der Erde ständig miteinander verbunden.
Für den Wasserkreislauf müssen in bestimmten Regionen der Erde oder zu bestimmten Jahreszeiten noch die Rücklage und der Aufbrauch berücksichtigt werden. So kann Schnee, der am Winterende durchaus 75 Mio. km² der Nordhalbkugel bedecken kann, nicht sofort abfließen oder verdunsten. Diese Rücklage wird erst durch Erwärmung (Schneeschmelze) wieder aufgebraucht.
In der Atmosphäre beträgt die Verweildauer eines Wassertröpfchens nur rund 11 Tage. Das Wasser in der Lufthülle wird etwa 34-mal im Jahr ersetzt.

Stünde der belebten Natur und der menschlichen Gesellschaft tatsächlich nur die in allen Flüssen der Erde zugleich enthaltene Wassermenge von 1 200 km³ zur Verfügung, so wäre Leben in den heutigen Formen auf den Landflächen der Erde nicht möglich! Die Flüsse ergießen jedoch ihren Inhalt nicht nur einmal ins Meer und hören dann auf zu „laufen“, sondern sie erhalten über die Niederschläge in ihren verschiedenen Formen immer wieder „Nachschub“ (Abb. 1). Sie sind wie anderes Wasser auf der Erde in **natürliche Wasserkreisläufe** eingebunden.

Die Grundelemente des natürlichen Wasserkreislaufs, in dem Wasser ständig seinen Zustand und seinen Aufenthaltsort ändert, sind Niederschlag, Abfluss, Verdunstung und Wasserdampftransport in der Atmosphäre.

Durch **Verdunstung**, die von der Sonnenstrahlung ausgelöst wird, gelangt Wasser in die Atmosphäre. Als **Wasserdampf** wird es innerhalb der Atmosphäre sowohl nach oben als auch über die Erde hinweg **transportiert**. Aus **Wolken**, die sich unter bestimmten Bedingungen aus Wasserdampf bilden, fällt Wasser als **Niederschlag** auf die Erdoberfläche und als **Abfluss** gelangt es in die größten Hohlformen der Erde, die Ozeane (Abb. 2).
Durch den Wasserkreislauf werden die Flüsse immer wieder gefüllt. Das geschieht rund 31-mal im Jahr oder etwa alle 12 Tage, wenn man vom berechneten durchschnittlichen Abfluss von den Landflächen von 37 500 km³ im Jahr (Abb. 1, S. 149) und von der einmalig in allen Flüssen enthaltenen Wassermenge von 1200 km³ ausgeht.

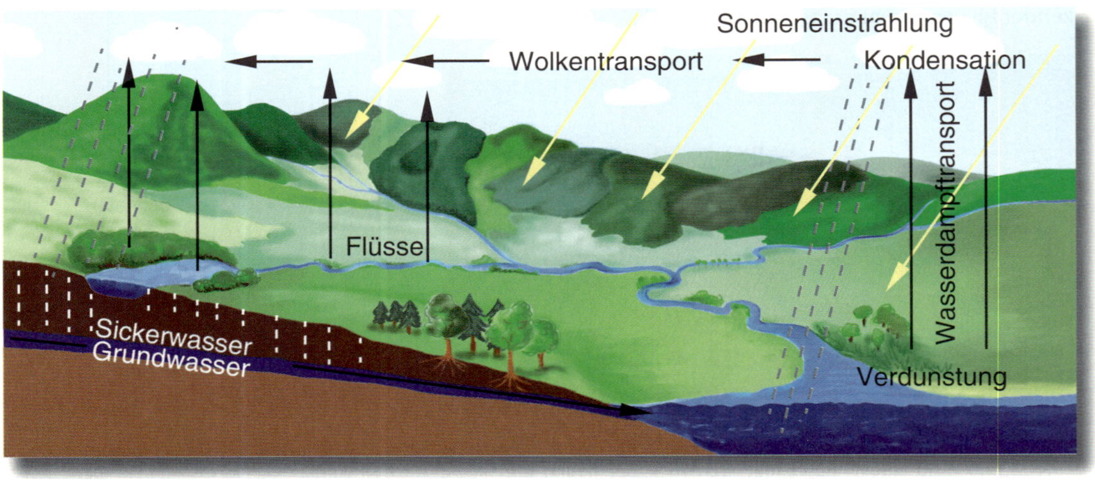

2 Der Wasserkreislauf und seine Teilkreisläufe sind in Wirklichkeit noch viel komplizierter, als es das Schema darstellt. So gibt es in manchen Räumen der Erde und zu manchen Zeiten entsprechend der Windrichtung Wasserdampftransport auch vom Land zum Meer. Nicht alles Wasser wird so schnell ausgetauscht wie das der Atmosphäre oder der Flüsse. Die Verweildauer eines Wasserteilchens beträgt im Weltmeer 3 300, im Inlandeis sogar 9 600 Jahre!

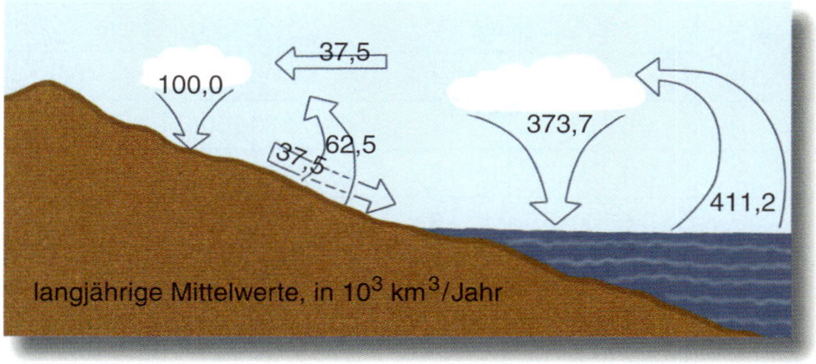

1 **Die Wasserbilanz der Erde weist aus, dass nur $473{,}2 \cdot 10^3$ km^3 Wasser jährlich in die Kreisläufe einbezogen sind. Abfluss kann es nur auf solchen Landflächen geben, über denen die Verdunstung geringer ist als der Niederschlag. Ansonsten sind Flächen abflusslos.**

Für den verantwortungsbewussten Umgang mit Wasser durch den Menschen ist es erforderlich, **Wasserbilanzen** aufzustellen. Sie können durch langfristige Messungen von Niederschlägen, von Abflüssen und der Verdunstung für jedes Gebiet der Erde ermittelt werden. Für Deutschland wurde eine jährliche Niederschlagsmenge von rund 274 Mrd. m^3 und eine jährliche Verdunstungsmenge von rund 178 Mrd. m^3 berechnet.

Fasst man alle natürlichen Wasserkreisläufe der Erde zusammen, so bildet die Bilanz der Grundelemente Niederschlag (N), Verdunstung (V) und Abfluss (A) die Gleichung N = V + A. Man nennt diese Gleichung die **Wasserhaushaltsgrundgleichung** der Erde.

2 **Nirgendwo auf der Erde gibt es in der Natur reines Wasser, weil Wasser ein Lösungsmittel ist (vgl. S. 115). Je nachdem, wo sich Wasser gerade im Kreislauf befindet, enthält es andere und unterschiedlich viele Stoffe. Selbst im Regenwasser befinden sich Staub und Gase der Atmosphäre. Quell- und Grundwasser enthalten in geringen Mengen Salze. Mineralwasser ist besonders reich an Mineralien, die auch für den Menschen lebensnotwendig sind.**

3.2.2 „Abriss" und „Neubau" durch fließendes Wasser

Flüsse sind ein Element des Wasserkreislaufs. Sie können sich aber nur dort bilden, wo der Niederschlag größer als die Verdunstung ist und wo die Oberfläche der Erde, das Relief, geneigt ist. Auf einer völlig eingeebneten Erde gäbe es keine Flüsse.

Flüsse fließen nicht einfach von oben nach unten, vom Gebirge ins Meer, von den Vollformen zu den Hohlformen der Erde. Sie nehmen aufgrund ihrer Bewegungsenergie Gesteins- und Bodenmaterial auf, transportieren dieses und lagern es wieder ab, wenn ihre Transportkraft nicht mehr ausreicht. Flüsse wirken dadurch einebnend: Sie tragen Vollformen ab und schütten Hohlformen zu.

Fließendes Wasser verändert durch **Abtragung** (Erosion), Transport und **Ablagerung** (Sedimentation) von festen und gelösten Gesteins- und Bodenmaterialien das Relief der Erde (Abb. 3).

3 **Das tief eingeschnittene Tal des Colorado wie auch seine starke Färbung zeigen die Wirkung des fließenden Wassers.**

Fluss	mittlerer jährlicher Abfluss (m^3/s)	Lauflänge		Einzugsgebiete	
		km	Position	km^2	Position
1. Amazonas	180 000	6 516	1.	7 180 000	1.
2. Kongo (Zaire)	42 000	4 700	8.	3 822 020	2.
3. Jangtsekiang	31 000	6 300	3.	1 807 000	11.
4. Orinoco	28 000	2 740	27.	1 086 000	15.
5. Brahmaputra	20 000	2 900	22.	938 000	22.
6. Jenissej	19 600	5 550	6.	2 605 000	7.
7. Rio de la Plata	19 500	4 700	9.	2 650 000	6.
8. Mississippi	17 545	6 019	4.	3 221 183	3.
9. Lena	16 400	4 270	12.	2 490 000	8.
10. Mekong	15 900	4 500	11.	795 000	28.

1 Die Riesenströme der Erde zeichnen sich nicht nur durch ihre Länge aus, sondern vor allem durch die Größe ihres Einzugsgebietes und ihrer Abflussmenge. Diese sind durch Relief- und Klimaverhältnisse bedingt. Die Abflussmenge ist entscheidend für den Materialtransport ins Meer.

Nicht nur die Riesenströme der Erde (Abb. 1) wirken reliefverändernd (Abb. 2), sondern jedes fließende Wasser. Es wäre jedoch zu einfach, wollte man annehmen, die Flüsse transportierten **Feststoffe** (Schwimmstoffe, Schwebstoffe, Geröll) und **Gelöstes** auf direktem Wege vom Gebirge ins Meer. Gerölle sind größer als 3 mm im Durchmesser und werden auf der Flusssohle bewegt. Das ist selbst bei starker Wasserführung nur im steilen Oberlauf des Flusses möglich. Sogar Schwebstoffe, die kleiner als 3 mm sind, werden zu einem großen Teil schon im flachen Unterlauf eines Flusses, bevor er das Meer erreicht, abgelagert.

2 Täler sind Formen, die von Flüssen geschaffen wurden. Sie markieren deutlich ihren Weg von der Quelle bis zur Mündung. Flüsse mit ihren Nebenflüssen bilden Flusssysteme. Diese können nicht nur Täler bilden, sondern – wie hier im Grand Canyon des Colorado – ehemals zusammenhängende Flächen (am Horizont noch gut zu rekonstruieren) so stark zerschneiden, dass nur noch Restflächen vorhanden sind, die sich in verschiedenen Höhenniveaus befinden. Diese Restflächen sind teilweise so stark abgetragen, dass davon nur noch pyramidenförmige Berge (Bildmitte) geblieben sind.

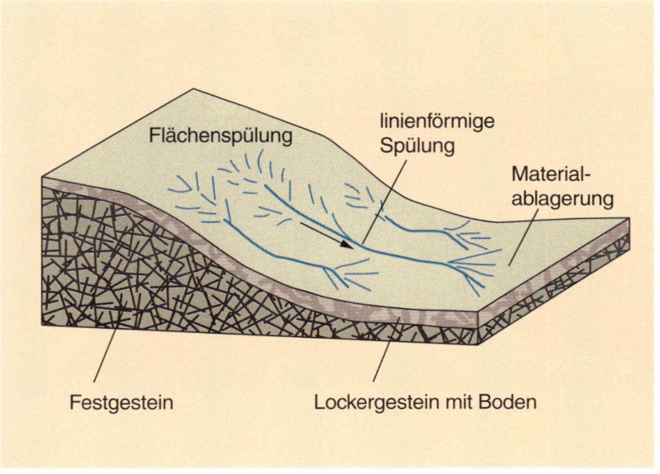

1 Schema der Wirkung fließenden Wassers an einem Hang mit ungeschützter Bodendecke

2 Zu den Ergebnissen der Wirkungen des fließenden Wassers gehören solche Rinnen. Sie treten besonders auf pflanzenlosen Ackerflächen auf. Für ihre Entstehung genügt bereits eine geringe Neigung der Felder. Das Regenwasser kann nur teilweise in den Boden eindringen und läuft vor allem an der Oberfläche ab. Dabei wird es nicht von Pflanzen aufgehalten und spült den Boden ab.

Bereits an einem *flachen Hang,* der als Ackerland genutzt wird, sind Wirkungen des fließenden Wassers erkennbar (Abb. 1 und 2). Der auf den pflanzenlosen Hang fallende Regen – noch stärker das Schmelzwasser im Frühling – kann nur zum Teil versickern. Es fließt oberflächlich ab. Anfänglich erfolgt der Abfluss auf der gesamten Fläche des steileren Oberhanges. Recht schnell sammelt sich das Wasser in ersten Rinnsalen, in denen der Abfluss konzentriert vor sich geht. Diese Rinnsale können zu metertiefen Schluchten werden.

Abtragung, Transport und Ablagerung von Gesteins- und Bodenmaterialien lassen sich auch schon an einem kurzen Abschnitt eines *gekrümmt verlaufenden Baches* gut nachweisen (Abb. 3 und Abb. 1 auf S. 152). In den *Außen*bögen des Baches trägt das fließende Wasser ab, und zwar sowohl nach außen (Seitenerosion) als auch in die Tiefe (Tiefenerosion). Abgetragenes Material wird bachabwärts transportiert und kann schon am nächsten *Innen*bogen des Baches abgelagert werden (Sedimentation).

Diese gegensätzlichen Vorgänge am Außen- und am Innenbogen ein und desselben Flussabschnittes werden durch die unterschiedliche **Fließgeschwindigkeit** des Wassers verursacht. Sie ist außen am größten, innen am geringsten. Es entstehen **Prallhang** und **Gleithang.** Der **Stromstrich,** die Linie höchster Fließgeschwindigkeit, verläuft in der Nähe des Prallhanges.
Nicht allein die Fließgeschwindigkeit entscheidet über die Größe von Erosion und Sedimentation. Mit zunehmender **Masse** des Wassers, etwa nach starkem Regen oder während der Schneeschmelze, verstärken sich die Wirkungen des fließenden Wassers.

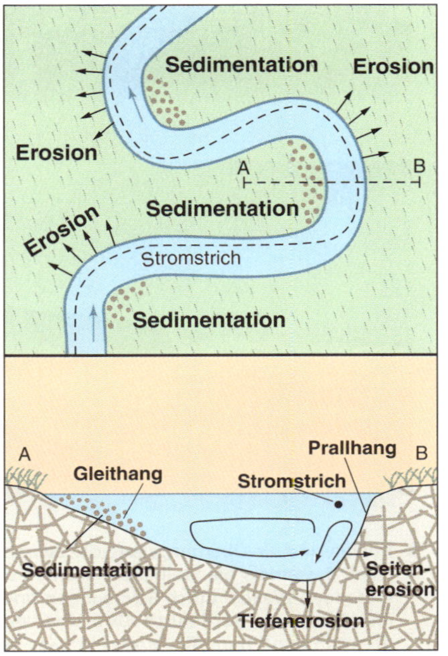

3 Kartenskizze (oben) und Profil (unten) zu einem gekrümmt verlaufenden Abschnitt eines Fließgewässers

1 Der gekrümmt verlaufende Bach (Blick in Fließrichtung) besitzt einen asymmetrischen Querschnitt. Von der Gleithang-Seite (links im Bild) aus vertieft sich das Flussbett ganz allmählich. Noch bis weit über die Mitte sind die Sedimente (Ablagerungen) erkennbar. Kurz neben dem Prallhang (im Bild rechts bzw. hinten) befindet sich die größte Tiefe und der Stromstrich.
Gekrümmt verlaufende Flüsse verlagern ihre Schleifen aufgrund der Erosion am Prallhang nach außen. Zwei benachbarte Außenbögen nähern sich so an. Es kann zum Durchbruch kommen. Flüsse verkürzen so an manchen Stellen selbst ihren Lauf.

Tropfen – Wellen – Gletscher

Das Wasser in seinen verschiedenen Erscheinungsformen (vgl. Abb. 3, S. 145) wird noch anders als die oberirdischen Flüsse abtragend, ablagernd und damit oberflächenverändernd wirksam (Abb. 2, 3 und 4). Solche Prozesse finden u. a. unter der Oberfläche in Kalkgebirgen, an den Meeresküsten und in Hochgebirgen statt.

2 In den Saalfelder „Feengrotten", einem beliebten Touristenziel, finden Veränderungen des Gesteins durch versickerndes Wasser statt. Es bilden sich durch chemische Prozesse Tropfsteine. Sie bestehen aus den Stalaktiten an der Höhlendecke und den Stalagmiten am Höhlenboden, die aufeinander zuwachsen. Die Saalfelder Höhlen selbst wurden jedoch durch den Bergbau des Menschen geschaffen.

3 Küsten sind die Übergangsbereiche zwischen Meer und Land. Besonders die Steilküsten werden durch die auflaufenden Wellen, durch Strömungen und Eispressung im Winter, aber auch durch Abrutschen des steilwandigen Kliffs und herabfließendes Wasser landwärts verlegt. Das abgetragene Gesteinsmaterial wird vor der Küste im flachen Wasser wieder abgelagert oder an andere Küstenabschnitte transportiert.

4 Gebirgsgletscher wie Inlandeis formen die Erdoberfläche direkt und durch ihre Schmelzwässer. Durch den Rückzug der Alpengletscher werden deren Spuren sichtbar: An der Felswand, die noch vor wenigen Jahrzehnten durch Eis verdeckt war, befinden sich waagerechte Gletscherschrammen. Darunter ist eine Seitenmoräne des ehemaligen Gletschers, die aus weiter oben abgetragenem Gesteinsschutt besteht, erkennbar.

3.2.3 Der Mensch greift in den Kreislauf ein

Der Mensch – jeder Einzelne wie die Menschheit insgesamt – existiert nur, weil es Wasser auf der Erde gibt und weil er das Wasser nutzt. Das geschieht auf vielfältigste Weise. Alle Nutzungen von Wasser, auf die im Abschnitt 3.4 näher eingegangen wird, stellen Eingriffe in den Wasserhaushalt dar, ganz gleich, ob dies den Nutzern bewusst ist oder nicht.

Nicht alle Eingriffe müssen bedenklich sein oder bringen den Wasserkreislauf weltweit in Gefahr (Abb. 1). Zu den Eingriffen in den Wasserkreislauf gehören u.a. die Anlage von Stauseen, die Entnahme von Flusswasser zur Bewässerung landwirtschaftlicher Anbauflächen, die Kanalisierung von Flüssen, die Absenkung des Grundwasserspiegels, die Abholzung von Wäldern, die Versiegelung von Flächen oder die industrielle Nutzung von Wasser (Abb. 2).
Jeder einzelne der menschlichen Eingriffe in die Natur beeinflusst mehrere Elemente des Wasserkreislaufs.

Alle menschlichen Veränderungen in der Natur, die den Niederschlag, den Abfluss, die Verdunstung, den Wasserdampftransport, aber auch Rücklage und Aufbrauch lokal, regional oder global beeinflussen, stellen Eingriffe in den Wasserkreislauf dar. Sie haben nicht selten nachteilige Folgen für die Menschen und ihre natürliche Umwelt.

1 Laufwasserkraftwerke, wie hier das Laufwasserkraftwerk St. Aldegund an der Mosel beeinflussen den natürlichen Wasserkreislauf kaum. Die geringe Stauhöhe verhindert den Abfluss nur anfänglich in geringem Maße. Auch die Wasseroberfläche wird nicht wesentlich vergrößert, so dass die Verdunstung nicht stärker wird.

2 Menschliche Eingriffe in den Wasserkreislauf sind durch aufmerksames Beobachten in der Wirklichkeit nahezu überall anzutreffen. Man kann dabei direkte Einflüsse auf den Wasserkreislauf (wie die Wasserentnahme zum Betreiben eines Kraftwerkes) und indirekte (wie das Abholzen von Wäldern) feststellen.

1 Der Lake Mead hinter dem Hoover-Damm fasst mit seinen 34 852 Mio. m^3 162-mal mehr als der größte deutsche Stausee, steht damit aber erst an 15. Stelle in der Welt.

Name (Fluss)	Stauraum in Mio. m^3
Owen Falls (Victoria-Nil)	204 800
Kariba (Sambesi)	180 600
Bratsk (Angara)	169 270
Assuan (Nil)	168 900
Akosombo (Volta)	147 960
D. Johnson (Maniconagau)	141 852
Guri (Rio Caroni)	138 000
Krasnojarsk (Jennissei)	73 300
W. A. C. Bennett (Peace River)	70 309
Seja (Seja)	68 400
Bleiloch (Saale)	215

2 Zu den nach dem Stauraum größten zehn Stauseen der Erde gehört kein europäischer.

3 Durch Flächenversiegelung wird nicht nur der Wasserkreislauf beeinflusst. Die Fläche geht für andere, naturnahe Nutzungen meist für immer verloren. In Deutschland wird gegenwärtig täglich eine Fläche von über 100 ha neu überbaut oder versiegelt.

Große **Stauseen** (Abb. 1 und 2), oft zur landwirtschaftlichen **Bewässerung,** zur Trinkwassergewinnung oder zur Erzeugung elektrischen Stromes oder zum Hochwasserschutz angelegt, stellen unter unseren klimatischen Bedingungen eine *Rücklage* von Wasser dar. Sie wird in niederschlagsreichen Jahreszeiten oder während der Schneeschmelze gebildet und in trockenen Jahreszeiten zum Teil wieder *aufgebraucht*.

Die Vergrößerung der Wasseroberfläche führt aber vor allem in Trockengebieten der Erde zu einer erheblichen Verstärkung der *Verdunstung* von Wasser, das oft dringend als Trinkwasser benötigt würde. Hinzu kommt noch eine Vergrößerung der *Versickerung.*
Die Entnahme von Bewässerungswasser und dessen zum Teil weiter Transport in flussferne Gebiete beeinflusst ebenfalls die Masse des verbleibenden Flusswassers. Der Fluss unterhalb der Talsperre, z. B. der Nil nördlich des Assuandammes, behält folglich wesentlich weniger Wasser für den *Abfluss* als vor dem Dammbau. Deshalb gelangt auch weniger Wasser in sein Delta, was zum Eindringen von salzigem Meerwasser führt. In Mittelasien werden Flüsse zur Bewässerung vor allem von Baumwollfeldern so stark genutzt, dass von ihrer ursprünglichen Wasserführung immer weniger in den Aralsee gelangt und dieser immer mehr eintrocknet. Sein Salzgehalt erhöht sich stark. Einstige Hafenorte liegen heute mitten in der Wüste.

Durch die **Flächenversiegelung** beim Bau von Verkehrswegen, Parkplätzen, Industrieanlagen oder Wohnsiedlungen wird der ursprüngliche Wasseraustausch mit dem Boden oft vollständig unterbunden (Abb. 3). Niederschlagswasser kann nicht mehr *versickern* und Grundwasser bilden. Es gelangt entweder in die Kanalisation und belastet die Kläranlagen unnötig oder läuft an den Rand der versiegelten Fläche und führt dort zu einem unerwünschten Überangebot von Wasser. Die *Verdunstung* von der Fläche ist auf den nicht abfließenden Niederschlag beschränkt, da Wasser aus dem Boden nicht mehr in diesen Prozess einbezogen ist. Das Kleinklima wird verändert.

Der Grundwasserspiegel sinkt in vielen Gebieten der Erde, so auch in Europa. Zu den Ursachen für diese Tendenz gehören Flussregulierungen, Einschränkungen der natürlichen Feuchtgebiete durch Entwässerung, intensive Bewässerung in der Landwirtschaft, die Überbauung großer Flächen (Abb. 3), Bergbau und nicht zuletzt die überhöhte **Grundwasserentnahme** zum Zwecke der Trinkwasserversorgung, weil Oberflächenwasser nicht mehr zur Verfügung steht oder zu sehr verschmutzt ist. Bodensenkungen, Eindringen von Meerwasser ins Grundwasser und Ernterückgänge in der Landwirtschaft sind nur Beispiele für die Folgen.

Tagebau und Wasserkreislauf

Ganz erhebliche Veränderungen im Wasserkreislauf erfolgen durch den Bergbau, insbesondere in Form des Tagebaus. Der Abbau der Braunkohle im Tagebau erfordert umfangreiche Entwässerungen, damit Menschen und Technik nicht zu Schaden kommen können. Im offenen Tagebau (Abb. 2) müssen die über dem Flöz abgelagerten Schichten entwässert und die darunter liegenden von Wasserdruck entspannt sein. Deshalb wird das Grundwasser durch Brunnen – allein im Lausitzer Revier sind es 6000 – bereits mehrere Jahre vor Beginn des Bergbaus gefördert und damit der Grundwasserspiegel abgesenkt (Abb. 1a, b). Die Grundwasserförderung wird auch nach dem Ende des Bergbaus noch lange Zeit bis zur Sanierung der Tagebaue fortgesetzt.

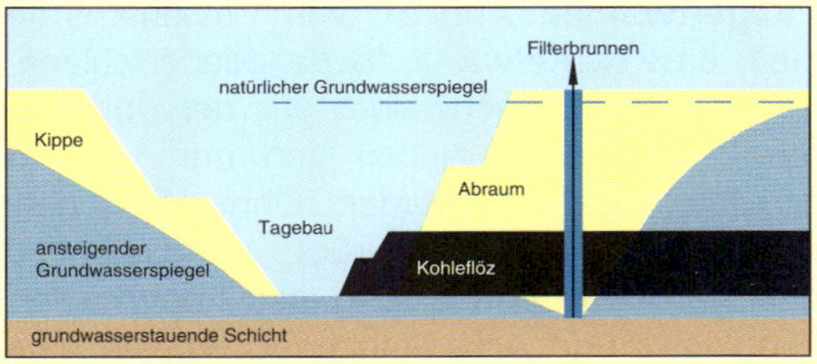

1a Ohne Grundwasserabsenkung wäre der Braunkohlenbergbau nicht möglich.

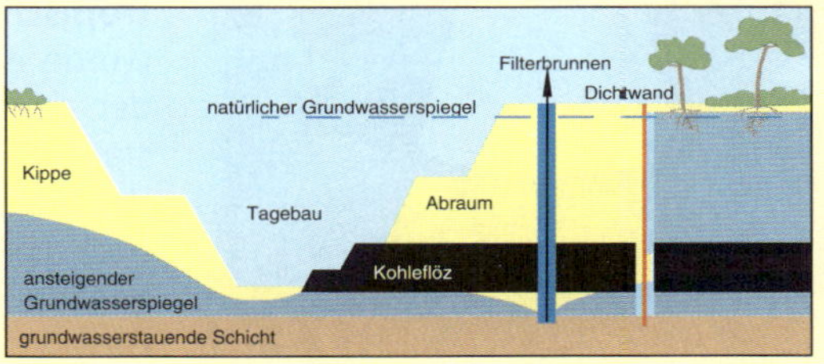

1b Wird eine Dichtungswand eingebracht, ist die betroffene Fläche geringer.

Durch die Grundwasserabsenkung im Lausitzer Revier hat sich ein Absenkungstrichter gebildet, der gegenwärtig eine Fläche von 2 100 km^2 umfasst. Diese Fläche entspricht etwa der Größe der brandenburgischen Landkreise Prignitz oder Märkisch Oderland und ist fast 2 1/2-mal so groß wie die Fläche Berlins. Der natürliche Wasserkreislauf der Lausitz ist dadurch erheblich gestört. Oberirdischen Abfluss gibt es kaum, da das Oberflächenwasser zusammen mit dem Grundwasser abgepumpt wird. Das Wasserdefizit dieses Absenkungstrichters beträgt rund 13 Mrd. m^3. Eine natürliche Grundwasserneubildung würde etwa 60 Jahre dauern! Eine schnelle Wasserauffüllung ist auch deshalb nicht möglich, weil dadurch die Wasserversorgung Berlins gefährdet würde.

2 Braunkohlentagebaue befinden sich in Deutschland in den Bundesländern Brandenburg, Sachsen, Sachsen-Anhalt, Thüringen und Nordrhein-Westfalen. In einigen ist der Abbau beendet worden, andere sollen noch neu eröffnet werden. Im Tagebau werden auch andere Bodenschätze abgebaut, z. B. Steine und Kiese.

1 **Kühltürme sind ein Kennzeichen vor allem von Wärmekraftwerken. Die sich über ihnen bildenden Wolken sind Zeichen zusätzlicher Wasserzuführung in die Atmosphäre. Die Wärmekraftwerke gehören zu den größten Wasserverbrauchern der Wirtschaft.**

Die Größe der Verdunstung wird auch durch die **industrielle Nutzung** von Wasser (Abb. 1) beeinflusst. Trotz technischer Wasserkreisläufe in Industriebetrieben, die Wasser mehrfach verwenden, wird Wasser dem *Abfluss* oder dem Grundwasser entzogen und zusätzlich der *Verdunstung* zugeführt.

Die Menschheit ist auch dabei, in das Wasserkreislaufelement *Niederschlag* einzugreifen und damit das globale Klima zu verändern. Das geschieht auf verschiedene Weise. Ein verhängnisvoller Vorgang ist dabei die **Vernichtung der tropischen Regenwälder** (Abb. 2). Von Wissenschaftlern wurde ermittelt, dass sich etwa 90 % der Niederschläge in der Zone des tropischen Regenwaldes aus der dort selbst stattfindenden *Verdunstung* ergeben und nur 10 % des Wassers vom Meer zugeführt werden. Ohne Wald gehen dort die Niederschläge deutlich zurück, die Gefahr der Versteppung besteht. Die Entwaldung der Tropen zwecks Gewinnung von Holz und Ackerland bringt keinen dauerhaften Nutzen.

Eingriffe in den Wasserkreislauf sind Eingriffe in die gesamte Landschaft. Sie haben nicht nur Folgen für pflanzliche und tierische Organismen und das Leben von Menschen in den betroffenen Gebieten, sondern für die Erde insgesamt.

So bewirkt eine Klimaveränderung im Gebiet der Regenwälder auch entsprechende weltweite Veränderungen. Die Vernichtung der tropischen Regenwälder bewirkt nicht nur eine Bedrohung der dort lebenden Pflanzen und Tiere. Da die Entwaldung eine Zunahme des Stofftransports der Flüsse in die Meere mit sich bringt, führt dies auch zur Beeinträchtigung der Korallenriffe, wenn sich die zusätzlich ins Meer gelangenden Stoffe in den Riffen festsetzen. Diese artenreichen Lebensräume der Ozeane (Abb. 3) werden auch direkt durch Wassererwärmung gefährdet, sie sterben ab.

2 **Nicht nur die Gewinnung von Edelhölzern gefährdet die tropischen Regenwälder. Noch stärker ist es das Streben, Bodenschätze abzubauen oder Landwirtschaftsprodukte zu erzeugen. In Indonesien und in Brasilien tobten 1997 und 1998 verheerende Brände, die von Landbesitzern vorsätzlich gelegt wurden.**

3 **Mit fast 2 000 km Länge ist das Große Barriereriff vor der Küste Australiens das weltweit größte Gebilde seiner Art.**

Wald und Wasserkreislauf

Der auf die feste Erdoberfläche fallende *Niederschlag* wird nach der Wasserhaushaltsgrundgleichung (vgl. S. 149) stets zum Teil zu *Abfluss*, zum Teil zu *Verdunstung*. In einem Waldgebiet (Abb. 1) trifft nur ein kleiner Teil des Regens durch die Lücken in der Vegetation direkt auf den Boden. Der meiste Teil des Regens fällt zuerst auf die Baumkronen und tropft dann auf Sträucher, Kräuter und Moose, bevor er die Erdoberfläche selbst erreicht. Dadurch gelangen die Wassertropfen verzögert auf den Boden, auch noch lange, nachdem der Regen aufgehört hat. Der saugfähige Waldboden kann das Wasser auch an Hängen in starkem Maße aufnehmen; das Wasser versickert und reichert das Grundwasser an. Der Wald speichert Wasser. Nur ein geringer Teil des Wassers fließt oberirdisch ab, bildet Bäche und Flüsse.

Auch die *Verdunstung* vollzieht sich im Wald unterschiedlich und verzögert: Ein Teil des Niederschlags, der auf die Blätter, Nadeln und Zweige der Bäume und Sträucher, aber auch auf den Boden fällt, verdunstet von deren Oberfläche direkt. Ein anderer Teil des Regenwassers wird aus dem Boden durch die Pflanzen aufgenommen und auch außerhalb von Niederschlagszeiten von ihnen über lange Zeit durch *Transpiration* an die Luft abgegeben.

Ganz anders sind die Verhältnisse nach dem Abholzen des Waldes und der Nutzung der Fläche z.B. als Ackerland (Abb. 2): Der Regen fällt direkt, ungebremst und unverzögert auf die Erdoberfläche. Nur ein kleiner Teil des Wassers kann versickern, der größte Teil fließt oberflächlich ab und transportiert Bodenbestandteile (s. S. 149) mit fort. Die Grundwasserbildung ist verringert. Die Verdunstung findet ausschließlich von der Oberfläche statt, wenn der Acker noch keine Pflanzen trägt.

1 In einem Wald sind Verdunstung und Versickerung größer als der oberirdische Abfluss.

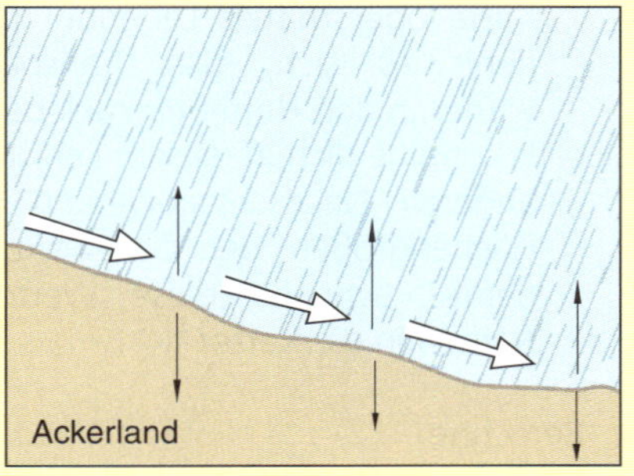

2 Auf einer Ackerfläche sind Verdunstung und Versickerung geringer, der Abfluss größer.

3 In den Beskiden fielen 1997 innerhalb von sechs Tagen 670 mm Niederschlag. Das war über die Hälfte des sonstigen Jahresniederschlags! Eine solche Wassermasse konnte der durch Luftschadstoffe stark beeinträchtigte Wald nicht aufnehmen. Ein gesunder Wald hätte den Abfluss und damit das Hochwasser verzögert.

4 Das Hochwasser im Flussgebiet von Oder und Neiße im Juli 1997 hatte eine Ursache im kranken, abgeholzten bzw. noch nicht wieder intakten Wald in den Gebirgen an der tschechisch-polnischen Grenze. Eine andere Ursache geht auf die Einengung der Überschwemmungsräume der Oder im Gefolge der Trockenlegung des Oderbruchs in den Jahren 1747 bis 1753 zurück. Der Oderlauf wurde kanalisiert und dort von 45 auf 19 km verkürzt. Die Versickerung des Wassers wurde damit stark eingeschränkt.

3.2.4 Aufgaben

Erscheinungsformen und Mengen des Wassers auf der Erde

2. Über den Anteil von Land und Meer an der Erdoberfläche sowie über die Größenverhältnisse zwischen Kontinenten und Ozeanen gibt eine Weltkarte einen günstigen Überblick. Fertige eine Kartenskizze an!
   a) Lege ein Blatt Transparentpapier auf eine Weltkarte mit kleinem Maßstab und zeichne die Umrisse der Kontinente sowie der größten Inseln nach!
   b) Beschrifte Kontinente und Ozeane in der Karte oder mittels Legende! Dazu empfiehlt es sich, das Transparentpapier vorher in den Hefter einzukleben.
   c) Erkundige dich in diesem Lehrbuch und in anderen Nachschlagewerken nach den Flächengrößen der Ozeane und Kontinente! Schreibe diese Werte zu den Namen in die Karte!

3. Berechne
   a) die prozentualen Anteile der einzelnen Ozeane an der gesamten Meeresfläche der Erde sowie
   b) die der einzelnen Kontinente an der gesamten Landfläche der Erde!

   Fertige dazu Kreisdiagramme an!

4. Stelle die Flächengrößen von Ozeanen und Kontinenten auf Millimeterpapier dar! Du kannst den nachfolgend vorgeschlagenen Maßstab benutzen:

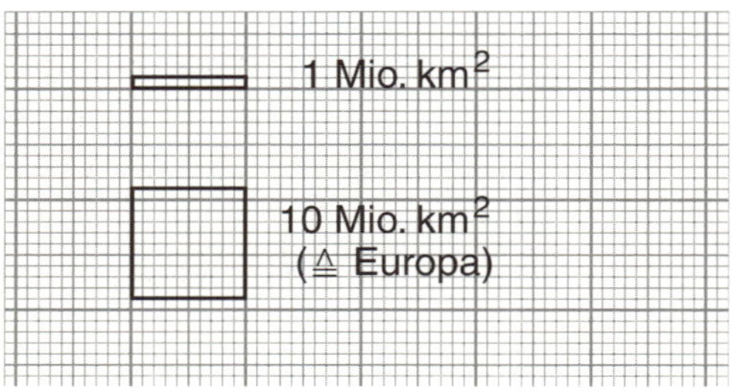

Es ist auch möglich, die einzelnen Flächen aus dem Millimeterpapier auszuschneiden und in den Hefter zu kleben. Denke an die Beschriftung!

5. Gewöhnlich werden bei Lagebeschreibungen die Meere genannt, die einen Kontinent umgeben.
   Verfahre umgekehrt und beschreibe, welche Kontinente die Ozeane umgeben!

6. Weise nach, dass es falsch wäre, das Vorhandensein von Wasser auf der Erde ausschließlich nach der Situation an der Erdoberfläche zu beurteilen! Benutze dabei den Begriff „Hydrosphäre"!

7. Wasser ist in seinen verschiedenen Zustandsformen (Aggregatzuständen) in der Atmosphäre, auf der Erdoberfläche und in der sich unter der Erdoberfläche befindlichen Lithosphäre (Gesteinshülle) vorhanden.
   Übertrage die folgende Tabelle in deinen Hefter und vervollständige sie mit den zutreffenden Bezeichnungen für Wasservorkommen!

	fest	flüssig	gasförmig
über der Erdoberfläche	Wolken in Höhen mit Temperaturen unter 0 °C		
an der Erdoberfläche			Wasserdampf
unter der Erdoberfläche	Eis in Höhlen		

8. Finde Formen des Wassers heraus, die durch das Foto „eingefangen" wurden!

8. Berechne die absoluten Mengen des Wassers der Erde, das als Süßwasserseen, Grundwasser, Bodenfeuchte, Wasserdampf in der Atmosphäre und Wasser in Flüssen in Erscheinung tritt! Benutze dazu Abb. 4 auf S. 146!

9. Begründe, warum es trotz der gewaltigen Wassermengen auf der Erde zu „Wassersorgen" kommen kann!

10. Vergleiche die Ostsee mit dem Ozean, zu dem sie gehört! Nutze dazu auch die Abb. 1 auf S. 147!

11. In der Ostsee, die nur über schmale Verbindungen zur Nordsee und damit zum Ozean verfügt, ist mit zunehmender Ozeanferne eine deutliche Abnahme des Salzgehalts festzustellen.

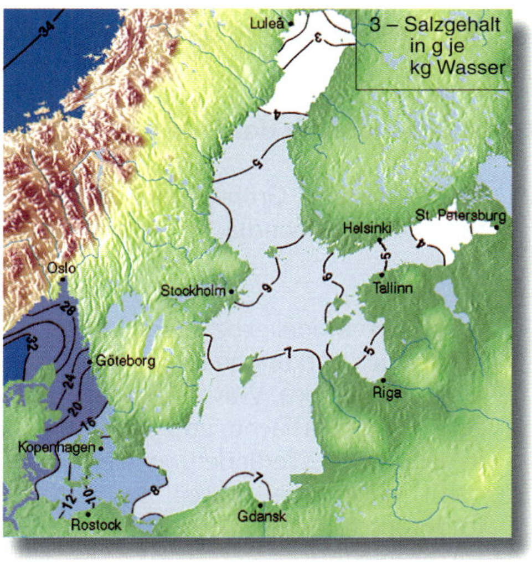

a) Begründe, warum der Salzgehalt in der Ostsee starke Unterschiede aufweist!
b) Stelle mit Kochsalz „Meerwasser" her, das bei Luleå, bei Rostock, bei Oslo sowie aus dem Roten Meer entnommen sein könnte! Benutze dazu auch die Angaben auf S. 147 des Buches! Beschrifte die Proben!
c) Koste die Meerwasserproben mit dem Finger **(keinesfalls trinken!)** und präge dir den Geschmack ein! Verbindet euch gegenseitig die Augen, vertauscht die Proben, kostet wieder und stellt fest, woher das Wasser „stammt"!
d) Gewinne das Kochsalz aus den Meerwasserproben zurück!

Wasserkreisläufe

12. Die Sonnenstrahlung ist auch für den Wasserkreislauf auf der Erde verantwortlich. Übertrage die folgende Skizze in dein Heft und ergänze sie zu einer schematischen Darstellung des Wasserkreislaufes auf der Erde! Daraus sollen folgende Sachverhalte erkennbar sein:
   - der „große" Wasserkreislauf mit Verdunstung über dem Ozean, Aufstieg und Transport feuchter Meeresluft in Richtung Kontinent, Wolkenbildung und Niederschlag über dem Kontinent, oberirdischer Wasserabfluss zum Meer, Versickern von Niederschlagswasser, Grundwasserbildung und unterirdischer Abfluss zum Meer;
   - ein „kleiner" Wasserkreislauf über dem Kontinent mit Verdunstung aus Flüssen, Seen und der Vegetation, Aufstieg feuchter Luft und Wolkenbildung, Niederschlag;
   - ein „kleiner" Wasserkreislauf über dem Ozean, der neben der Verdunstung auch Niederschläge über dem Meer zeigt!

13. In die Wasserkreisläufe der Erde ist nicht alles Wasser einbezogen. Suche nach Gründen dafür! Beziehe die Angaben in diesem Buch zur Verweildauer eines Wasserteilchens mit ein!

14. Erläutere, ob die Wasserkreislauf-Elemente „Rücklage" und „Aufbrauch" im Laufe eines Jahres in deinem Bundesland eine Rolle spielen!

15. Rücklage und Aufbrauch gibt es auch in der Pflanzenwelt.

Beschreibe die klimatischen Verhältnisse am Standort des abgebildeten Flaschenbaumes!

16. Flüsse repräsentieren das Wasserkreislaufelement (oberirdischer) Abfluss. Zu den Riesenströmen der Erde gehören (in alphabetischer Ordnung): Amazonas, Amur, Brahmaputra, Ganges, Irawadi, Jangtsekiang, Jenissei, Kongo, Lena, Mackenzie, Mekong, Mississippi, Ob, Orinoco, Rio de la Plata, Rio Magdalena, Sankt-Lorenz-Strom, Wolga, Xi Jang (Sikiang) und Yukon.
Ordne diesen Flüssen Erdteile und Länder zu!

17. Das Bild zeigt Salzkrusten auf dem Grunde ehemaliger Seen aus etwa 5000 m Höhe.

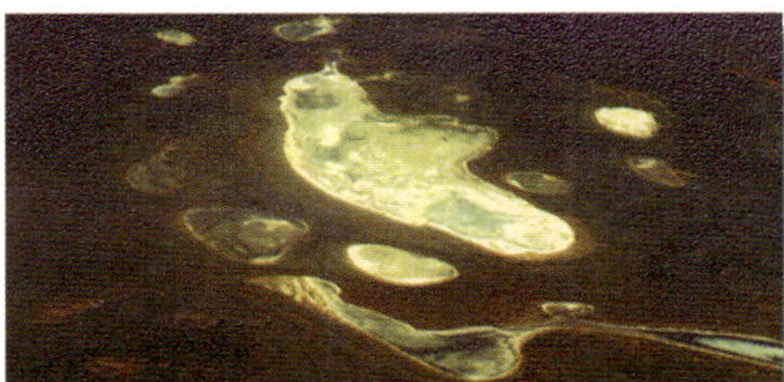

a) Bewerte die Wasserkreislaufelemente im Gebiet des „Salzkrustensees"!
b) Nenne Seen der Erde, bei denen die Verdunstung besonders stark ist!

18. Aus abflusslosen Gebieten der Erde erreicht kein Wasser das Meer. Flüsse können aber vorhanden sein.
Suche abflusslose Gebiete aus dem Atlas heraus! Du kannst auch mit Transparentpapier arbeiten und darauf die abflusslosen Gebiete umgrenzen.

19. Stelle den Inhalt der Abb. 1 auf S. 149 zur Wasserbilanz der Erde als Gleichungen dar
a) für die Meere,
b) für die Landflächen und
c) für die Erde insgesamt!

20. Deutschland hat einen durchschnittlichen jährlichen Niederschlag von 274 Mrd. m^3. Die Verdunstung liegt bei 178 Mrd. m^3, der Wert für den Abfluss beträgt 164 Mrd. m^3. Prüfe die Wasserhaushaltsgrundgleichung für Deutschland und erkläre mögliche Unstimmigkeiten! Zur Unterstützung kannst du dir eine Atlaskarte ansehen.

Oberflächengestalt der Erde und Wasser

21. Beschreibe den Grundprozess der Veränderung der Erdoberfläche durch fließendes Wasser!

22. Führt ein Modellexperiment durch: Untersucht die Wirkungen der Hangabspülung durch fließendes Wasser bei unterschiedlicher Hangoberfläche und unterschiedlicher Regenmenge (Veränderung der Bedingungen)! Haltet alle Phasen des Experiments fotografisch fest!
Vorbereitung:
Baut auf einem Versuchsfeld des Schulgeländes aus feuchtem, lehmigem Sand einen Berg mit unterschiedlich steilen Hängen. Die Bergkuppe wird mit wasserundurchlässigem Material (Ton, Folie) ausgeführt. Die Oberfläche der Hänge wird nebeneinander unterschiedlich ausgeführt, z.B.: vegetationsloser Hang aus Lockermaterial (Sand festklopfen), dichte Vegetationsdecke (Moose aufbringen), treppenartiger Weg (Zweige und Holzleisten), Ackerland mit hangabwärts gerichteten Furchen, Ackerland mit hangparallelen Furchen. Der Bergfuß wird rings um

den Berg gesäubert oder mit einem glatten Material bedeckt.

Durchführung:
Mittels feinstrahliger Brause einer Gießkanne oder eines Gartenschlauchs werden die Bergkuppe und die Hänge nacheinander schwächer und stärker mit Unterbrechungen beregnet.
Auswertung:
Die Wirkungen des unterschiedlich starken Niederschlags werden auf den unterschiedlich gestalteten (und geneigten) Hängen und am Bergfuß beobachtet, evtl. gemessen, beschrieben und erklärt.

23. Einer der schwebstoffreichsten Flüsse der Erde ist der Huang He in der VR China. Er führt jährlich über 900 Mio. m^3 Schwebstoffe mit sich, von denen allerdings nur 60 % das Gelbe Meer erreichen.
    a) Informiere dich über das Einzugsgebiet des Huang He und finde Gründe für die große Schwebstoffführung heraus!
    b) Erkläre, wieso nur ein Teil der Schwebstoffe das Meer erreichen!

24. Die Karte zeigt die wichtigsten Bestandteile des Stromsystems eines bekannten Flusses.

    a) Schreibe entsprechend der Fließrichtung des Flusses die Namen seiner Zuflüsse sowie von Orten auf, die an oder in der Nähe der Mündungen der Zuflüsse liegen!
    b) Im Bereich einer Staatsgrenze hat der abgebildete Fluss ein Durchbruchstal geschaffen. Erkläre die Entstehung eines solchen Tales! Du kannst auch Skizzen anfertigen.

25. Atlaskarten bilden in günstigen Maßstäben auch das Flusssystem in deinem Bundesland ab.
    a) Fertige auf Transparentpapier über einer Atlaskarte eine Kartenskizze zum Flusssystem in deinem Bundesland an!
    b) Schreibe nennenswerte Ergebnisse der Veränderung der Erdoberfläche in diesem Flusssystem auf!

26. Fertige eine Kartenskizze zum Flusssystem an, in dem sich dein Wohnort befindet!

27. Untersuche einen gekrümmten Abschnitt eines Baches in der Nähe deines Schulortes hinsichtlich der Materialabtragung und der -ablagerung! Fertige Skizzen und Fotos an und gestalte damit ein Poster!

28. Ein ehemals gekrümmt verlaufender Flussabschnitt wurde zwischen dem Punkt A und dem Punkt B begradigt.

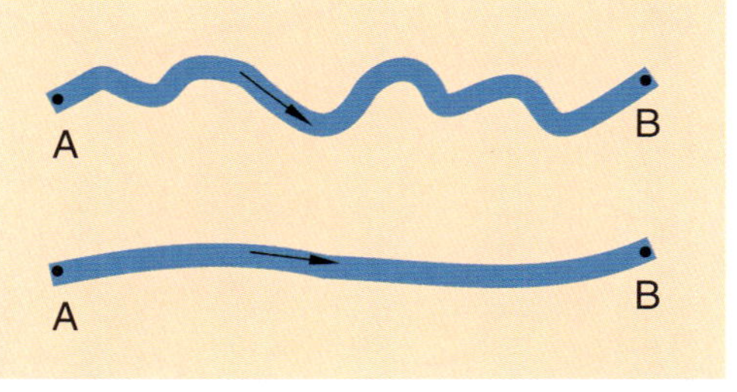

    a) Welchen Einfluss hat diese Baumaßnahme auf die Wasserkreislauf-Elemente? Begründe die Antwort!
    b) Manche Menschen glauben, am kanalisierten Flussabschnitt können sich Bewohner sicherer fühlen als an einem naturnahen Abschnitt. Setze dich mit dieser Auffassung auseinander!

Flusssysteme und Einzugsgebiete von Flüssen – Karten geben Auskunft

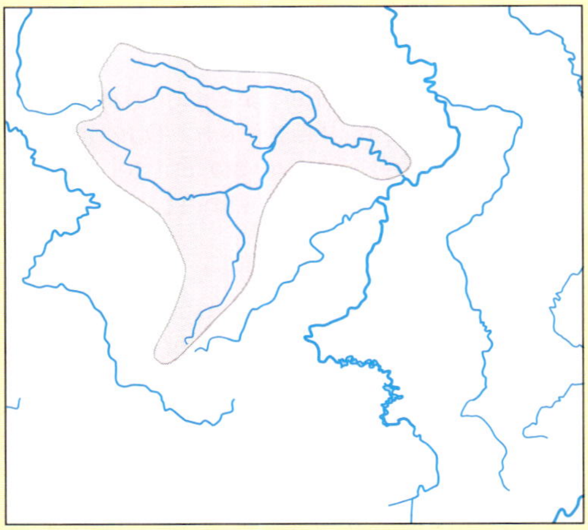

1 Flüsse Thüringens und das Einzugsgebiet der Unstrut

Alle Karten enthalten Gewässer, ganz gleich welche Inhalte außerdem eingetragen sind. Deshalb kann man sich mit jeder Karte eine Übersicht über die Flüsse, die Flusssysteme und die Einzugsgebiete von Flüssen verschaffen. Man muss dabei jedoch beachten, dass in kleinen Kartenmaßstäben die Flüsse nicht mehr vollständig in einer Karte enthalten sein können (Abb. 2).

Legt man Transparentpapier auf eine Karte, kann man darauf die Flüsse „hochzeichnen".

Will man das Einzugsgebiet eines Flusses hervorheben, umrandet man diesen Fluss – an der Mündung beginnend – mit all seinen Nebenflüssen. Die Umrandungslinie darf niemals einen Fluss schneiden! Die umrandete Fläche wird als Einzugsgebiet hervorgehoben, z. B. durch Schraffur oder Farben (Abb. 1).

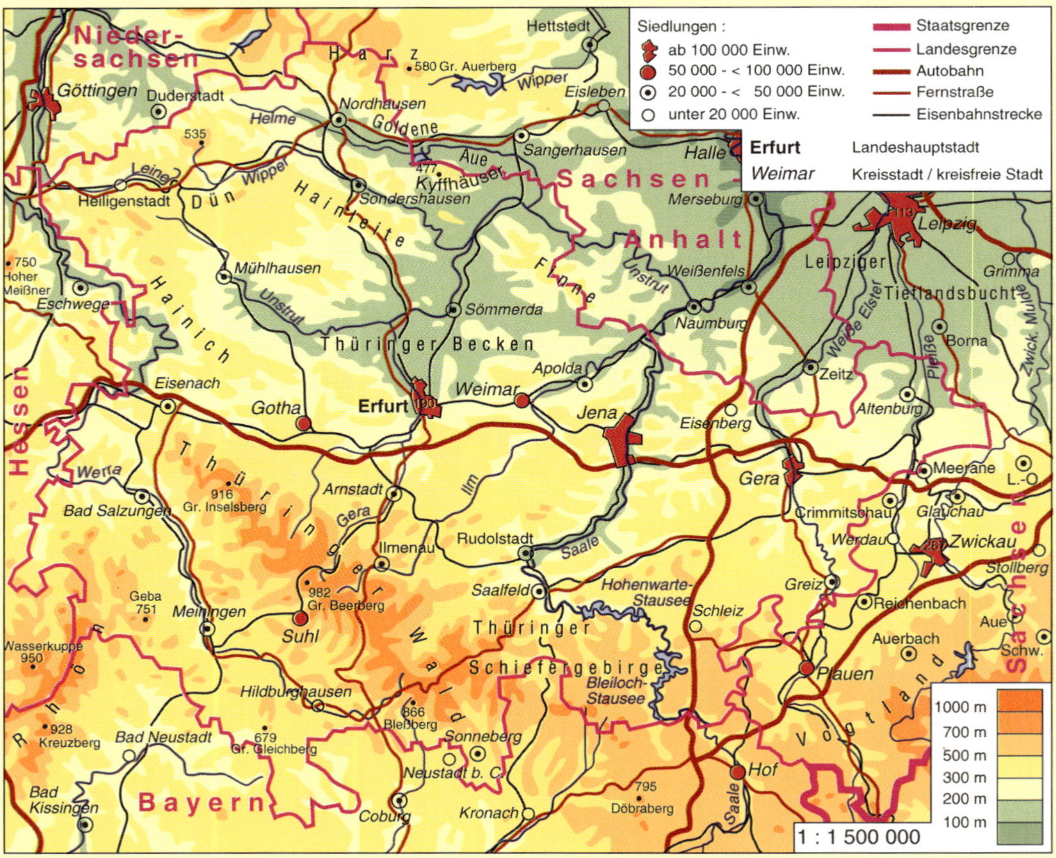

2 Die Gewässer (Flüsse und Seen) gehören zu den grundlegenden Kartenelementen. Gewässer sind in jeder Karte enthalten.

30. Führt ein Experiment in der Natur durch: Untersucht nacheinander an verschiedenartigen Abschnitten eines Baches dessen Querschnitt, Stromstrich und Fließgeschwindigkeit sowie die Durchflussmenge! Fertigt dazu Profil- und Kartenskizzen sowie Fotos an!

Vorbereitung:
Wählt mit Hilfe großmaßstäbiger Karten die Bachabschnitte aus! Mitzunehmen sind Bandmaß, Messlatte, Stoppuhr, Papierschnitzel, Seil, Notizbücher und Fotoapparate.

Durchführung:
1. Zur Querschnittsbestimmung wird an ausgewählter Stelle ein Seil über den Bach gespannt.
   a) Unter dem Seil wird die Breite des Baches gemessen.
   b) Entlang des Baches wird in gleichmäßigen kurzen Abständen die Wassertiefe gemessen.
   c) Die Werte werden notiert und in eine Handskizze eingetragen.
2. Auf einer Länge von 20 Metern, beginnend 10 Meter oberhalb der Querschnittsbestimmung, werden Stromstrich und Fließgeschwindigkeit bestimmt.
   a) Ein Schüler lässt auf die gleiche Stelle des Baches bis zu 1 Minute lang Papierschnitzel fallen. Die anderen Schüler verteilen sich am vermessenen Bachabschnitt, beobachten, wo die Papierschnitzel entlangschwimmen, und zeichnen den Stromstrich in eine Kartenskizze ein.
   b) Ein Schüler postiert sich am Ende der 20-m-Strecke mit der Stoppuhr. Auf Zuruf eines zweiten Schülers lässt ein dritter auf einmal mehrere Papierschnitzel am Beginn der 20-m-Strecke auf den Bach fallen. Die Ankunft der Papierschnitzel am Ende der Strecke wird gestoppt und notiert.

Auswertung:
1. Die Messungen und Beobachtungen werden sauber aufgezeichnet und beschrieben.
2. Mit den Werten zur Bachbreite und -tiefe wird die Fläche des Bachquerschnitts berechnet oder durch Zeichnen und Auszählen auf Millimeterpapier ermittelt.
3. Berechnet die Abflussmenge des Wassers durch Multiplikation der Querschnittsfläche mit der Fließgeschwindigkeit!
4. Fertigt eine Ausstellung an, die Zeichnungen, Messergebnisse, Beschreibungen, Erklärungen und Fotos zeigt!

Menschliche Eingriffe in den Wasserkreislauf

31. Sammle langfristig Materialien und Meinungen unterschiedlicher Bevölkerungsgruppen zu bereits erfolgten oder zu geplanten Eingriffen in den Wasserkreislauf in deinem Kreis oder deinem Bundesland! Denke zum Beispiel an Stauseen, Flächenversiegelung, Grundwasserentnahme und Veränderungen am Waldbestand! Beurteile mögliche Folgen und bewerte die unterschiedlichen Auffassungen dazu!

32. Das Projekt 17 der „Verkehrsprojekte Deutsche Einheit" sieht auf 55 km Länge zwischen Hohenwarthe und Plaue eine Verbreiterung der Havel von 35,5 m auf 55 m und eine Vertiefung bis zu 1 m vor.

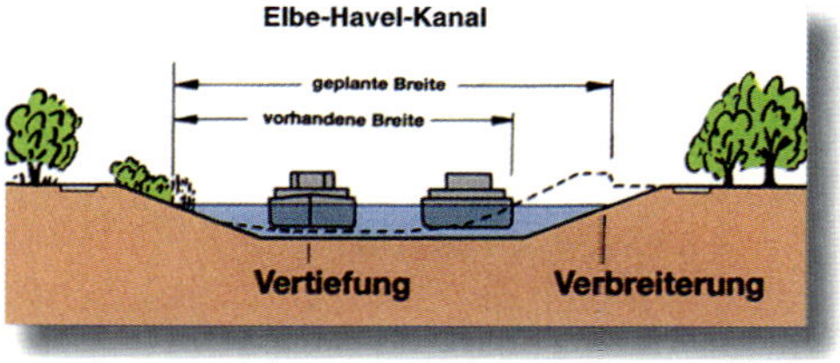

Informiere dich über das Projekt und bewerte die unterschiedlichen Auffassungen dazu!

3.3 Leben im Wasser

Alles klar – unter Wasser?

Menschen waren schon auf dem Mond, neue Satellitenaufnahmen gibt es vom Mars, der höchste Berg der Erde wurde bereits 1953 bezwungen. Die Tiefen unserer Ozeane hingegen liegen noch weitestgehend im Dunkeln. Wissenschaftler erwarten, gerade hier noch neue Lebensformen zu entdecken. Aber auch in den Gewässern des Festlandes geht es bunt und lebendig zu.

Warum interessiert sich der Mensch für die vielen Arten von Tieren und Pflanzen in Gewässern, so auch für kleine Krebse im Polarmeer (Abb.)?

Still ruht der See?

Binnenseen sind nicht besonders aufregend. Es gibt keine Haie, keine Sturmfluten und keine wilden Strömungen. Und „Nessi" ist fern. Doch die zahlreichen Seen sind voller Leben, wenn die Menschen es wollen. Die Pflanzen und Tiere leben entsprechend den sehr unterschiedlichen Gegebenheiten im See. Ohne dass wir es wahrnehmen, werden auch Seen ganz allmählich älter und verschwinden schließlich sogar.

Wie haben sich die Lebewesen in einem See an ihre Umwelt angepasst?
Warum erfrieren die Fische im Winter nicht?

Kleine Algen – große Wirkung

Die oft mikroskopisch kleinen Algen färben das Wasser mitunter grün oder rot. Ihr massenhaftes Auftreten führt zum Badeverbot. Sie stinken, wenn sie am Strand liegen. Aber Algen sind sehr wichtige Pflanzen. Sie sind eine Grundvoraussetzung für das Leben im Wasser und auf der Erde überhaupt.

Warum kommt den Algen eine so grundlegende Bedeutung für das Leben auf der Erde zu?
Können sich die Menschen durch sie neue Nahrungsquellen erschließen?

3.3.1 Lebensräume im Wasser

Im Wasser und am Wasser befinden sich bedeutende natürliche Lebensräume für Pflanzen und Tiere. Zu ihnen gehören neben den Weiten der Ozeane deren Riffe und Küstenbereiche, die Flüsse und Seen sowie die an sie angrenzenden Feuchtgebiete, wie Auen und Sümpfe. Auch die Moore, Tümpel, Weiher, Sölle und künstlich geschaffenen Teiche sind Lebensräume für Organismen. Viele dieser Lebensräume sind weltweit geschützt oder sollten im Interesse der Erhaltung der Arten geschützt werden.

In den **Meeren** leben längst nicht nur die uns bekannten Speisefische, wie Heringe, Makrelen, Kabeljau oder Thunfische, sondern auch gespenstisch wirkende Tiefseefische (Abb. 1).

Neben den Fischen leben in den Meeren und an ihren Küsten viele andere Wirbeltiere, einige Kriechtiere und viele Vogelarten. Auch Säugetiere haben sich dem Leben im oder am Salzwasser angepasst, so Robben und Wale.

Besonders häufig kommen hier aber wirbellose Tiere vor, z. B. die Quallen und die Seeanemonen aus der Gruppe der Hohltiere, viele Würmer, Krebstiere, Stachelhäuter, wie Seesterne und Seeigel, und die bekannte Gruppe der Weichtiere, zu der alle Muscheln, Schnecken und Kopffüßer (Abb. 2) gehören. Der antarktische Krill, der ein Krebstier ist, stellt die Nahrungsgrundlage für viele Meerestiere, insbesondere für die Bartenwale, dar.

Zu den geschützten **Küstenräumen** gehören in Deutschland u. a. die Nationalparks „Vorpommersche Boddenlandschaft" (Abb. 3), „Schleswig-Holsteinisches Wattenmeer" und „Niedersächsisches Wattenmeer". In den Bodden befindet sich meist Brackwasser, ein Gemisch von Süß- und Salzwasser. Sie stellen einen bedeutenden Lebensraum für jene Tiere dar, die daran angepasst sind. Alpenstrandläufer und Seeadler gehören zu den seltensten hier heimischen Arten.

Besondere Lebensräume sind die Wattenmeere, die regelmäßig durch Ebbe und Flut trockenfallen bzw. überflutet werden. Hier befinden sich Verbreitungsgebiete von Hering, Scholle und Seezunge. Das Wattenmeer dient Millionen von Seevögeln als Brut-, Rast- und Lebensgebiet. Ihre Nahrung besteht hauptsächlich aus vielen Arten von Muscheln, Schnecken und Würmern. Auch Seehunde wachsen hier auf. Ein dänisch-deutsch-niederländischer Wattenmeerplan soll den Schutz dieser Lebensräume, die durch Eindeichungen und Landgewinnung schon erheblich eingeschränkt sind, verstärken.

1 Viele Tiefseebewohner sind noch nicht erforscht. Interessant ist insbesondere ihre Anpassung an den enormen Druck und die Dunkelheit in der Tiefe. Der Tiefsee-Anglerfisch besitzt Leuchtorgane.

2 Der Gemeine Tintenfisch gehört wie Kalmar und Krake zu den Kopffüßern oder Tintenschnecken. Er lebt in der Nordsee und im Mittelmeer. Er kann eine Länge bis zu 60 cm erreichen.

3 Die Vorpommersche Boddenlandschaft bietet auch zweimal im Jahr Tausenden von Kranichen Rast- und Nahrungsmöglichkeiten.

Wanderfische

Einige Fische haben ihren Lebensraum zum Teil im Salzwasser des Meeres und zum Teil im Süßwasser der Flüsse. Zu diesen **Wanderfischen** gehören der *Aal* und der *Lachs*.

1 Aal

2 Lachs

Der **Aal** (Abb. 1) ist ein schlangenförmiger Fisch, bei dem Rücken- und Schwanzflosse zu einem Flossensaum verwachsen sind. Das Weibchen wird bis zu 1 m lang und etwa 5 kg schwer, das Männchen erreicht nur die halben Werte.
Der Aal lebt in europäischen fließenden und stehenden Gewässern. Seine Verbreitung reicht von den Nordatlantikküsten von Island bis Nordafrika. Er lebt im Mittel- und im Schwarzen Meer. Tagsüber liegen die Aale im Bodenschlamm vergraben, nachts gehen diese Raubfische auf Nahrungssuche. Sie ernähren sich u. a. von Krebsen und Wasserinsekten.
Nach etwa 10 Jahren erwacht in ihnen ein Wandertrieb. Sie streben nachts flussabwärts zum Meer und schwimmen ca. 6 000 km zu ihrem Laichgebiet, der Sargassosee im Westatlantik. Nach dem Ablaichen in einer Tiefe von 400 m sterben sie.
Die Aallarven treiben mit dem Golfstrom zurück an die europäischen Küsten. Sie wachsen während der drei Jahre auf etwa 7 cm und verändern ihre Gestalt. Sie entwickeln sich zu durchsichtigen drehrunden „Glasaalen“. Diese schwimmen flussaufwärts und streben einem bestimmten Gewässer zu. Sie wachsen weiter und verändern ihr Aussehen. Es sind nun gelbgrüne bis graugrüne Steigaale. In Gewässern mit guten Lebensbedingungen erlischt ihr Wandertrieb. Sie bleiben dort 10 und mehr Jahre, bis auch sie wieder dem Meer zustreben.
Der Aal ist ein beliebter Speisefisch.

Der **Lachs** (Abb. 2) hat einen lang gestreckten Körper (bis 1,50 m) mit einer leicht gegabelten Schwanzflosse. Sein Rücken ist blaugrau mit schwarzen Punkten. Er bewohnt den Nordatlantik. Er ernährt sich als Raubfisch von Heringen und anderen kleinen Fischen.
Im Gegensatz zum Aal wandert der Lachs zum Laichen in die Flüsse stromaufwärts. Er kann dabei mit hohen Sprüngen Hindernisse überwinden bzw. benutzt die von Menschen angelegten Steighilfen.
Die Laichzeit ist der Winter. Die Eier überwintern. Im folgenden Frühjahr schlüpfen die Jungen aus.
Die Junglachse bleiben etwa 3 Jahre im Süßwasser und ziehen dann flussabwärts ins Meer. Dort wachsen sie heran.
Nach ca. 4 Jahren beginnt ihre große Laichwanderung in die Flüsse hinauf bis in die Gewässer, in denen sie ihre Jugendentwicklung verbracht haben. Dabei müssen sie Hindernisse überwinden.
Lachse sind bei uns infolge von Flussregulierungen und Wasserverschmutzungen nur noch selten anzutreffen. Heute wird der Lachs z. B. in Norwegen durch künstliche Befruchtung vermehrt, in Käfigen herangefüttert und gemästet.
Der Lachs ist ein beliebter Speisefisch. Sein Fleisch ist rosafarben und gehört zu den beliebtesten Leckerbissen. Häufig wird es geräuchert und zu Konserven verarbeitet.

Bäche, Flüsse und Ströme prägen als **Fließgewässer** in starkem Maße unsere Landschaften und bilden gemeinsam mit den dazugehörenden Auen wichtige Lebensräume für viele Pflanzen und Tiere. Flüsse sind jedoch nicht von der Quelle bis zur Mündung einheitliche Gebilde. Sie bieten sehr unterschiedliche Lebensräume, die dann auch von verschiedenen Pflanzen und Tieren besiedelt sind. Das hängt u. a. ab von der Wassertemperatur, dem Gehalt von Nähr- und Schadstoffen, der Fließgeschwindigkeit oder dem Sauerstoffgehalt (Abb. 1).

1 Kleinere Fließgewässer sind hervorragend für Untersuchungen geeignet. Dabei sollten jedoch alle erforderlichen Vorsichtsmaßnahmen eingehalten werden.

Der *Oberlauf* von Flüssen, die oft Bergbäche sind, wird insgesamt gegenüber anderen Flussabschnitten durch ein stärkeres Gefälle, eine unruhige Wasserführung und einen steinigen Untergrund charakterisiert. Aber auch in den Oberläufen der Flüsse gibt es Abschnitte, in denen sich feinere Materialien ablagern, sich Pflanzenwuchs entwickeln kann und die für Fische Ruhezonen darstellen. Das Wasser ist kühl und sauerstoffreich. Algen, Flutender Hahnenfuß und Kanadische Wasserpest bilden die Lebensgrundlage von kleineren Tieren, wie Köcherfliegen- und Eintagsfliegenlarven.

Im *Mittellauf* der Flüsse kommen Flohkrebse, Schnecken und Rundwürmer und Ringelwürmer dazu, sodass Bachneunaugen, Forellen, Schmerlen, Äschen und einige andere Fischarten ausreichend Nahrung finden.

In Abschnitten mit geringem Gefälle fließen die Gewässer oft in zahlreichen, engen Schleifen, den Mäandern (Abb. 2). Werden Mäander durchbrochen, verkürzt sich der Lauf und es entstehen vom Fluss getrennte Altarme. Nur bei Hochwasser kommt es zu einem Austausch von Wasser und Organismen zwischen Fluss und Altgewässer. Altgewässer stellen wertvolle Rückzugsgebiete für bedrohte Tier- und Pflanzenarten dar. Von hier aus können sie sich auch wieder verbreiten. In den *Unterläufen* der Flüsse fließt das Wasser immer ruhiger, es wird wärmer, meist nährstoffreicher und sauerstoffärmer. Karpfenartige Fische wie Bleie, Plötzen und natürlich die Karpfen selbst, aber auch Hechte, Barsche, Aale und weitere Arten leben hier.

2 Flussmäander können sich nur in einem Flussbereich mit unverbauten Ufern entwickeln, wo sie durch Seitenerosion und Ablagerung auf natürliche Weise selbst ihren Lauf verändern können.

Viele Flüsse bilden bei ihrer Einmündung in einen See oder in das Meer ein weit verzweigtes *Delta,* so zum Beispiel die Donau, die Wolga oder die Rhône. Viele Wasservögel finden hier ideale Lebensbedingungen.

Die **Flussauen** sind die natürlichen Überschwemmungsbereiche der Flüsse, begrenzt durch den höchsten Hochwasserstand. Auenwälder umsäumten früher den Rand vieler unserer Fließgewässer, ehe sie durch den Menschen mehr und mehr zurückgedrängt und die Auen oft bebaut wurden.

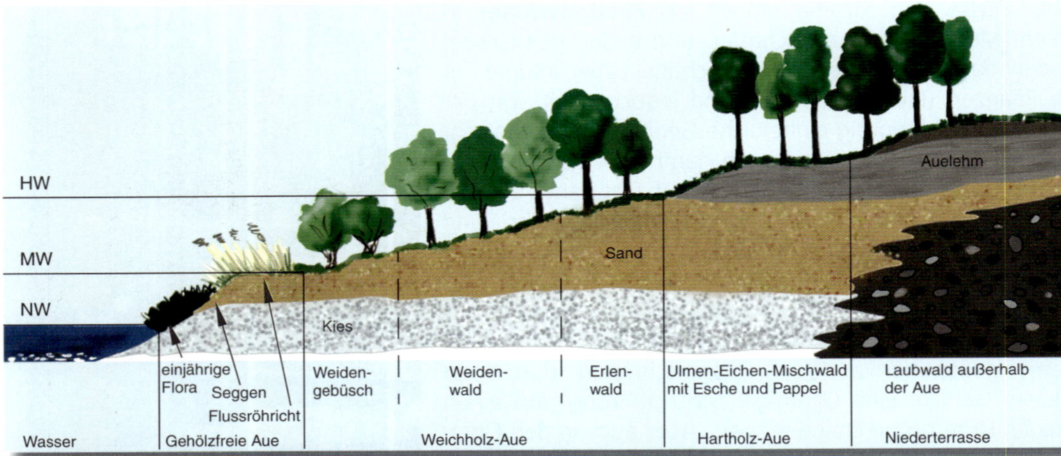

1 Auenwälder besitzen auch große Bedeutung für den Wasserhaushalt in der Natur. Ohne Schaden anzurichten, kann sich in den Auen das Hochwasser ungehindert ausbreiten. Allmählich werden die Wassermassen dann an das Grundwasser und den Flusslauf zurückgegeben. Auenwälder sind in verschiedene Teilräume gegliedert. (NW – Niedrigwasser, MW – Mittelwasser, HW – Hochwasser)

2 Die Burgen der Biber können 2–3 m hoch sein, ragen jedoch nur 1 m aus dem Wasser.

3 Sande und Kiese werden oft aus einer Tiefe gefördert, die in das Grundwasser hineinreicht. Werden diese Gruben nicht zugeschüttet, siedeln sich über kurz oder lang Organismen im Wasser an.

In den Auenwäldern (Abb. 1) finden zahlreiche Großvögel, wie Reiher und Kormorane, Nahrung und Brutplätze. Biber holen sich aus ihnen das Baumaterial für ihre Burgen und Dämme (Abb. 2). Während der Überschwemmungen dienen die Auenwälder zahlreichen Fischarten als Laichplatz und „Kinderstube". Zander und Barsch bevorzugen für ihre Laichablage ins Wasser hineinragende Zweige, Äste und Bäume. Nach dem Rückgang des Hochwassers bedecken bunte Frühblüher, wie Busch-Windröschen, Aronstab und Lerchensporn, den Boden, ehe die Bäume und Sträucher des Auenwaldes ihr dichtes Blätterdach entfalten.

Ähnlich vom Wasser geprägt wie die Auenlandschaften, aber unabhängig von den jahreszeitlichen Wasserstandsschwankungen der Flüsse, sind weitere **Feuchtgebiete.** Neben den Seen (s. Abschnitt 3.3.2) werden dazu Feuchtwiesen, Sümpfe, Hochmoore, Flachmoore, Tümpel, Teiche und Weiher gerechnet. Sie bieten vielen an das Wasser angepassten Tieren und Pflanzen Nahrung und Lebensraum. Feuchtgebiete regulieren den Wasserhaushalt. Nicht selten sind sie auch das Ergebnis menschlicher Tätigkeit, z. B. Sand-, Kies-, Lehm- und Kohlengruben, Steinbrüche, Torfstiche, Rückhaltebecken oder Stauseen (Abb. 3).

Viele natürliche Feuchtgebiete wurden trockengelegt und als Ackerland genutzt. Andere wurden zum Lieferanten für Torf oder Ried oder zur Müll-„Deponie". Tier- und Pflanzenarten starben dadurch aus oder wurden sehr selten. Heute versucht man, den Verlust an Feuchtgebieten bei größeren Baumaßnahmen (z. B. Straßenbau) dadurch auszugleichen, indem man auf anderen Flächen künstliche Feuchtbiotope anlegt. Das trifft z. B. auch auf Rekultivierungsflächen des Braunkohlenbergbaus in der Niederlausitz zu (Abb. 1).

1 Feuchtbiotope bilden sich mitunter auch auf Rekultivierungsflächen ganz von selbst, wenn den Organismen dazu Zeit gelassen wird, wie hier im Altkippenbereich des Tagesbaus Welzow-Süd. Künstlich angelegte Feuchtbiotope erfüllen nur dann ihren Zweck, wenn Tiere gefahrlos zu- und abwandern können. Durch Straßen, Gebäude u. Ä. bedingte „Insellagen" müssen deshalb vermieden werden.

Das Aquarium – ein nachgebildeter Miniaturlebensraum

Aquarien sind eine wunderbare Gelegenheit, die bunte und interessante Welt unter Wasser aus nächster Nähe kennen zu lernen. Sicher denkt man dabei zunächst an Fische. Aber auch Vertreter anderer Tiergruppen lassen sich ausgezeichnet beobachten, z. B. Muscheln und Schnecken, Krebse und Wasserinsekten oder manche Lurche aus den Zoohandlungen. (Einheimische Lurche sind geschützt!) Auch die Pflanzenwelt im Wasser hält manche Überraschung bereit.

Geht man selbst auf Wasserflohfang, bringt man meist unbeabsichtigt weitere Wasserbewohner in sein Aquarium, so die geheimnisvollen Süßwasserpolypen, flinke Wasserkäfer und Wasserläufer, Mückenlarven und anderes mehr.

Der Boden wird wenige Zentimeter hoch mit grobem Sand bedeckt. Darüber wird eine Schicht Kies ausgebreitet. Diese Kiesschicht erhält von hinten nach vorn ein Gefälle. Steine und Baumwurzeln sind geeignet als Versteckplätze.
Wenn es erforderlich ist, werden nun technische Geräte eingebracht: Heizung, Belüfter und Filter.

Die Wasserpflanzen werden in die Bodenschicht eingesetzt. Hierzu bohrt man mit dem Finger ausreichend große Löcher, setzt die Pflanzen hinein und drückt sie fest. Pflanzen, die wenig Wurzeln besitzen, können mit kleinen Steinen am Grund festgehalten werden.
Die Anordnung der Pflanzen sollte beachtet werden: kleine Pflanzen vorne, größere Pflanzen seitlich und hinten.

Das Einfüllen des Wassers (mit einem Krug oder Schlauch) muss vorsichtig erfolgen, damit die Aquarienlandschaft nicht zerstört wird. Dazu kann man über sie einen Bogen Papier ausbreiten. Man lässt das Wasser über einen Teller langsam einlaufen. Hat man Papier verwendet, muss es nun entfernt werden. Die Geräte werden eingeschaltet, das Aquarium abgedeckt. Nach etwa einer Woche setzt man die Fische ein. Dabei ist zu beachten, dass nur bestimmte Fischarten zusammenleben können.
Das Aquarium muss regelmäßig gereinigt werden.

3.3.2 Lebensraum Binnensee

1 Bereits dieser kleine Bildausschnitt von der Uferregion eines Binnensees zeigt deutlich, dass einzelne Pflanzenarten in ganz bestimmter Entfernung vom Ufer aus leben.

Die Binnenseen der Erde nehmen im Vergleich zu den Ozeanen nur eine geringe Fläche ein. Aber immerhin bilden sie insgesamt eine Fläche von 2,5 Mio. km^2. Das sind rund 1,8 % der Festlandsfläche der Erde. Dieser Anteil schwankt von Land zu Land und auch innerhalb Deutschlands von Bundesland zu Bundesland. So haben die Binnenseen in Finnland – dort gibt es rund 188 000 – einen Anteil von 9,6 % an der Landesfläche, in Deutschland sind es auch etwa 1,8 %.

Ein Blick auf die Landkarte zeigt, dass natürliche Binnenseen in Deutschland vor allem im Norden, in Brandenburg, Mecklenburg-Vorpommern und Schleswig-Holstein, gehäuft vorkommen, aber auch südlich der Donau in Baden-Württemberg und Bayern auffällig sind. Es handelt sich dabei um die zuletzt vergletscherten Gebiete, in denen Binnenseen ein verbreitetes Landschaftselement darstellen.

Die Binnenseen sind bedeutende Lebensräume für die im und am Wasser lebenden Organismen. Bei einer Wanderung um einen See oder bei einer Fahrt mit einem Fahrgastschiff fallen zunächst vor allem die in Ufernähe wachsenden Pflanzen und die auf dem See lebenden Wasservögel auf. Beobachtet man die Vegetation genauer und an verschiedenen Uferabschnitten, so erkennt man, dass sich bestimmte Pflanzenarten überall immer nur in bestimmten Abständen vom Ufer angesiedelt haben (Abb. 1). Sie bilden verschiedene, den See ringförmig umschließende **Zonen** (Abb. 2).

2 Bestimmte Pflanzenarten haben ihren Lebensraum nur in bestimmten Uferzonen des Binnensees gefunden.

1 2 3	Erlen und Weiden Blut-Weiderich Wasser-Schwertlilie
4 5 6	Teichsimse Rohr Schilf
7 8 9	Seerose Wasser-Knöterich Laichkraut
10 11 12	Wasserpest Tausendblatt Hornblatt
13	Armleuchteralgen

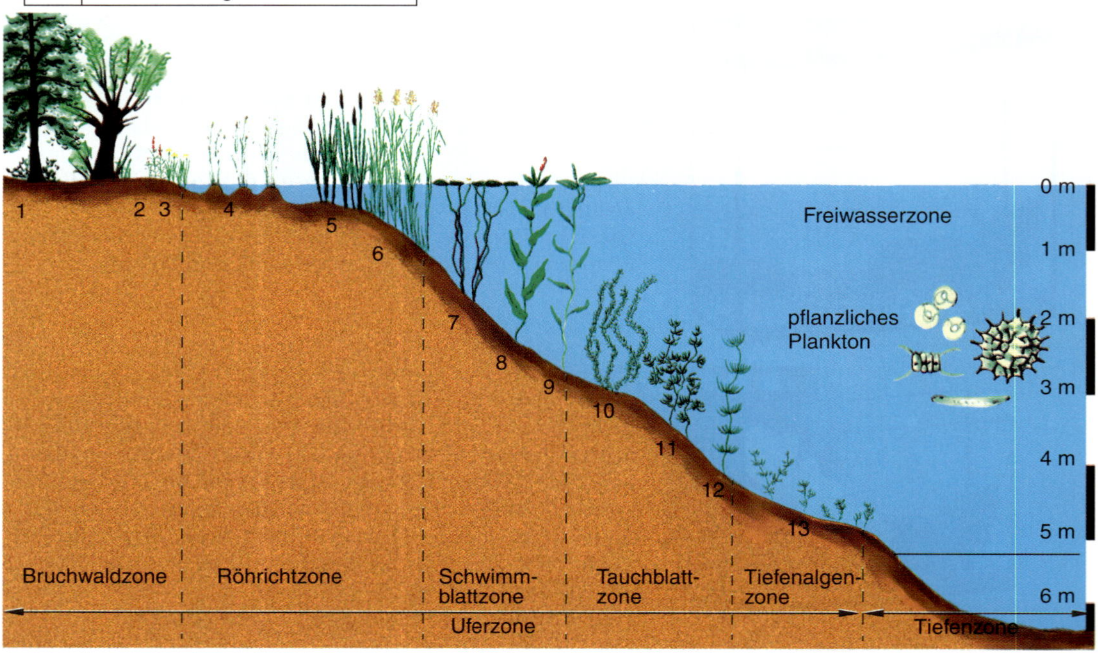

Es sind von außen nach innen die Bruchwaldzone, die Röhrichtzone, die Schwimmblattzone, die Tauchblattzone und die Tiefalgenzone. Die Pflanzenarten dieser Zonen eines Binnensees sind an die jeweiligen Umweltbedingungen ihres Standortes angepasst, z. B. an die Wassertiefe, an die Menge des einfallenden Lichtes, an die Bewegungen des Wassers oder an die Bestäuber ihrer Blüten. Jede Zone wird durch typische Pflanzengesellschaften geprägt. In ihnen finden bestimmte Tiere Nahrung und Wohnraum.

1 Schwarz-Erlen stehen fast um jeden See.

Diese Zonen werden zur Uferzone zusammengefasst. Tiefer reichende Teile eines Sees bilden die Tiefenzone.

> Bei einem See unterscheidet man verschiedene biologische **Zonen.** Jede Pflanzenzone bildet einen eigenen Lebensraum für bestimmte Tiere.

2 Der Gemeine Blut-Weiderich fällt durch seine Färbung auf.

Die Pflanzenarten der **Bruchwaldzone,** z. B. *Erlen, Faulbaum, Sumpf-Veilchen* und *Seggen,* müssen stauende Nässe und zeitweilige Überschwemmungen überstehen. Als Anpassung an den hohen Grundwasserstand sind die Pflanzenarten dieser Zone (Abb. 1 bis 3) meistens Flachwurzler mit einem dichten und weitverzweigten Wurzelsystem.

Typische Pflanzenarten der **Röhrichtzone** sind z. B. *Schilf* und *Rohrkolben.* Sie verankern sich im weichen Boden mit waagerecht verlaufenden und verzweigten Erdsprossen (Wurzelstöcken). Sie pflanzen sich ungeschlechtlich fort, indem sie an den Knoten der Erdsprosse neue Stängel bilden, die aus dem Wasser herauswachsen und eine Höhe von bis zu 2 Metern (Rohrkolben) bzw. 4 Metern (Schilf) erreichen. Es kann ein Pflanzengürtel entstehen (Abb. 4 bis 6).

3 Die Wasser-Schwertlilie ist ein typischer Vertreter der Bruchwaldzone rund um Binnenseen.

Durch ihren hohen Wuchs können diese Pflanzen geringfügige Wasserstandsschwankungen ausgleichen. Schutz gegen Wind und Wellenschlag bieten die hohlen, elastischen und biegsamen Stängel mit ihrem röhrenartigen Aufbau.

4 bis 6 Teichsimse und Schilf vertreten die Pflanzen der Röhrichtzone. Vor allem die Schilfgürtel sind für viele Tierarten lebensnotwendig. Die Schilfgürtel bilden sich aus nicht völlig geklärten Gründen zurück. Das hat zum Beispiel schon dazu geführt, dass die Zwergrohrdommel seit 1996 auf der roten Liste der Brutvögel Deutschlands als „vom Aussterben bedroht" geführt werden muss.

1 bis 3 Die Pflanzen der Schwimmblattzone, zu denen Wasser-Knöterich, Seerose und Teichrose gehören, sind seewärts die letzten Pflanzen, die an der Wasseroberfläche sichtbar sind.

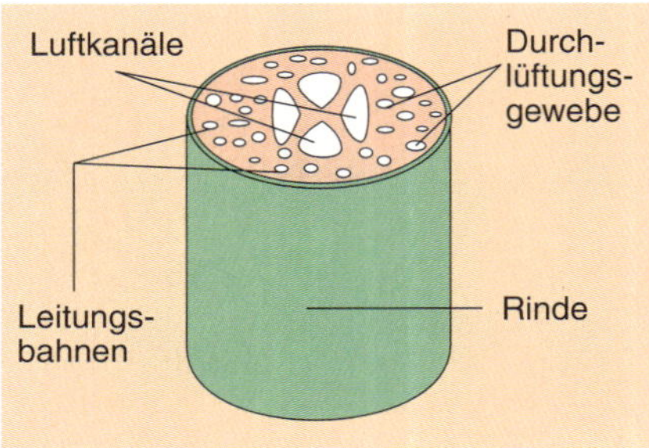

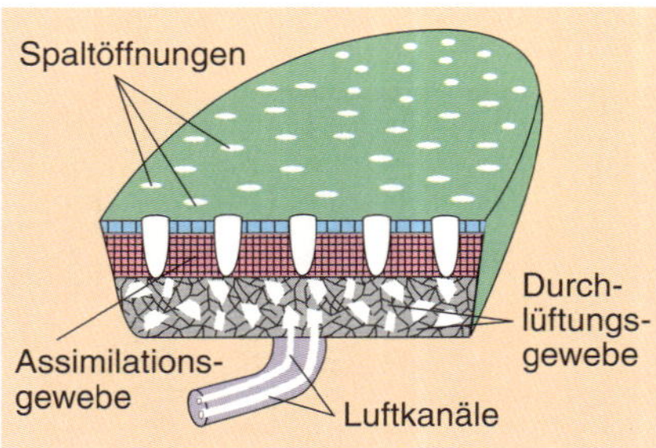

4, 5 Luftkanäle und Durchlüftungsgewebe der Blattstiele (oben) und der Schwimmblätter (unten) unterstützen das Schwimmen auf der Wasseroberfläche und versorgen gleichzeitig die kräftigen, im Bodenschlamm liegenden Erdsprosse (Rhizome, Wurzelstöcke) mit Sauerstoff.

Weiter zur Mitte des Sees, wo das Wasser tiefer wird, findet man häufig dichte Bestände vom *Wasser-Knöterich,* an etwas geschützten Stellen oft Teppiche von weißblühenden *Seerosen* und gelbblühenden *Teichrosen* (Abb. 1 bis 3). Diese Pflanzenarten leben in der **Schwimmblattzone.** Ihre oft großen lederartigen Blätter und Blüten schwimmen auf der Wasseroberfläche. Sie können sich schwimmend einer Veränderung des Wasserstandes anpassen, da die langen Blatt- und Blütenstiele elastisch sind. Außerdem befinden sich zahlreiche Luftkanäle in den Blattstielen (Abb. 4) und Luftkammern in den Schwimmblättern (Abb. 5). Auch die Früchte dieser Pflanzen enthalten Luftkammern. Sie werden durch das Wasser verbreitet. Entweicht die Luft aus den Früchten, sinken sie zu Boden. Dort können die Samen auskeimen.

In größerer Wassertiefe, zur Seemitte hin, leben Pflanzenarten völlig untergetaucht im Wasser. Zu ihnen gehören z. B. *Wasserpest, Hornblatt, Krauses Laichkraut* und *Tausendblatt* (Abb. 6 bis 8). Sie bilden die **Tauchblattzone.** Die Pflanzenarten dieser Zone besitzen meist schmale, oft gefiederte Blätter ohne einen Verdunstungsschutz. Dadurch können sie das wenige einfallende Licht besser ausnutzen. Sie nehmen direkt aus dem Wasser das Kohlenstoffdioxid und die Mineralstoffe auf. Da kaum Festigungsgewebe vorhanden ist, können sie sich den unterschiedlichen Strömungen im Wasser gut anpassen.

6 bis 8 Wasserpest, Laichkraut und Tausendblatt sind Bewohner der Tauchblattzone. Verdunstungsschutz und Festigungsgewebe sind aufgrund der in dieser Zone gegebenen Bedingungen nicht erforderlich.

Bis in die **Tiefenalgenzone** dringt nur wenig Licht vor. Dort bilden oftmals die *Armleuchteralgen* dichte Rasen (Abb. 1).

Während man in der Tiefenzone eines Binnensees keine Pflanzen mehr findet, kommen in der **Freiwasserzone** in sehr großen Mengen mikroskopisch kleine Pflanzen vor. Sie gehören, wie *Zackenrädchen, Gürtelalgen, Wimperkugeln* oder *Kreuzalgen,* zur Gruppe der Grünalgen (Abb. 2) und, wie *Zickzackalgen, Sternalgen* oder *Fensteralgen,* zur Gruppe der Kieselalgen (Abb. 3). Sie bilden das **pflanzliche Plankton** (griech. = das Umhergetriebene) eines Sees. Durch Fortsätze, Zähnchen oder Gallerthüllen wird die Oberfläche der Pflanzen und damit auch der „Formwiderstand" vergrößert, sodass sie aufgrund des Auftriebs im Wasser schweben. Ein tiefes Absinken würde ihr sofortiges Sterben zur Folge haben, da sie den Druck, der mit der Wassertiefe zunimmt, nicht überstehen würden. Außerdem fehlt ihnen in größeren Wassertiefen das Licht für ihre Ernährungsweise.

Bei Binnenseen kann man eine Bruchwald-, eine Röhricht-, eine Schwimmblatt-, eine Tauchblatt- und eine Tiefenalgenzone unterscheiden. Sie werden durch typische Pflanzenarten charakterisiert. In der ebenfalls vorhandenen Freiwasserzone schweben mikroskopisch kleine Pflanzen, die das pflanzliche Plankton bilden.

Jede Pflanzenzone der Seen weist eine ganz bestimmte **Tierwelt** auf. So findet man in der *Bruchwaldzone* z. B. den Graureiher (Abb. 4), die Reiherente, die Erdkröte und verschiedene Schnecken. Die Rohrdommel und das Teichhuhn bauen ihre Nester geschützt in der *Röhrichtzone.* Dort legen auch die Libellen (Abb. 1, S. 174) ihre Eier ab. Haubentaucher (Abb. 2, S. 174) und Blesshuhn haben ihr Gelege in der *Schwimmblattzone.* Zahlreiche Fische laichen in der *Tauchblattzone,* da dort die Pflanzen Schutz und Nahrung bieten. In der *Freiwasserzone* leben tierische Kleinstorganismen, z. B. Wasserflöhe, Hüpferlinge, Sonnentierchen (Abb. 3, S. 174) und Rädertierchen. Sie bilden das tierische Plankton. Auch sie besitzen z. B. Fortsätze als „Schwebeeinrichtungen".

4 **Der Graureiher, der sich von Fischen ernährt und deshalb am See lebt, nutzt die Bruchwaldzone vor allem zum Nisten: Er baut sein Nest meist auf hohen Bäumen.**

1 **Armleuchteralgen kommen mit den Umweltbedingungen in der Tiefenalgenzone, die bis über 5 m Tiefe hinabreicht, vor allem mit dem geringen Lichtangebot, gut zurecht.**

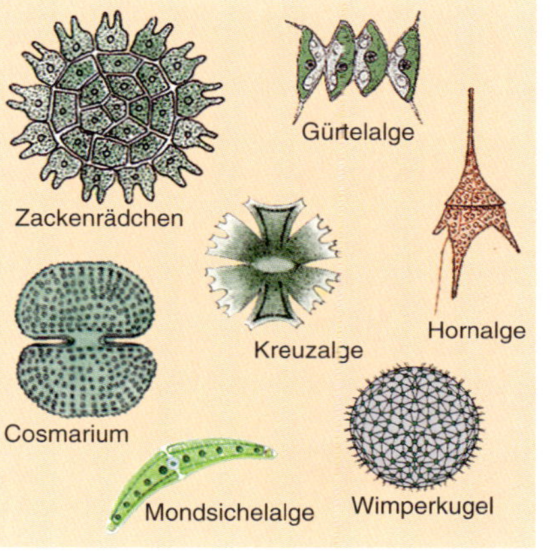

2 **Die schönen, aber zweckmäßigen Formen der Grünalgen werden erst unter dem Mikroskop sichtbar.**

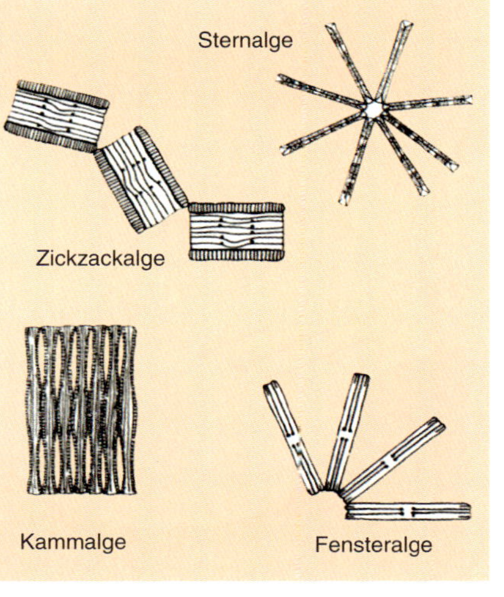

3 **Kieselalgen, die auch in den Meeren leben, haben sehr vielgestaltige Formen, obwohl sie Einzeller sind.**

1 Nicht so sehr die Libellen selbst brauchen die Wassernähe für ihre Ernährung. Vielmehr sind es ihre Larven, die im Wasser leben.

2 Hauben- und Rothalstaucher sind auf Binnenseen – besonders im Norden Deutschlands – anzutreffen. Sie bauen schwimmende Nester.

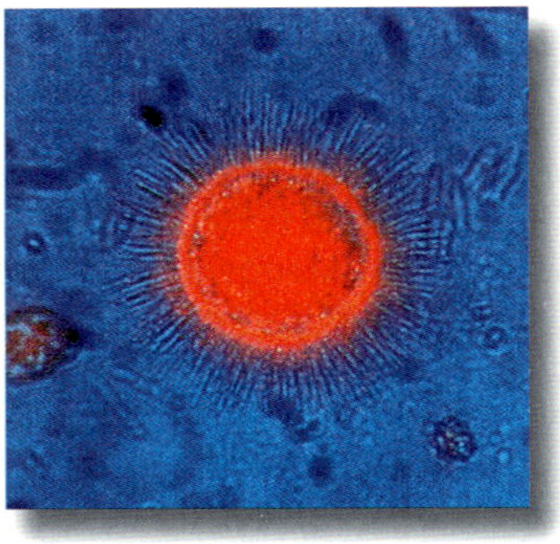

3 Sonnentierchen gehören wie Wasserflöhe zum tierischen Plankton. Ihre Fortsätze erleichtern ihnen das Schweben in der Freiwasserzone.

Wassertemperaturen im Wechsel der Jahreszeiten

Eine wichtige Voraussetzung für das Leben vieler Organismen im und am See ist die Wassertemperatur. Sie hängt besonders von der jahreszeitlich wechselnden Sonneneinstrahlung ab. Wasser erreicht bei +4 °C seine größte Dichte, ist damit bei dieser Temperatur am schwersten. Kälteres und wärmeres Wasser ist wieder leichter. Aufgrund dieser Eigenschaft des Wassers entstehen in Seen während des Jahres unterschiedliche Wasserbewegungen und Temperaturschichtungen (s. S. 132).

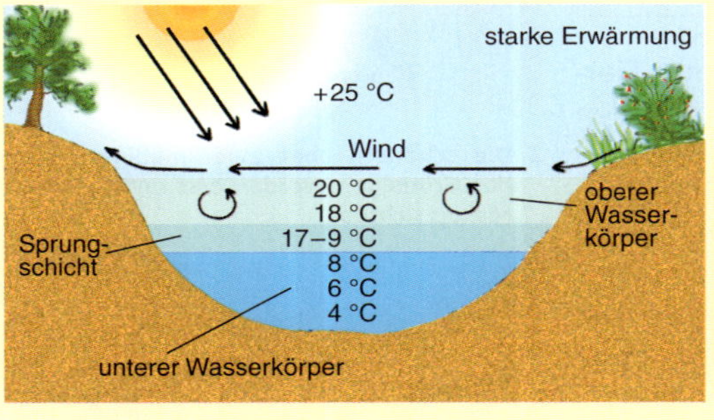

4 Sommerstabilität

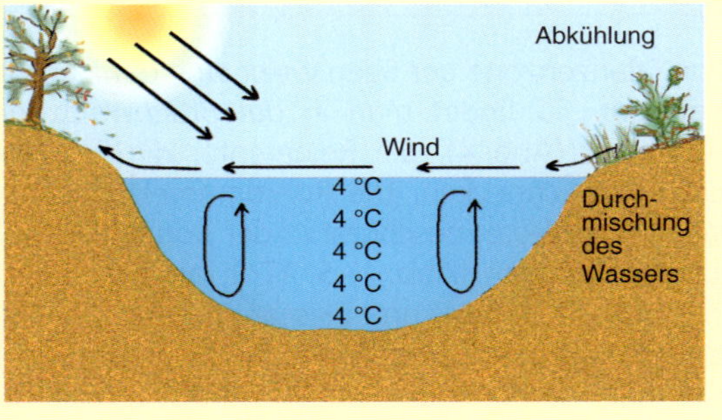

5 Herbstzirkulation

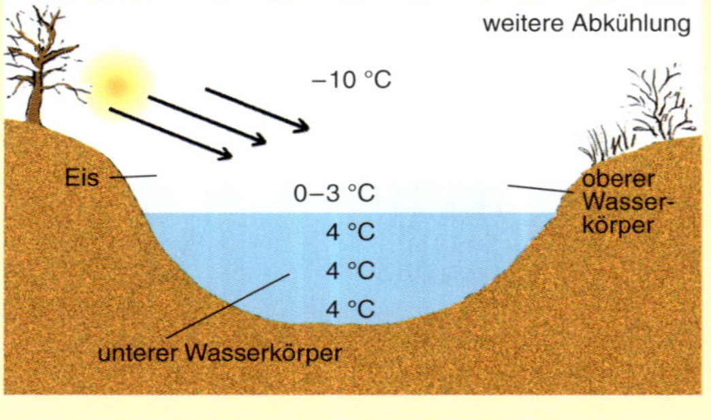

6 Winterstabilität

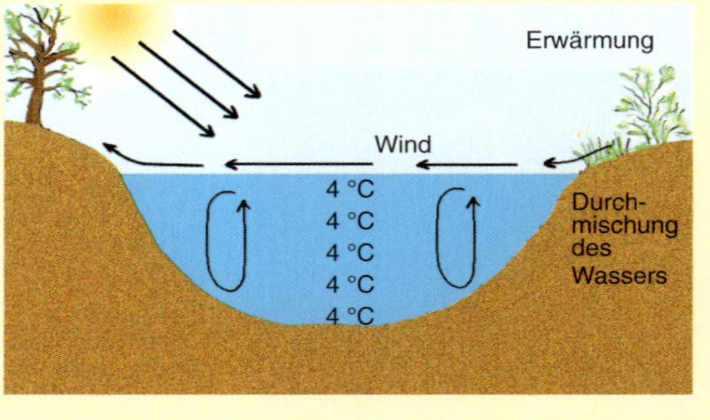

7 Frühjahrszirkulation

Im **Sommer** (Abb. 4, S. 174) wird das Wasser des Sees durch die steile Sonneneinstrahlung am stärksten erwärmt. Das oberflächennahe Wasser ist am wärmsten, besitzt die geringste Dichte und bleibt deshalb oben. Die Temperaturen nehmen nach unten ab. Das Tiefenwasser ist am kältesten.
Die Abnahme der Wassertemperatur mit zunehmender Seetiefe erfolgt jedoch nicht gleichmäßig. Es bildet sich ein *oberer Wasserkörper*, der fast gleichwarm ist, weil sein Wasser durch Wind vermischt wird. Unter dem oberen Wasserkörper nimmt die Temperatur sprunghaft ab. Eine *Sprungschicht* grenzt den oberen Wasserkörper von einem *unteren Wasserkörper* ab. Dieser untere Wasserkörper behält auch im Sommer Temperaturen, die nur wenig über 4 °C liegen. Die Sprungschicht verhindert einen Wasser-, Temperatur-, Nährstoff- und Sauerstoffaustausch zwischen oberem und unterem Wasserkörper. Der See hat im Sommer eine sehr stabile Schichtung mit einer Dreiteilung des Wasserkörpers.

Die geringere Sonnenhöhe im **Herbst** (Abb. 5, S. 174) führt zu abnehmenden Lufttemperaturen und damit zur Wärmeabgabe des Seewassers. Der obere Wasserkörper wird nach und nach auf die Temperatur des unteren Wasserkörpers abgekühlt. Die Sprungschicht löst sich auf. Im Spätherbst besteht ein *einheitlicher Wasserkörper* mit einer Temperatur bei 4 °C. Angetrieben durch Wind, zirkuliert der gesamte Wasserkörper des Sees. Dadurch erhält auch das tiefe Wasser wieder Sauerstoff und die Nährstoffe werden verteilt.

Die weitere Senkung der Lufttemperatur im **Winter** (Abb. 6, S. 174) führt zur winterlichen Temperaturschichtung des Wassers im See. Da Wasser unter 4 °C eine geringere Dichte besitzt als mit 4 °C, steigt dieses kältere Wasser nach oben. Die Wassertemperaturen nehmen von der Oberfläche des Sees nach unten von 0 °C bis 4 °C zu.
Stabil wird diese im Vergleich zum Sommer umgekehrte Schichtung erst, wenn eine Eisdecke das Wasser gegen den durchmischenden Einfluss des Windes schützt. Während dieser Winterstabilität folgen von oben nach unten drei Schichten: die *Eisbedeckung*, ein *oberer Wasserkörper*, in dem die Temperaturen recht schnell ansteigen, und ein *unterer Wasserkörper* mit gleichmäßiger Temperatur um 4 °C. Im unteren Wasserkörper überwintern zahlreiche Organismen, da hier bei ausreichender Seetiefe kein das Leben vernichtender Frost auftritt.

Durch die stärker werdende Sonneneinstrahlung schmilzt im **Frühjahr** (Abb. 7, S. 174) die winterliche Eisdecke. Das Seewasser wird erwärmt. Sind auch in Oberflächennähe 4 °C erreicht, besteht wieder ein *einheitlicher Wasserkörper*, der die für Wasser größte Dichte besitzt. Das Seewasser kann wieder gleichmäßig durchmischt werden, wenn genügend Wind diese Zirkulation antreibt.
Durch weitere Erwärmung entwickelt sich dann wieder die Sommerstabilität.

3.3.3 Beziehungen zwischen den Bewohnern von Gewässern

Es ist nicht zufällig, dass im Binnensee ganz bestimmte Tiere leben, in ganz bestimmten Seezonen laichen oder ihr Nest bauen. Ebenso wenig ist es zufällig, dass ganz bestimmte Arten von Pflanzen und Tieren zusammen in einem Binnensee leben. Es gibt Beziehungen zwischen den Lebewesen des Binnensees untereinander und auch zu ihrer unbelebten Umwelt, so zur Temperatur des Wassers oder zu seinem Sauerstoffgehalt (s. Abschnitt 3.1.1). Das ist nicht nur im Binnensee der Fall, sondern in allen Gewässern, in denen Leben ist. Die Beziehungen zwischen den Lebewesen lassen sich vereinfacht mit der Formel beschreiben: „Fressen und gefressen werden."
Am Anfang sind die **Algen.** Sie befinden sich praktisch in jedem Gewässer. Aber auch an feuchten Stellen auf dem Land, beispielsweise an feuchten Hausmauern, an Bäumen

1 Braunalgen werden oft als Tange bezeichnet. Auch der Blasentang an den Ostseeküsten gehört zu den Braunalgen (s. S. 164).

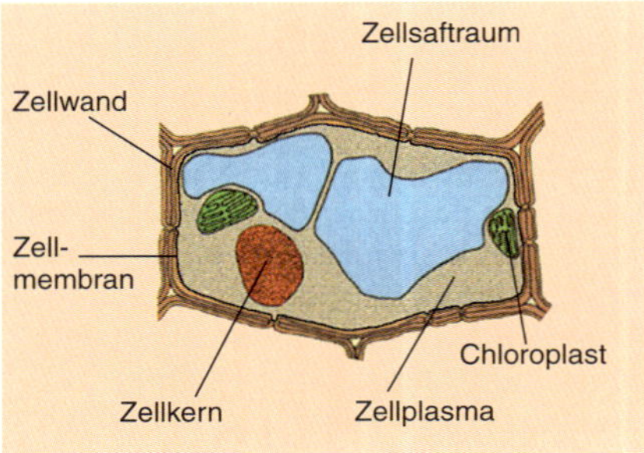

1 **Chloroplasten enthalten den grünen Farbstoff Chlorophyll. Er ist für das Aussehen der Blätter zuständig.**

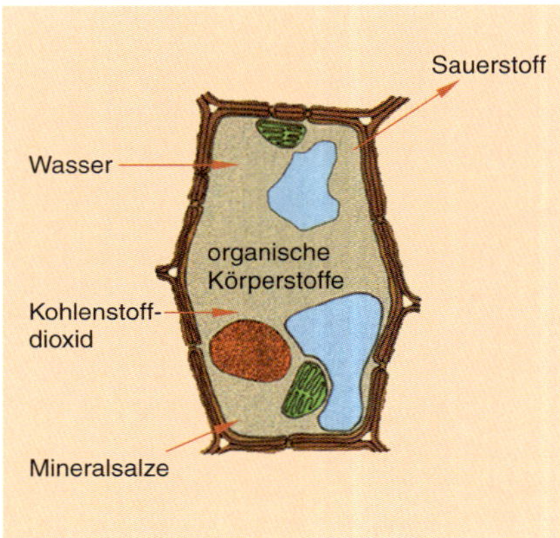

2 **Algen ernähren sich von Wasser, Kohlenstoffdioxid und Mineralsalzen. Sie bilden aus diesen anorganischen Stoffen körpereigene organische Stoffe und geben unter dem Einfluss des Sonnenlichtes zusätzlich Sauerstoff ab.**

oder auf dem Erdboden, sind sie zu finden. Die meisten Algen sind mikroskopisch klein, sodass wir sie mit bloßem Auge nicht erkennen können. Manche Braunalgen des Meeres können aber auch eine Größe von mehreren Metern, eine Art sogar von über 100 m erreichen (Abb. 1, S. 175). Unter bestimmten Bedingungen, so bei starker Erwärmung oder übermäßigem Nährstoffeintrag in Gewässer, kann es zur massenhaften Vermehrung der Algen kommen (s. Abschnitt 3.4.5). Je nach Algenart können dabei grüne, braune und auch rote Farbtöne auftreten.

Algen sind ein- und vielzellige Pflanzen, die innerhalb von Gewässern vom Wasser getragen und transportiert werden. Algen sind keine Sprosspflanzen, da sie nicht in Wurzeln, Spross und Blätter gegliedert sind. Landalgen lagern flach auf dem Boden. Man bezeichnete Algen deshalb auch häufig als Lagerpflanzen. Algen besitzen sehr unterschiedlich geformte *Chloroplasten* (Abb. 1). Das darin enthaltene **Chlorophyll** ist bei Rotalgen von roten, bei Braunalgen von braunen oder gelben Farbstoffen überdeckt.

Algen ernähren sich *autotroph,* „von selbst". Das heißt, sie sind bei ihrer Ernährung nicht auf andere Lebewesen, andere Organismen, angewiesen. Sie ernähren sich von nichtorganischen, d. h. *anorganischen* Stoffen (Abb. 2).

Algen haben in Gewässern zwei wesentliche Funktionen:
- Sie reichern Gewässer – und über diese auch die Luft – mit Sauerstoff an.
- Sie bilden die Nahrungsgrundlage für viele andere Wasserbewohner.

Die Form der Algen ist äußerst vielfältig.

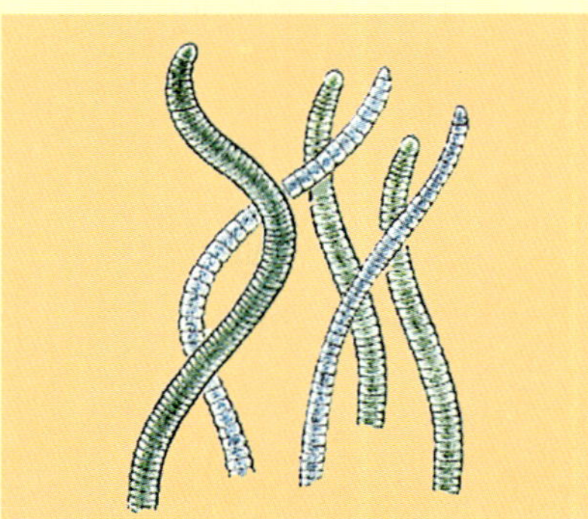

3 **Blaualgen leben auch auf feuchtem Boden und an Felsen als Erstbesiedler.**

Einzellige und mehrzellige Algen

Algen sind in sehr verschiedenen Formen ausgebildet. So gibt es kugelige, ovale, fadenförmige, sichelförmige und sternförmige Vertreter. Manche sind verzweigt, andere besitzen Geißeln. Es gibt Blaualgen, Kieselalgen, Grünalgen, Rotalgen und Braunalgen.

Blaualgen sind eine sehr alte und einfach gebaute Organismengruppe. Sie besitzen noch keinen echten Zellkern und keine Chloroplasten, Blattgrün ist jedoch vorhanden. Es gibt einzellige und Kolonien bildende Arten. Häufig sind fädige Formen. Geißeln besitzen sie nicht. Ihre Farbe kann sehr variieren, meist ist es ein blaustichiges Grün (Abb. 3). Viele Arten leben im Süßwasser, hier bilden sie mitunter dichte „Wasserblüten". Blaualgen kommen etwa in 2 000 Arten vor.

Bei **Kieselalgen** wird das Chlorophyll wird durch andere Farbstoffe verdeckt, so dass ihr Farbton meist bräunlich-gelblich ist. Auffällig an ihnen ist aber besonders ihre Hülle aus Kieselsäure (Abb. 3, S. 173). Sie besteht aus zwei unterschiedlich großen Schalen, die wie eine Dose mit Deckel zusammengefügt sind. Fast alle Kieselalgen können sich bewegen. Dazu sondern sie Schleim aus einem Längsspalt im Deckel aus und treiben sich so durch eine strömende Bewegung voran. Kieselalgen sind Einzeller. Durch Gallertausscheidungen sind manche auch zu band- und fadenförmigen Zellverbänden vereinigt.

Grünalgen sind eine sehr artenreiche (etwa 8 000) und vielgestaltige Gruppe. Die meisten von ihnen leben im Süßwasser. Es gibt kugelige und fädige Formen, Ein- und Mehrzeller, Algen mit und ohne Geißeln. Aus Einzellern (Abb. 1) haben sich fadenförmige Formen (Abb. 2) entwickelt. Durch Längs- und Querteilung entstanden auch blattförmige (Abb. 3) und röhrenartige Gebilde.

Die Gestalt der Armleuchteralgen (s. Abb. 1, S. 173) ist einfachen Landpflanzen schon sehr ähnlich.

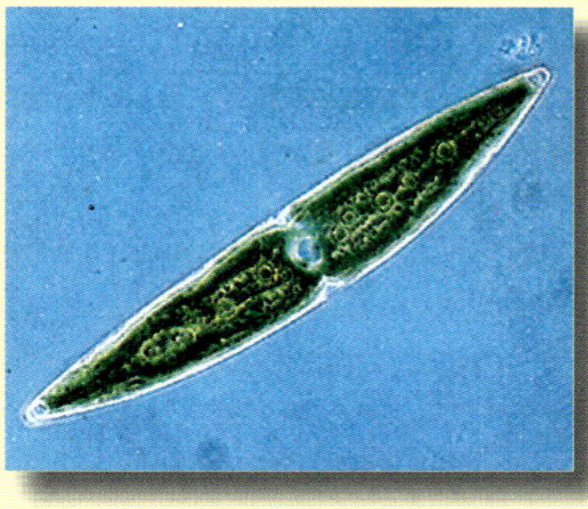

1 Zieralgen sind in sauren Hochmooren und Moorgräben weit verbreitet. Diese einzellige Mondsichelalge besteht aus zwei symmetrischen Hälften.

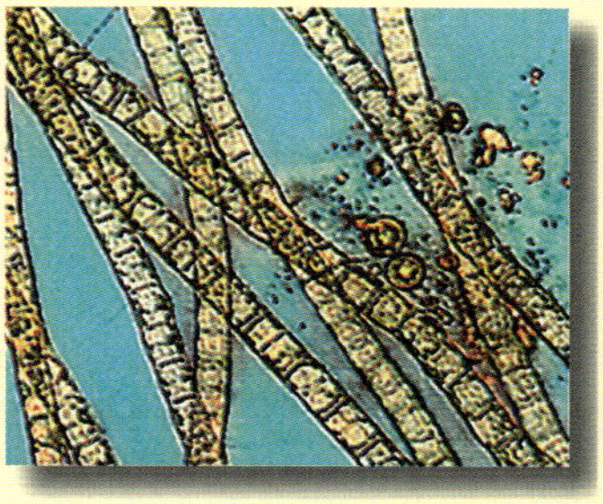

2 Viele hintereinander liegende gleichartige Zellen bilden unverzweigte Fäden. Die Kraushaaralge lebt im Süßwasser und sitzt mit einer Haftzelle auf dem Untergrund.

3 Der Meersalat weist Zellflächen auf und hat deshalb ein blattförmiges Aussehen. Er sitzt ähnlich der Kraushaaralge mit einer Haftscheibe auf Steinen fest.

Rotalgen und **Braunalgen** sind meist Meeresbewohner mit einem komplizierten Bau. Häufig sind sie mit Haftscheiben am Untergrund verankert. Rotalgen bestehen meist aus einem System verzweigter Fäden. Besondere Farbstoffe ermöglichen es ihnen, noch in Tiefen zu leben, in denen andere Pflanzen nicht mehr existieren können.

Die ersten Mitbewohner des Wassers, denen die Algen als Nahrungsmittel dienen, sind **tierische Einzeller.** Tierische Einzeller werden auch als Urtiere bezeichnet. Ähnlich wie die Algen haben sie in einer großen Formenvielfalt die unterschiedlichsten Lebensräume erobert. Wir finden sie in fast allen Gewässern, im Boden und auf Pflanzen. Auch in Tier und Mensch kommen sie vor.

Tierische Einzeller ernähren sich im Unterschied zu den Algen nicht autotroph, können also nicht ausschließlich anorganische Stoffe aufnehmen. Sie sind auch auf organische Stoffe angewiesen, die sie mit den Algen aufnehmen. Ihre Ernährung ist *heterotroph* (Abb. 4).

Zu den tierischen Einzellern gehören die **Amöben** (Abb. 1, S. 178) und die **Wimpertiere.** Zur Gruppe der Wimpertiere zählen auch die Pantoffeltierchen (Abb. 2, S. 178).

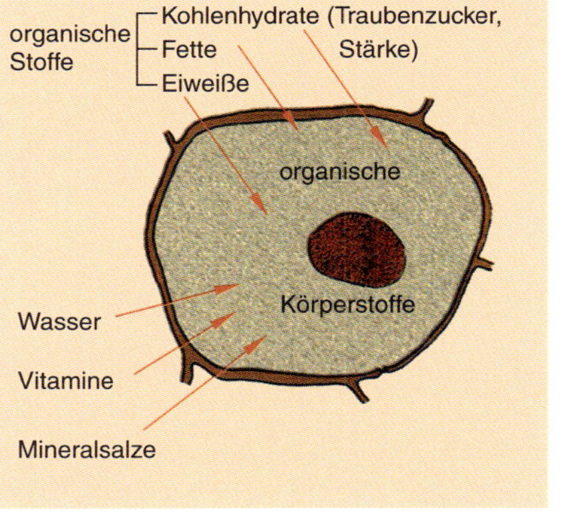

4 Tierische Einzeller nehmen sowohl die anorganischen Stoffe Wasser und Mineralsalze als auch die organischen Stoffe Kohlenhydrate, Fette und Eiweiße auf, die die Algen aus anorganischen Stoffen gebildet haben.

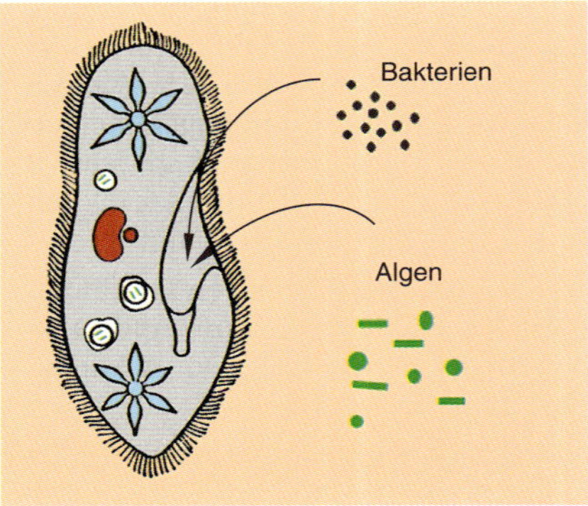

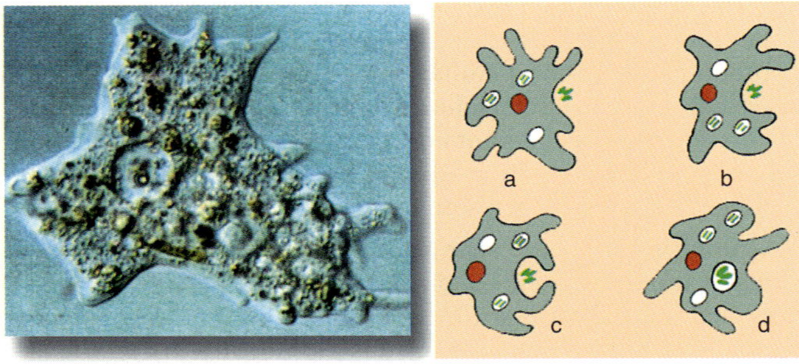

1 **Das Foto zeigt eine Amöbe 600fach vergrößert. Die Zeichnung stellt die Art und Weise der Nahrungsaufnahme dar.**

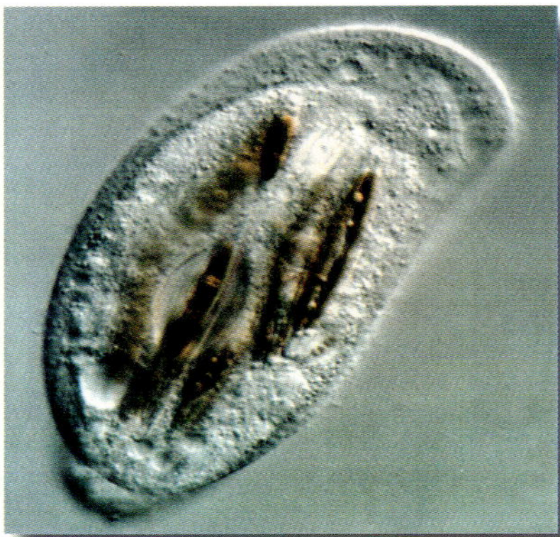

2 **Das Pantoffeltierchen erscheint stark vergrößert. Es nimmt neben Algen auch Bakterien als Nahrung auf.**

Algen und tierische Einzeller stellen die ersten Glieder des „Fressens und Gefressenwerdens" dar. Diese Glieder gehören zu einer **Nahrungskette** im Binnensee (Abb. 3).

Von den **Erzeugern** Algen leben die Pflanzenfresser der Gewässer, in Abb. 3 die zu den Kleinkrebsen gehörenden Wasserflöhe. Diese sind damit **Erstverbraucher.** Sie werden von Friedfischen, den **Zweitverbrauchern,** gefressen. Von ihnen wiederum ernähren sich als Fleischfresser die Raubfische. Sie sind die **Drittverbraucher.** Der jeweils letzte Verbraucher in einer Kette ist der **Endverbraucher.**

Die Verbraucher jedes Gliedes der Nahrungskette nehmen jeweils sehr viel mehr an Masse vom vorhergehenden Glied auf, als sie selbst an neuer Biomasse bilden. Ein Hecht muss zum Beispiel etwa 10 kg Friedfische fressen, damit sein Körpergewicht um 1 kg zunimmt.

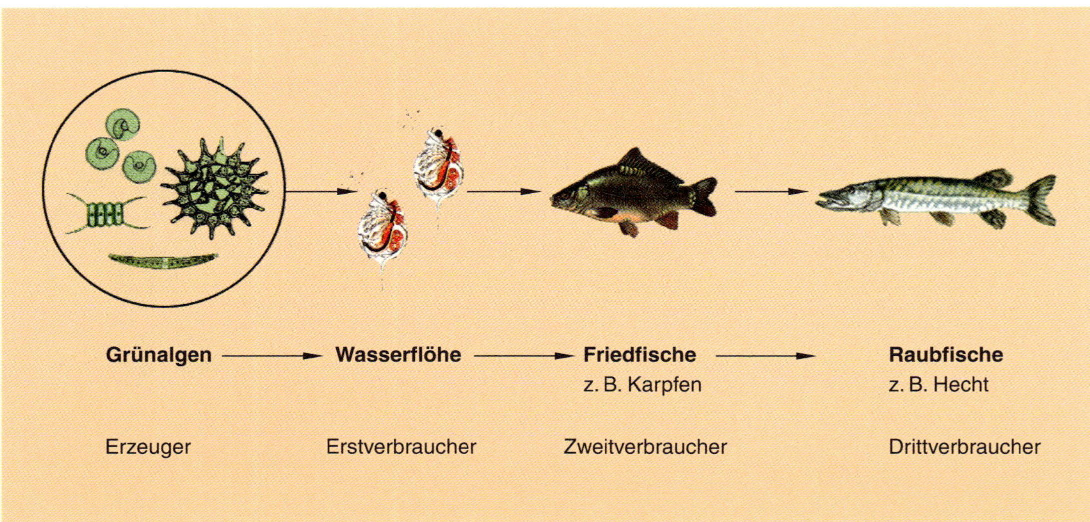

3 **Diese Nahrungskette besitzt vier Glieder, von denen nur das erste Glied, die Grünalgen, als Erzeuger bezeichnet werden kann. Alle anderen Glieder sind Verbraucher. Letztendlich lebt der ganze See von den Algen.**

Eine Nahrungskette zeigt immer nur eine Möglichkeit auf, sich zu ernähren oder gefressen zu werden. In Wirklichkeit existieren in einem Gewässer aber viele Möglichkeiten der Ernährung (Abb. 1), also auch mehrere Nahrungsketten, die sich überschneiden oder ergänzen. Miteinander verknüpfte Nahrungsketten bilden ein **Nahrungsnetz** (Abb. 2). Auch Nahrungsnetze unterscheiden sich voneinander.

Für viele Glieder der Nahrungsketten ist der *Mensch* der Endverbraucher. Nicht nur, wenn er Fische isst, er greift bereits auf die vorgeschalteten Glieder der Nahrungskette zurück: Vor allem in Asien schätzt man Algen als Nahrungsmittel für die Menschen. Sie werden als Gemüse verwendet, aber auch für Soßen, Gebäck und Tee. Manche Algen werden zu Düngemittel und Viehfutter verarbeitet. Nährböden für Mikroorganismen gewinnt man aus ihnen, auch Jod, Soda und andere Stoffe.

Die Schalen fossiler Kieselalgen bilden teilweise mächtige Felsformationen. Für technische Zwecke werden sie bergmännisch abgebaut.

Nahrungsketten der Gewässer verdeutlichen die große Bedeutung der Organismen, die an deren Anfang stehen. Pflanzliches Plankton gehört auf der Erde zu den wichtigsten Erzeugern von Biomasse und von Sauerstoff.

1 Auch Eintagsfliegen (oben) und Hüpferlinge (unten) sind Teile von Nahrungsketten.

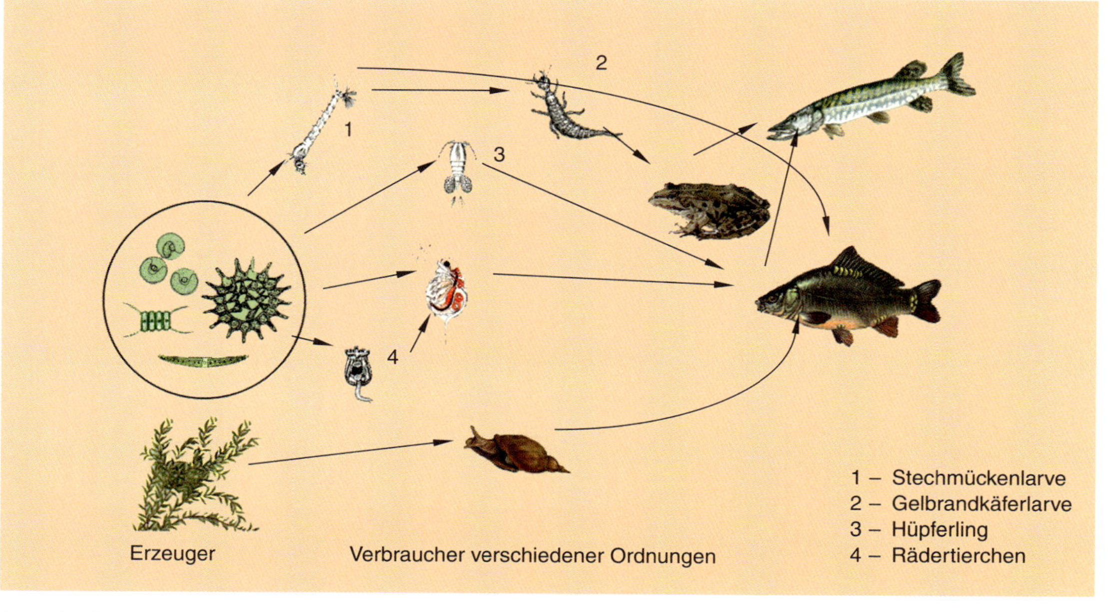

2 Auch Pflanzen, wie die Wasserpest (s. Abb. 6, S. 172), sind Erzeuger, da auch sie anorganische Nährstoffe aufnehmen. Stechmückenlarven, Rädertierchen, Gelbrandkäferlarven und Hüpferlinge gehören wie Wasserflöhe zum Plankton bzw. zu den Kleinstlebewesen. Sie sind aber bereits Verbraucher.

1 Die Schraubenalge bildet Bläschen. Sie enthalten Sauerstoff, den die Algen in das Wasser abgeben.

Durch die Fähigkeit zur schnellen Vermehrung kann das pflanzliche Plankton seine Biomasse täglich bis zum Achtfachen neu bilden. Der entstehende Sauerstoff (Abb. 1) hat nicht nur zur Entstehung der Erdatmosphäre beigetragen. Auch seine ständige Neubildung ist für alle Lebewesen, die Sauerstoff atmen, eine Grundvoraussetzung. Daher muss alles getan werden, die Ozeane und alle Gewässer als Lebensräume funktionstüchtig zu erhalten.

Innerhalb einer Nahrungskette werden jedoch nicht nur die Nährstoffe weitergegeben. Auch Schadstoffe, die vom Plankton aus dem Wasser aufgenommen werden, können schließlich beim Endverbraucher, also bei den höheren Tieren oder beim Menschen, der Fische verzehrt, in einer angereicherten Konzentration ankommen. – Ein weiterer Grund zum Schutz der Gewässer vom Tümpel bis zum Weltmeer.

Ein See verlandet

In langen Zeiträumen verlandet ein See. Es bilden sich in einer bestimmten zeitlichen Aufeinanderfolge neue Pflanzen- und Tiergesellschaften.

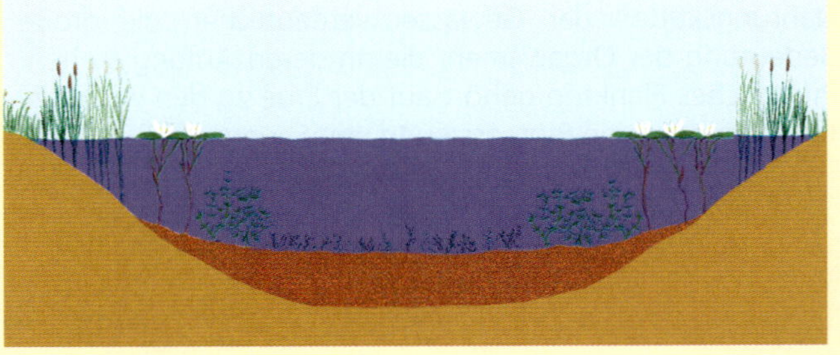

2 Der See weist noch die charakteristische Zonierung (s. S. 170) auf. Lediglich die Tiefenzone existiert nicht mehr, Tiefenalgen bedecken den gesamten Seegrund. Dort hat sich bereits eine Schicht organischer und anorganischer Sedimente aus abgestorbenen Lebewesen und eingeschwemmten Materialien gebildet. Der See zeigt als erste Stufe der Verlandung eine *Verflachung*.

3 Vor allem durch weitere Ablagerung von organischer Substanz wächst der See weiter zu. Eine *Verkleinerung* der Wasserfläche ist deutlich feststellbar. Die Pflanzen der Schwimmblattzone, der Röhrichtzone und der Bruchwaldzone dringen zur Gewässermitte vor. Für einige Pflanzenarten bestehen keine Lebensbedingungen mehr, sie sterben ab.

4 Vom See ist fast nichts mehr übrig geblieben. Der *Bruchwald,* bestehend aus Schwarz-Erlen, Birken und Weiden und durchsetzt mit Gräsern, Farnen und Moosen, herrscht vor! Wenn sich Bäume nicht durchsetzen können, entsteht ein *Flachmoor,* aus dem sich bei nährstoffarmem Wasser auch ein *Hochmoor* bilden kann.

3.3.4 Aufgaben

Aquatische Lebensräume

1. Vom Wortstamm „Aqua" sind Begriffe, wie „Aqua destillata", „Aquädukt", „Aquakultur", „Aquanaut", „Aquaplaning", „Aquarell", „Aquarianer" und „Aquarium", abgeleitet, aber auch der Begriff „aquatische Lebensräume".
   a) Bestimme die Begriffsinhalte!
   b) Fertige eine tabellarische Übersicht über aquatische Lebensräume an!
   Schreibe in den Tabellenkopf von links nach rechts folgende Spaltenüberschriften: Name des Lebensraumes, Beispiele, Art des Wassers, Besonderheiten, typische Organismen!
   Trage die im Buch genannten aquatischen Lebensräume in die linke Spalte ein und fülle dann die Tabelle aus!
   c) Warum ist es nicht ganz exakt, diese Lebensräume durchgängig als Lebensräume *im* Wasser zu bezeichnen?
   Denke auch an die Lebewesen dieser Räume!

2. Aquatische Lebensräume bedürfen unseres besonderen Schutzes, ganz gleich, ob es sich um die Ozeane oder um einen Tümpel handelt.
   a) Erläutere diese Feststellung!
   Denke dabei auch daran, wie diese Lebensräume oft behandelt wurden und noch behandelt werden!
   Begründe, warum der Schutz auch im Interesse der Menschen erforderlich ist!
   b) Beschreibe ein Beispiel für den Schutz eines solchen Lebensraumes aus deiner Wohn- oder Schulumgebung!

3. Meeresbewohner sind bei weitem nicht nur Fische.
   a) Fertige eine Übersicht über Meeresbewohner an!
   b) Ordne in diese Übersicht auch das abgebildete Tier ein! Es ranken sich viele Legenden darum.
   c) Warum sind vor allem die Küstenräume der Meere durch besonderen Artenreichtum an Tieren geprägt?

4. Auch zwischen Bewohnern aquatischer Lebensräume gibt es Nahrungsbeziehungen.
   a) Erläutere den Begriff „Nahrungskette"!
   b) Stelle eine Nahrungskette für einen Küstenraum auf!
   Ordne dabei den Bildinhalt ein!

5. Es gibt Überlegungen, den Krill wegen seiner großen Gesamtmasse und seines hohen Gehalts an Eiweiß und an Vitaminen für die menschliche Ernährung zu nutzen.
   Welche Zusammenhänge müssten im Interesse der Erhaltung unserer natürlichen Umwelt beachtet werden, wenn diese Vorstellungen Wirklichkeit werden sollten?

6. Bodden und Wattenmeer sind zwei Küstenräume, die auch in Deutschland zum Teil geschützt sind.
   Sammle Materialien zu einem dieser Küstenräume und gestalte mit Karten, Fotos, Zeichnungen und Texten ein Poster dazu! Das Poster soll Aussagen enthalten u. a. zu
   - seiner Lage,
   - seinen geographischen Besonderheiten,
   - seiner Pflanzen- und Tierwelt,
   - seiner Gefährdung durch die Menschen und zu
   - den Schutzmaßnahmen für den Küstenraum.

7. Die Fließgewässer der Erde sind keine gleichförmigen Lebensräume.
   a) Stelle Unterschiede hinsichtlich der Lebensbedingungen zwischen verschiedenen Flussabschnitten dar!
   b) Unterschiedliche Lebensbedingungen haben auch unterschiedliches Leben zur Folge.
   Erläutere diesen Zusammenhang am Beispiel der abgebildeten Fische!

   c) Was geschieht bei einer Flusskanalisierung mit der Unterschiedlichkeit im Lebensraum Fluss und der Differenziertheit des Lebens in ihm?

8. Aal und Lachs sind Wanderfische.
   a) Bestimme den Begriff „Wanderfisch"!
   b) Welchen Hindernissen und Gefahren kann ein Lachs auf seiner Wanderung begegnen?

9. In naturnahen Flussauen gibt es sehr unterschiedliche Lebensbedingungen.
   a) Beschreibe den Querschnitt durch eine Flussaue (Abb. 1, S. 168) und erläutere die kleinräumigen und jahreszeitlichen Unterschiede in den Lebensbedingungen der Auen für Pflanzen und Tiere!
   b) Welche Veränderungen der Lebensbedingungen erfolgen bei einer Kanalisierung eines Flusses?

10. Zu den „Wanderern" gehören nicht nur Lachse und Aale, sondern auch der Weißstorch und der Kranich.
   a) Erläutere, welche Bedeutung Feuchtgebiete für die genannten Vogelarten besitzen!
   b) Worauf weist der Umstand hin, dass selbst im „Europäischen Storchendorf" Rühstädt an der brandenburgischen Elbe die Vögel bereits mit Fischen gefüttert werden müssen?
   c) Weise am Ablauf eines „Storchenjahres" nach, dass der Weißstorch nicht nur auf Feuchtgebiete z. B. in Mecklenburg-Vorpommern angewiesen ist!

11. In den eiszeitlich geprägten Landschaften Mecklenburg-Vorpommerns gibt es nahezu kreisrunde kleine Wasserflächen, die Sölle.

   a) Äußere Vermutungen zur Entstehung der Sölle!
   Überprüfe diese dann mittels Nachschlagewerken!
   b) Welche Bedeutung besitzt ein dichtes „Netz" von Feuchtgebieten, zu denen auch die Sölle gehören, vor allem für Frosch- und Schwanzlurche?

12. Nicht nur das Trockenlegen, das Zuschütten oder die Verschlechterung der Wasserqualität von Feuchtgebieten beeinträchtigen die Lebensmöglichkeiten der Organismen, die darauf angewiesen sind. Auch das Zerschneiden dieser Lebensräume durch Verkehrsnetze des Menschen wirkt sich aus.

a) Nenne und erläutere Beispiele dafür, dass Feuchtgebiete durch Verkehrswege zerschnitten wurden oder werden!
b) Wie wirkt sich ein solches Zerschneiden auf die Tierwelt aus?

13. Nachfolgelandschaften des Braunkohlenbergbaus, vor allem in der Niederlausitz Brandenburgs und Sachsens, sind oft wasserreicher als die ursprünglichen Landschaften.

a) Erläutere, wie es zur Entstehung vieler Wasserflächen in den Bergbaufolgelandschaften kommt!
b) Welche Rolle spielen diese Feuchtgebiete für die Entwicklung einer Artenvielfalt sowie für die Menschen?
c) Sammle Materialien zu Feuchtgebieten in Bergbaufolgelandschaften und gestalte ein Poster dazu!

14. Du willst dir ein Aquarium einrichten.
a) Welche Überlegungen musst du vorher anstellen, damit du lange Freude an diesem künstlichen Lebensraum haben kannst?
b) Wie würdest du dir dein Aquarium einrichten?

15. Nicht gerade selten wird die Einrichtung eines Gartenteiches empfohlen.
a) Welche Gründe kann es für diese Empfehlung geben?
b) Unterbreite einen Vorschlag für die Einrichtung eines Gartenteiches! Er kann auch als Zeichnung gestaltet sein.
c) Was muss für Pflege und Erhaltung eines Gartenteiches bedacht und getan werden?

Lebensraum Binnensee

16. Binnenseen, die mitunter auch als Meere bezeichnet sind, gibt es auf allen Kontinenten.
a) Suche auf einer Weltkarte große Seen und fertige eine Tabelle an!

Name des Sees	Erdteil
...	...

b) Stelle für die Erde zusammen und gib Größen an:
- flächengrößter See,
- tiefster See,
- höchstgelegener See,
- See mit größtem Volumen!

Nutze neben deinem Atlas auch andere Nachschlagwerke!

17. Binnenseen kann man unterschiedlich klassifizieren, z. B. nach solchen mit Abfluss und solchen ohne Abfluss.
a) Nenne jeweils fünf Seen mit und fünf Seen ohne Abfluss!
b) Welche Gründe führen zur Abflusslosigkeit? Denke an die Lage solcher Seen!
c) Welche Folgen hat die Abflusslosigkeit für die Beschaffenheit des Seewassers?

18. Vor allem im Norden Europas, im nördlichen Teil Deutschlands und in den Alpenvorländern kann eine Häufung von natürlichen Seen festgestellt werden.
a) Wie ist diese Häufung natürlicher Seen zu erklären? Betrachte dazu auch ihre Ausdehnungsrichtung auf Atlaskarten!
b) Die in den genannten Teilen Europas vorkommenden Seen wurden von Wissenschaftlern klassifiziert und nach ihrer Entstehung benannt. Bestimme die Begriffe „Zungenbeckensee“ und „Rinnensee“ und deren Entstehung!

19. Viele Binnenseen weisen eine typische Zonierung auf.
a) Nenne die Zonen von Binnenseen!
b) Ordne den Zonen Vertreter von Pflanzen und Tieren zu!
c) Beschreibe für jede Zone Zusammenhänge zwischen Lebewesen des Sees!

d) Welche Zusammenhänge zwischen belebter Natur und unbelebter Natur bestehen im See?
e) Welche Verhaltensweisen der Menschen sind für den Fortbestand des Lebens in einem See von besonderer Bedeutung?

20. Bestimme, was man sich unter dem Begriff „Plankton" vorstellen muss!
Du kannst auch Zeichnungen anfertigen!

21. Untersuche Organismen an Schilf- oder Binsenstängeln!
a) Schneide einen Schilf- oder Binsenstängel tief ab und zerlege ihn in Teile von 10 cm Länge!
b) Schabe von den Stängelteilen die Beläge ab und gib diese gesondert in Schälchen.
c) Bestimme die Organismen der Beläge mit Hilfe von Lupe und Mikroskop sowie anhand von Abbildungen!
d) Vergleiche die Stängelteile hinsichtlich der Organismen in den Belägen!

22. Die abgebildeten Tiere leben eng beieinander im Lebensraum See.
Warum sind sie keine Nahrungskonkurrenten?

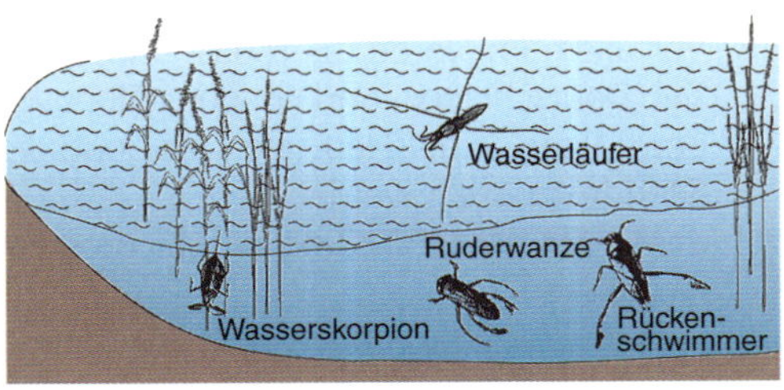

23. Tiere sind u. a. durch ihre Atmungsorgane und ihre Fortbewegungsorgane an das Leben im Lebensraum Wasser angepasst.

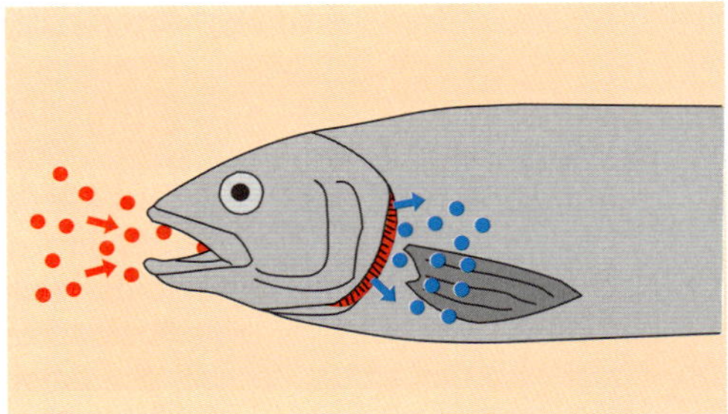

a) Weise am Beispiel der abgebildeten Tiere die Richtigkeit der obigen Feststellung nach, indem du ihre Angepasstheit beschreibst!
b) Schreibe weitere Beispiele für die Angepasstheit von Tieren an ihr Leben im Wasser auf!

24. Die Seerose ist ein typischer Vertreter der Pflanzen der Schwimmblattzone.
a) Wie ist sie an ihren Lebensraum angepasst?
Betrachte dazu mit dem Mikroskop die Querschnitte von Blattstiel (Dauerpräparat) und Schwimmblatt (Dauerpräparat)!
b) Zeichne jeweils einen Ausschnitt und beschrifte die Zeichnungen!

25. Teichrosen besitzen Schwimmblätter und Unterwasserblätter.

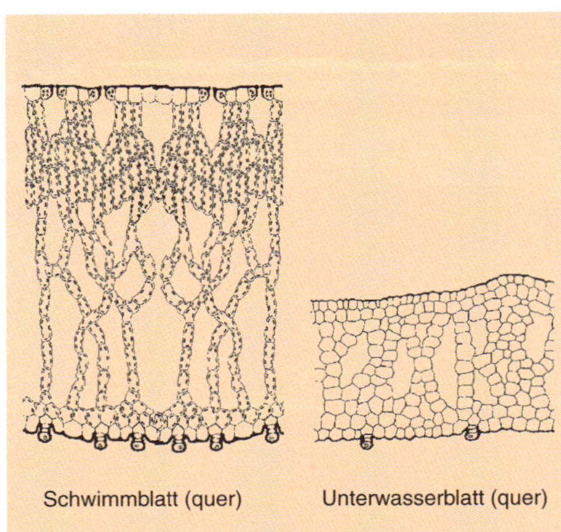

Wodurch unterscheiden sich Schwimmblatt und Unterwasserblatt der Teichrose? Begründe!

26. Untersuche den Bau eines Schilfstängels!
    a) Untersuche mit einer Lupe den Querschnitt eines Schilfstängels! Zeichne einen Ausschnitt und beschrifte die Zeichnung!
    b) Schneide ein Schilfstängelstück längs auf, betrachte den Längsschnitt mit der Lupe, zeichne einen Ausschnitt und beschrifte ihn!
    c) Wie kommt die Stabilität eines Schilfstängels zustande? Warum knickt er selbst bei starkem Wind nicht um?

27. Warum können verschiedene Vogelarten die gleiche Uferzone eines Sees zum Brüten nutzen? Werte dazu die Abbildung aus!

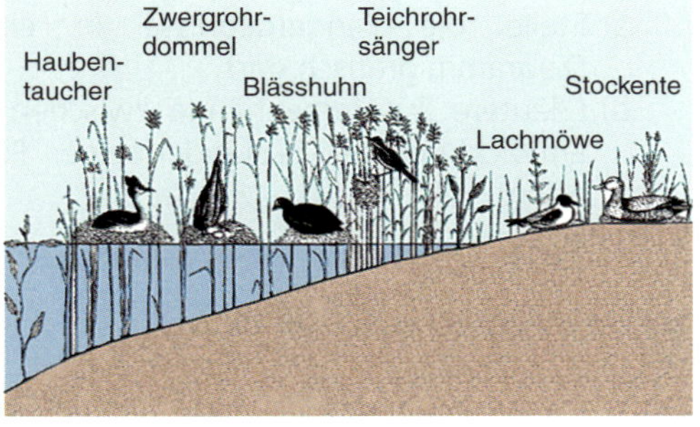

28. Für die Lebewesen in einem Binnensee sind auch die Wassertemperaturen wichtig.
    a) Beschreibe und erkläre die Temperaturunterschiede zwischen Sommer und Winter in einem See! Nutze dazu die Abb. 4–7 auf S. 174!
    b) Beantworte die Frage, warum die Fische im Winter nicht erfrieren!

29. Seen entstehen, altern und vergehen.

Beschreibe die Verlandung eines Sees! Ordne dabei das Foto ein!

30. Fertige eine Tabelle zum Stichwort „Algen" an! Sie soll Auskunft geben über die Algengruppen, deren besondere Merkmale und über Beispiele für die Gruppen!

31. Algen ernähren sich im Unterschied zu tierischen Einzellern autotroph.
    a) Erläutere die Ernährungsweise der Algen!
    b) Wovon ernähren sich tierische Einzeller?
    c) Begründe mit der Ernährungsweise der Algen, dass sie mit zu den ersten Lebewesen auf der Erde gehören konnten!

32. Algen besitzen nicht nur in Binnenseen zwei wesentliche Funktionen für andere Lebewesen.
    a) Nenne und erläutere diese beiden Funktionen!
    b) Äußere dich zu der Auffassung: „Algen waren ganz wesentlich an der Entstehung der Sauerstoff-Atmosphäre der Erde und somit an der Besiedlung des Festlandes beteiligt."

33. In der Freiwasserzone des Binnensees leben bestimmte Arten von Organismen.
    a) Entwickle unter Berücksichtigung dieser Arten Beispiele für Nahrungsketten bzw. Nahrungsnetze!
    b) Welche Arten sind als Endverbraucher anzusehen? Verwende auch die Abb. 2 auf S. 179!

34. Zwischen Lebewesen in einem unbewirtschafteten Teich bestehen die in der Abbildung dargestellten Beziehungen.

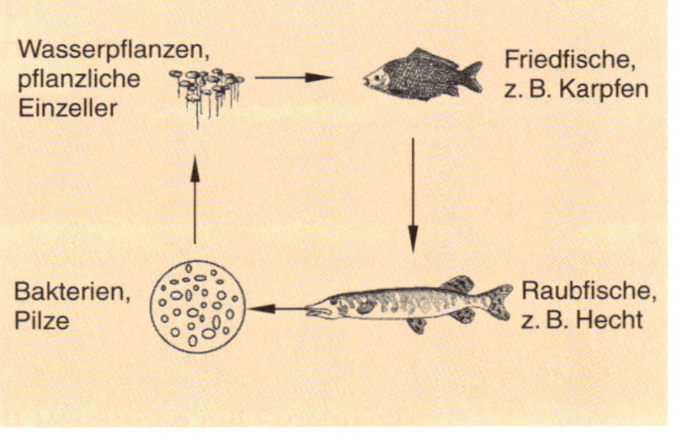

a) Beschreibe die dargestellten Beziehungen und ordne in der Zeichnung enthaltene Organismen den Begriffen „Erzeuger“ und „Verbraucher“ zu! Pilze und Bakterien werden als „Zersetzer“ bzw. „Destruenten“ bezeichnet.
b) Begründe die Abhängigkeit der heterotrophen Organismen von den autotrophen!

35. Der Mensch tritt häufig als Endverbraucher in Nahrungsbeziehungen auf, und das nicht nur am Ende einer Nahrungskette.
Erläutere die Zusammenhänge!

36. Die Nahrungsketten bzw. -netze dürfen nicht zerreißen.
a) Welche Auswirkungen kann es auf eine Nahrungskette und auf das Leben im See haben, wenn ein Glied der Kette durch den Menschen geschädigt oder gar vernichtet wird? Erläutere dies an einem Beispiel!
b) Die Überfischung der Meere führt heute bereits zum Rückgang von Tieren vieler Arten. Sammle Materialien zu diesem Sachverhalt und zu den Ursachen dafür!

37. Der Tatbestand, dass nachfolgende Glieder einer Nahrungskette stets mehr Biomasse verbrauchen als sie selbst neu bilden, ermöglicht die Aufstellung sogenannter Nahrungspyramiden.

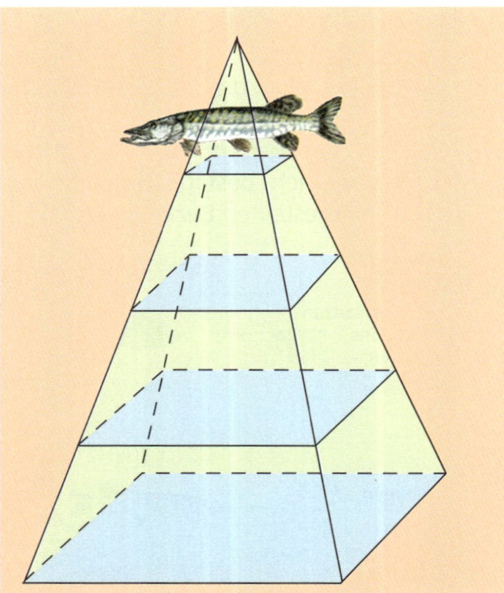

a) Übernimm die Abbildung vergrößert in dein Heft und zeichne auf den verschiedenen Ebenen der Pyramide die entsprechenden Organismen aus einem Binnensee ein! Beginne am besten oben!
b) Erkläre anhand der Nahrungspyramide, warum Umweltgifte, die in Gewässer gelangt sind, beim Endverbraucher in höherer Konzentration auftreten als bei anderen Verbrauchern!

38. In einem naturnahen Gewässer haben Fischer in sechs zusammenhängenden Jahren folgende Fangergebnisse erreicht:
- Friedfische: 2 540 kg, 3 470 kg, 1 920 kg, 470 kg, 2 300 kg, 530 kg;
- Raubfische: 890 kg, 2 310 kg, 2 750 kg, 980 kg, 600 kg, 1 200 kg.

a) Stelle die Fangergebnisse in einem Diagramm grafisch dar!
b) Erläutere Zusammenhänge zwischen der Entwicklung der Bestände beider Fischarten!

Gewässeruntersuchungen I

39. Wählt ein *stehendes Gewässer* in eurer Schul- bzw. Wohnumgebung aus und erkundet:
- Zu- und Abflüsse,
- Besonderheiten der Zonierung des Gewässers,
- Bebauung des Ufers und der angrenzenden Flächen und
- Art der Flächennutzung in der Umgebung des Gewässers!

Tragt eure Beobachtungsergebnisse in Karten- und Profilskizzen ein! Beurteilt sie!

Gewässeruntersuchungen

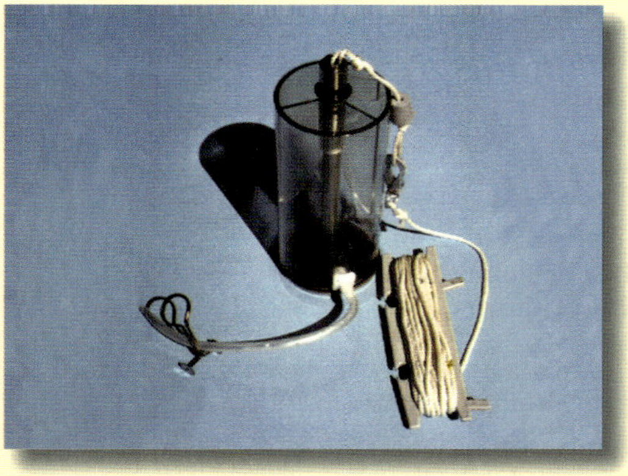

1 Meyersche Schöpfflasche

2 Temperatur- und Sauerstoffmessgerät

Lebensbedingungen eines Gewässers

In einem Gewässer ist das Wasser mit seinen Eigenschaften die entscheidende Lebensbedingung für Organismen, die am oder im Wasser leben. Das Wasser muss deshalb so beschaffen sein, dass Organismen darin leben können. Unterschiedliche Beschaffenheit des Wassers eines Gewässers führt auch zum Vorhandensein unterschiedlicher Organismen bzw. Lebensgemeinschaften.
Die Beschaffenheit wird z. B. durch den Sauerstoffgehalt, die Temperatur und die Menge der im Wasser gelösten Stoffe beeinflusst. Durch **Wasseranalysen** mit Hilfe bestimmter **Geräte** (Abb. 1 bis 4) und **Chemikalien** ist es möglich, den Zustand des Wassers zu ermitteln und dadurch zu erkennen, ob es belastet ist oder nicht.

Temperatur und Sauerstoffgehalt des Gewässers

Von der **Temperatur** eines Gewässers ist das Vorkommen vieler Pflanzen- und Tierarten abhängig. Sie beeinflusst alle Lebensprozesse. Energiequelle ist die Sonneneinstrahlung. Die Temperaturen eines Gewässers verändern sich mit der Jahreszeit. Erwärmung und Abkühlung des Seewassers erfolgen von der Oberfläche aus. Temperaturveränderungen und Wind führen zum jahreszeitlichen Wechsel von Stabilität und Zirkulation in einem stehenden Gewässer (s. S. 174 und 175).
Durch die Durchmischung des Wassers werden die gelösten **Stoffe**, auch der gelöste **Sauerstoff,** verteilt. Einen Teil des Sauerstoffs haben die grünen Pflanzen produziert, ein weiterer wurde an der Wasseroberfläche aus der Luft aufgenommen.

Messen der Sichttiefe eines Gewässers mit secchischer Scheibe

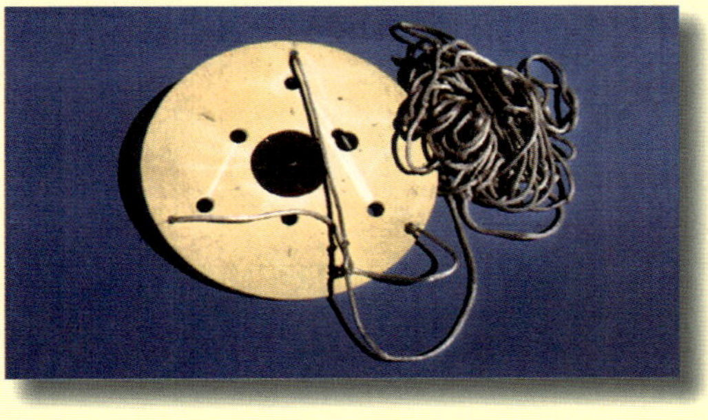

3 Die secchische Scheibe ist durch Dreipunktaufhängung mit der gemeterten Leine verbunden und wird in das Wasser gesenkt.

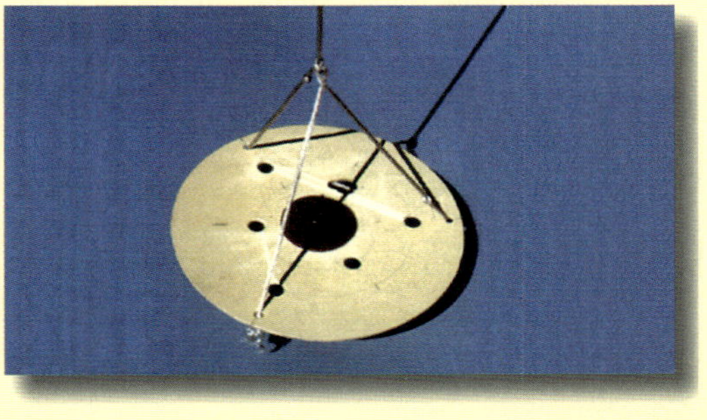

4 Das Ablesen der Sichttiefe erfolgt an der gemeterten Leine. Sobald die Scheibe nicht mehr erkennbar ist, wird die entsprechende Stelle an der Leine markiert.

Sauerstoff ist für alle Organismen eine unersetzliche Lebensbedingung. Neben der Temperatur ist daher die Besiedelung eines Gewässers vor allem vom Sauerstoffgehalt des Wassers abhängig. Um die Temperatur und den Sauerstoffgehalt zu bestimmen, müssen *Wasserproben* aus verschiedenen Tiefen entnommen werden. Dies kann z. B. mit einer *meyerschen Schöpfflasche* (Abb. 1, S. 187) geschehen. Temperatur und Sauerstoffgehalt können dann mit einem entsprechenden *Messgerät* ermittelt werden (Abb. 2, S. 187).

Zwischen der **Temperatur des Wassers** und dessen **Sauerstoffgehalt** besteht ein Zusammenhang. Bei Wasseranalysen müssen deshalb beide Faktoren gleichzeitig geprüft werden. Es gilt die Regel: Je kälter das Wasser, desto mehr Sauerstoff ist gelöst. Günstige Temperatur und ausreichend Sauerstoff sind Voraussetzungen für das Leben von Organismen im Gewässer.

Sichttiefe des Wassers

Großen Einfluss auf die in einem Gewässer lebenden Organismen, insbesondere die grünen Pflanzen, hat die **Lichtdurchlässigkeit** des Wassers.

Ein einfaches Maß, um die *Lichtdurchlässigkeit* einzuschätzen, ist die **Sichttiefe**.

Sie ist leicht mit der *secchischen Scheibe,* einer flachen weißen, aus Metall oder aus einem anderen Stoff bestehenden Senkscheibe, zu bestimmen (Abb. 3, S. 187).

Sichttiefe ist diejenige Tiefe, in der die Scheibe noch gerade zu erkennen ist. Je sauberer das Wasser ist, desto größer ist die Sichttiefe.

Geringe Sichttiefen haben unterschiedliche Ursachen, z. B. eingeschlämmte Bodenteilchen, eingeleitete verschmutzte Abwässer. Oft kommt die geringe Sichttiefe durch zahlreiche Kleinstlebewesen zustande, z. B. Algen, Wasserflöhe, die sich infolge eines hohen Nährstoffangebotes rasch vermehrt haben.

1 Deutlich ist die beeinträchtigte Sichttiefe zu erkennen.

Geringe Sichttiefe, oft verbunden mit einem unangenehmen Geruch, ist deshalb ein Anzeichen für Belastungen des Gewässers.

Trübung und Färbung sowie Geruch des Gewässers

Die Qualität eines Gewässers kannst du auch an der **Trübung** bzw. **Färbung** erkennen.

Verursacht werden Trübung und Färbung des Gewässers durch die Belastung des Gewässers mit verschiedenen Stoffen, z. B. Eisen, Bodenteilchen, Faulstoffe, oder mit zahlreichen kleinen Organismen, z. B. Grünalgen und Kieselalgen, Bakterien, Wasserflöhe.

Entnimmst du aus verschiedenen Tiefen eines Gewässers Wasserproben, so kannst du selbst anhand einer Tabelle die Qualität des Wassers bestimmen.

Farben	Qualität
durchsichtig blau	unbelastet
schwach gelblich gelblich gelb	wahrscheinlich Abwasserbelastung, z. B. durch Eisen
gelblich braun	verstärktes Algenwachstum durch Nährstoffreichtum
gelblich grün grün	verstärktes Algenwachstum durch Nährstoffreichtum
braun	belastet durch Eisen, Humusteilchen, evtl. durch Sickerwasser verursacht
grauschwarz	belastet durch Faulstoffe

Auch der **Geruch** des Gewässers gibt Aufschluss über seine Qualität. Verursacht wird er durch gelöste Stoffe, z. B. Chlor, Schwefelwasserstoff, Methan, Faulstoffe. Je nach Art und Menge des gelösten Stoffes kannst du beispielsweise einen starken oder schwachen fauligen, modrigen oder aromatischen Geruch feststellen.

Lebewesen eines Gewässers

In Gewässern – ganz gleich, ob es sich um einen See, Teich oder Bach handelt – leben typische Organismen (s. Abschnitt 3.3.2). Häufig zu finden sind auch Libellenlarven (Abb. 1), Gelbrandkäfer (Abb. 2) und Wasser-Hahnenfuß (Abb. 3). Viele Lebewesen der Gewässer sind mit bloßem Auge erkennbar.

1 Larve einer Libelle

2 Gelbrandkäfer

3 Wasser-Hahnenfuß

Kleinstlebewesen dagegen (Abb. 1 und 2, S. 190) müssen mit dem Mikroskop bestimmt werden. Um sie zu diesem Zweck aus dem Wasser zu holen, werden verschiedene Verfahren angewendet (Abb. 4).

- Abstreifen der Organismen von Steinen, Blättern, Stängeln mit einem Pinsel oder anderen Gegenstand
- Abkratzen an Pfählen festsitzender Organismen mit einem Pfahlkratzer

- Fangen mit Planktonnetz

Mehrmals mit dem Netz vorsichtig durch das Wasser streifen.

Plankton aus dem Sammelbehälter in das Untersuchungsgefäß überführen.

- Sieben von Gewässerboden oder Schlamm

4 Verfahren zum Fangen von Kleinstlebewesen

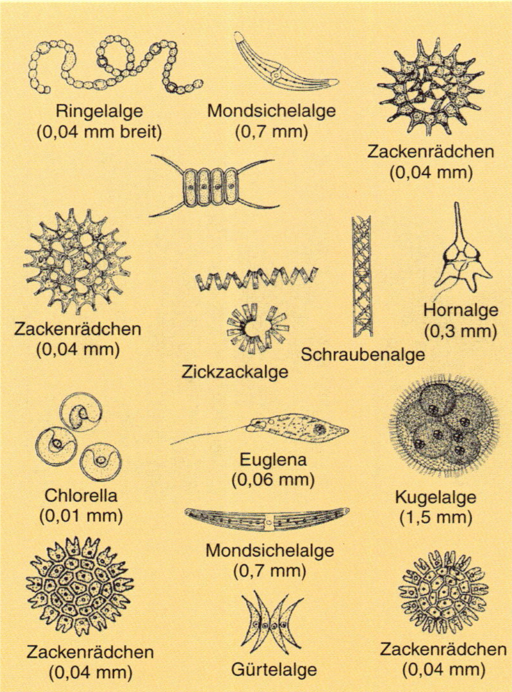

1 Pflanzliches Plankton (Auswahl)

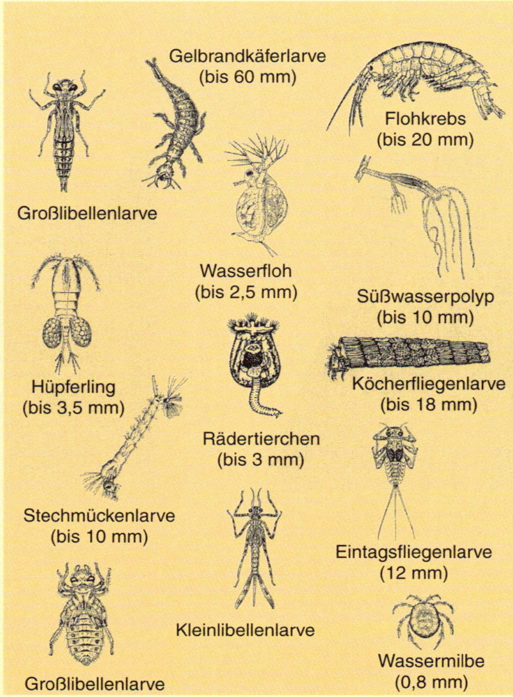

2 Tierische Kleinstlebewesen (Auswahl)

40. Der *Sauerstoffgehalt* und die *Temperatur* eines Gewässers sind wichtige Merkmale zur Beurteilung der Lebensbedingungen für Organismen.
    a) Untersucht den Sauerstoffgehalt und die Temperatur in verschiedenen Tiefen eines Gewässers!
    b) Welche Bedeutung haben der Sauerstoffgehalt und die Temperatur eines Gewässers für das Leben der Tiere und Pflanzen?

41. Untersucht die *Sichttiefe* eines Gewässers!
    Vorbereitung:
    a) Wozu ist die Beurteilung der Sichttiefe eines Gewässers geeignet?
    b) Erkundet, ob ihr einen Steg oder ein Boot benutzen könnt und bereitet folgende Geräte vor:
    – Leine mit Markierungen im 1-m-Abstand,
    – secchische Scheibe oder weißen Teller.
    Durchführung:
    a) Lasst die Senkscheibe vom Steg oder vom Boot aus an der Leine soweit ins Wasser, bis sie nicht mehr sichtbar ist! Lest die Tiefe an den Markierungen der Leine ab!
    b) Tragt die Ergebnisse in eine Tabelle ein!

Messstelle	Sichttiefe in m

Auswertung:
Formuliert ein vergleichendes Ergebnis! Versucht, unterschiedliche Sichttiefen zu erklären!

42. Untersucht die *Trübung* und die *Färbung* des Wassers im Gewässer!
    Vorbereitung:
    a) Wodurch kann das Wasser eines Gewässers getrübt oder gefärbt worden sein?
    b) Welche Auswirkungen können derartige Erscheinungen auf die Lebewelt im Gewässer haben?
    c) Stellt folgende Geräte bereit: mehrere Erlenmeyerkolben, schwarze und weiße Pappe, Leine mit Markierungen im 1-m-Abstand und ein Luxmeter.

Durchführung:

a) Entnehmt an verschiedenen Entnahmestellen aus verschiedenen Tiefen des Gewässers Wasserproben!

b) Schüttelt jede Wasserprobe in einem Erlenmeyerkolben gut durch und haltet die Kolben dann nacheinander vor die schwarze und vor die weiße Pappe!

c) Beurteilt die Trübung der Wasserproben, indem ihr die Noten „klar“, „schwach getrübt“, „stark getrübt“ und „undurchsichtig“ vergebt!

d) Stellt die Färbung der Wasserproben fest und entscheidet euch für eine Qualität des Wassers!

e) Tragt alle Feststellungen in eine Tabelle ein!

Wasserprobe (Nr./ Entnahmeort)	Trübung	Farbe	Qualität
...	...	...	...

Auswertung:

a) Beschreibt das in der Tabelle festgehaltene Ergebnis!

b) Erklärt das Ergebnis, indem ihr nach Ursachen für Trübung und Färbung eures Gewässers sucht! Beachtet dabei auch mögliche Unterschiede zwischen dem Wasser an verschiedenen Stellen des Gewässers!

43. Untersucht den *Geruch* von Wasser verschiedener Gewässer!

Vorbereitung:

a) Worüber kann der Wassergeruch Auskunft geben?

b) Stellt an Geräten und Materialien zurecht:
   - mehrere Flaschen (0,5 l bis 1,0 l) bzw. Erlenmeyerkolben mit Stopfen,
   - mehrere Wasserproben von verschiedenen Entnahmeorten.

Durchführung:

a) Füllt die Gefäße etwa bis zur Hälfte mit den verschiedenen Wasserproben!

b) Schüttelt die verschlossenen Gefäße kräftig und prüft dann Geruchsqualitäten und -stärke!

c) Tragt die Ergebnisse in eine Tabelle ein!

Auswertung:

Formuliert ein vergleichendes Ergebnis! Versucht, Zusammenhänge zwischen Geruch und Entnahmeorten zu erklären!

44. Untersucht das Gewässer nach Pflanzen und Tieren, die mit bloßem Auge erkennbar sind!

a) Stellt eine Liste nach euren Beobachtungen zusammen!

b) Ordnet die Organismen den Zonen des Sees bzw. bestimmten Abschnitten eines Flusses zu und stellt spezifische Anpassungen heraus!

c) Ergänzt eure Liste durch Befragung von Sachkundigen (Anwohner, Angler, Fischer u. a.)!

45. Untersucht die Kleinstlebewesen des Gewässers!

a) Entnehmt dem Gewässer Kleinstlebewesen mit verschiedenen Verfahren!

b) Betrachtet die Arten unter dem Mikroskop! Fertigt Zeichnungen an!

c) Stellt die Häufigkeit des Auftretens einzelner Kleinstlebewesen fest und stellt eine Rangfolge auf!

46. Kultiviert tierisches Plankton!

a) Gebt Heu, Kohlrübenschnitzel oder Bananenschalen in ein Becherglas. Füllt das Glas mit Leitungswasser auf und gebt etwas Teich- oder Aquarienwasser hinzu!

b) Lasst den Aufguss einige Tage stehen und stellt dann fest, welche Kleinstlebewesen im Wasser enthalten sind!

3.4 Nutzung, Belastung und Schutz des Wassers

Trinkwasser – ein teures Gut

Wir sind es gewöhnt, den Wasserhahn aufzudrehen, wann immer wir es wollen. Stets läuft Wasser und stets in guter Qualität. Doch schwer fällt uns die Vorstellung, dass beides noch längst nicht für alle Menschen auf der Erde selbstverständlich ist. Aber alle Menschen haben ein Recht auf sauberes Wasser.

Welcher Aufwand ist bei uns erforderlich, um sauberes Trinkwasser zu erhalten?
Wie können alle Menschen auf der Erde zu gutem Trinkwasser kommen?

Ohne Wasser läuft nichts

Ohne Wasser dreht sich tatsächlich keine Turbine eines Wasserkraftwerks. Schon im Mittelalter wurde Wasser zum Antrieb von Maschinen genutzt. Und auch heute hat Wasser eine große Bedeutung in der Wirtschaft und im privaten Haushalt.

Welche Rolle spielt Wasser heute für die Energiegewinnung?
Zu welchen Zwecken benötigen wir im privaten Haushalt Wasser?

Freizeitgestaltung und Wasserschutz?

Dass Trinkwasser vor Öl, Chemikalien oder Müll geschützt werden muss, leuchtet den meisten Menschen schnell ein. Aber etwas länger dauert bei vielen eine entsprechende Einsicht, wenn es um Freizeitgestaltung und Gewässerschutz geht.

Was können wir bei unserer Freizeitgestaltung für den Gewässerschutz tun?
Warum ist die geringstmögliche Belastung aller Gewässer der beste Trinkwasserschutz?

3.4.1 Trinkwasser und Trinkwassergewinnung

Die Nutzung des Wassers im Alltag der Menschen und in ihrer Wirtschaft stellt häufig bestimmte Anforderungen an das Wasser. Als **Trink-** bzw. als **Brauchwasser** muss es möglichst von schädlichen bzw. störenden Bestandteilen frei sein (Abb. 1). Aber durch seine Nutzung wird es oft wieder durch solche Bestandteile belastet. Es wird zum Abwasser.

Während die Oberflächengewässer für die Schifffahrt, die Fischerei oder für Erholungszwecke so, wie sie sind, genutzt werden, muss Wasser für andere Nutzungsarten vorher aufbereitet werden. Das ist vor allem für das lebensnotwendige **Trinkwasser** der Menschen erforderlich.

An Trinkwasser werden bestimmte *Anforderungen* gestellt:
- Trinkwasser muss von Krankheitserregern frei sein und darf keine gesundheitsschädigenden Eigenschaften besitzen. Es muss keimarm sein.
- Trinkwasser soll appetitlich sein und zum Genuss anregen. Es muss deshalb farblos, klar, geruchlos sein und einen guten Geschmack besitzen.
- Der Gehalt an gelösten Stoffen soll sich in Grenzen halten. Trinkwasser soll möglichst frei von Eisen-, Mangan-, Stickstoff- und organischen Verbindungen sein.
- Trinkwasser soll stets in genügender Menge und mit ausreichendem Leitungsdruck zur Verfügung stehen.

Auch sorgfältig aufbereitetes Trinkwasser ist kein chemisch reines Wasser und muss es auch nicht sein. Es beinhaltet bei Einhaltung gesetzlich vorgegebener Grenzwerte (Abb. 2) noch viele gelöste Stoffe. Solche Stoffe braucht unser Körper (s. Abschnitt 3.1).
Um die genannten Qualitätsmerkmale des Trinkwassers erreichen zu können, müssen die Wasserwerke mit einer Reihe von technischen Anlagen ausgerüstet sein, in denen die erforderlichen Prozesse der Umwandlung des **Rohwassers** zu Trinkwasser stattfinden können. Diese Anlagen sind in ihrer konkreten Ausführung von Wasserwerk zu Wasserwerk – auch aufgrund unterschiedlicher Baujahre – verschieden.

3 Rohwasser, das Ausgangsprodukt der Wasserwerke, enthält keinen freien Sauerstoff. Dieser wird deshalb in Belüftungsanlagen in das Wasser gebracht. In modernen Anlagen wird Luft über Düsen versprüht. Das Rohwasser kann so den Sauerstoff der Luft aufnehmen.

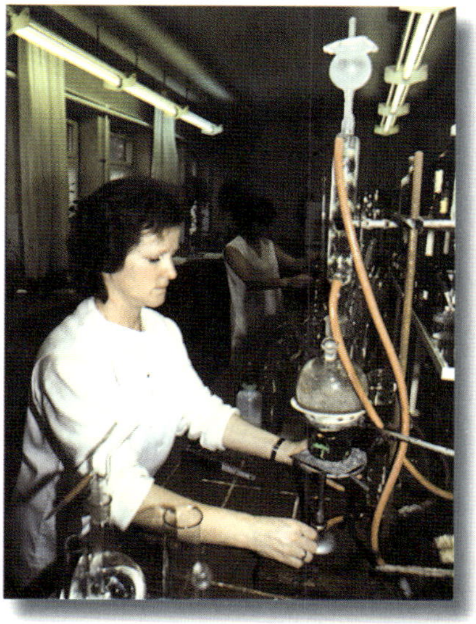

1 In verantwortungsvoller Arbeit wird in den Trinkwasserlabors eine hygienisch einwandfreie Wasserqualität geprüft.

Inhaltsstoff	zulässiger Höchstwert
Chlorid	250 mg/l
Sulfat	250 mg/l
Magnesium	50 mg/l
Natrium	150 mg/l
Kalium	12 mg/l
Nitrat	50 mg/l
Nitrit	0,1 mg/l
Ammonium	0,5 mg/l
Mineralöle	10 µg/l
Phenole	0,5 µg/l
Eisen	0,2 µg/l
Mangan	0,05 µg/l
Arsen	50 µg/l
Cyanid	50 µg/l
Quecksilber	1 µg/l
Blei	50 µg/l

2 Diese Grenzwerte für Inhaltsstoffe im Trinkwasser gelten nach der EG-Richtlinie über die Qualität von Wasser für den menschlichen Gebrauch seit 1980.

1 Aus dem Pumpenhaus wird das Trinkwasser zum Verbraucher gepumpt. In Regionen mit deutlichen Höhenunterschieden wurden Hochbehälter angelegt, aus denen das Wasser dann durch die Erdanziehungskraft in die Häuser gelangt. Im Flachland hatten früher die oft noch heute sichtbaren Wassertürme diese Aufgabe.

Name (Flussgebiet)	Stauraum in Mio. m^3
Schwammenauel (Maas)	202,6
Rappbode (Elbe)	109,1
Große Dhünn (Rhein)	81,0
Eibenstock (Elbe)	74,6
Grane (Weser)	46,4
Wahnbach (Rhein)	41,4
Verse (Rhein)	32,8
Wiehl (Rhein)	31,5
Zeulenroda (Elbe)	30,4
Söse (Weser)	25,5

2 Die Tabelle enthält die 10 größten Trinkwasserstauseen in Deutschland. Stauseen, deren Wasser nicht für die Trinkwassergewinnung genutzt wird, sind folglich nicht enthalten.

3 Tiefbrunnen sind oft nur durch den unscheinbaren Brunnenkopf an der Erdoberfläche sichtbar. Sie pumpen Grundwasser aus teilweise über 100 m Tiefe in die Wasserwerke.

Im Prinzip sind es jedoch stets *Belüftungsanlage* (Abb. 3, S. 193), *Reaktionsbecken, Schnellfilteranlage, Reinwasserbehälter* und *Pumpenhaus.* Das Wasser durchläuft sie auch in dieser Reihenfolge (Abb. 1). Die im Rohwasser gelösten Eisen- und Manganverbindungen gehen mit dem in der Belüftungsanlage eingebrachten Sauerstoff chemische Reaktionen ein. Es bilden sich Flocken, die sich im Reaktionsbecken absetzen. In der sich anschließenden Schnellfilteranlage werden restliche Eisen- und Manganflocken entfernt, indem das Wasser durch meterdicke Kiesschichten geleitet wird. In Labors werden ständige Qualitätskontrollen durchgeführt.

> In Wasserwerken wird aus Rohwasser Trinkwasser gewonnen. Zu diesem Vorgang gehört die Entfernung von Eisen- und Manganverbindungen.

Das *Rohwasser,* das in den Wasserwerken aufbereitet wird, stammt in Deutschland aus Quellwasser, Oberflächenwasser und Grundwasser. Das Quellwasser (an der Oberfläche austretendes Grundwasser) spielt vor allem in den Gebirgsregionen eine Rolle. Oberflächenwasser, das für die Trinkwasserversorgung genutzt wird, befindet sich meist in Stauseen (Abb. 2), aber auch in natürlichen Seen. Das Grundwasser besitzt mit einem Anteil von über 70 % die größte Bedeutung als Rohwasserquelle für die Wasserwerke (Abb. 1, S. 195). Äußerlich erkennbar ist das Anzapfen des Grundwassers meist an den Deckeln der Tiefbrunnen (Abb. 3) oder an ganzen Brunnengalerien. In manchen Regionen muss nahezu ausschließlich Grundwasser in die Wasserwerke geleitet werden, weil Oberflächenwasser dafür nicht verwendet werden kann. Dort wird zum Teil das Grundwasser wieder mit Oberflächenwasser angereichert. Das ist z. B. in Berlin der Fall (Abb. 2, S. 195). Das Oberflächenwasser sickert durch sandige Schichten bis zum Grundwasser und wird dabei gleich gereinigt.

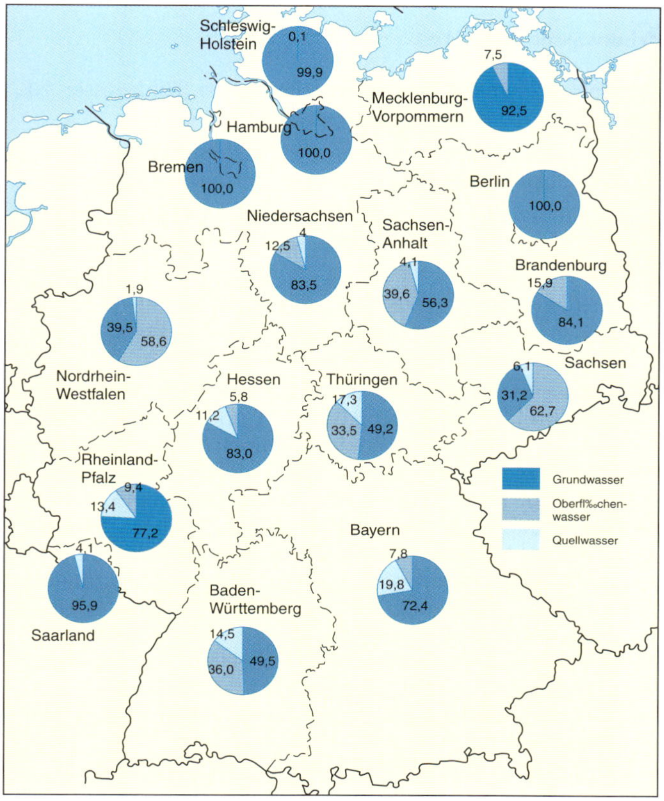

1 In allen deutschen Bundesländern dient das Grundwasser als „Quelle Nr. 1". Dennoch bestehen Unterschiede zwischen den Ländern, die ausschließlich im Tiefland liegen, und den anderen.

2 Da die natürliche Grundwasserneubildung oft nicht schnell genug vor sich geht, wird Oberflächenwasser vorgereinigt und zum Versickern in Sandbecken geleitet, aus denen es das Grundwasser erreicht.

Trinkwasser wird häufig in der Nähe der Verbraucher aus Rohwasser aufbereitet. Man spricht dann von einer *örtlichen Versorgung.* Weit verbreitet ist in Deutschland aber auch die *Fernwasserversorgung.* Hier wird Rohwasser bzw. Trinkwasser aus Regionen mit Wasserüberschuss in Regionen mit Wassermangel geleitet.

Das Prinzip der Fernwasserversorgung reicht historisch weit zurück. In Europa wurde bereits im 3. Jahrhundert v. u. Z. die Stadt Rom mit Fernwasser versorgt. Um das Jahr 100 u. Z. wurden über neun der berühmten Aquädukte täglich bis zu 700 000 m^3 Wasser in die Stadt geleitet.

In der Gegenwart trifft diese Art der Wasserversorgung zum Beispiel für Stuttgart (aus dem Bodensee), das Ruhrgebiet (aus dem Sauerland) oder für Städte des Thüringer Beckens (aus den umliegenden Gebirgen) zu (Abb. 3). Das gesamte Rohrnetz für die Trinkwasserversorgung in Deutschland besitzt eine Länge von rund 400 000 km. Sie entspricht etwa dem Zehnfachen des Erdumfangs am Äquator!

3 Die Schmalwasser-Talsperre bei Tambach-Dietharz gehört zu den Trinkwassertalsperren Thüringens.
Die Trinkwassertalsperren des Bundeslandes Thüringen befinden sich im Thüringer Wald und im Ostthüringer Plateauland. Durch Hochbehälter, Trinkwasseraufbereitungsanlagen und Fernleitungen gelangt das Wasser zu den Verbrauchergebieten.

1 In vielen Ländern versorgen die Frauen die Familien mit Wasser. In Ländern Afrikas sind Frauen bis zu sechs Stunden täglich mehrere Kilometer unterwegs, um das lebensnotwendige Wasser heranzuschaffen.

Trinkwasser in der Welt

Im Weltmaßstab ist die Bereitstellung von Trinkwasser zu einem der großen Menschheitsprobleme geworden:

- Jeder zweite Mensch in den Entwicklungsländern leidet an einer Krankheit, die durch unsauberes Trinkwasser bedingt ist.
- 5 Millionen Menschen sterben jährlich an Krankheiten, die durch Verunreinigungen und Keime im Wasser, das sie trinken, verursacht sind.
- Zu den Krankheiten, die durch nicht einwandfreies Trinkwasser verbreitet werden, gehören z. B. Ruhr, Typhus, Cholera, Darmfieber und Amöbeninfektionen.

Die Trinkwasserversorgung ist nicht nur in den ländlichen Gebieten problematisch (Abb. 1 und 3). Auch zahlreiche „Megastädte" in Entwicklungsländern können schon heute ihre Bewohner nicht ausreichend mit Trinkwasser versorgen (Abb. 2). Zu den Städten mit Wasserproblemen zählen Mexiko-Stadt, Beijing, Shanghai, Mumbai (Bombay), Kalkutta und Karachi. In vielen Städten der Entwicklungsländer sind vor allem in den Armutsvierteln Menschen von der öffentlichen Wasserversorgung ausgeschlossen. Und das „Trinkwasser", das von privaten Händlern zu stark überhöhten Preisen angeboten wird (Abb. 2), können sie sich nicht leisten. Weltweit finden 1,2 Mrd. Menschen im Umkreis von 1,6 km von ihrer Behausung nicht einmal das Existenzminimum von 20 l Wasser pro Tag (Abb. 1, S. 197).

Viele Länder der Erde sind bei ihrer Wasserbereitstellung auf den Zufluss von Oberflächengewässern aus Nachbarländern angewiesen, weil die auf das Land fallenden Niederschläge nicht ausreichend sind. Solche Gegebenheiten tragen zunehmend die Gefahr von regionalen Konflikten in sich, wenn vom Nachbarn Wasser übermäßig zurückgehalten wird.

Stadt	Wasserpreis
Abidjan	5fach
Dhaka	18fach
Istanbul	10fach
Karachi	55fach
Lima	17fach
Nairobi	9fach
Surabaya	40fach
Tegucigalpa	25fach

2 Die Preise für Wasser, das private Verkäufer anbieten, übersteigt den Preis für Wasser aus der öffentlichen Versorgung um ein Vielfaches. Doch viele Menschen sind darauf angewiesen.

3 In Indien, wo das Wasserangebot im Laufe des Jahres monsunbedingt zwischen Überfluss und Mangel schwankt, wird in Dörfern sauberes Brunnenwasser auch mit traditionellen Mitteln gefördert. Der Einsatz moderner Pumpen würde aufgrund ihrer großen Leistung schnell zu einer Übernutzung des Wassers führen.

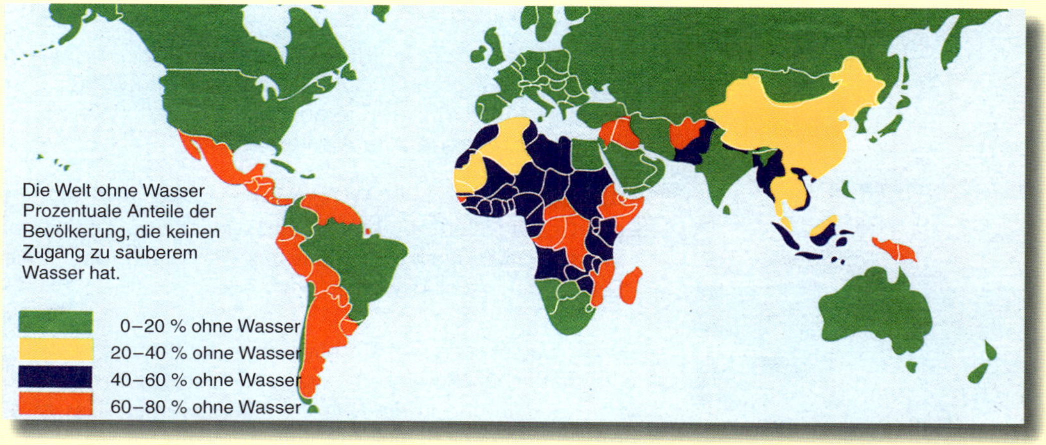

1 Sehr groß ist die Anzahl der Länder, in denen große Teile der Bevölkerung keinen Zugang zu sauberem Wasser haben. Davor schützt auch nicht ihre Lage in den immerfeuchten Tropen.

Wird in Ermanglung von Oberflächenwasser auf das Grundwasser zurückgegriffen, darf nur so viel genutzt werden, wie sich im gleichen Zeitraum wieder neu bilden kann. Kann sich Grundwasser nicht wieder ausreichend neu bilden, so treten schwerwiegende Schäden im natürlichen Wasserhaushalt auf. Es darf nur das **jährlich erneuerbare Wasserdargebot** genutzt werden. Der Umfang der tatsächlichen Wassernutzung sollte stets geringer sein als das Wasserdargebot, es sollte höchstens dem jährlich *erneuerbaren* Wasserdargebot entsprechen.

Das Wasserdargebot eines Landes bzw. einer Region ergibt sich aus der Differenz von Niederschlag und Verdunstung (= Abfluss) und ihrer Addition mit dem Zufluss aus angrenzenden Ländern.

Das Grundwasser wird jedoch nicht selten übernutzt. Das trifft keineswegs nur auf Entwicklungsländer zu. Zwei Beispiele dafür sind:

- In Israel wurde das Grundwasser an der Küste so stark abgepumpt, dass Meerwasser nachfloss und die Süßwasservorräte versalzten.
- Im Süden des kalifornischen Central Valley senkte sich die Erdoberfläche aufgrund des fallenden Grundwasserspiegels bereits bis zu 8 m.

Das jährlich erneuerbare Wasserdargebot ist ein wichtiger Wert zur Beurteilung der Wasserversorgungsmöglichkeit in einem Land. Liegt das erneuerbare Wasserdargebot, das in einem Land je Einwohner und Jahr verfügbar ist, unter 1 000 m^3, so wird von **Wasserknappheit** gesprochen (Abb. 2). Unterhalb dieses Grenzwertes ist sowohl die menschliche Gesundheit als auch die wirtschaftliche Entwicklung eines Landes ernsthaft gefährdet. Das betrifft gegenwärtig ständig 132 Mio. Menschen in 20 Ländern der Erde, vor allem in Nordafrika und im Nahen Osten.

Land	Wasserangebot je Einw. und Jahr in m^3	Land	Wasserangebot je Einw. und Jahr in m^3
Dschibuti	19	Barbados	195
Kuweit	75	Singapur	222
Malta	85	Saudi-Arabien	284
Katar	103	Ver. Arab. Emirate	293
Bahrain	185	Jordanien	308

2 Die Wasserknappheit in diesen 10 wasserärmsten Ländern der Erde, die weit unter dem Grenzwert von 1 000 m^3/Einw./Jahr liegen, wird erst richtig im Vergleich deutlich: In Deutschland stehen 2 096 m^3 zur Verfügung, in Island sind es sogar 624 535 m^3.

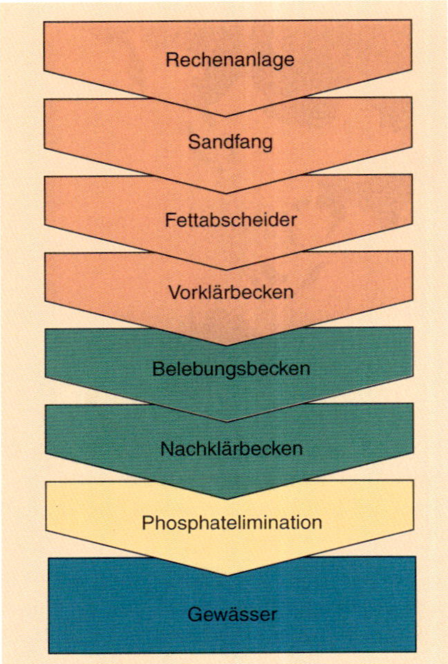

1 In jeder der Abwasserbehandlungsanlagen werden ganz bestimmte Abwasser-Inhaltsstoffe entfernt. Bei Klärwerken ohne chemische Bearbeitungsstufe gelangt das geklärte Abwasser aus der biologischen Stufe in die Gewässer.

3.4.2 Abwasser und Abwasserreinigung

Wenn Wasser – ob in Trinkwasserqualität oder nicht – genutzt wird (s. Abschnitt 3.4.3), nimmt es häufig Stoffe auf, die es als Trinkwasser unbrauchbar machen. Wasser wird nach seiner Nutzung zum **Abwasser.**

Abwässer sind alle dem natürlichen Wasserkreislauf für den Gebrauch entnommenen und wieder zurückgeleiteten Wässer. Dazu gehört auch das aus den Siedlungen abfließende Niederschlagswasser.

Das Abwasser setzt sich aus häuslichen, industriellen und landwirtschaftlichen Abwässern zusammen. Abwässer müssen vor ihrer Rückführung in die Natur gereinigt werden. Das ist u. a. deshalb erforderlich, weil sich verschmutztes Wasser auch auf die Umgebung eines Gewässers auswirkt. Bei ihrer Reinigung werden gelöste und feste Stoffe aus dem Wasser weitgehend, jedoch nicht vollständig entfernt. Die Abwasserreinigung kann mechanisch, biologisch und chemisch erfolgen (Abb. 1).

In den **Klärwerken** (Abb. 2) der Siedlungen oder Wasserverbände und in denen der Industriebetriebe gibt es im Einzelnen recht unterschiedliche technische Anlagen zur Abwasserreinigung. Diese Anlagen sind den drei Bearbeitungsstufen – mechanisch, biologisch, chemisch – zugeordnet.

2 Städtische Klärwerke besitzen durch die Vielfalt der Anlagen eine eindrucksvolle Größe.

Einlaufanlage, Rechenanlage, Sandfang und Vorklärung gehören zur *mechanischen Reinigungsstufe*. Hier werden *ungelöste* Schmutzstoffe – Schwimm- und Sinkstoffe – durch Aussieben, Aufschwemmen und Absetzen aus dem Abwasser entfernt. Die Beseitigung von grobem Material (Abb. 1), von Fetten und Ölen, von Sanden und von Schlämmen ist eine wichtige Voraussetzung für die Wirksamkeit der folgenden Reinigungsstufen.

In der sich anschließenden *biologischen Reinigungsstufe* werden die im Abwasser enthaltenen *gelösten* Stoffe, wie Phosphate und Stickstoffverbindungen, abgebaut. Das erfolgt unter Einsatz von Bakterien (Abb. 2) und anderer Mikroorganismen, die den belebten Schlamm bilden. In den Belebungsbecken wird das Abwasser anfangs sauerstofffrei bzw. sauerstoffarm gehalten, um den Phosphatabbau zu fördern. Später wird sehr viel Sauerstoff in das Abwasser des Belebungsbeckens gebracht, z. B. durch Einblasen und Verwirbeln (Abb. 4). Dadurch können sich die Bakterien innerhalb von 24 Stunden im Verhältnis 1 : 1 000 000 vermehren und den größten Teil der organischen Verbindungen abbauen.

In ländlichen Regionen sind **Kleinkläranlagen** oft die ökonomisch vertretbarere Variante zu zentralen Klärwerken. Kleinkläranlagen sind Abwasserbehandlungsanlagen für die Reinigung von Schmutzwasser aus Wohngebäuden bis zu 8 m^3 täglich. Auch sie können eine mechanische und eine biologische Behandlungsstufe (Abb. 3) kombiniert besitzen.

In Kläranlagen muss Abwasser vor allem durch physikalische und biologische Verfahren so weit von Inhaltsstoffen gereinigt oder vorgereinigt werden, dass es über die Gewässer wieder in den natürlichen Wasserkreislauf eingeleitet werden kann. Es darf das Selbstreinigungsvermögen der Gewässer nicht gefährden.

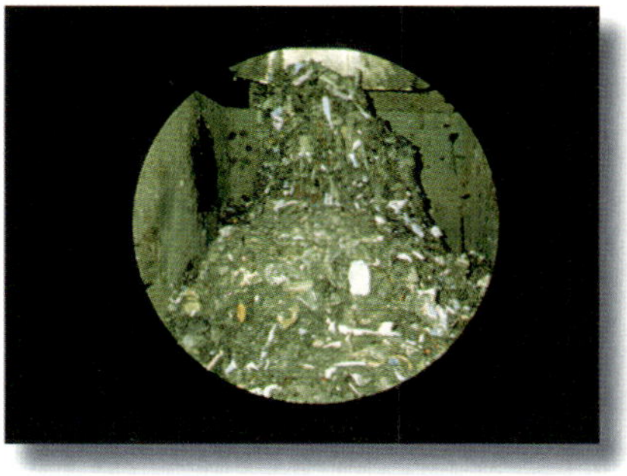

1 An Rechenanlagen werden grobe Materialen aus dem Abwasser geholt, die eigentlich gar nicht hineingehören: Textilien, Lumpen, Holz, Blechdosen, Gefäße mit Arzneimitteln.

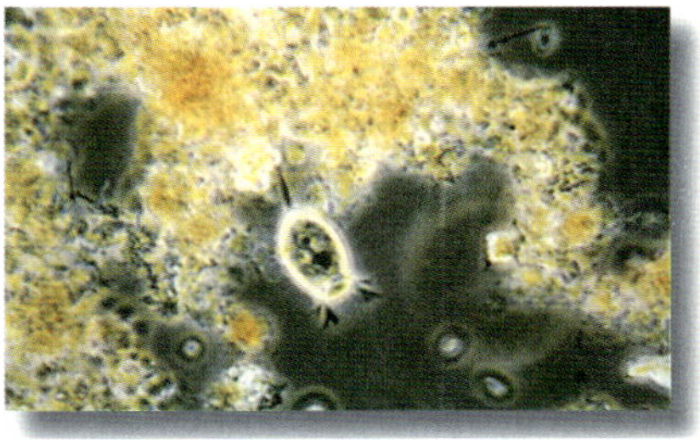

2 Bakterien bauen auch Phosphate ab, die die Wasserqualität in Flüssen und Seen sehr verschlechtern können. Durchschnittlich gelangen täglich je Einwohner 2,6 g Phosphate ins Abwasser, davon 1,8 g aus menschlichen Ausscheidungen, 0,3 g aus Nahrungsmittelresten und 0,5 g aus Wasch- und Reinigungsmitteln.

3 Bei einer Pflanzenkläranlage, der biologischen Stufe einer kleinen Kläranlage, durchströmt das in einer Mehrkammer-Absetzgrube mechanisch vorgereinigte Abwasser ein gut belüftetes Pflanzenbeet. Dort erfolgt unter Beteiligung einer ganzen Lebensgemeinschaft (Pflanzen, Mikroorganismen) die weitere Reinigung. Durch ein Drainagesystem wird das geklärte Abwasser zunächst in einen Teich geführt.

4 Die Nahaufnahme eines Belebungsbeckes lässt deutlich sauerstoffarme Zonen (glatte Oberfläche) und sauerstoffreiche Zonen (Verwirbelung von Abwasser und Luft) erkennen.

3.4.3 Nutzung von Wasser im Alltag

1 Siedlungen befinden sich häufig an Flüssen. Diese Erscheinung ist nicht allein mit der Wassernutzung zu erklären. Hier spielten auch das Angebot an ebenen Flächen und an Verkehrsmöglichkeiten mit der Umgebung sowie das Schutzbedürfnis der Menschen eine Rolle.

Seit es Menschen auf der Erde gibt, hat für sie die Nutzung von Wasser eine wichtige Rolle gespielt. Mit der Gründung von ständigen Siedlungen wurde die Nähe von Wasser (Abb. 1) zu einer der wesentlichsten Standortbedingungen für das Wohnen und das Arbeiten. Wasser war von Anfang an nicht nur für den täglichen persönlichen Bedarf erforderlich, sondern auch als Transportmedium und für den Herstellungsprozess von zahlreichen Gegenständen.

So entwickelten sich die frühen Hochkulturen der Menschheit in den Tälern großer Ströme. Jahrhundertelang konnten Berufe, wie Schmied, Gerber, Färber, Schleifer, Müller und Papiermacher, nur in der Nähe von Flüssen ausgeübt werden. Entweder brauchte man das Wasser zum Lösen, Mischen oder Trennen im Produktionsprozess selbst oder als Antriebs- und Transportmittel.

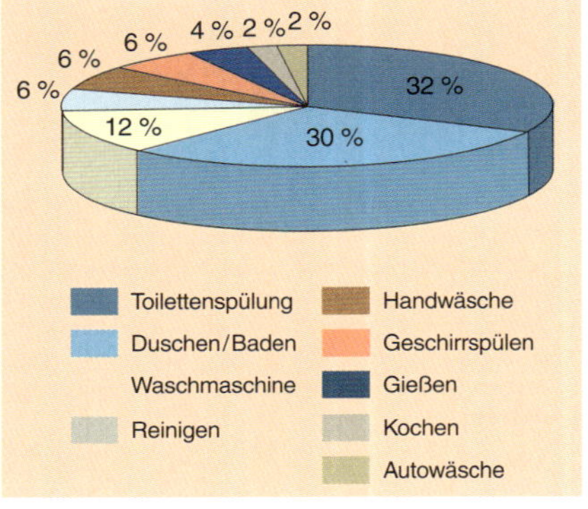

2 Die größten Posten beim Trinkwasserverbrauch im Haushalt sind Toilettenspülung und Baden/Duschen.

Schaut man auf jede beliebige Atlas- oder Handkarte, so ist unschwer die Lage sowohl von Dörfern als auch von Städten in den meisten Fällen an Gewässern zu erkennen. Bedeutsam sind dabei Lagen an fließenden Gewässern, oft auch am Zusammenfluss zweier Flüsse, an Seen, auf Inseln, an der Meeresküste oder in den Urstromtalungen.

Wegen seiner besonderen Rolle als Lebensmittel, Transportmittel und Produktionsmittel für die Menschen hatte und hat Wasser auch bedeutenden Einfluss auf die Standorte von Siedlungen und Produktionsanlagen.

Für unser persönliches Leben ist die Möglichkeit der **Nutzung von Wasser im Alltag** von besonderer Bedeutung. Unsere bequeme Weise des Zugangs zum Trinkwasser hat dazu geführt, dass gegenwärtig in Deutschland jede Person *täglich* 130 Liter von diesem kostbaren Nass im Haushalt verbraucht. Dieser Durchschnittswert unterscheidet sich von den Werten in anderen Ländern (Abb. 3).

Land	l/Einw./Tag (1996)	Land	l/Einw./Tag (1996)
Belgien	120	Luxemburg	178
Deutschland	130	Norwegen	180
Dänemark	155	Schweden	203
Frankreich	157	Spanien	210
Österreich	170	Schweiz	242
Niederlande	171	Italien	251
		Indien (zum Vergleich)	25

3 Beim durchschnittlichen täglichen Trinkwasserverbrauch je Einwohner hat Deutschland einen guten Platz erreicht.

Die Höhe des tatsächlichen täglichen Trinkwasserverbrauchs ist abhängig von der Möglichkeit der ständigen Bereitstellung von Wasser, den Wasserpreisen, den Lebensgewohnheiten der Menschen, der sanitärtechnischen Ausstattung der Wohnungen und auch vom Umweltbewusstsein der Menschen (Abb. 1). So ist es nicht verwunderlich, dass der Trinkwasserverbrauch von Haushalt zu Haushalt und von Person zu Person schwankt: Hinter den durchschnittlichen 130 l in Deutschland verbirgt sich eine Schwankung von 65 bis 400 l.

Wenn wir untersuchen, wofür man Trinkwasser im Haushalt nutzt, wird schnell deutlich, dass es sowohl bei uns (Abb. 2, S. 200) als auch in anderen Ländern (Abb. 3) bei weitem nicht nur zum Trinken oder zur Speisezubereitung verwendet wird.

In Deutschland sind nahezu alle Siedlungen und Wohnungen über Leitungen an die *öffentliche Wasserversorgung* angeschlossen. In diesen Leitungen fließt Trinkwasser. Nicht nur in den Haushalten wird ein großer Anteil am Trinkwasser *nicht* als Trinkwasser verwendet (Abb. 2). Für viele Verwendungszwecke könnte Brauchwasser genommen werden. An Brauchwasser werden nicht die hohen Anforderungen wie an Trinkwasser gestellt. Deshalb ist seine Gewinnung billiger als die von Trinkwasser. Um bei der öffentlichen Wasserversorgung das Trinkwasser wirklich nur hochwertigen Zwecken zuzuführen, müsste jedoch ein zweites Wasserleitungsnetz bis in jeden einzelnen Haushalt errichtet werden. Aber auch Brauchwasser muss aufbereitet werden, um z. B. Kesselsteinbildung zu verhindern.

1 Für die Gartenbewässerung werden viele Varianten von Geräten angeboten: Sprühregner, Versenkregner, Kreisregner, Flächenregner ... Werden sie mit Trinkwasser betrieben, belasten sie vor allem in regenarmen Zeiten des Sommers die Wasserwerke.

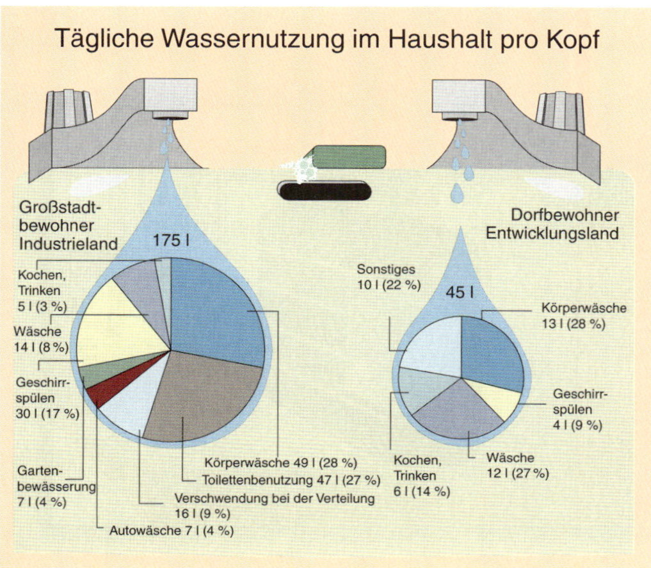

3 Die Grafik zeigt die gegenwärtig charakteristischen Unterschiede sowohl im Umfang der Wasserverwendung als auch hinsichtlich der einzelnen Nutzungsarten.

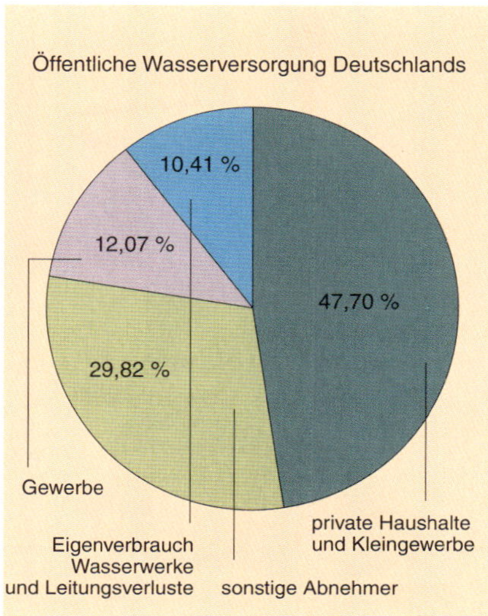

2 In Deutschland verbrauchen „private Haushalte und Kleingewerbe", die immer zusammen erfasst werden, nicht einmal die Hälfte des von der öffentlichen Wasserversorgung bereitgestellten Trinkwassers. Zu den „sonstigen Abnehmern" gehören z. B. die Feuerwehr oder öffentliche Einrichtungen, wie Schulen und Krankenhäuser.

1 Ein Regenwasser-Sammelbehälter mit 3 000 l Fassungsvermögen wird herabgelassen.

Von Regenwasser-Anlagen und biologischen Komposttoiletten

Kleingärtner kennen seit langer Zeit die Regenwassertonne an der Gartenlaube und schätzen die Regenwassernutzung zum Gießen im Garten sehr, trotz des heute höheren Säuregrades des Regens. Doch gegenwärtig gibt es schon ganz andere Möglichkeiten, Regenwasser zu nutzen, vor allem in Einfamilienhäusern: Es kann zum Wäschewaschen und auch zur Toilettenspülung verwendet werden. Das setzt größere und auch frostsichere Speichermöglichkeiten als die Wassertonne voraus und natürlich auch eine Reinigungsmöglichkeit vor dem Einsatz zum Wäschewaschen (Abb. 1 und 3). Wird das Regenwasser zum Wäschewaschen benutzt, so braucht man gegenüber dem Leitungswasser-Einsatz meist auch weniger Waschmittel, da es sehr weich ist. Wenn man es anschließend wieder auffängt und für das WC bereithält, gibt es einen noch größeren Spareffekt.

Ganz modern ist auch die Rückkehr zur Trockentoilette. Im Laufe das 19. Jahrhunderts war man aus hygienischen Gründen vom „Plumpsklo“ abgekommen. Die Gefahr der Verbreitung von Infektionskrankheiten und nicht zuletzt die Geruchsbelästigung führten dazu, alles mit Wasser fortzuspülen. Die heutigen biologischen Komposttoiletten mit vier Kompostkammern (Abb. 2) bieten den Komfort einer Wasserspültoilette, sind absolut geruchsfrei und hygienisch unbedenklich. Sie arbeiten ohne den Einsatz von Chemikalien und benötigen kein Wasser. Damit werden sie ökologischen Anforderungen gerecht.

2 Diese Komposttoilette wurde in Norwegen entwickelt. Sie ist dort in über 30 000 Hütten zu finden, obwohl Norwegen zu den wasserreichsten Ländern der Erde gehört. Es gibt damit kein Abwasserproblem. Solche Toiletten sind auch sehr gut für Kleingärten geeignet.

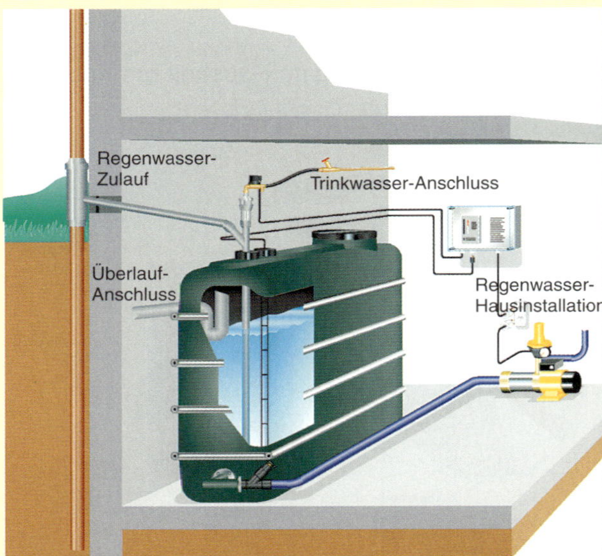

3 Kombinierte Regenwasser-Anlagen vereinen die Vorzüge von Haus- und von Erdspeichern. Sie ermöglichen eine Vergrößerung des Speichervolumens und sind frostsicher.

Zur Verringerung des Wasserverbrauchs im Haushalt gibt es eine Reihe von Möglichkeiten, deren Nutzung unsere Lebensqualität nicht einschränkt.

Am einfachsten kann dies geschehen, wenn einige *Grundregeln bewusst eingehalten* werden:

- Verbrauche nur so viel Trinkwasser, wie für den beabsichtigten Zweck nötig ist! Schließe beim Waschen und Zähneputzen den Wasserhahn zwischendurch!
- Lass Wasserhähne nicht unkontrolliert geöffnet! Sorge für die Reparatur tropfender Wasserhähne (Abb. 1) und undichter Toilettenspülkästen!
- Bevorzuge Duschen gegenüber Baden!
- Waschmaschinen und Geschirrspülmaschinen sollten nur angeschaltet werden, wenn sie völlig auslastet sind!

Eine weitere Möglichkeit für das Wassersparen ist der Einbau moderner Armaturen und Geräte. Dazu gehört der Einbau von Sparduschköpfen, Duschstoppern und von Toilettenspülkästen mit Stopptaste. Beim fälligen Neukauf von Wasch- oder Geschirrspülmaschine sollte man auf deren Wassersparprogramme achten, beim Umbau des Bades auf eine Badewanne geringerer Größe.

Eine ganz neue Variante zur Verringerung des Trinkwasserverbrauchs stellt die Mehrfachnutzung von Wasser auch im Haushalt dar. Dabei wird das anfallende Wasch-, Dusch- und Badewasser nicht sofort ins Abwasser geleitet, sondern aufgefangen und dann für die Toilettenspülung verwendet.

1 Ein tropfender Wasserhahn füllt in wenigen Stunden einen Eimer mit Wasser.

3.4.4 Nutzung von Wasser in der Wirtschaft

Die Wassernutzung in privaten Haushalten ist im Vergleich zur **Wassernutzung in der Wirtschaft** recht gering. Die öffentliche Wasserversorgung umfasst bei weitem nicht die gesamte Entnahme von Wasser aus dem natürlichen Haushalt zum Zwecke der Nutzung. Sie ist in Deutschland (Abb. 2) wie auf der Erde insgesamt nur ein geringer Teil der gesamten Wassernutzung. Auch wenn der Pro-Kopf-Verbrauch in den privaten Haushalten der Erde gestiegen ist, so ist damit nicht der Anstieg der Wasserentnahme aus dem natürlichen Wasserkreislauf zu erklären. In den letzten 100 Jahren hat sich die weltweite Wasserentnahme mehr als versechsfacht. Sie ist damit mehr als doppelt so schnell gewachsen wie die Weltbevölkerung.

Es gibt außerdem Nutzungsarten, die nichts mit einer Entnahme von Wasser aus dem natürlichen Kreislauf zu tun haben, aber dennoch von größter Bedeutung für die Wirtschaft der Menschen sind. Dazu zählen die Fischerei, die Schifffahrt und die Freizeitgestaltung am und im Wasser (s. Abschnitt 3. 4. 5).

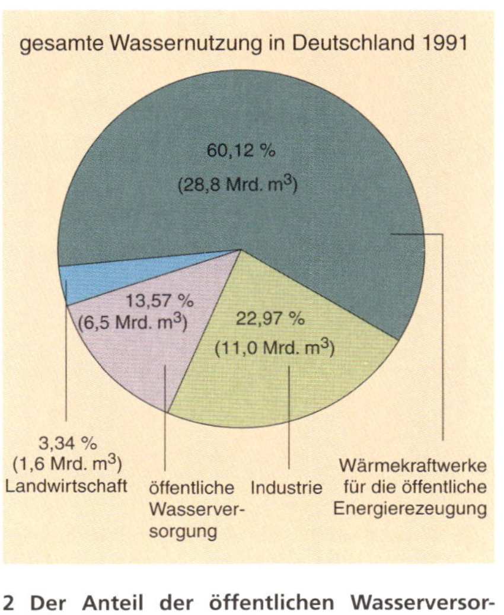

2 Der Anteil der öffentlichen Wasserversorgung am gesamten Wasserverbrauch umfasst in Deutschland nicht einmal 14 %. Und davon entfällt nur knapp die Hälfte auf die privaten Haushalte und das Kleingewerbe (Abb. 2, S. 201).

1 Schiffe wurden frühzeitig (hier um 1870 auf der Havel) genutzt, um Materialien und Personen auch unter schwierigen Bedingungen zu transportieren. Mit der Entwicklung der Binnenschifffahrt einher ging die Anlage von Kanälen, die Flüsse miteinander verbinden.

Die gewerbliche Wassernutzung hat eine lange Tradition

Wasser wird schon seit vielen Jahrhunderten als Transportmittel genutzt (Abb. 1). Die ehemals weit verbreitete Flößerei hat sich nur noch im nördlichen Nadelwaldgürtel der Erde erhalten.

Als Antriebsmittel für Mühlen (Abb. 2), Sägewerke, Hämmer (Abb. 3) oder für Pumpen in Bergwerken war Wasser weit verbreitet. Dabei wurde die Energie des Wassers mit Hilfe von Wasserrädern und der Rotationsenergie einer Welle übertragen und zum Antrieb verschiedener Einrichtungen und Maschinen genutzt.

Wasser wurde auch als Trennmittel, z. B. in den sogenannten Erzwäschen, eingesetzt, um metallhaltiges von taubem Gestein zu trennen.

Im 19. Jahrhundert vollzogen sich auf technischem Gebiet nachhaltige Veränderungen: Der Siegeszug der Dampfmaschine verdrängte die Wasserräder als Antriebsmittel von Maschinen weitgehend.

Doch auch danach bleibt Wasser unverzichtbar in der Produktion. Zu den traditionellen Gewerben, die ohne Wasser nicht arbeiten können, gehört auch die Papier- und Kartonfabrikation. Nur in Anwesenheit von Wasser kann sich ein zusammenhängendes Papierblatt bilden. Wasser dient hier als Quell-, Transport-, Verdünnungs-, Misch-, Kühl- und Reinigungsmittel.

2 Wasser wurde als Antriebsmittel für Getreide- oder Ölmühlen bereits seit 2000 Jahren verwendet. Bei einem oberschlächtigen Wasserrad wurde – wie hier bei der Obermühle in Heyerode – das Wasser von oben auf das Rad geführt. Diese Mühle entstand nach dem 30-jährigen Krieg und war bis 1960 in Betrieb.

3 Hammer- und Pochwerke, Walk- und Papiermühlen konnten errichtet werden, nachdem die Nockenwelle erfunden worden war. Zu den erhaltenen, als funktionierende Museen eingerichteten Hammerwerken gehört neben dem Frohnauer Hammer im Erzgebirge (S. 224) der etwa 500-jährige Tobiashammer in Ohrdruf. Diese historische Schauanlage verfügt über fünf Fallhämmer, ein Walzwerk, ein Pochwerk sowie Glühöfen und Schleifwerke, die alle funktionstüchtig sind und besichtigt werden können.

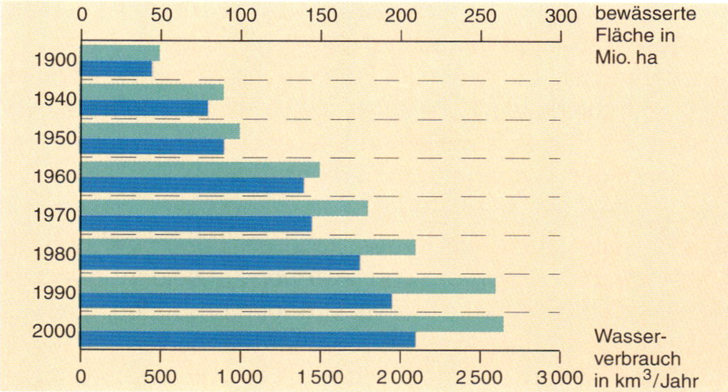

1 Das langsamere Wachstum des Wasserverbrauchs gegenüber dem der bewässerten Fläche deutet auf effektivere Verfahren der Bewässerung hin.

In der **Landwirtschaft** wird Wasser vor allem zur Bewässerung der Felder eingesetzt. Erst an zweiter Stelle steht die Tränkung der Viehbestände.

Bewässert wird, um entweder Pflanzenwuchs überhaupt zu ermöglichen oder bei eigentlich ausreichenden Niederschlägen höhere Ernteerträge zu erzielen.

Der Nahrungsmittelbedarf der Weltbevölkerung wird gegenwärtig zu 40 % von bewässerten Flächen gedeckt. Diese haben jedoch nur einen Anteil von 17 % an der gesamten Landwirtschaftsfläche (Abb. 1 und 3).

Die Bewässerungsverfahren (Abb. 2) sind recht unterschiedlich. So kann durch Stau der Grundwasserspiegel erhöht und damit die Kapillarbewässerung in Gang gesetzt werden. Man kann zeitweilig ganze Flächen – wie beim Reisanbau (s. Abb. 3, S. 126) – unter Wasser setzen. Verbreitet ist auch die Beregnung von Feldern, bei der das Wasser noch Sauerstoff aufnehmen kann. Die Tröpfchenbewässerung ist am sparsamsten.

Von entscheidender Bedeutung bei der Steigerung des Wasserverbrauchs der Landwirtschaft der Erde sind die Ernährungsgewohnheiten großer Teile der Bevölkerung.

Die Erzeugung pflanzlicher Nahrungsgüter erfordert einen wesentlich geringeren Wassereinsatz als die tierischer Nahrungsmittel (Abb. 4). Der hohe Fleischverzehr in den entwickelten Ländern führt dazu, dass gegenwärtig 38 % der Weltgetreideernte, die sofort der menschlichen Ernährung zugeführt werden könnte, in der Viehwirtschaft verfüttert wird. Wenn dieses Getreide von Bewässerungsflächen stammt, sind für die Erzeugung eines einzigen Kilogramms Rindfleisch bis zu 100 000 l Wasser erforderlich!

2 Während bei uns und in anderen Ländern die Beregnung verbreitet ist, findet in Regionen der Erde mit nahezu ebenen Flächen – wie hier in China – eine Bewässerung über Grabensysteme statt, in denen das Wasser dem leichten Gefälle folgen kann.

Land	bewässerte Fläche in 1 000 ha	Anteil an der Weltbewässerungsfläche in %
VR China	45 349	19,48
Indien	43 039	18,49
Pakistan	16 220	6,97

3 Diese drei asiatischen Länder besitzen nahezu die Hälfte der Bewässerungsfläche der Erde.

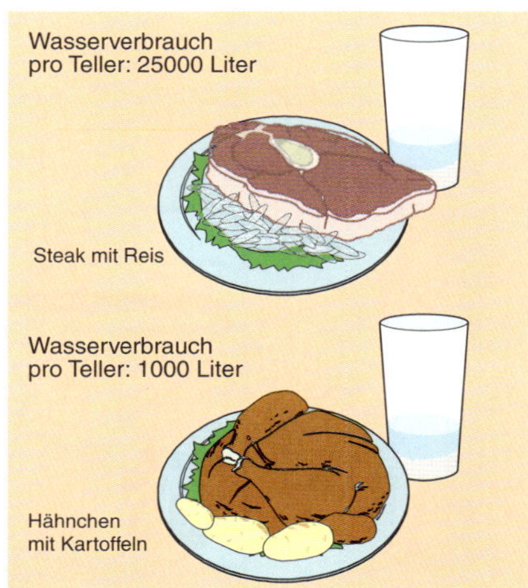

4 Um ein Kilogramm Fleisch zu erzeugen, ist rund 100-mal mehr Wasser erforderlich als für die Herstellung von einem Kilogramm pflanzlicher Nahrung.

1 **Die Abkühlung des Wassers erfolgt vor allem in gewaltigen, weithin sichtbaren Kühltürmen. Das heiße Wasser wird in ihnen versprüht und durch aufsteigende Luft abgekühlt. Je mehr Energie wir verbrauchen, desto mehr Wasser benötigen wir zum Kühlen in den Wärmekraftwerken.**

In der **Industrie** und in den **Wärmekraftwerken** werden die größten Anteile des genutzten Wassers verbraucht. Zu den Industriezweigen, bei denen im Produktionsprozess Wasser eine ganz entscheidende Rolle spielt, gehören die *chemische Industrie,* die *Papierindustrie* und die *Lebensmittelindustrie.* Sie alle benötigen Wasser als *Produktionsmittel.*

Wasser spielt auch eine große Rolle als *Kühlmittel* und als *Mittel für den Transport von Wärme.* Zu beiden Zwecken eignet sich das Wasser aus zwei Gründen besonders gut:
- Wasser ist an vielen Stellen in großer Menge verfügbar.
- Wasser hat von allen natürlichen Stoffen die größte spezifische Wärmekapazität (s. Abschnitt 3. 1).

Diese Eigenschaft des Wassers vor allem ist die Ursache für den hohen Anteil der Wärmekraftwerke am gesamten Wasserverbrauch in Deutschland von über 60 % (s. Abb. 2, S. 203). Wärmekraftwerke arbeiten mit unterschiedlichen Brennstoffen. Aber stets entsteht dabei viel Wärme, die abgeführt werden muss (Abb. 1 und 2).

Als Mittel für den Transport von Wärme wird Wasser vor allem bei Warmwasserheizungen und beim Wärmetransport von Heizkraftwerken zu den einzelnen Abnehmern genutzt. Die Kombination von Wärmekraftwerken und Heizwerken zu Heizkraftwerken ist zweckmäßig, da der im Kraftwerk anfallende Wasserdampf nicht gekühlt werden muss, sondern gleich zu den Wärmeverbrauchern geleitet werden kann. Heizkraftwerke müssen sich jedoch in räumlicher Nähe zum Wärmeabnehmer befinden. Andernfalls treten trotz aufwendiger Isolierung der Rohrleitungen unvertretbar hohe Wärmeverluste auf. Heizkraftwerke befinden sich in großen Orten.

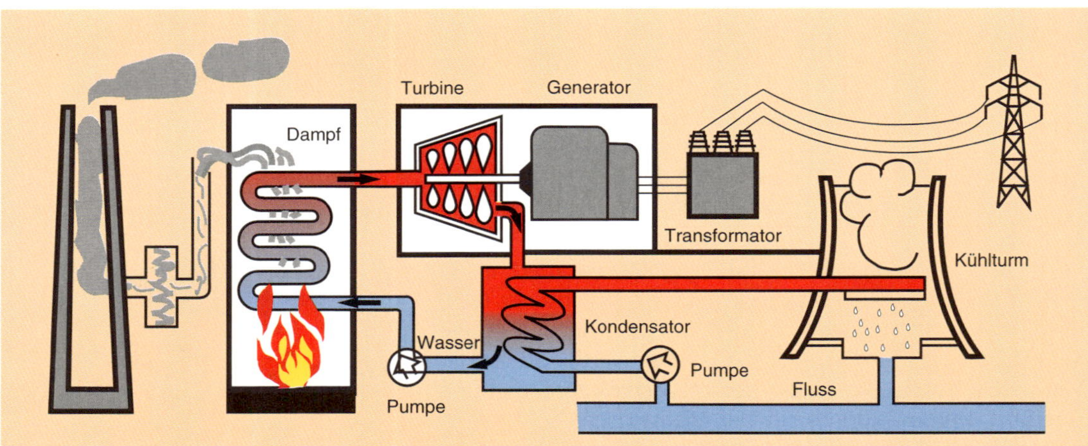

2 **In Wärmekraftwerken wird Wasser als Kühlmittel genutzt. Das geschieht in unterschiedlichen Kühlkreisläufen.**

In Wasserkraftwerken wird die kinetische Energie des fließenden Wassers für die Elektroenergieerzeugung genutzt. Dafür wurden als Antrieb für Generatoren verschiedene Arten von Turbinen entwickelt, die je nach Fallhöhe des Wassers und nach Durchflussmenge eingesetzt werden. Drei Arten von Turbinen werden noch heute verwendet (Abb. 1).

Wasserkraftwerke besitzen gegenüber den Wärmekraftwerken zwei deutliche Vorzüge:

- Die Wasserkraft erneuert sich durch den natürlichen Wasserkreislauf immer wieder ohne Zutun des Menschen.
- Die Erzeugung von Elektroenergie ist technisch einfacher und geht ohne Schadstoffabgabe vor sich.

Die wichtigsten Arten von Wasserkraftwerken sind **Laufwasserkraftwerke** (Abb. 2) und **Speicherkraftwerke**. Bei einem Laufwasserkraftwerk sind in der Regel die Höhenunterschiede gering und die Durchflussmengen groß. Sie wurden vorwiegend an Flüssen mit ständig ausreichender Wasserführung errichtet. Bei einem Speicherkraftwerk sind in der Regel die Höhenunterschiede größer als bei einem Laufwasserkraftwerk. Die Durchflussmengen hängen von den gegebenen Bedingungen ab. Für Speicherkraftwerke wurden Staudämme und Stauseen errichtet, die natürliche Schwankungen der Wasserführung der Flüsse ausgleichen können. Allerdings ist die Anlage der Wasserspeicher oftmals ökologisch und für die Menschen nicht unproblematisch, da natürliche Lebensräume und Siedlungsgebiete in großem Ausmaß überflutet werden.

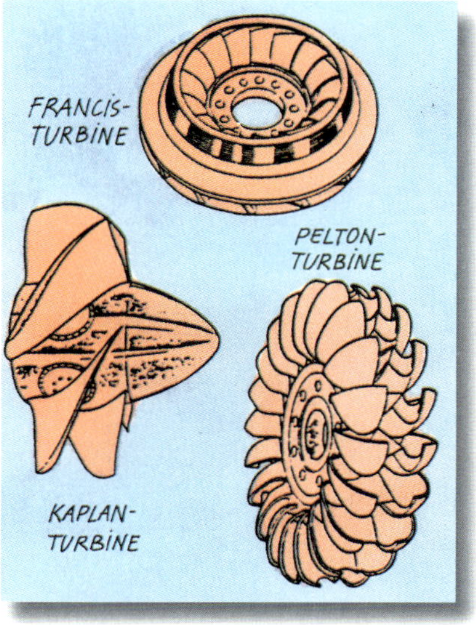

1 Die Francisturbine, die Peltonturbine und die Kaplanturbine wurden nach ihren Erfindern, dem Engländer James Francis (1815–1892), dem Amerikaner Lester Pelton (1829–1908) und dem Österreicher Viktor Kaplan (1876–1934) benannt.

2 Das Laufwasserkraftwerk Säckingen der Badenwerk AG befindet sich am oberen Rhein, noch bevor der Fluss in die Oberrheinische Tiefebene eintritt. Ein Stau war hier nicht erforderlich, da die Wasserführung stets ausreichend ist.

Name	Land	Flussbereich	Leistung in MW
Itaipu	Brasilien/Paraguay	Paraná	12 600
Guri	Venezuela	Caroni	10 000
Sajan-Schuscheskoje	Russ. Föderation	Jenissei	6 400
Krasnojarsk	Russ. Föderation	Jenissei	6 000
Churchill	Kanada	Hamilton	5 225
Ust-Ilimsk	Russ. Föderation	Angara	4 320
Bratsk	Russ. Föderation	Angara	4 100
Cahora Bassa	Mocambique	Sambesi	4 000
Ilha Solteira	Brasilien	Paraná	3 200
Assuan	Ägypten/Sudan	Nil	3 100

1 Die derzeit größten Wasserkraftwerke der Erde mit über 3 000 MW Leistung befinden sich in wenigen Ländern, oft weit entfernt von den Verbrauchern elektrischer Energie.

Land	Anteil der Wasserkraft an der Elektroenergieerzeugung des Landes in %
Niederlande	0,1
Großbritannien	2,1
Deutschland	4,8
Griechenland	9,9
USA	13,5
Spanien	15,5
Frankreich	16,1
Schweden	46,7
Österreich	69,6
Norwegen	99,6

2 Ein größerer Gegensatz bei den Anteilen der Wasserkraft an der gesamten Elektroenergieerzeugung der Länder als zwischen den Niederlanden und Norwegen ist nicht möglich.

In der Gegenwart befinden sich die großen Wasserkraftwerke der Erde (Abb. 1) an Standorten, die für ihren Bau ingenieurtechnisch günstige Bedingungen (z. B. Talquerschnitte, Untergrundgestein) boten. Das sind meist nicht Standorte in der Nähe der Abnehmer der erzeugten Elektroenergie. Der Übergang von den *Kleinkraftwerken* des 19. Jahrhunderts in den Mittelgebirgstälern, die nur örtliche Verbraucher versorgen konnten, zu den heutigen *Großkraftwerken* war erst durch eine leistungsfähige Fernübertragungstechnik für die Elektroenergie möglich.

In Deutschland befinden sich die bedeutendsten Wasserkraftwerke konzentriert an den Flüssen des Alpenvorlandes, am Oberrhein und an der Mosel. Deshalb befindet sich die installierte Leistung vor allem in den Bundesländern Bayern, Baden-Württemberg und Rheinland-Pfalz.

Bei einzelnen Ländern ist der Anteil der Elektroenergie aus Wasserkraft an ihrer jeweiligen Gesamterzeugung sehr unterschiedlich (Abb. 2). Dies ist nicht allein auf die gegebenen natürlichen Bedingungen zurückzuführen. In einigen Ländern hat sich dieser Anteil verringert, weil sie vorrangig Kernkraftwerke errichtet haben. Das trifft auf die Schweiz, Schweden, Finnland, Frankreich und Kanada zu.

Eine Besonderheit sind die **Pumpspeicherkraftwerke.** Das in ihnen verwendete Wasser wird wieder in ein Oberbecken zurückgepumpt. Eine weitere spezielle Form von Wasserkraftwerken sind **Gezeitenkraftwerke** (Abb. 3). Bei Flut strömt das Wasser aus dem offenen Meer durch Turbinen in eine durch einen Damm abgeriegelte Bucht. Bei Ebbe strömt das Wasser wiederum durch die Turbinen, diesmal jedoch aus der Bucht in Richtung offenes Meer. Für den Betrieb ist ein Tidenhub von mehreren Metern (in St. Malo 13 m) erforderlich.

3 Das größte Gezeitenkraftwerk der Welt wurde 1961 an der Atlantikküste bei St. Malo in Frankreich in Betrieb genommen. 24 Turbinen erzeugen eine Leistung von 240 MW.

Wasserkraftwerke an der Saale

An der oberen Saale wurden seit 1926 eine Reihe von Talsperren und Staubecken gebaut. Im oberen Saaletal befinden sich zwischen Blankenstein und Kaulsdorf auf einer Strecke von 80 km fünf Stauseen. Lediglich auf 9 km Länge, zwischen Walsberg und Ziegenrück, ist die Saale noch als Fluss erhalten. Der Zweck dieser Talsperren ist sehr unterschiedlich. Neben dem Hochwasserschutz für die Anlieger von Saale und Elbe geht es um die Niedrigwassererhöhung dieser Flüsse für die Schifffahrt und die in der Nähe befindlichen Industriebetriebe und auch um die Energiegewinnung. Die großen Talsperren dienen auch der Erholung der Menschen.

Die älteste und zugleich größte Talsperre an der oberen Saale ist die Bleiloch-Talsperre. Die Bleiloch-Talsperre wurde von 1926–1932 gebaut. Die Höhe der Staumauer beträgt 65 m, ihre Breite an der Krone 7,2 m und am Fuß 47 m. Ihr Stausee hat ein Fassungsvermögen von 215 Mio. m^3. Er ist 28 km lang und hat eine Fläche von 9,2 km^2. Das installierte Pumpspeicherkraftwerk verfügt über Francisturbinen. Von diesem Kraftwerk kann täglich 4 Stunden lang eine Leistung von 20 MW abgegeben werden.

1 Die Rohrleitungen des Pumpspeicherkraftwerkes Hohenwarte II sind 672 m lang, haben oben einen Durchmesser von 2,6 m und unten von 1,9 m. Deutlich sichtbar ist der obere Wasserspeicher.

Das Wasserkraftwerk Burgkhammer ist ein Laufwasserkraftwerk mit einer elektrischen Leistung von 2,2 MW. Das Pumpspeicherkraftwerk Wisenta nutzt die gestaute Saale als Unterbecken. Es liefert eine elektrische Leistung von 3,3 MW. An der Talsperre Hohenwarte (Abb. 2), die von 1936 bis 1941 gebaut wurde, ist ein Pumpspeicherkraftwerk mit einer Leistung von 45,5 MW eingebaut. Das jüngste, 1956 bis 1963 gebaute Kraftwerk ist das Pumpspeicherkraftwerk Hohenwarte II (Abb. 1). Das Kraftwerk verfügt über 8 Francisturbinen und mit ihnen gekoppelte Generatoren. Die Fallhöhe des Wassers beträgt etwa 300 m, die elektrische Leistung 320 MW.

2 Die Talsperre Hohenwarte staut die Saale zu einem See mit einem Fassungsvermögen von 182 Mio. m^3 auf. Die Form des Stausees folgt dem tief ins Thüringer Schiefergebirge eingeschnittenen Tal der Saale.

3.4.5 Nutzung und Schutz von Gewässern

1 Diese Methode der Lachsaufzucht verhindert die natürlichen Wanderungen der Tiere und führt bei mangelnder Wasserbewegung auch zu Sauerstoffmangel und zu Erkrankungen.

Wasser wird nicht nur nach seiner zeitweiligen Entnahme aus dem natürlichen Wasserkreislauf genutzt, als Trink- oder Brauchwasser im privaten Haushalt, in der Landwirtschaft oder in der Industrie. Es wird auch in den Oberflächengewässern, den Flüssen und Seen, unmittelbar genutzt. Dies trifft vorrangig auf die Fischerei, auf die Binnenschifffahrt und auf Sport und Freizeit zu.

Der **Binnenfischerei** kommt weltweit eine wachsende Rolle für die Ernährung der Bevölkerung zu. Mehr als ein Drittel der Welterträge entfallen auf die VR China, wo über 5 Mio. t Fische im Inneren des Landes gefangen werden. In den europäischen Ländern entwickelte sich nach der Verschmutzung der Flüsse durch die Industrie vor allem die Teichwirtschaft mit vorrangiger Karpfenzucht. An fließenden Gewässern befinden sich Forellenaufzuchtanlagen. In Netzkäfigen werden auch Lachse aufgezogen (Abb. 1).

Fische werden nicht nur im Meer, sondern auch in den Binnengewässern durch Verschmutzungen des Wassers und durch rücksichtsloses Verhalten von Menschen gefährdet. Abgase aus Industrieanlagen, Kraftfahrzeugen und Kraftwerken führen zu einem überhöhten Säuregehalt auch von sonst klaren Gewässern. Das führt zum Absterben von Organismen, die den Fischen als Nahrung dienen. Staudämme können ihre arterhaltenden Wanderungen verhindern. Häufig werden heute verfallene Fischtreppen wieder instand gesetzt (Abb. 2).

2 Fischtreppen oder ähnliche Anlagen ermöglichen den Tieren, ihre Laichplätze zu erreichen.

Die **Binnenschifffahrt** ist eine weltweit verbreitete, aber auch von den natürlichen Gegebenheiten (Gewässernetz, Wasserführung, Vereisung, Wasserfälle, Stromschnellen, Sandbänke) abhängige Art der Gewässernutzung für den Gütertransport und die Personenbeförderung. Schon frühzeitig wurden zur Verbindung von Flüssen Kanäle errichtet und im Zusammenhang damit Höhenunterschiede mit verschiedenen Mitteln (Einschnitte, Schiffstunnel, Kanalbrücken, Schleusen, Schiffsschleppen, Schiffshebewerke) überwunden.

Weltweit besitzt die GUS mit 148 000 km Länge das längste Wasserstraßennetz, gefolgt von der VR China (Abb. 1, S. 211). Die jährliche Transportmenge auf Binnenschiffen ist mit über 560 Mio. t in den USA am größten. Den höchsten Anteil am gesamten Gütertransport hat die Binnenschifffahrt mit rund 50 % in den Niederlanden. In Mitteleuropa besitzt der Rhein die bedeutendste Rolle als Schifffahrtsweg (Abb. 2, S. 211). Er hat das ganze Jahr über günstige Abflussverhältnisse, ist weitgehend kanalisiert und verbindet den größten Seehafen der Erde, Rotterdam, nicht nur mit den Rheinanliegern Niederlande, Deutschland, Frankreich und Schweiz, sondern über den Rhein-Main-Donau-Kanal auch mit dem Schwarzen Meer. Auch Berlin hat durch ein frühzeitig angelegtes Kanalnetz gute Voraussetzungen für die Binnenschifffahrt (Abb. 3).

Die Binnenschifffahrt ist dann eine umweltfreundliche Verkehrsart, wenn Flüsse und Seen nicht fahrlässig oder absichtlich verschmutzt werden. Bauliche Maßnahmen dürfen die natürlichen Lebensräume in den letzten erhaltenen Auenlandschaften nicht gefährden und Flüsse nicht mehr als unvermeidlich verkürzen. Fischwanderungen zu und von den Laichplätzen müssen ermöglicht werden.

Sport, Freizeitgestaltung und **Erholung** auf, im und am naturnahen Gewässer erfreuen sich zunehmender Beliebtheit. Baden, Segeln, Wasserwandern, Tauchen, Angeln oder das Mitfahren auf einem Ausflugsschiff sind verbreitete Formen der Freizeitgestaltung. Motorwassersport, Wildwasser-Rafting und Windsurfing sind in den letzten Jahren hinzugekommen.

Alle Freizeitnutzer der Gewässer wollen eine saubere, intakte Natur vorfinden und sich dort aufhalten, wo sie am schönsten ist. Doch je mehr Menschen das tun, desto größer werden Gefahren für das Wasser und die mit dem Wasser verbundenen Lebensräume. Verhaltensregeln müssen beachtet werden, damit schöne und lebendige Natur auch noch für kommende Generationen schön und lebendig sein kann. Natur kann nicht nur durch Abfälle geschädigt werden (Abb. 4), sondern sie reagiert auch auf Lärm (Abb. 1, S. 212) und andere Störungen (Abb. 2, S. 212).

4 Gewässer sind keine Mülldeponie, ganz gleich ob dieser Müll aus Gelöstem oder aus Schwimmstoffen besteht. Badende sollten auch nur solche Sonnenschutzcremes benutzen, die sich nicht im Wasser lösen.

1 Über den Huangpu-Fluss ist die 7-Millionen-Stadt Shanghai mit der bedeutendsten Binnenwasserstraße Chinas, dem Chang Jiang, und dem 1782 km zählenden längsten Kanal der Erde, dem Da Yunhe (Großer Kanal), verbunden. Erste Arbeiten an diesem Nord-Süd verlaufenden Kanal wurden bereits 500 Jahre v. u. Z. ausgeführt.

2 Auf dem Rhein werden nicht nur etwa 200 Mio. t Güter jährlich transportiert. Er ist auch Träger einer umfangreichen Passagierschifffahrt, zu der auch Kreuzfahrtschiffe gehören. Zu den transportierten Güterarten auf dem Fluss gehören vorwiegend Eisenerze, Mineralöl und Steine/Erden, aber auch feste Brennstoffe, landwirtschaftliche und chemische Erzeugnisse.

3 Die Hauptstadt Berlin ist über Havel, Elbe-Havel-Kanal, Oder-Havel-Kanal, Spree und Oder-Spree-Kanal u. a. mit Nordsee und Ostsee verbunden. Die Kanäle werden in der Berliner und in der Eberswalder Urstromtalung entlang geführt. Der erste Kanal zwischen Oder und Havel wurde bereits zwischen 1605 und 1620 gebaut.

1 Lärm auf und an Gewässern stört nicht nur andere Erholungssuchende, sondern vertreibt auch Wasservögel. Motorboote sollten deshalb genügend Abstand vom Ufer einhalten, auf markierten Fahrwassern bleiben und langsam fahren. Das verringert auch den Wellenschlag, der die Schilfgürtel beeinträchtigt.

2 Die leisen Surf-Bretter mit aufgestelltem Segel wirken als „segelnde Vogelscheuchen". Wasservögel flüchten bereits aus mehreren 100 m Entfernung und verlassen in der Brutzeit ihre Nester. Es gilt, Abstand von bewachsenen Uferzonen zu halten und das Wasser nicht durch die Röhrichtzone zu verlassen oder zu betreten.

3 Wasserschutzgebiete sind in Deutschland einheitlich durch solche Zeichen gekennzeichnet.

Alle Arten der Wasser- bzw. Gewässernutzung erfordern einen sorgsamen, verantwortungsbewussten Umgang mit Wasser und den an die Gewässer angrenzenden Landschaften. Das ist im Interesse der Wassernutzer selbst, nicht zuletzt, weil alle Trinkwasser brauchen.

Wasser, das als Rohwasser zur Gewinnung von Trinkwasser herangezogen wird, muss besonders geschützt werden. Deshalb befinden sich um Trinkwasserbrunnen und um Trinkwassertalsperren **Wasserschutzgebiete** (Abb. 3 und 4).

In Wasserschutzgebieten gelten besondere Verhaltensweisen, die die Wirtschaft wie jeden einzelnen Menschen betreffen. Für die Landwirtschaft beispielsweise gelten Beschränkungen für die Anwendung von Dünge- und von Pflanzenschutzmitteln. Eine grundwasserneutrale Feldbewirtschaftung ist erforderlich. Die Lagerung wassergefährdender Stoffe oder die Errichtung von Abfalldeponien sind untersagt. Auch dürfen Trinkwassertalsperren nicht zu Erholungszwecken genutzt werden. Es gilt das Vorsorgeprinzip. Was an Verschmutzung nicht erst ins Rohwasser gelangt, braucht nicht langwierig und kostenaufwendig wieder daraus entfernt werden. Wird Grundwasser gar vergiftet, so wird es auf lange Sicht, auch für künftige Generationen, unbrauchbar!

Jeder Einzelne kann durch sein tägliches Verhalten dazu beitragen, dass keine wassergefährdenden Stoffe, z. B. Batterien, Altöl oder Arzneimittel, in die Umwelt gelangen.

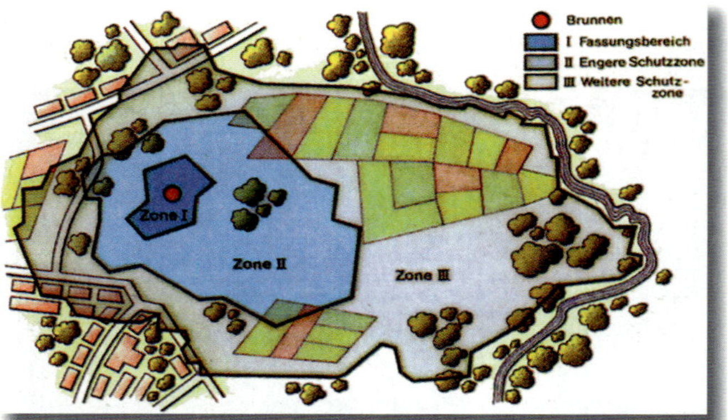

4 Wasserschutzgebiete sind meist in 2 bis 3 Schutzzonen eingeteilt. Von außen nach innen, zum Brunnen oder zur Talsperre hin, werden die Schutzbestimmungen strenger. Im Kartenschema umfasst die Zone III den gesamten Bereich, aus dem Grundwasser in Richtung Brunnen fließt. Hier dürfen keine chemischen Beeinträchtigungen stattfinden. Zone II ist so bemessen, dass die Fließzeit von ihrem äußeren Rand bis zum Brunnen mindestens 50 Tage beträgt, eine Zeit, in der Krankheitskeime absterben. In Zone I, dem Fassungsbereich, ist keinerlei Bodennutzung mehr erlaubt.

Auch außerhalb der Schutzgebiete sollte jede mögliche Beeinträchtigung des Wassers vermieden werden. Denn Grundwasser fließt und mit ihm die enthaltenen Verunreinigungen. Leider geschehen immer wieder Unfälle mit wassergefährdenden Stoffen (Abb. 1). Als solche Stoffe zählen: leichtes Heizöl, Dieselkraftstoff, schweres Heizöl, Vergaserkraftstoff, Rohöl, Altöl, sonstige Mineralölprodukte, sonstige organische Stoffe und anorganische Stoffe. Folgen von Unfällen können Verunreinigungen bzw. Gefährdungen des Bodens, eines Kanalnetzes, eines Gewässers, einer Wasserversorgung oder der Luft sein.

Für die Beurteilung von Gewässern wurden in Deutschland **Gewässergüteklassen** festgelegt. Dabei hat man die unterschiedliche Anpassungsfähigkeit von Kleinlebewesen der Gewässer an die unterschiedliche Wasserqualität zugrunde gelegt. Bei bestimmter Verschmutzung können im Wasser nur noch bestimmte dieser Kleinlebewesen existieren (Abb. 1, S. 214).

In **Gewässergütekarten** wird in bestimmten zeitlichen Abständen die Gewässergüte der bedeutendsten Flüsse mit Hilfe gleichen Farben gekennzeichnet. Dadurch kann man sich eine grundlegende Vorstellung von der Güte der Oberflächengewässer in Deutschland und ihrer Entwicklung machen.

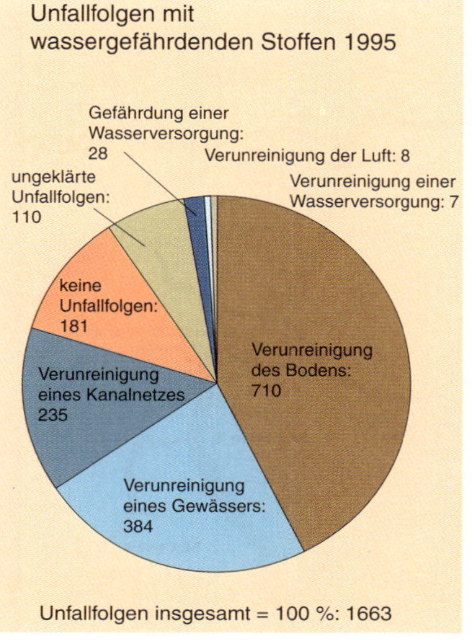

1 In Deutschland ereigneten sich allein im Jahre 1995 1 268 Unfälle mit wassergefährdenden Stoffen. Dabei liefen 3 738 m³ dieser Stoffe aus, 1 882 m³ bei ihrer Lagerung, 1 857 m³ bei ihrem Transport. 60 % der ausgelaufenen Stoffe konnten wiedergewonnen werden.

Eutrophierung und Kontaminierung

Eutrophierung und Kontaminierung sind zwei Begriffe, die Wasserexperten wie Ökologen und Umweltschützer im Munde führen, wenn es um die Beurteilung der Wasserqualität von Gewässern an der Erdoberfläche und des Grundwassers geht.

Eutrophierung bedeutet so viel wie „Wohlgenährtheit". Ein Gewässer ist eutrophiert, wenn es zu viele Nährstoffe enthält. Dabei handelt es sich vor allem um Phosphat- und Stickstoffverbindungen. Sie gelangen vorwiegend durch Auswaschung von Mineraldünger von den Feldern der Landwirtschaft in die Gewässer. Damit wird das biologische Gleichgewicht der Gewässer gestört, das Gewässer ist krank. Das Nährstoffüberangebot führt vor allem in der wärmeren Jahreszeit in stehenden oder langsam fließenden Gewässern zur Algen„blüte" (Abb. 2).

Unter **Kontaminierung** versteht man die Verunreinigung der Gewässer mit Schadstoffen, die giftig oder zumindest nicht abbaubar sein können. Dazu gehören Biozide, Schwermetalle, Waschmittel oder Krankheitskeime. Über kontaminiertes Wasser selbst oder über die Nahrungskette im Wasser können diese Stoffe zum Menschen gelangen. Kontaminiertes Wasser führt zur Schädigung der Fischbestände. Fische werden ungenießbar, ihre Laichbestände verkommen. Kontaminiert kann auch das Grundwasser sein. In allen Bundesländern gibt es ein Netz von Messstationen für Gewässer.

2 Die Massenentwicklung von Blau- und von Grünalgen im Sommer zeugt von einer krankhaft hohen Produktivität des Gewässers. Das abgestorbene Plankton wird von Bakterien bei Sauerstoffverbrauch abgebaut. Vor allem in tieferen Schichten kann es dann zum völligen Sauerstoffverbrauch kommen – eine lebensbedrohliche Situation für Fische und andere Wassertiere. Überwiegen dann diejenigen Fäulnisprozesse, die ohne Sauerstoff ablaufen, „kippt" das Gewässer. Es ist kaum noch nutzbar.

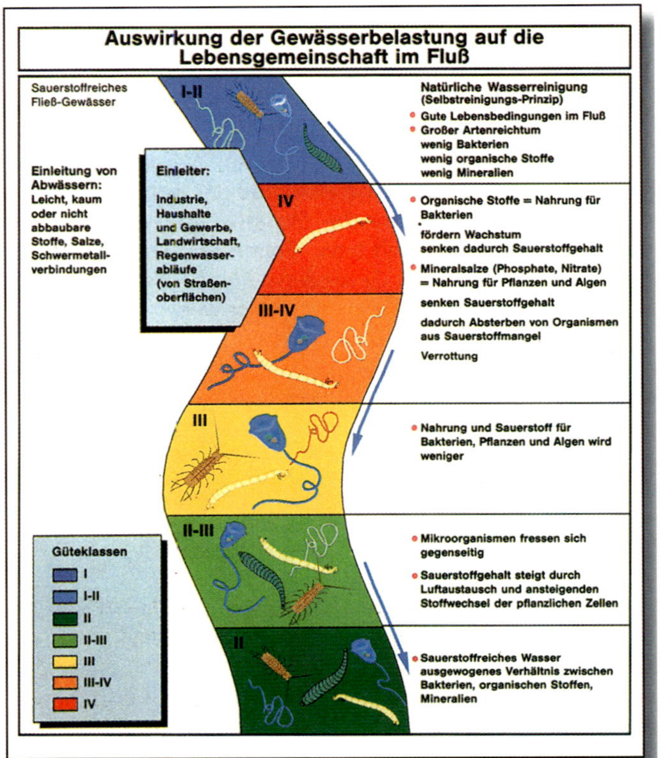

1 Es wurden 4 Gewässergüteklassen festgelegt: Güteklasse I – unbelastet, Güteklasse II – mäßig belastet, Güteklasse III – stark verschmutzt und Güteklasse IV – übermäßig verschmutzt. Diesen 4 Klassen wurden als Leitfarben blau, grün, gelb und rot zugeordnet. Darüber hinaus wurden noch drei Zwischenklassen gebildet.

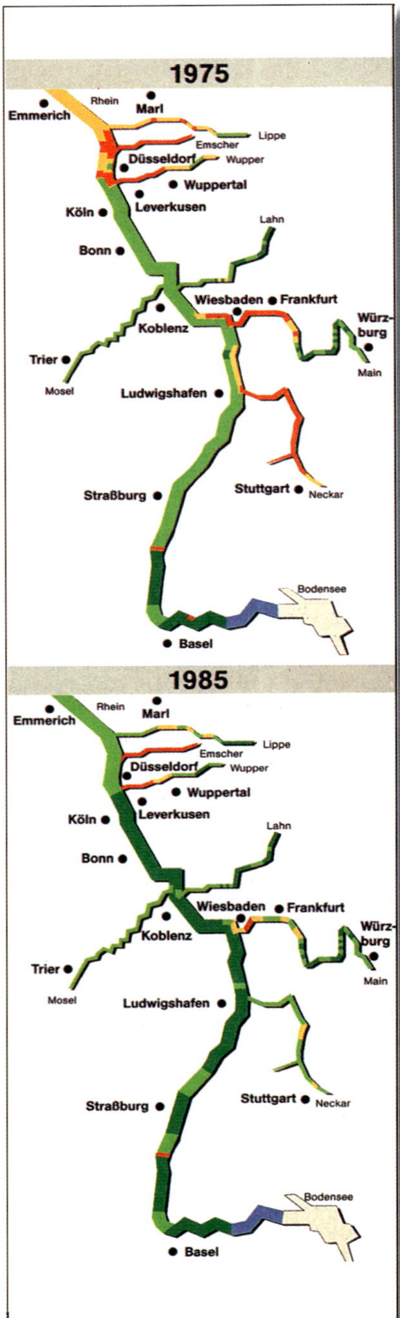

2 Die Zunahme der dunkelgrünen Farbe im Jahre 1985 gegenüber 1975 und die Abnahme der roten und gelben Töne weisen darauf hin, dass sich die Gewässergüte des Rheins und seiner Nebenflüsse innerhalb dieser 10 Jahre verbessert hat.

Die Entwicklung der letzten Jahre zeigt eine leichte Verbesserung der Belastung der deutschen Fließgewässer (Abb. 2). Rückläufig ist die Belastung mit Schwermetallen, einigen Industriechemikalien sowie mit den Nährstoffen Phosphat und Ammonium. Dies wurde durch den Bau von weiteren Kläranlagen und durch die Nutzung phosphatfreier Waschmittel erreicht. Nach wie vor hoch sind Belastungen mit Pflanzenschutzmitteln und Stickstoffverbindungen aus der Landwirtschaft.

Die Verbesserung der Gewässergüte des **Rheins** hat zu einer deutlichen Zunahme der Fischarten seit 1971, als seine Verschmutzung den Höhepunkt erreichte, geführt. Heute leben wieder über 30 Fischarten im Fluss. Das hängt nicht nur direkt mit der Verringerung der Wasser-Kontamination und der Erhöhung des Sauerstoffgehalts zusammen, sondern auch mit der Zunahme der Artenvielfalt der Kleinlebewesen, die zugleich *Fischnährtierarten* darstellen. Eine weitere deutliche Artenzunahme im Rhein ist nur dann zu erwarten, wenn wieder naturnahe Lebensräume geschaffen würden.

1 Flüsse brauchen Auslauf, damit sie zur Grundwasserbildung beitragen können und bei Hochwasser keine Schäden anrichten müssen. An der Elbe existieren trotz des Buhnenbaus naturbelassene Ufer und großflächige Auslaufzonen. Die Deiche sind weit zurückgesetzt.

2 Der Elbe-Biber hat nicht nur im heutigen Biosphären-Reservat „Flusslandschaft Elbe" überlebt. Er ist auch flussaufwärts gewandert und lebt heute schon in der Umgebung von Meißen. Erfolgreich konnte er an der Oder wieder angesiedelt werden.

Die **Elbe** hat trotz der Ausbaumaßnahmen in der Vergangenheit bis heute im Wesentlichen ihren natürlichen Charakter behalten. An ihrem Mittel- und Unterlauf befindet sich auf einer Fläche von 3 750 km^2 das von der UNESCO anerkannte Biosphären-Reservat „Flusslandschaft Elbe". Hier befindet sich das größte noch erhaltene Auenwaldgebiet Mitteleuropas. Hier wachsen 1050 Pflanzenarten, leben etwa 700 Arten von Schmetterlingen, brüten etwa 150 Vogelarten. Nur hier hat in Deutschland der Biber überlebt (Abb. 2).

An der Elbe gibt es 170 Schutzgebiete. 16 deutsche Flussabschnitte sind für rastende und überwinternde Vögel von internationaler Bedeutung. Aufgrund des naturnahen Zustandes der Elbe konnten trotz der schlechten Wasserqualität zahlreiche vom Aussterben bedrohte Tier- und Pflanzenarten überleben. Der Fluss hat bei Hochwasser noch genügend Raum, sich auszudehnen (Abb. 1).

Das alles sind günstige Bedingungen dafür, die Elbe als naturnahen Fluss zu erhalten, ihre Wasserqualität weiter zu verbessern und die natürlichen Lebensräume zu pflegen. Ein Ausbau der Elbe als Wasserstraße würde diesen naturnahen Charakter, die Artenvielfalt in den Auen, den natürlichen Uferzonen und Altarmen unwiederbringlich zerstören, den Sauerstoffgehalt senken und den Gerölltransport bremsen.
Deshalb gibt es nicht nur ein internationales Untersuchungsprogramm (Elbe-River-Projekt), das wissenschaftliche Grundlagen für die Erhaltung der Elbe erarbeitet, sondern auch ein Projekt „Lebendige Elbe". Daran beteiligen sich zwischen Tschechien und der Nordsee Schüler von bereits über 160 Schulen im gesamten Einzugsgebiet des Flusses (Abb. 3).

3 Die Deutsche Umwelthilfe will ein internationales Netzwerk junger Menschen mit Interesse an der Elbe aufbauen, die u.a. die Wasserqualität im Flussbereich untersuchen.

Wirbellose Tiere als Bioindikatoren

Viele wirbellose Tiere eines Gewässers stellen an Nahrung und Sauerstoffgehalt besonders konkrete Anforderungen.

Kommen bestimmte Lebewesen gehäuft vor, dann wird daraus geschlossen, dass ihre Lebensbedingungen gegeben sind. Sie sind dann für diesen bestimmten Zustand des Gewässers **Zeigerorganismen,** auch **Leitorganismen** oder **Bioindikatoren** genannt. Sie dienen für die Beurteilung der Wassergüte.

Aufgrund von Analysen der Kleinstlebewesen wurden von Wissenschaftlern vier **Gewässergüteklassen** gebildet.

Die **Gewässergüte** gibt den Grad der Verschmutzung der organischen Belastung des Gewässers an (s. Tab. sowie S. 214)

Güteklasse	Grad der organischen Belastung des Gewässers	Kennzeichnung	Leitorganismen (Auswahl)
I	unbelastet bis sehr gering belastet	Wasser klar, nährstoffarm, sauerstoffreich	 Steinfliegenlarve, Hakenkäfer, Kieselalge, Hornalge
I – II	gering belastet	Wasser klar, Mineralstoffgehalt gering, sauerstoffreich	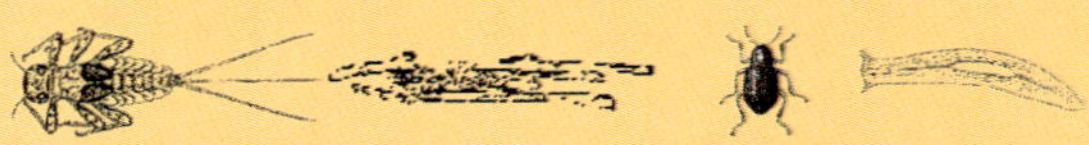 Eintagsfliegenlarve, Köcherfliegenlarve, Hakenkäfer, Strudelwurm
II	mäßig belastet	mäßige Verunreinigung mit organischen Stoffen, Abnahme des Sauerstoffgehaltes	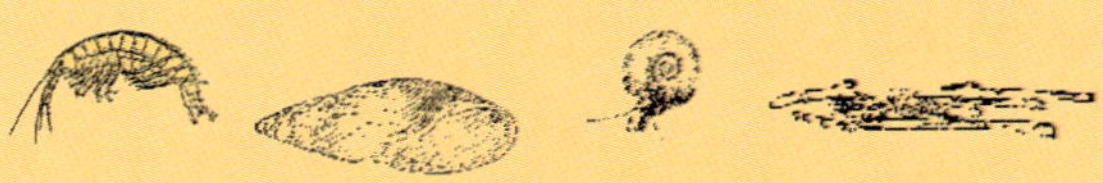 Flohkrebs, Blasenschnecke, Posthornschnecke, Köcherfliegenlarve
II – III	kritisch belastet	Wasser trüb durch Belastung mit organischen Stoffen, geringer Sauerstoffgehalt	 Gemeiner Fisch-Egel, Schlammschnecke, Taumelkäfer, Grünalge
III	stark verschmutzt	Wasser trüb durch Abwasser, Ablagerung von Faulschlamm beginnt, Sauerstoffmangel	 Wasserassel, Astalge, Rollegel, Süßwasserschwamm, Jochalge
III – IV	sehr stark verschmutzt	Wasser trüb durch Faulschlamm, großer Sauerstoffmangel	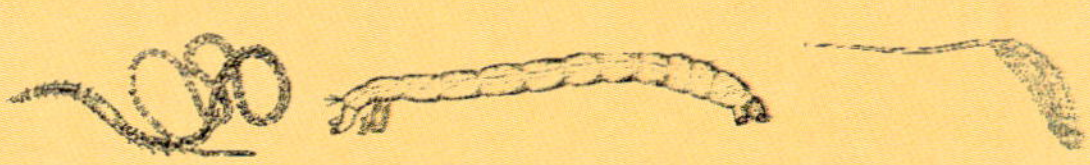 Schlammröhrenwurm, Rote Zuckmückenlarve, Rattenschwanzlarve
IV	übermäßig stark verschmutzt	sehr großer Sauerstoffmangel, hoher Gehalt an organischen Stoffen, Boden schwarz durch Faulschlamm, Bildung von Schwefelwasserstoff (Geruch)	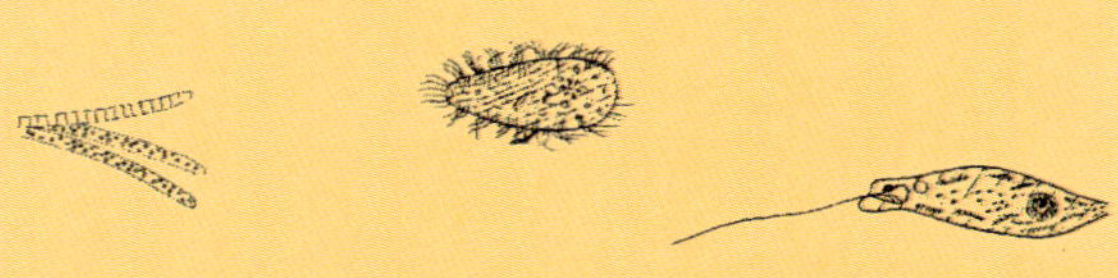 Schwefelbakterien, Wimpertierchen, Geißeltierchen

3.4.6 Aufgaben

Trinkwasser und Trinkwassergewinnung

1. Wasser wird als Trinkwasser und als Brauchwasser verwendet.
   a) Erläutere den Unterschied zwischen den beiden genannten Wasserqualitäten!
   b) Nenne Beispiele für die Verwendung von Trinkwasser und von Brauchwasser!
   c) Wie könnte der Trinkwasserverbrauch zugunsten des Brauchwassers verringert werden?

2. Durch die Betriebe, die für die Wasserversorgung zuständig sind, werden Kennzeichnungsschilder aufgestellt.

   Interpretiere die beiden Schilder!

3. Warum ist es leichtfertig anzunehmen, dass jedes klare Wasser bereits als Trinkwasser geeignet sei?

4. Oberflächenwasser enthält oft fein verteilte organische Stoffe.
   Prüfe experimentell, ob in Wasserproben organische Stoffe enthalten sind!
   Vorbereitung:
   a) Woher könnten diese gelösten oder aufgeschlämmten organischen Stoffe stammen?
   b) Welcher Zusammenhang besteht zwischen dem Gehalt an organischen Stoffen im Wasser und dessen Eignung als Trinkwasser?
   c) Welche Chemikalie zerstört organische Stoffe und verliert dabei seine violette Färbung?
   d) Bereite folgende Materialien und Geräte vor:
      - verdünnte Kaliumpermanganatlösung (0,3 g Kaliumpermanganat in 100 ml Wasser **(Vorsicht: Die Lösung wirkt ätzend!),**
      - verschiedene Wasserproben,
      - mehrere Bechergläser.

   Durchführung:
   a) Fülle von den unterschiedlichen Wasserproben jeweils 100 ml in die Bechergläser!
   b) Gib zu jeder Wasserprobe einen Tropfen der Kaliumpermanganatlösung und schüttele die Proben!
   c) Setze die tropfenweise Zugabe der Lösung so lange fort, bis nur noch eine schwache Violettfärbung erkennbar ist! Notiere die Anzahl der Tropfen, die du bei jeder Wasserprobe zugegeben hast!

   Auswertung:
   a) Beschreibe das Ergebnis vergleichend!
   b) Bewerte die einzelnen Wasserproben hinsichtlich ihrer Eignung als Trinkwasser!

5. Trinkwasser darf – amtlich festgelegt – Inhaltsstoffe enthalten, auch solche, die nicht gerade zu den Heilmitteln zählen.
   a) Begründe, weshalb im Trinkwasser überhaupt andere Stoffe enthalten sind!
   b) Warum ist es nicht möglich, alle Inhaltsstoffe aus dem Trinkwasser zu entfernen?
   c) Warum ist es nicht nötig, alle Inhaltsstoffe aus dem Trinkwasser zu entfernen?

6. Es wird immer schwieriger, die Festlegungen für Grenzwerte der Inhaltsstoffe durch die EG von 1980 einzuhalten.
   a) Welche Gründe gibt es dafür?
   Nutze für die Antwort auch folgendes Zitat: „Nach neuesten Befunden ist in Deutschland ein Drittel des Grundwassers bereits mit Pestiziden verunreinigt. In jeder zehnten Messung wird der Grenzwert von 0,1 Mikrogramm je Liter für Trinkwasser überschritten. Das geht aus einem ersten gemeinsamen Pflanzenschutzbericht der Bundesländer hervor.
   Ursache für die Besorgnis erregende Wasserverschmutzung ist vor allem der Pestizidverbrauch in der Landwirtschaft. Nach offiziellen Angaben der Biologischen Bundesanstalt für Land- und Forstwirtschaft

wurden 1995 rund 35 000 Tonnen Pestizidwirkstoffe auf deutschen Feldern ausgebracht. Das sind 20 Prozent mehr als noch im Jahre 1993.
Im Main bei Frankfurt-Niederrad hat sich die Pestizidkonzentration seit 1993 mehr als verdoppelt. In der Weser wurden 1995 in 85 Prozent der Wasserproben Pestizidrückstände gefunden." (nach WWF-Journal 3/1997)

b) Sollten deshalb andere Grenzwerte festgelegt werden?

7. Auch nach der Einführung der zentralen Wasserversorgung in Deutschland (ab 1848) gibt es in Städten und Dörfern verbreitet noch interessante Zeugen der Wasserversorgung der Vergangenheit.

Dokumentiere, z. B. durch Tabellen, Kartenskizzen oder Fotos, Zeugen der Wasserversorgung der Vergangenheit! Beschreibe, wie diese funktioniert hat! Gestalte dazu ein Poster!

8. Die Trinkwassergewinnung ist ein komplizierter Vorgang.
   a) Beschreibe die grundlegenden Prozesse, die in einem Wasserwerk bei der Umwandlung von Rohwasser in Trinkwasser stattfinden! Nutze dazu auch die Abb. 1 auf S. 194!
   b) Welche Übereinstimmungen und welche Abweichungen zu diesen grundlegenden Prozessen sind in dem Wasserwerk, aus dem dein Schul- oder Wohnort versorgt wird, gegeben? Begründe Unterschiede!
   c) Stelle den Wasserbehandlungsprozess „deines" Wasserwerkes als Schema – evtl. auch durch Fotos ergänzt – dar und stelle es deinen Mitschülern vor!
   d) Woher stammt das Rohwasser des Wasserwerkes?

9. In Regionen mit größeren Höhenunterschieden des Reliefs befinden sich Reinwasserbehälter oft auf Erhebungen.
   a) Welche Vorteile sind durch diese Lage von Reinwasserbehältern gegeben?
   b) Wie ist die diesbezügliche Situation in deinem Schul- oder Wohnort?
   c) In welcher Form wurden in der Vergangenheit Reinwasserbehälter im Flachland errichtet?

10. Rohwasser besitzt verschiedene Herkunft.
   a) Erläutere und begründe den Anteil der einzelnen Rohwasserarten in einigen deutschen Bundesländern!
   Werte dazu die Karte auf S. 195 aus!
   b) Erläutere das folgende Foto!

11. Trinkwasserstauseen haben meist eine überregionale Bedeutung.
   a) Stelle die in der Tabelle auf S. 194 aufgeführten Trinkwasserstauseen in einem Säulendiagramm dar!
   b) Ergänze das Diagramm durch Säulen zu solchen Einrichtungen in deinem Bundesland!
   c) Erkläre den Begriff „Fernwasserversorgung" im Unterschied zur „örtlichen Versorgung"!
   d) Erläutere an einem Beispiel aus deinem Bundesland, warum die Fernwasserversorgung notwendig ist und wie sie konkret funktioniert!

e) Warum ist es nicht gestattet, in Trinkwasserstauseen zu baden oder Wassersport zu treiben?

12. 40 % der Menschen auf der Erde sind unzureichend mit Wasser versorgt, täglich sterben 25 000 an den Folgen der Aufnahme von Wasser, das nicht als Trinkwasser geeignet ist.
   a) Beurteile die Trinkwasserversorgung der Menschheit!
      In welcher Ländergruppe gibt es die großen Probleme? Welche Ursachen lassen sich dafür nennen?
   b) Erkläre in diesem Zusammenhang, was unter „jährlich erneuerbarem Wasserdargebot" und unter „Wasserknappheit" zu verstehen ist!
   c) Welche Möglichkeiten bestehen zur Verbesserung der Wassersituation in den betroffenen Ländern?
      Werte auch das folgende Foto aus!

   d) Wähle dir ein betroffenes Land aus, sammle Materialien zur Wasserversorgung der Menschen dort, bereite sie auf und gestalte damit ein Poster!

Abwasser und Abwasserreinigung

13. Interpretiere das abgebildete Schild!

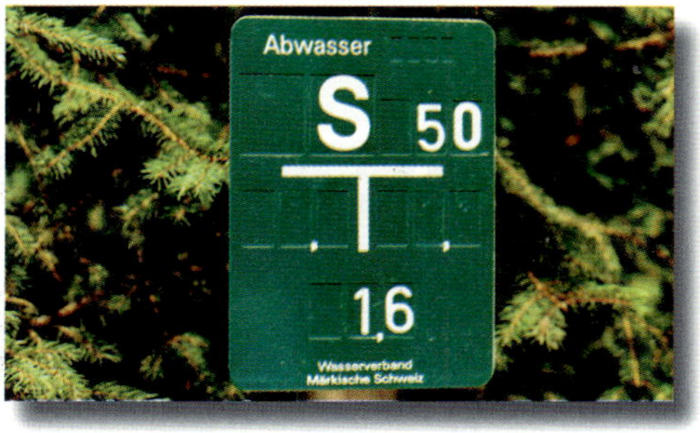

14. Abwasser ist eine Sammelbezeichnung für sehr unterschiedlich zusammengesetztes gebrauchtes Wasser.
   a) Nenne die „Quellen" des Abwassers!
   b) Ordne der Herkunft des Abwassers charakteristische Inhaltsstoffe zu!

15. Moderne Systeme zur Abwasserentsorgung und -reinigung gibt es erst seit wenigen Jahrzehnten. Noch 1892 forderte in Hamburg die Cholera 8 000 Todesopfer.
   a) Erkläre den Zusammenhang zwischen fehlender Abwasserentsorgung und Epidemien!
   b) Warum waren im Mittelalter davon vor allem die Städte betroffen?

16. In der Gegenwart gibt es in Deutschland drei Arten von Anlagen zur Reinigung von Abwasser: Kleinkläranlagen, kommunale Kläranlagen und Kläranlagen in Betrieben.
   a) Erläutere die Unterschiede zwischen diesen drei Anlagenarten!
   b) Warum ist es sogar vorteilhaft, dass es diese drei Arten gibt?

17. Bei der Abwasserreinigung in einem kommunalen Klärwerk wird eine ganz bestimmte Abfolge technischer Maßnahmen eingehalten.
   a) Beschreibe, welche Anlagen Abwasser nacheinander durchläuft und was dort jeweils mit ihm geschieht!
      Ordne dabei die im Bild sichtbaren Anlagen ein!

   b) Markiere in deiner Lösung zu Aufgabe a) mit verschiedenen Farben die drei Stufen der Abwasserbehandlung, denen die einzelnen technischen Maßnahmen zugeordnet werden müssen!

c) Beschreibe die Aufgabe, die Bakterien und andere Mikroorganismen bei der Abwasserreinigung haben, sowie die Rolle, die dem Sauerstoff zukommt!

18. Organisiert einen Besuch in einem Klärwerk!
    a) Fertigt Skizzen zum Ablauf des Reinigungsprozesses in diesem Werk an!
    b) Welche Übereinstimmungen und welche Abweichungen vom grundlegenden Prozess der Abwasserreinigung, der auf S. 198 dargestellt ist, konntet ihr feststellen?
    c) Entspricht die Größe des Klärwerkes der Anzahl der angeschlossenen Einwohner?

19. In den Klärwerken fällt bei mehreren Reinigungsverfahren Schlamm an.
    a) Stelle diejenigen Reinigungsverfahren zusammen, bei denen im Klärwerk Schlamm anfällt!
    b) Was geschieht mit dem Klärschlamm, welchen Verwendungszwecken kann er zugeführt werden?

20. Abwasser muss unabhängig von seiner Herkunft aus privaten Haushalten, Industrie oder Landwirtschaft gereinigt werden.
    Reinigt „Abwasser" in einem Experiment!
    Vorbereitung:
    a) Welche Arten von Stoffen müssen nacheinander dem „Abwasser" entnommen werden?
    b) Wie kann der Experimentaufbau aussehen?
    c) Bereitet folgende Materialien und Geräte vor:
       - „Abwasser"proben, bestehend aus Wasser aus einer Regenpfütze oder einer Aufschlämmung mit Erdreich, zusätzlich angefärbt,
       - gewaschener und getrockneter Sand; Aktivkohle,
       - vier Bechergläser, zwei durchstoßene Reagenzgläser, Glaswolle.

    Durchführung:
    a) Lasst zunächst die gröberen Anteile der „Abwasser"probe in einem Becherglas absetzen!
    b) Dekantiert vorsichtig das über den abgesetzten Anteilen befindliche „Abwasser" in ein 2. Becherglas!

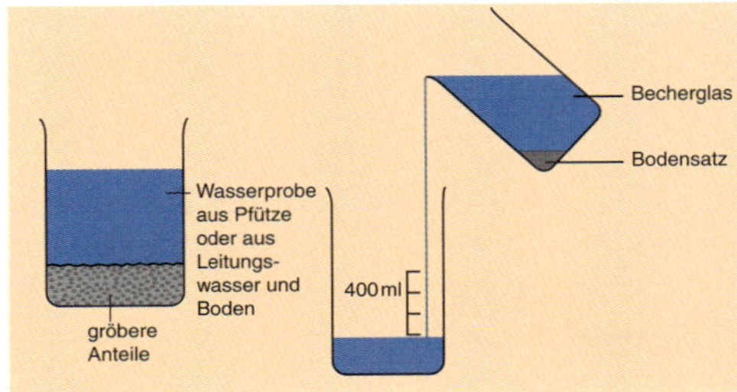

    c) Bereitet die beiden Reagenzgläser nach der folgenden Zeichnung vor! Filtriert dann in den 2 Stufen das dekantierte „Abwasser"!

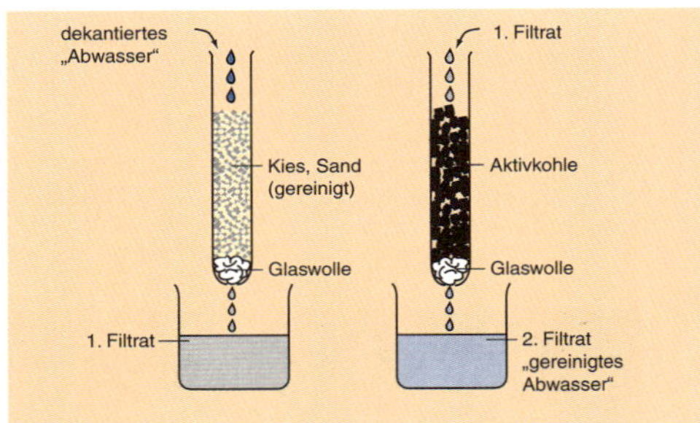

    d) Vergleicht Trübung und Färbung der beiden Filtrate untereinander und mit dem dekantierten „Abwasser"!
    e) Lasst eine gleiche Menge aus den drei Proben verdunsten oder sieden und vergleicht die jeweiligen Rückstände!

    Auswertung:
    a) Beschreibt und erläutert das Experiment und seine Ergebnisse!
    b) Zieht Schlussfolgerungen für die Abwasserbehandlung in Kläranlagen!
    c) Welcher Reinigungsstufe von Abwasser ist das Experiment zuzuordnen?

21. Gereinigtes Abwasser sieht fast klar aus.

a) Erläutere, dass geklärtes Abwasser noch keine Trinkwasserqualität besitzt!
b) Was geschieht mit den restlichen Inhalten?

22. Große Siedlungsgebiete haben spezielle Oberflächengewässer, die für die Einleitung geklärten Abwassers „reserviert“ sind. Im Ruhrgebiet ist das die Emscher, in Berlin der Teltowkanal.
    a) Informiere dich, wohin die gereinigten Abwässer
       – aus dem von dir besuchten Klärwerk und
       – aus deinem Wohnort geleitet wird!
    b) Stelle fest,
       – wie weit davon der nächste Trinkwasserbrunnen entfernt ist und
       – ob er sich flussaufwärts oder flussabwärts von der Einleitungsstelle des geklärten Abwassers befindet!

23. Pflanzenkläranlagen sind eine Möglichkeit für die biologische Reinigungsstufe bei Kleinkläranlagen.
    a) Durch welche Vorgänge tragen Mikroorganismen und Pflanzen in einer Pflanzenkläranlage zur Abwasserreinigung bei?
    b) Erkunde in deiner Wohnumgebung, wie weit Kleinkläranlagen mit biologischer Stufe vorhanden sind!
       Welche Art der biologischen Stufe ist gegeben?

Wasser im Alltag

24. Überprüfe die Behauptung, dass sich sowohl Dörfer als auch Städte oft an oder in der Nähe von Oberflächengewässern befinden, in deinem Kreis oder Bundesland!
    a) Fertige Lageskizzen an!
    b) Lege eine Übersicht an, aus der auch die vermutlichen Gründe dafür hervorgehen!
       Denke dabei daran, dass z. B. Städte nicht irgendwo an einem Fluss liegen, sondern an einer ganz bestimmten Stelle des Flusses entstanden sind!
    c) Sammle Namen von Städten mit dem Wortbestandteil „-furt“ und trage sie in eine Deutschlandkarte ein!
    d) Erkläre den Namen von „-furt“-Städten!

25. Erkundige dich über die Entwicklung des durchschnittlichen täglichen Trinkwasserverbrauchs je Person in Deutschland!
    Beurteile diese Entwicklung! Welche Ursachen gibt es dafür?

26. Hochwertiges Trinkwasser wird im Haushalt für sehr verschiedene Zwecke verwendet.
    a) Beurteile die durchschnittlichen Anteile der einzelnen Verwendungszwecke!
       Nutze die Abb. 2 aus S. 200!
       Wo vor allem sind Einsparungsmöglichkeiten gegeben?
    b) Miss bei verschiedenen Witterungssituationen mehrmals den wöchentlichen Trinkwasserverbrauch eures Haushalts und versuche, die Größe der einzelnen Verwendungen zu bestimmen!

    c) Vergleiche die einzelnen Messungen bzw. Schätzungen untereinander und mit den Durchschnittswerten für Deutschland!

27. Miss und berechne!
    a) Ermittle den ungefähren Verbrauch von Trinkwasser bei einem Wannenbad und bei einem Duschbad!
       Stelle eine Hochrechnung für eine Person und ein Jahr an!
       Vergleiche sowohl den Wasserverbrauch als auch die Wasser- und Abwasserkosten!
    b) Die Benutzung der Spartaste bei der Toilettenspülung verringert den Wasserverbrauch von 9 auf 6 Liter je Benutzung.
       Ermittle die Einsparung in eurem Haushalt für eine Woche!
       Stelle eine Hochrechnung für den Haushalt für ein Jahr an! Wie viel Wasser und wie viel Geld wird gespart?

28. Sparsamer Umgang mit Trinkwasser ist sowohl ökologisch sinnvoll als auch im Interesse der Haushaltskasse.
   a) Erkläre die beiden angedeuteten Zusammenhänge!
   Beachte dabei auch, dass oft Wasser einmal als Trinkwasser und ein zweites Mal als Abwasser bezahlt werden muss!
   b) Nenne Möglichkeiten der Trinkwassereinsparung und erläutere einige!
   c) Was ist unter „Mehrfachnutzung" von Wasser im privaten Haushalt zu verstehen und wie kann sie verwirklicht werden?
   d) Worauf sollte bei der Neuanschaffung von Gegenständen geachtet werden? Erläutere!

29. Ein großer Teil unseres täglichen Wasserbedarfs wird zum Waschen bzw. Abwaschen genutzt. Dabei werden dem Wasser Schmutz lösende Stoffe beigegeben.
Untersuche Proben von Regenwasser, Leitungswasser und destilliertem Wasser hinsichtlich der Schaumbildung bei Zugabe eines Waschmittels!

Vorbereitung:

a) Welche Unterschiede sind bei der Schaumbildung mit den einzelnen Wasserarten zu erwarten?
b) Welchen Zusammenhang vermutest du zur Wasserhärte?
c) Stelle an Materialien und Geräten bereit:
   - Proben der drei Wasserarten,
   - Waschpulver, Handwaschmittel oder Geschirrspülmittel,
   - drei Erlenmeyerkolben.

Durchführung:

a) Fülle jeweils 100 ml der drei Wasserarten in die Erlenmeyerkolben!
b) Gib in jeden Erlenmeyerkolben eine gleiche Menge Wasch- oder Spülmittel!
c) Schüttle den Inhalt der Erlenmeyerkolben!
d) Beobachte den Umfang der Schaumbildung und die Dauer seiner Haltbarkeit!

Auswertung:

a) Beschreibe deine Beobachtungen!
b) Welcher Zusammenhang besteht zwischen Umfang und Dauer des Schaumes und der Wasserart?
c) Welches Wasser empfiehlst du für Waschen bzw. Abwaschen?
d) Welchen Einfluss hat die Wasserhärte auf das Maß des zuzugebenden Waschmittels?

30. Tenside beschleunigen den Waschvorgang von textilen Geweben.

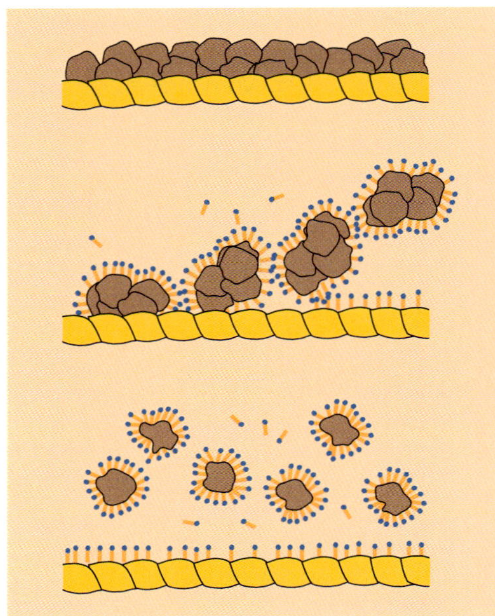

a) Erläutere anhand der Abbildung die Wirkungsweise von Tensiden!
b) In welcher Weise gefährden Tenside im Abwasser das Leben von Wasserbewohnern?
c) Unterbreite Vorschläge, wie die Tensidbelastung der Gewässer verringert werden kann!

31. Laut Waschmittelgesetz müssen die in Waschmitteln enthaltenen Tenside innerhalb von drei Wochen mindestens zu 80 % biologisch abgebaut sein.
    a) Begründe diese Mindestforderung!
    b) Welche Wirkung können die Tenside innerhalb dieser drei Wochen haben? Denke an die Organismen der aquatischen Lebensräume!
    c) Erläutere den Vorzug von Tensiden aus nachwachsenden Rohstoffen!

32. Waschmittelverpackungen müssen folgende Angaben enthalten:
    - genaue Bezeichnung des Produktes,
    - die wichtigsten Inhaltsstoffe in allgemein verständlicher und eindeutiger Form,
    - Name oder Firma und Ort des Herstellers, Einführers oder Vertriebsunternehmers,
    - Anmeldenummer beim Umweltbundesamt,
    - Dosierungsempfehlung „unter Berücksichtigung einer gewässerschonenden Verwendung", abgestuft auf die Wasserhärtebereiche 1–4,
    - Ergiebigkeit, d. h. die Aussage, wie viel kg Wäsche mit 1 kg des Waschmittels gewaschen werden können.

    Prüfe die Einhaltung dieser Forderung auf verschiedenen Waschmittelverpackungen! Fertige eine tabellarische Übersicht über die Angaben an!

33. Die Stiftung Warentest empfiehlt die Verwendung von „Baukasten-Waschmitteln" gegenüber „Vollwaschmitteln".

    a) Informiere dich über die Bedeutung der beiden Bezeichnungen!
    b) Begründe die Empfehlung der Stiftung Warentest!
    c) Stelle eine Liste von Baukasten-Waschmitteln zusammen und erläutere deren Vorteile!

Wasser in der Wirtschaft

34. In Deutschland werden beim Wasserverbrauch Wärmekraftwerke und Industrie statistisch getrennt erfasst.
    a) Berechne den Wasserverbrauch von Wärmekraftwerken und Industrie zusammengenommen absolut und anteilmäßig! Nutze die Abb. 2 auf S. 203!
    b) Berechne den jährlichen (1991) Wasserverbrauch in Mrd. m^3 von folgenden Industriezweigen (Anteil in %):
       - Chemische Industrie (36,76),
       - Bergbau (27,62),
       - Nahrungs- und Genussmittelindustrie (3,27),
       - Textilgewerbe (2,00) und
       - Straßenfahrzeugbau (1,46).
    c) Wer sind die größten Wasserverbraucher in deiner Schul- bzw. Wohnumgebung?

35. Baue aus einer Stricknadel, einem Korken und aus Plastikteilen (z. B. Teile eines Jogurtbechers) ein einfaches Wasserrad!

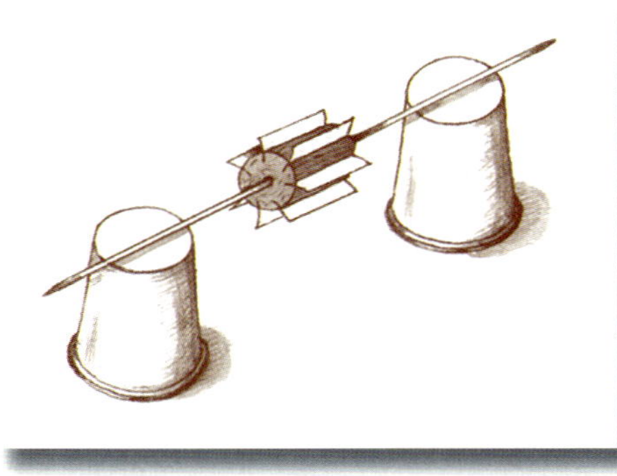

Schneide die Schaufeln aus Plastikbechern aus, stecke sie in Schlitze im Korken und klebe sie fest! Stelle das Wasserrad unter fließendes Wasser!
Beschreibe die Energieumwandlungen, die beim Betrieb des Wasserrades stattfinden!

36. Beschreibe die Energieumwandlungen bei
    - einem unterschlächtigen Wasserrad,
    - einem oberschlächtigen Wasserrad und
    - einer Wassermühle!

37. Die Umwandlung der gleichförmigen Drehbewegung eines Wasserrades in andere Bewegungsformen eröffnete historisch ganz neue Möglichkeiten für die Nutzung der Wasserkraft als nur in Getreide- oder Ölmühlen.
    a) Gib eine Möglichkeit an, wie man die durch ein Wasserrad erzeugte Drehbewegung einer Welle in eine Hin- und Herbewegung umwandeln kann!

    b) Beschreibe die Energieumwandlungen bei einem mit Wasserkraft betriebenen Hammerwerk, wie dem Frohnauer Hammer!

38. Weltweit wird das meiste Wasser in der Landwirtschaft verwendet. Dabei werden – auch in Abhängigkeit von natürlichen Gegebenheiten – unterschiedliche Bewässerungsverfahren angewendet.
    Stelle die Bewässerungsverfahren sowie ihre Vor- und Nachteile zusammen!

39. Immer wieder ist im Zusammenhang mit landwirtschaftlicher Bewässerung von Versalzung die Rede.
    a) Wie kommt die Bodenversalzung zustande?
    b) Stelle Beispiele für Versalzungen zusammen!

40. Erläutere Zusammenhänge zwischen Wasserverbrauch in der Landwirtschaft und Ernährungsgewohnheiten der Bevölkerung!

41. Wandle die Tabelle auf S. 205 in ein Kreisdiagramm um! Das restliche Segment stellt alle übrigen Länder der Erde dar.
    Du kannst dich auch über die Anteile weiterer Länder informieren und Segmente für sie ausweisen!

42. Die Herstellung von Papier ist nur mit der Benutzung von reichlich Wasser möglich. Dennoch hat sich in den letzten Jahrzehnten in Deutschland der Wassereinsatz je 1 kg Papier drastisch verringert. Während 1950 noch 167 l/kg erforderlich waren, sind es heute nur noch 18 l.
    Erläutere diese Entwicklung!

43. Beschreibe die Wasserkreisläufe in einem Wärmekraftwerk!
    Nutze dazu die Abb. 2 auf S. 206!

44. Die Skizze zeigt den Aufbau eines Laufwasserkraftwerkes.

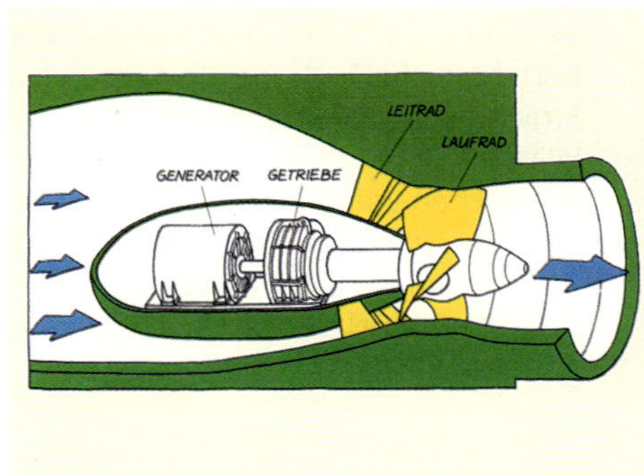

    a) Beschreibe den Aufbau eines solchen Kraftwerkes!
    b) Erkläre seine Wirkungsweise! Gehe dabei auf Energieumwandlungen ein!

45. Erkunde Wasserkraftwerke in deinem Bundesland!
    Stelle eine Übersicht zusammen, die Auskunft über die Art der Wasserkraftwerke, ihre Größe und ihre Lage gibt!

46. Der Anteil der Wasserkraft an der Elektroenergieerzeugung ist von Land zu Land sehr unterschiedlich (s. Abb. 2 auf S. 208). Wie sind diese Unterschiede zu erklären?

47. Gegenwärtig gibt es die Tendenz, das Prinzip der Kleinwasserkraftwerke wieder aufleben zu lassen.
   a) Stelle Vor- und Nachteile von Wasserklein- und von Wassergroßkraftwerken zusammen und werte sie!
   b) Welche Wasserkleinkraftwerke gab es in deiner Umgebung und welche Möglichkeiten gäbe es für ihre Reaktivierung?

Nutzung und Schutz von Gewässern

48. Der Binnenfischerei kommt auch in Deutschland wachsende Bedeutung zu.
   a) In welchen Formen wird Binnenfischfang betrieben?
   b) Welche Anlagen der Fischzucht sind in deinem Bundesland von Bedeutung? Erkunde die Anforderungen der Fischer an das Wasser sowie den Einfluss der Fischbewirtschaftung auf das Wasser!

49. Mit der absehbaren größeren Sauberkeit der Flüsse ist auch die Chance gegeben, dass sich bestimmte Fischarten wieder ansiedeln können.
   a) Welche Arten sind für die Oberläufe unserer Flüsse charakteristisch?
   b) Was ist erforderlich, damit auch Wanderfische wieder in den Flussoberläufen auftreten können?

50. Die Binnenschifffahrt gilt als eine umweltfreundliche Transportart.

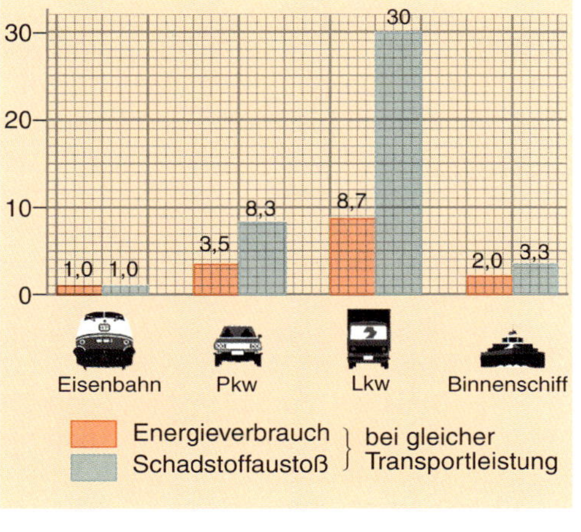

   a) Werte das Diagramm aus! Vergleiche dabei zwischen den einzelnen Verkehrsträgern!
   b) Welche Verantwortung für die aquatischen Lebensräume tragen Binnenschiffer und Projektanten des Wasserstraßenbaus?

51. In Deutschland gibt es sechs Wasserstraßen mit über 300 km Länge: Donau (386 km), Rhein (778 km), Main (384 km), Weser (440 km), Elbe (700 km) und Mittellandkanal (321 km).
   a) Stelle die Längen dieser Wasserstraßen auf Millimeterpapier grafisch dar!
   b) Warum ist die Länge z. B. der Wasserstraße Weser nicht gleich der Länge des Flusses Weser?
   c) Entwickle eine Kartenskizze zur Anbindung deines Bundeslandes an das Wasserstraßennetz!

52. Jeder Nutzer eines Gewässers für die Freizeitgestaltung trägt große Verantwortung für die Umwelt.
   a) Nenne Arten der Freizeitgestaltung am, im und auf dem Wasser und ordne ihnen jeweils ein anderes Stichwort zum richtigen Verhalten zu!
   b) Erläutere an einem Beispiel genauer, wie Gewässernutzer das Wasser selbst und den entsprechenden Lebensraum für Pflanzen und Tiere schützen sollten!
   c) Gestalte zum Thema „Freizeit und Gewässer in meinem Bundesland" ein Poster! Nutze dazu auch eigene Fotos!

53. Wasserschutzgebiete wurden um Orte der Trinkwassergewinnung eingerichtet.
   a) Fertige eine Tabelle zu den einzelnen Zonen von Schutzgebieten und den jeweiligen Schutzmaßnahmen an!
   b) Erkunde die Wasserschutzgebiete in deiner Umgebung und fertige eine Lageskizze dazu an!
   c) Zeichne oder fotografiere Kennzeichnungsschilder für Wasserschutzgebiete!
   d) Begründe mit deinen Kenntnissen vom Wasserkreislauf, weswegen Wasserschutz nicht auf die speziell ausgewiesenen Schutzgebiete beschränkt werden darf!

54. Die Wahl von Putz- und Reinigungsmitteln für den Alltag beeinflusst nicht nur sehr stark die Abwasserzusammensetzung. Sie kann auch ein Beitrag zum Gewässerschutz sein.

a) Stelle mit Hilfe von Veröffentlichungen, z. B. der „Stiftung Warentest" oder von Umweltämtern, zusammen, welche dieser Mittel vermieden und welche stärker genutzt werden sollten!

b) Erläutere, welche Umweltbelastung bei zu vermeidenden Mitteln auftritt!
Welche gesundheitliche Gefahren bestehen bei ihrer Anwendung?

c) Erläutere Begründungen für die Empfehlung bestimmter Putz- und Reinigungsmittel!
Denke dabei sowohl an den Gesundheitsschutz als auch an den Umweltschutz!

Gewässeruntersuchungen II

55. Schon das äußere Bild eines Fließgewässers gibt erste Hinweise auf die zu erwartende Artenvielfalt der Organismen. Je naturbelassener das Gewässer, desto mehr Arten sind zu erwarten.

Untersucht ein Fließgewässer auf einer Länge von mindestens 100 Metern!

a) Fertigt eine Kartenskizze vom ausgewählten Gewässerabschnitt an! Tragt Hindernisse, Uferbefestigungen und an das Ufer angrenzende Nutzungsarten ein!

b) Vergebt „Ökopunkte" zu den Gesichtspunkten Verlauf, Hindernisse, Ufer und Uferbereich!
Nutzt dafür die folgende Skala:
- Verlauf: gerade – 1 Punkt; stark gekrümmt – 3 Punkte
- Hindernisse: 30 cm und höher – 1 Punkt; keine – 3 Punkte
- Ufer: Beton/Mauerwerk – 1 Punkt; keine Verbauung – 3 Punkte
- Uferbereich: Straßen/Felder direkt am Ufer – 1 Punkt; Wald – 3 Punkte.

c) Wertet die Merkmalserfassung aus und beurteilt den Gewässerabschnitt:
- 12–9 Punkte: Es liegt ein naturnahes Fließgewässer vor.
- 8–5 Punkte: Der natürliche Charakter des Gewässers ist gefährdet.
- 4–2 Punkte: Das Gewässer hat seinen natürlichen Charakter verloren.

Sehr aussagekräftig ist ein Vergleich zwischen unterschiedlichen Gewässerabschnitten.

56. Untersucht die Wassereigenschaften eines Fließgewässers!

Vorbereitung:

a) Wie können Färbung, Geruch, Temperatur, Sauerstoffgehalt, pH-Wert, Phosphatgehalt und Stickstoffverbindungen im Wasser festgestellt werden?

b) Entwerft ein Untersuchungsprotokoll zur Eintragung der gewonnenen Werte!

c) Bereitet an Materialien und Geräten vor:
- Protokollhefter, Schreibgeräte, weißen Zeichenkarton, Bandmaß, Thermometer, Angelsehne, Erlenmeyerkolben mit Gummistopfen, Kescher oder Küchensiebe, Sammelschalen, Lupen, Bestimmungsschlüssel für Kleinstlebewesen, evtl. Gummistiefel,
- Messsets für pH-Wert-, Sauerstoff-, Phosphat-, Ammonium- und Nitritbestimmung.

d) Teilt Arbeitsgruppen ein!

Durchführung:

a) Entnehmt an verschiedenen Stellen des Gewässers Wasserproben und bestimmt Färbung, Geruch, Temperatur, Sauerstoffgehalt, pH-Wert, Phosphatgehalt und Stickstoffverbindungen!

b) Erfasst die Ergebnisse in einem Protokoll!

c) Tragt die Entnahmestellen von Wasser in eine Kartenskizze ein!

Auswertung:

a) Beschreibt die erfassten Werte!

b) Erläutert die Ergebnisse! Sucht dabei nach Zusammenhängen zur Umgebung des Gewässers bzw. zu Wassereinleitungen flussaufwärts!

c) Unterbreitet Vorschläge zur Verbesserung der vorgefundenen Situation!

d) Bereitet eine Präsentation der Ergebnisse eurer Untersuchungen vor!

57. Bestimmt die Gewässergüteklasse eines Fließgewässers mittels der vorkommenden Kleinstlebewesen!
    a) Sucht die Lebewesen am Gewässerboden, an und unter Steinen sowie am Totholz! Gebt die Tiere in Sammelschalen!
    b) Bestimmt die Tiere mit Hilfe eines Bestimmungsschlüssels (s. S. 216) und zählt sie!
    c) Zeichnet die am häufigsten vorkommenden Tiere und zieht Schlussfolgerungen hinsichtlich der Gewässergüte!

58. Bestimmt die Gewässergüteklasse eines Fließgewässers mittels der vorkommenden Fische!

Güteklasse	Fische, die in der Gewässergüteklasse vorkommen
I	Bachforelle
I – II	Äsche, Bachforelle
II	Hecht, Flußbarsch
II – III	Karpfen, Schleie, Aal, Brachsen
III	Plötze, Schleie
III – IV	Fische nur örtlich, nicht auf Dauer anzutreffen
IV	Fische fehlen

Befragt auch Angler oder andere Sachkundige!

59. Fließgewässer beginnen an einer Quelle. Untersucht die Quelle und die ersten 100 m des Baches!
    a) Zeichnet eine Kartenskizze von der Quelle und ihrer Umgebung! Beschriftet die Skizze!
    b) Stellt fest, ob sich die Quelle im natürlichen Zustand befindet oder vom Menschen verändert wurde (Ummauerung, Einbau von Rohren u. a.)!
    c) Entnehmt Wasserproben und bestimmt Nitrat, Nitrit, Ammonium, Phosphat, pH-Wert und Wasserhärte!
    Tragt die Ergebnisse ein Protokoll ein:

Nachweis von	Entnahmestelle Nr. ___
Nitrat (NO_3^-) in mg/l	
Nitrit (NO_2–) in mg/l	
Ammonium (NH_4^+) in mg / l	
Phosphat (PO_4^{3-}) in mg / l	
pH-Wert	
Gesamthärte in °dH	

    d) Bestimmt die Fließgeschwindigkeit des Wassers in Quellnähe!
    e) Welche Pflanzen und Tiere leben in der unmittelbaren Umgebung der Quelle?

Der pH-Wert des Wassers

Die Lebensbedingungen in einem Gewässer werden auch durch den pH-Wert bestimmt. Er gibt an, wie viele H^+-Ionen im Wasser enthalten sind. Je höher der Anteil dieser Wasserstoffionen ist, desto saurer ist das Wasser. Wasserlebewesen sind an bestimmte pH-Werte angepasst (Abb. 1). Sie sind nur anwesend oder entwickeln sich nur normal, wenn der entsprechende pH-Wert gegeben ist. Er kann auf verschiedene Weise bestimmt werden (Abb. 2–4).

Vorzugswerte		
Süßwasserfische	pH	7 (6 bis 8)
Meeresfische	pH	8,2 bis 8,4
Tödliche Werte im alkalischen Bereich		
Forelle, Barsch, Karausche	pH	9,2
Plötze	pH	10,4
Hecht	pH	10,7
Karpfen, Schlei	pH	10,8
Amerikanische Flusskrebse	pH	10,2

1 pH-Grenzwerte für einige Fischarten und Flusskrebse

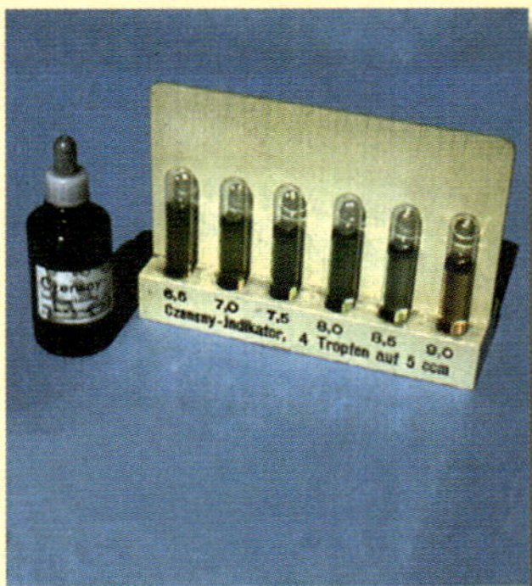

2 Czensny-Colorimeter

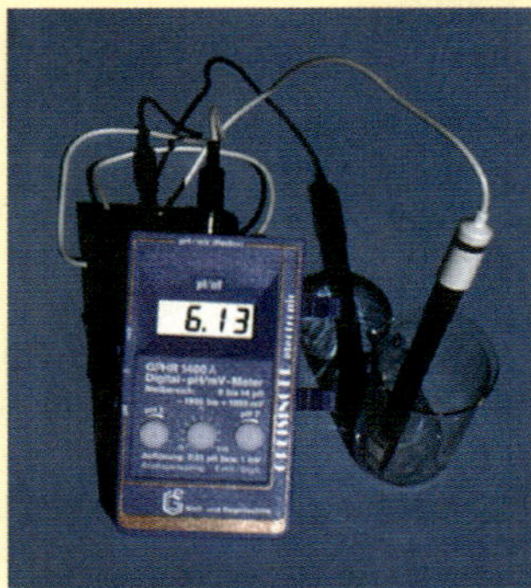

3 pH-Messgerät

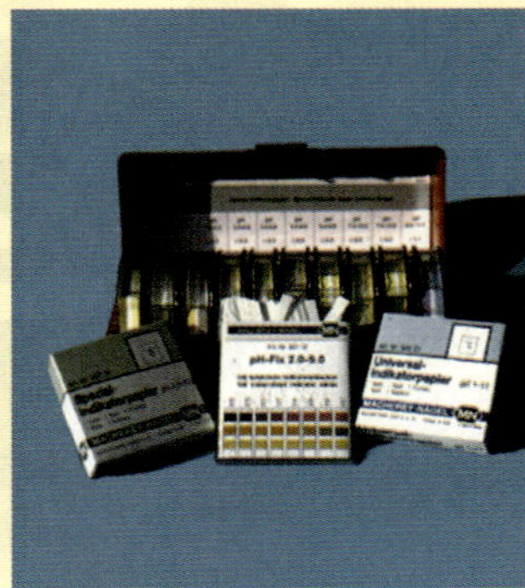

4 Indikatorstäbchen

Wird der **Czensny-Indikator** (Abb. 2) tropfenweise in eine Wasserprobe gegeben, stellt sich eine bestimmte Färbung ein. Mit Hilfe von Vergleichslösungen kann der pH-Wert abgelesen werden.
Mit einem **pH-Messgerät** (Abb. 3) kann der pH-Wert von Wasserproben direkt bei Freilanduntersuchungen ermittelt werden oder auch erst im Labor.
Die **Indikatorstäbchen** (Abb. 4) dienen der schnellen pH-Wert-Bestimmung. Sie werden mit Indikatorlösung getränkt und in eine Wasserprobe eingetaucht. Die Verfärbung wird mit einer Skala (Abb. 5) verglichen.

Eigenschaft der Lösung	stark sauer	schwach sauer	neutral	schwach alkalisch	stark alkalisch
Ursache	Konzentration der Hydronium-Ionen H_3O^+ ←			Konzentration der Hydroxid-Ionen OH^- →	
Universalindikatorpapier					
pH-Wert	0 1 2	3 4 5 6	7	8 9 10	11 12 13 14

5 Die pH-Wert-Skala ist gut zum Vergleichen der eingetretenen Verfärbung und zum Bestimmen des Wertes geeignet.

Bildquellenverzeichnis

AKG, Berlin: Vorsatz (2); 62/2; 64/2; 75/1; Anglo-Australian Telescope Board: 39/3; Archiv Archenhold-Sternwarte, Berlin: 93/1; 94/2; 95/2; 100/1,2; Archiv PAETEC Schulbuchverlag, Berlin/Streußel: 10/2; 11/2,3; 12/1,2; 13/1,3; 14/1; Archiv PAETEC Schulbuchverlag, Berlin: 32/3; 54/1; 54/4; 55/3; 63/2; 64/1; 65/1; 67/1; 82/1,3; 83/1; 97/3; 129/2; 177/3; Archiv zur Geschichte der Max-Planck-Gesellschaft, Berlin-Dahlem: 96/1; BASF, Ludwigshafen: 74/3; 76/1; Bayer AG, Leverkusen: 54/2; 199/2; Berliner Wasserbetriebe, Bildarchiv: 193/3; 194/1,3; 195/2; 198/2; 199/1,4; 219/3; Biedermann, A., Berlin: 15/2; 121/2; 133/2; Bildagentur Huber, Garmisch-Partenkirchen: 6/2; Bildarchiv Preussischer Kulturbesitz, Berlin: 56/1; 59/1; 62/1; 66/1; 67/2; 74/1; 84/1; 93/2; 97/2; 204/1; Bittner, S., Tabarz: 19/2; BMW Rolls-Royce GmbH, Oberursel: 29/3; BMZ-Presse '95, Bonn: 112/2; 126/3; 156/2; Brezmann, S., Hamburg (aufgenommen auf der Ausstellung der Hamburger Wasserwerke GmbH „Mikroorganismen – der etwas andere Kosmos"): 178/1,2; Brezmann, S., Hamburg: 21/3–8; 43/1–3,5,6; 129/3; 141/2,3; 172/2; 180/1; Bricks, W., Erfurt: 71/3; 195/3; Carl Zeiss, Jena und Oberkochen: 72/2; Chronik Verlag, Gütersloh/München: 67/3; CorelPhotos: 7/1; 22/1; 50 o.; 55/2; 57/3; 58/1,2; 60/1; 62/3; 65/2; 68/2; 78/1; 85/2; 98/1; 123/1; 130/3; 174/1; 173/4; 181/1; 212/1; CSS Photolab, University of Washington: 30/2; DASY-PR, Hamburg: 72/3; Deutsche Bahn AG, Berlin: 26/1; 29/1,2; 35/1,2; Deutscher Wetterdienst, Offenbach: 9; 17/3; Deutsches Historisches Museum, Berlin: 77/1; Deutsches Museum, München: 80/3; 81/1–3; DLR: 98/2; Dornier Medienholding GmbH, Berlin: 68/3; 70/2; 71/1,2; 83/2; 86/1–3; 87/1; dpa: 6/1; 27/1; Drexler, A.-M., Ravensburg: 207/1; Educational Development Center: 61/2; Ellermann/Landesamt für Umweltschutz Halle: 215/1; Engels, S./Nowak, A.: Auf der Spur der Elemente (Deutscher Verlag der Grundstoffindustrie), Leipzig: 79/1; Ernst-Haeckel-Haus, FSU Jena, Best.B/1.: 92/2,3; Fonds der Chemischen Industrie, Frankfurt am Main: 214/1; Fotoarchiv Museum Frohnauer Hammer, Annaberg-Buchholz: 224/1; Freydank, W., Berlin: 108/1; Führing, G., Berlin: 196/1; 219/1; GARDENA, Ulm: 201/1; Georg Westermann Verlag, Braunschweig: 67/3; 68/1; GHH BORSIG, Oberhausen: 54/3; 107/2; Gronau, M., Berlin: 157/3, Hecker, F., Panten-Hammer: 112/3; Hofmann, W., Sättelstädt: 29/4–6; 168/3; Holst: 171/2; Hoy, G., Dresden: 35/3; Huster, S., Berlin: 57/2; IDM, Bonn: 119/1–4; 131/1; 149/2; Informationsstelle für Elektrizitätsanwendung, Zürich: 69/2; IZE, Frankfurt/M.: 153/1; 207/2; 208/3; Jahn, I., Löther, R., u. Senglaub, K.: Geschichte der Biologie (Gustav Fischer Verlag): 89/2; 91/1; Jantzen, F., Arolsen: 33/1; 138/2; Kalbe, „Leben im Wassertropfen" (Urania-Verlagsgesellschaft GmbH): 174/3; 177/1,2; Kaufmann, C., Jena: 199/3; Kirsche, H.-J., Berlin: 53 r.; Kohlhase, G., Naturschutzzentrum Biberhof, Torgau: 215/2; Kohlmorgen, Berlin: 138/1; Kramer, M., Dresden: 26/4; 151/2; Kulturgeschichtliches Archiv Hansmann, München: 57/1; LAUBAG/Rauhut, Senftenberg: 155/1,2; 169/1; 183; Laufmann, M., Berlin: 17/2; 133/4; LFA Eberswalde/Möller, K.: 12/3a,b; Lichter, G., Biberach: 88/1; Liebig-Museum, Gießen: 74/2; Mai Anh Vu, Hanoi: 99/2; Martens, Th., Gotha: 88/3; Marx, A., Heyerode: 204/2; MEGA Möbel, Wildau: 14/3; Meier, M.-S., Berlin: 10/3; 27/2–4; 28/1–3; Menzhausen/Karpinski: Alt-Meißner Porzellan in Dresden (Henschel Verlag), Berlin: 79/2; Meyer, L., Potsdam: 15/3; 18/2; 18/3a,b; 24; 38/1; 40/1; 45/2; 46; 47/1,2; 50/1,2; 52; 56/2; 82/2; 115/2; 127/2; 143/1 a,b; 221; MUNR des Landes Brandenburg/Kläber, T./Hirsch, H.: 73/3; 193/1; 218/2; Museum für Naturkunde, Berlin: 88/2; MÖRGELI NEUHAUS PARTNER, Muri bei Bern: 8/1; OKAPIA, Berlin: 120/3; Oschmann, S., Tabarz: 19/1; 227; Otto-Versand, Hamburg: 18/3c; Petersen, H./argus-Fotoarchiv, Hamburg: 196/3; Pettkus, J., Zepernick: 27/1; 135/3; 139/2; Photo Sphere: 206/1; PhotoDisc, Inc.: 7/2; 16/1; 32/1; 102/2; 144/1; 174/2; 202/2; 212/2; Quedens, G., Norddorf: 181/2; Raum, B., Neuenhagen: 5; 6/3; 10/1; 11/1,4; 13/2,4; 15/1; 23/1; 26/2,3; 30/1; 34/2; 36/1-4; 41/2; 49/2; 60/3,4; 61/1; 78/2; 85/1; 90/2; 97/1; 101/1,3; 107/4; 109; 112/1; 122/1; 126/2; 130/2; 132/1; 143/2; 144/2,3; 146/2,3; 147/3; 148/1; 152/1,4; 154/3; 158; 160/1,2; 161; 164/2,3; 167/2; 182/3; 185/2; 188; 192/1,2; 200/1; 205/2; 210/1,2; 211/1–3; 212/3; 217/1,2; 218/1; 219/2; Raum, J., Strausberg: 149/3; 150/2; 152/3; 154/1; 192/3; 203/1; Reichenbach, A.; Mühlberg: 14/2; 167/1; 215/3; 226/2; Roth Werke GmbH, Bischofswerda: 202/1,3; RWE Energie Aktiengesellschaft, Essen: 224/2; Saalfelder Feengrotten und Heilstollen GmbH, Saalfeld: 152/2; Scharffenberg, B., Birkenstein: 43/4; Siemens AG, Erlangen: 99/1; 156/1; 208/2; Sole-Heilbad Kurverwaltungsgesellschaft mbH, Bad Salzungen: 130/1; 142/1; Staatliche Porzellan-Manufaktur Meissen GmbH, Meißen: 79/3,4; Staatsbibliothek zu Berlin – Preussischer Kulturbesitz: 69/3; Steuding, H., Tabarz: 186/2; Stiefel, R., Halle (S): 17/1; 51; 135/1,2; Stiftung Jugend forscht e. V., Hamburg: 8/2; 191; Sugimoto, K.: Albert Einstein (Verlag Moos & Partner), München: 77/2; 80/2; 96/2; Sächsische Landesbibliothek – Staats- und Universitätsbibliothek Dresden, Dezernat Deutsche Fotothek/Steuerlein: 14/4; Siebenhaar, H., Hönow: 110, 111; Technisches Denkmal Tobiashammer, Ohrdruf: 204/3; Technisches Halloren- und Salinenmuseum, Halle (S): 123/2; Theuerkauf, H., Gotha: 15/2 u., 129/2; Thüringer Ministerium für Landwirtschaft, Naturschutz und Umwelt: 212/4; Tierbildarchiv Angermeyer, Holzkirchen: 165/2; 166/1,2; 171/6; 182/2; Tierpark Berlin-Friedrichsfelde GmbH: 124/2; Umweltbundesamt, Berlin: 214/2; 222/1; UNICEF Deutschland: 197/1; VDS, Hagen: 114/2; 115/1; 120/1; 143/1; VEAG Vereinigte Energiewerke AG, Berlin: 34/1; VEAG Hohenwarte/Photo-König, Lobenstein: 209/1,2; VERA Freizeittechnik GmbH, Hamburg: 202/2; Volkswagen AG, Wolfsburg: 18/3d; 22/2; Weiß, R., Bergen: 165/3; Wu, N./WILDLIFE, Hamburg: 165/1; Zabel, E., Güstrow 170/1; 171/1; 172/3; 172/6,7; 187/1–4; 189/3,4; 228/2–4; Zeitler, K.-H., München: 15/2 o., Mitte; 108/ 2; 171/4; 172/1,8; 173/1; 179/1a,b; 189/1,2; 211/4; 213/2.

Titelbild: Stiftung Jugend forscht e. V., Hamburg

Trotz größter Sorgfalt konnten die Urheber bzw. die Rechtsinhaber des Bildmaterials nicht in allen Fällen ermittelt werden. Wir bitten gegebenfalls höflichst um Mitteilung an den Verlag.

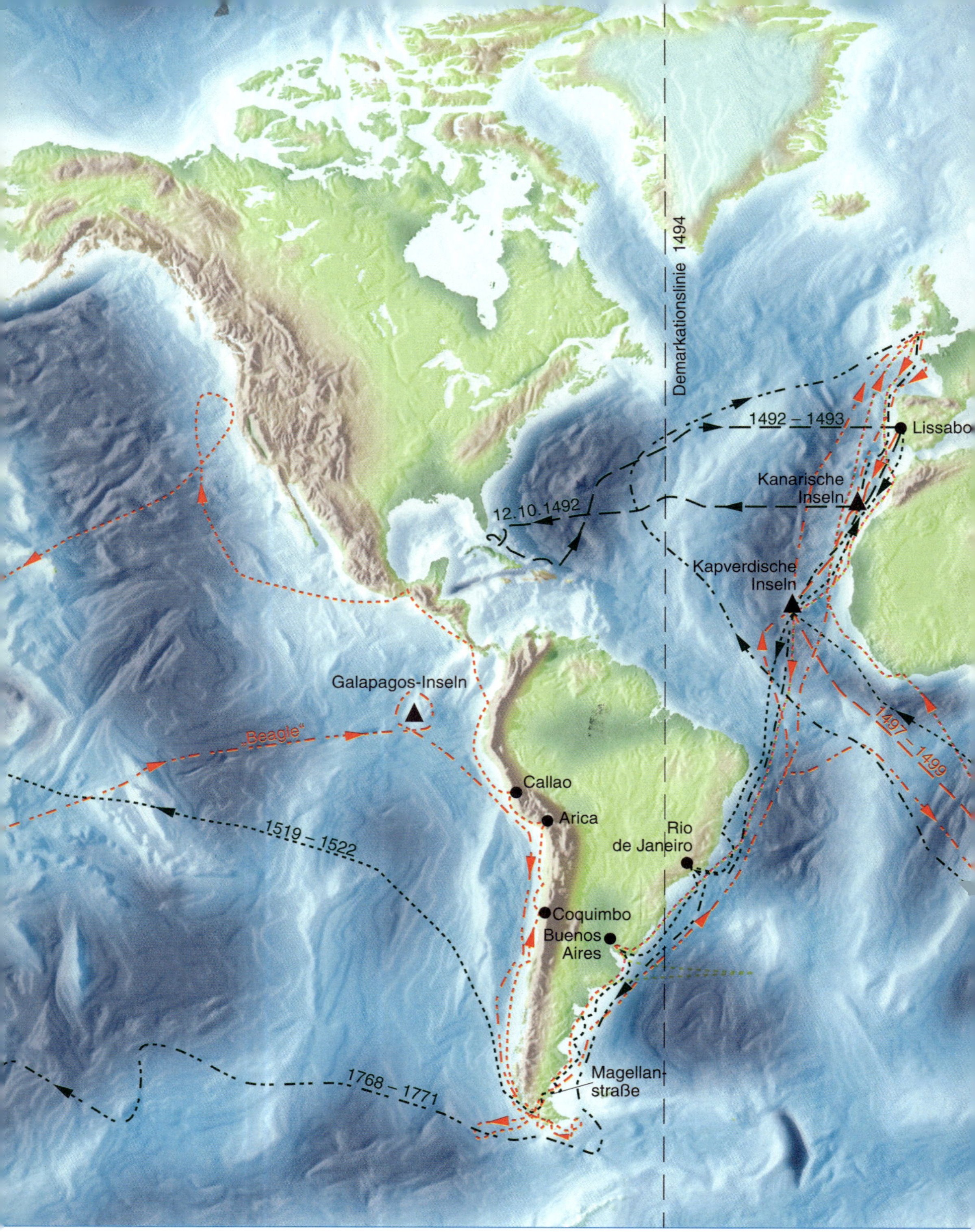

Entdeckungsreisen (Auswahl)

— — — — — ·	Kolumbus, 1. Reise 1492 – 1493	———	Zheng He 1405 / 1433
- - - - - - - -	Magellan / Elcano 1519 – 1522	- - - - - - - -	Francis Drake 1577 – 1580